信息与网络技术基础
项目化教程

董　峰　主编

何留杰　副主编

李兴海　李　顺　张晓丹　张新豪　参编

科学出版社

北　京

内 容 简 介

本书根据教育部非计算机专业计算机课程教学指导分委员会制定的《高校非计算机专业计算机基础课基本要求》，并结合目前高校计算机基础教学现状编写而成。全书共分 6 个项目，主要内容包括探索计算机基础知识、Windows 7 操作系统安装与应用、用 Word 2010 处理文档、用 Excel 2010 处理电子表格、用 PowerPoint 2010 制作演示文稿、认识和使用计算机网络。

本书内容丰富、图文并茂、通俗易懂，注重计算机基础知识和基本技能的讲解，在内容上力求循序渐进，可操作性强。

本书可作为高等学校计算机基础课程的教材，也可供各类计算机培训机构及计算机爱好者学习使用。

图书在版编目（CIP）数据

信息与网络技术基础项目化教程/董峰主编. —北京：科学出版社，2019.8
（示范性应用技术大学系列创新教材）
ISBN 978-7-03-061880-1

Ⅰ.①计… Ⅱ.①董… Ⅲ.①电子计算机-教材 Ⅳ.①TP3

中国版本图书馆 CIP 数据核字（2019）第 145637 号

责任编辑：万瑞达 徐仕达 / 责任校对：赵丽杰
责任印制：吕春珉 / 封面设计：东方人华平面设计部

科 学 出 版 社出版
北京东黄城根北街 16 号
邮政编码：100717
http://www.sciencep.com
北京鑫丰华彩印有限公司印刷
科学出版社发行 各地新华书店经销
*
2019 年 8 月第 一 版 开本：787×1092 1/16
2021 年 8 月第六次印刷 印张：16 3/4
字数：402 000

定价：42.00 元

（如有印装质量问题，我社负责调换〈鑫丰华〉）
销售部电话 010-62136230 编辑部电话 010-62135517-8030

前　言

“计算机基础”是大学计算机教学中的基础性课程，是大学新生入学后的第一门计算机基础课程。开设大学计算机基础课程的目的是让学生掌握计算机操作使用的基本技能，为后续相关课程学习做必要的知识准备，使学生在各自的专业中能够有意识地借鉴、引入计算机科学中的一些理念、技术和方法，同时也希望他们能在一个较高的层次上利用计算机、认识并处理计算机应用中可能出现的问题。

本书共分 6 个项目。项目一主要介绍计算机的发展历程、特点和应用、性能指标、工作原理及数据在计算机中的表示和运算、微型计算机等；项目二主要介绍 Windows 7 操作系统的安装与应用；项目三主要介绍 Word 2010 的基础知识、文档管理、文档编辑排版、图文混排、表格制作、页面设计与打印等；项目四主要介绍 Excel 2010 的基础知识、基本操作、工作表的编辑和格式化、数据图表化、数据管理与分析及页面设置与打印等；项目五主要介绍 PowerPoint 2010 的基础知识、工作环境和视图，演示文稿的创建和编辑、修饰和美化、放映设置等；项目六主要介绍局域网的组建、网络应用等。

本书针对计算机基础知识和基本技能采取项目化方式进行编写，循序渐进，可操作性强，有利于提高学生对计算机基础知识和基本技能的掌握程度。本书的项目一、项目二任务一中的子任务一及项目六任务一、任务三、任务四属于理论知识内容，未设置任务实施的内容。对于复杂的任务，结合“相关知识”的讲解，再进行任务实施；对于简单的任务，直接进行相应任务实施。

本书由董峰担任主编，何留杰担任副主编，李兴海、李顺、张晓丹、张新豪参与编写。其中，项目一由张晓丹编写，项目二由董峰编写，项目三由张新豪编写，项目四由何留杰编写，项目五由李顺编写，项目六由李兴海编写，全书由董峰统稿。另外，黄河科技学院教务科研处李高申对本书的出版做了大量的工作，在此一并致谢。

由于本书涉及计算机知识内容较多，加之编写时间仓促，不足和疏漏之处在所难免，恳请各位专家、教师及广大读者多提宝贵意见，以便于以后本书的修订。

编　者

2019 年 4 月

目　录

项目一　探索计算机基础知识

计算机在人们生活、工作和学习中的应用越来越广泛。本项目主要介绍计算机的发展历史和趋势，计算机的分类、特点和组成，以及数据在计算机中的存储和表示方法。

【学习目标】

1. 了解计算机的发展历史、应用、分类、特点。
2. 掌握计算机系统的组成和性能指标。
3. 掌握数据在计算机中的表示和存储方法。

任务一　了解计算机的发展和应用

任务导入

在古代，人类用数手指、摆石头、打草结的方法计数。我国古人发明了简便、快速的计算工具——算盘。19 世纪，电子技术的发展取得了巨大的进步，特别是电子管的发明，将电子理论和电子元器件的结合应用技术推到了一个新的高度，数理逻辑、脉冲技术、信息论、控制论等日趋成熟，为计算机的诞生提供了必要的技术条件。

了解计算机的发展历史，有助于我们更深刻地认识计算机。

相关知识

一、计算机的发展历史

（一）电子计算机的发展历程

电子计算机是指可以根据一组指令或程序执行任务或进行计算的机器。电子数字积分计算机（electronic numerical integrator and computer，ENIAC[①]）于 1946 年 2 月诞生于美国宾夕法尼亚大学（图 1-1），一般认为它是世界上第一台电子计算机；也有人认为它是继阿塔纳索夫-贝瑞计算机（Atanasoff-Berry computer，ABC）之后的第二台电子计算机。

图 1-1　ENIAC

ENIAC 奠定了电子计算机发展的基础，开辟了计算机科学技术的新纪元。其后，著名的美籍匈牙利数学家冯·诺依曼提出了“存储程序”和“过程控制”的概念。其主要思想如下：

1）采用二进制形式表示数据和指令。

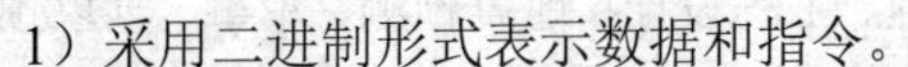

① 1973 年，美国联邦地方法院注销了 ENIAC 的专利，并认定世界上第一台计算机为阿塔纳索夫-贝瑞（Atanasoff-Berry computer，ABC）。

2）计算机应包括运算器、控制器、存储器、输入设备和输出设备五大基本部件。

3）采用存储程序和过程控制的工作方式。

计算机采用二进制是由计算机电路所使用的元器件决定的，具有运算简单、电路实现方便、成本低廉的特点。从1946年至今，计算机的发展经历了四次重要飞跃（表1-1）。

表1-1 计算机发展历程

发展阶段	起止时间	主要元器件	特点	主要应用
第1代	1946～1957年	电子管	运算速度较低，耗电量大，存储容量小	科学计算
第2代	1958～1964年	晶体管	体积、功耗减小，运算速度提高，价格下降	事务管理、工业控制
第3代	1965～1970年	中小规模集成电路	体积、功耗进一步减小，可靠性及速度进一步提高	计算、管理、控制
第4代	1971年至今	大规模、超大规模集成电路	性能大幅度提高，价格大幅度下降	网络应用

（二）计算机的发展趋势

智能化要求计算机能模拟人的感觉和思维能力，使计算机成为智能计算机，这也是第5代计算机要实现的目标。智能化研究包括模式识别、图像识别、自然语言的生成和理解、博弈、定理自动证明、自动程序设计、专家系统、学习系统和智能机器人等，其中具有代表性的领域是专家系统和智能机器人。

尽管美国IBM公司的超级计算机“深蓝”（图1-2）战胜了国际象棋冠军卡斯帕罗夫，但是它的智能化水平仍然很低。普通的计算机技术并不能让计算机产生真正的智能，人们将更多研究精力用于人工神经网络（图1-3）技术上。

图1-2 IBM开发的“深蓝”

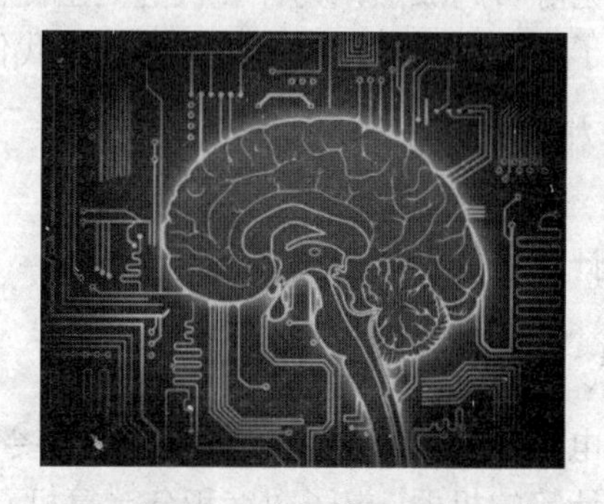

图1-3 人工神经网络

二、计算机在信息化社会中的应用

计算机具有存储容量大、处理速度快、自动化程度高、可靠性高及逻辑判断能力强等特点，已经广泛应用于各个领域，使人们的日常生活、教育、娱乐更加丰富生动、快捷和便利。

1. 科学计算

科学计算又称数值计算，是计算机最早的应用领域。它是指用于解决科学研究和工程设计中提出的数学问题的计算，主要应用于高能物理、工程设计、地震预测、军事、气象预报、航天技术等。例如，著名的“四色定理”就是利用IBM 370系列高端机计算了1200多个小时证明的；有了计算机，气象预报的准确率大幅度提升，可以进行中长期的地域性天气预报（图 1-4）。现在航空航天（图 1-5）、高层建筑、大型桥梁、地震测级、地质勘探和机械设计等工程应用领域都离不开计算机的科学计算功能。

图 1-4　计算机应用于气象

图 1-5　计算机应用于航天

2. 数据处理

这是目前计算机应用最为广泛的领域。数据处理包括数据采集、转换、存储、分类、组织、计算、检索等方面。例如，人口统计、档案管理、银行业务、情报检索、企业管理、办公自动化、交通调度、市场预测等都需要大量的数据处理工作。数据处理是一切信息管理、辅助决策系统的基础，各类管理信息系统、决策支持系统、专家系统及办公自动化系统都属于数据处理的范畴。

3. 实时控制

实时控制系统是指计算机将及时采集、检测到的数据按最佳方法迅速地对被控对象进行自动控制。它不需要人工干预就能够按人们预定的目标和状态进行过程控制，如无人驾驶飞机、导弹和人造卫星等。计算机过程控制已在医疗、机械、冶金、化工、航天、通信网络等部门得到广泛的应用，如图 1-6 所示。

图 1-6　北京航天飞行控制中心实时监控“嫦娥一号”

4. 计算机辅助系统

计算机辅助设计（computer aided design，CAD）是指利用计算机来帮助设计人员进行工程设计，以提高设计工作的速度和准确率。CAD 技术已在土木建筑及市政与园林规划(图 1-7)、电子和电气、机械设计、机器人、服装业、工厂自动化等各个领域得到广泛应用。

计算机辅助制造（computer aided manufacturing，CAM）是指利用计算机进行生产设备的管理、控制和操作的过程。计算机辅助制造的产品，可以直接通过专门的加工制造设备自动生产出来，如图 1-8 所示。使用 CAM 技术可以提高产品质量、降低成本、缩短生产周期。

图 1-7 CAD 园林规划设计

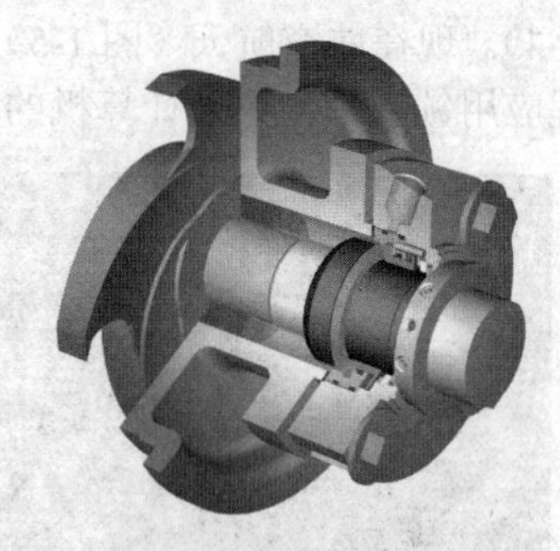

图 1-8 计算机辅助制造的产品

计算机辅助教学（computer aided instruction，CAI）是指利用计算机多媒体技术中的音频、视频、图片及合理的情感化交互设计，在视觉、听觉、触觉等多种感官的刺激下增强教学的趣味性、游戏性、互动性等，从而实现辅助教学，提高教学效果。CAI 可以打破时间和空间的限制，使学生随时随地进行学习，是传统教学方式的有力补充。例如，在医学课程教学中开发三维虚拟人体解剖软件（图 1-9），可以在很大程度上弥补传统教学实验素材的不足，动态再现肉眼无法观察到的人体微观组织及人体病变发生发展过程等，使医学相关课程教学形式更加丰富生动。

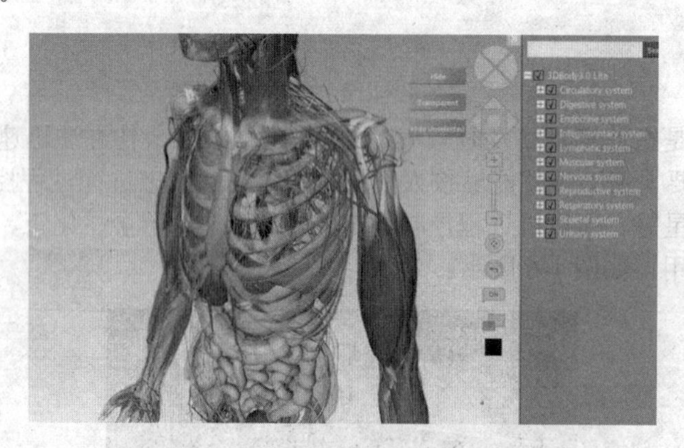

图 1-9 三维虚拟人体解剖软件

5. 网络与通信

计算机网络是现代计算机技术与通信技术高度发展并密切结合的产物。它是利用通信设备和线路将地理位置不同、功能独立的多个计算机系统连接起来，在功能完善的网络软件控制下实现网络中资源共享和信息传递的系统（图 1-10 和图 1-11）。

图 1-10 计算机网络

图 1-11 微信

6. 数字娱乐

人们可以利用计算机和网络实现在线浏览多媒体视频及听音乐等形式多样的娱乐活动。体感技术可以让人们直接使用肢体动作与周边的装置或环境互动，而无须任何复杂的控制设备（图 1-12）。这种技术是目前比较前沿的科技之一，其已经向游戏、服饰、教育等多个领域延伸和发展，如虚拟试衣镜 3D 体感形象搭配系统（图 1-13）。

图 1-12 基于体感交互的游戏

图 1-13 虚拟试衣镜 3D 体感形象搭配系统

7. 人工智能方面的研究和应用

人工智能是指利用计算机模拟人的某些智能，使计算机能像人一样具有识别文字、图像、语音及推理和学习等能力。智能计算机能够代替人类进行某些方面的脑力劳动，如给病人诊断并开处方、与人下棋、进行文字翻译、查询图书资料等。该领域的研究包括语言识别、图像识别、自然语言处理和专家系统等。

目前，国内外很多国家定期举办智能机器人大赛。我国从 1999 年开始每年举办一次全国大学生智能机器人大赛（图 1-14），旨在通过组织智能机器人比赛和技术研讨，让更多人了解智能机器人，促进人工智能技术的发展。

图 1-14 智能机器人大赛

8. 大数据技术

大数据又称巨量资料，是指所涉及的资料量规模巨大，无法通过目前主流软件工具在合理时间内撷取、管理、处理的信息。大数据具有以下 4 个特点（业界称为 4V）：

1）volume（大量）。数据和信息的量非常庞大，从 TB（太字节）级别跃升到 PB（拍字节）级别。

2）variety（多样）。数据类型繁多，如网络日志、视频、图片、地理位置信息等。

3）value（价值）。价值密度低，商业价值高，在日常监控中产生的海量数据，有用的数据很少。

4）velocity（高速）。处理速度快，要求符合1s定律。

9. 云计算

云计算（cloud computing）是分布式计算（distributed computing）、并行计算（parallel computing）、效用计算（utility computing）、网络存储技术（network storage technology）、虚拟化（virtualization）、负载均衡（load balance）等传统计算机和网络技术发展融合的产物。美国国家标准与技术研究院（National Institute of Standards and Technology，NIST）对云计算的定义为：云计算是一种能够通过网络以便捷的、按需付费的方式获取计算资源（资源包括网络、服务器、存储、应用软件和服务）并提高其可用性的模式。这些资源来自一个共享的可配置的资源池，并能够以最省力和无人干预的方式获取和释放。

任务二　认识计算机系统组成和性能指标

任务导入

计算机系统包括硬件系统和软件系统两大部分，两者互相依存，缺一不可。硬件系统是计算机的物质基础，是计算机的实体，也是软件存储和执行的物理场所。软件系统是发挥计算机功能的关键，用于指挥硬件来完成各种用户给出的指令。没有安装软件的计算机称为裸机，不能做任何有意义的工作。

了解计算机系统的组成和性能指标，有助于我们选购满足自己需求的计算机，更好地使用计算机的各种功能。

相关知识

一、计算机的分类

目前，计算机的种类繁多，根据不同的场合可以分为不同的种类。

（一）按性能划分

按照性能划分，计算机可分为巨型计算机、大型计算机、小型计算机、微型计算机和工作站等。这是最常规的分类方法。

1. 巨型计算机

巨型计算机运算速度快、容量大，是目前功能最强、速度最快、价格最高的计算机。其一般用于如气象、航天、能源、医药等尖端科学研究和战略武器研制中的复杂计算。它的研制和开发有助于提升一个国家的综合国力和国防实力。我国自主生产研制的银河系列计算机属于巨型计算机。

2. 大型计算机

大型计算机运算速度快，主要应用于军事技术研究领域，是事务处理、信息管理、大型数据库和数据通信的主要支柱。

3. 小型计算机

小型计算机结构简单、价格低廉、性价比高，适合中小企业、事业单位用于工业控制、数据采集、分析计算、企业管理及科学计算等，也可作为巨型计算机或大型计算机的辅助计算机。

4. 微型计算机

微型计算机体积小、质量小、价格低廉，是目前使用最多、产量最大的一类计算机。各种微型计算机如图 1-15 所示。

（a）台式机

（b）一体机

（c）笔记本式计算机

（d）平板计算机

图 1-15　各种微型计算机

从 1978 年至今，微型计算机获得了显著的发展，已经应用于办公自动化、数据库管理、图像识别、语音识别、专家系统、多媒体技术等领域，并且开始成为家庭的常备电器。

（二）按用途划分

计算机的用途千差万别。按照用途可分为专用计算机和通用计算机。

1. 专用计算机

专用计算机针对性强，是为适应某种特殊需要而设计的计算机。所以，专用计算机能高速度、高效率地解决特定问题，具有功能单一、使用面窄甚至专机专用的特点。模拟计算机通常是专用计算机，在军事控制系统中广泛使用，如飞机的自动驾驶仪等。

2. 通用计算机

通用计算机广泛用于一般科学运算、学术研究、工程设计和数据处理等领域，以解决各类问题，具有功能多、配置全、用途广、通用性强的特点。市场上销售的计算机多属于通用计算机。

（三）按处理的信号划分

按照处理的信号进行划分，可分为数字计算机、模拟计算机和混合计算机 3 类。

1. 数字计算机

数字计算机所处理的数据都是以 0 和 1 表示的二进制数，是不连续的离散数，具有运算速度快、结果准确，存储量大等优点，因此适用于科学计算、信息处理、过程控制和人工智能等领域，具有广泛的用途。

2. 模拟计算机

模拟计算机所处理的数据是连续的，称为模拟量。模拟量以电信号的幅值来模拟数值或某物理量的大小，如电压、电流、温度等都是模拟量。模拟计算机解题速度快，可用于解高阶微分方程。该类计算机在模拟计算和控制系统中应用较多。

3. 混合计算机

混合计算机集成数字计算机和模拟计算机的优点，避免其缺点，处于发展阶段。

二、计算机的特点

现代社会计算机在各个领域得到了广泛应用，大大提高了工作和生产的效率与质量、缩短了周期，并为各个领域的发展提供了广阔的空间和发展平台。计算机主要特点如下。

（一）运行速度快

运行速度是指计算机每秒能执行指令的条数，常用单位是 MIPS（million instruction per second），即每秒执行百万条机器语言指令。计算机内部由电路组成，可以高速、准确地完成各种算术运算，使大量复杂的科学计算问题得以解决。对于微型计算机，现在常以中央处理器（central processing unit，CPU）的主频（GHz）标识计算机的运行速度。

一般来说，CPU 主频越高，核心数越多，运行速度越快。主频即 CPU 的时钟频率，是指计算机 CPU 在单位时间内发出的脉冲数。它在很大程度上决定了计算机的运行速度。

（二）计算精度高

数字计算机用离散的数字信号来模拟自然界的连续物理量，这样会存在一个精度问题。计算机的精度在理论上并不受限制，这是因为计算机内部采用二进制表示数据，易于扩充机器字长，字长越长，精度越高。CPU 一次能处理的二进制数据位数称为字长，不同型号计算机的字长有 8 位、16 位、32 位、64 位、128 位等，为了获取更高的精度，还可以进行双倍字长或多倍字长的运算。

（三）存储容量大

计算机内部的存储器具有记忆特性，可以存储大量信息。这些信息不仅包括各类数据信息，还包括加工这些数据的程序。随着集成度的提高，存储器可以存储的信息量越来越大。因此，要求计算机具备海量存储功能。现代计算机不仅提供了大容量的主存储器，能在现场处理大量信息，还支持磁盘、光盘等外用存储器的使用。例如，一张单面单层的 4.7GB 的 DVD 光盘，如果用来存储文字，则可以存储相当于 100 万张 A4 纸的信息量，足以容纳 1500 多部书籍。

存储器容量分为内存容量和外存容量。内存是 CPU 可以直接访问的存储器，需要执行的程序与需要处理的数据都是存储在内存中的，其容量的大小反映了计算机即时存储信息的能力。外存容量通常是指硬盘容量（包括内置硬盘和移动硬盘）。外存容量越大，可存储的信息越多，可安装的应用软件就越丰富。计算机的存储容量目前基本达到 GB 级别，有的甚至达到 TB 级别。

（四）逻辑判断能力强

计算机除了具有高速度、高精度的计算能力外，还具有对文字、符号、数字等进行逻辑推理和判断的能力。人工智能机的出现将进一步提高其推理、判断、思维、学习、记忆与积累的能力，从而使计算机可以代替人脑进行更多的工作。

（五）自动控制能力强

计算机内部的操作运算是根据人们预先编制的程序自动控制运行的。只要把包含一连串指令的处理程序输入计算机中，计算机便会依次取出指令，逐条执行，严格地按程序规定的步骤操作，整个过程无须人工干预。

利用自动控制功能计算机可以完成枯燥乏味的重复性劳动和一些危险性高的作业，如控制机器人、自动化机床、无人驾驶飞机甚至是宇宙探险飞船等。

（六）系统的可靠性高

可靠性指在给定时间内计算机系统能正常运转的概率，通常用平均无故障时间表示。平均无故障时间越长表明系统的可靠性越高。

（七）系统的兼容性稳定

兼容性是指软件之间、硬件之间或软件与硬件之间协调工作的程度。

软件兼容性指软件运行在某一个操作系统下时，可以正常运行而不发生错误；硬件兼容性指不同硬件在同一操作系统下运行性能的好坏。硬件产品的兼容性不好，一般可以通过驱动程序或补丁程序解决；软件产品的兼容性不好，一般通过软件修正包或产品升级解决。

三、计算机系统的组成

（一）计算机的工作流程

冯·诺依曼结构计算机的硬件体系及工作过程如图 1-16 所示。

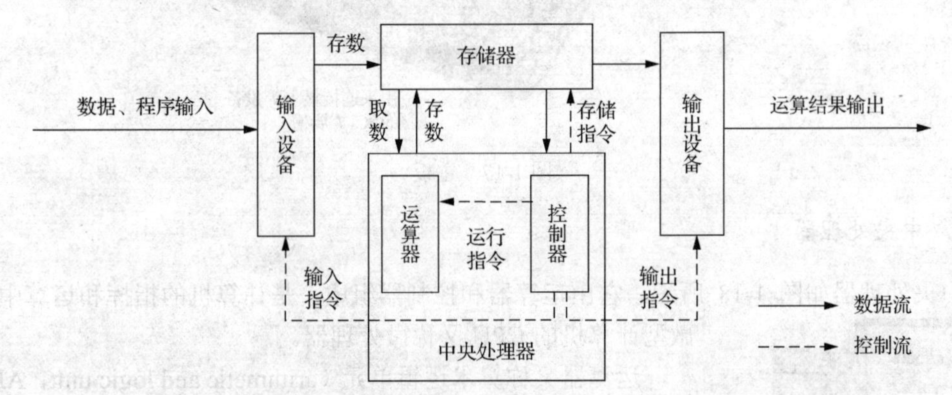

图 1-16　冯·诺依曼结构计算机的硬件体系及工作过程

计算机的工作过程就是执行程序的过程，而程序则由按顺序存储的指令组成。计算机在工作时，按照预先规定的顺序取出指令、分析指令、执行指令，完成规定的操作。

第 1 步：将程序和数据通过输入设备送入存储器。

第 2 步：运行后，计算机从存储器中取出程序指令送到控制器中进行识别，分析该指令要做什么事。

第 3 步：控制器根据指令含义发出相应的命令（如加法、减法），将存储单元中存储的操作数据取出并送往运算器进行运算，再把运算结果送回存储器指定的单元。

第 4 步：运算任务完成后，就可以根据指令将结果通过输出设备输出。

（二）计算机硬件系统

1. 主板

主板又称主机板（main board）、系统板（system board）或母板（mother board），它安装在主机箱内，是微型计算机基本的也是重要的部件之一。主板一般为矩形电路板，上面布置了主要电路系统及 BIOS 芯片、输入/输出（I/O）控制芯片、键盘和面板控制开关接口、指示灯插接件、扩展插槽、主板及插卡的直流电源供电接插件等组件，如图 1-17 所示。各种部件通过主板相连接。

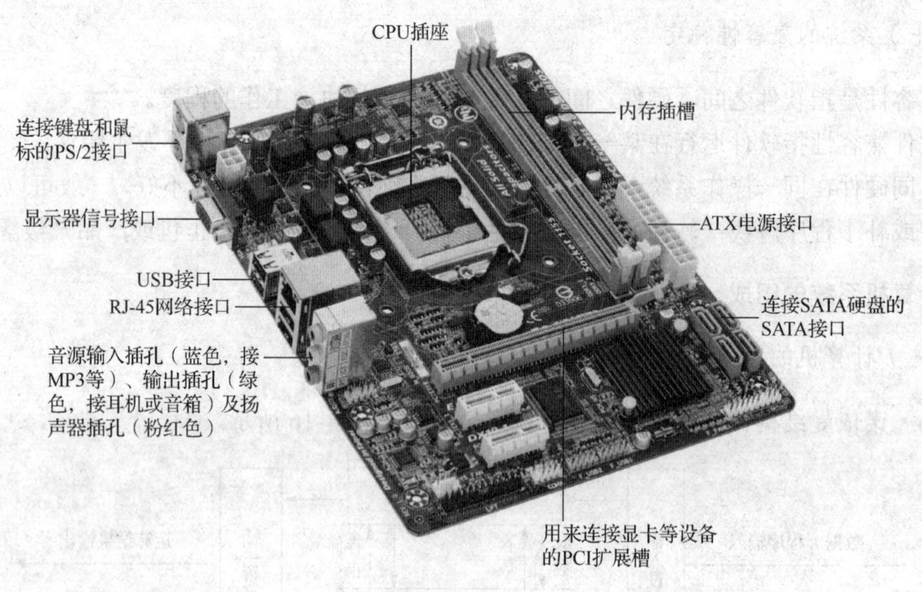

图 1-17 主板

2. 中央处理器

中央处理器如图 1-18 所示。它由运算器和控制器组成，是计算机的指挥和运算中心。微型计算机的 CPU 又称微处理器。

图 1-18 中央处理器（CPU）

运算器又称算术逻辑单元（arithmetic and logic unit，ALU），其主要任务是执行各种算术运算和逻辑运算。计算机所完成的全部运算都是在运算器中进行的。

控制器（controller）是计算机的控制中心，它负责对指令进行解析，并根据解析结果对计算机各个部件进行控制，统一指挥计算机工作。

3. 内存储器

内存储器又称主存储器，简称内存或主存，用来存放执行中的程序和处理中的数据，如图 1-19 所示。常用内存分为随机存取存储器（random access memory，RAM）和只读存储器（read only memory，ROM）两类，如表 1-2 所示。RAM 的特点是既可以读出信息，又可以写入信息，断电后信息全部丢失。ROM 的特点是只能读出原有的信息，不能由用户写入新信息，其存储的信息是由厂家一次性写入的，断电后不会丢失。

图 1-19 内存条

表 1-2 内存类型及特点

内存类型	划分	特点
RAM	动态 RAM、静态 RAM	RAM 用以存储用户的程序和数据；信息可随机地读出及写入，断电后信息丢失；动态 RAM 价格低、集成度高、存取速度慢、需要刷新；静态 RAM 价格高、集成度低、存取速度快、不需要刷新，常用于 Cache
ROM	普通 ROM（又称掩膜 ROM）、可编程 ROM（PROM）、可擦除 PROM（EPROM）、电可擦写 ROM（EEPROM）	用以存储固定的程序（BIOS）；出厂时，由厂家预先写入 BIOS，要改变它只能用特殊方法；断电后，信息不会丢失

内存和 CPU 相连，它的存储速度比外存储器快得多。内存和 CPU 合称为主机，可以实现计算机的基本功能。

4. 外存储器

外存储器又称辅助存储器，简称外存或辅存，用于存储暂时不用的数据和程序，属于永久性存储器。当需要使用其中的数据时，须先将其调入内存。外存的存储容量大，断电后信息不会丢失。常用外存有硬盘、光盘、移动存储设备等，如图 1-20 所示。

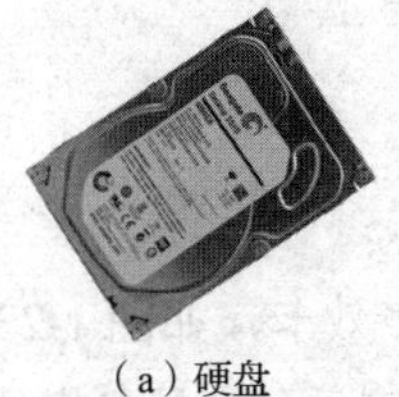

（a）硬盘

（b）移动硬盘

（c）光盘

（d）闪存盘

图 1-20 硬盘、移动硬盘、光盘、闪存盘

光盘驱动器简称光驱（图 1-21）主要用于读取光盘中的数据。目前，市场上的光驱主要有 CD 光驱（CD-ROM 光驱）、DVD 光驱（DVD-ROM 光驱）、蓝光光驱和刻录机等。

图 1-21 光驱

外存的类型及特点如表 1-3 所示。

表 1-3 外存的类型及特点

类型	特点
硬盘	封装性好、可靠性高、容量大、转速快、存取速度高，但不便携带
软盘	软盘上带有写保护口，小巧、便于携带，但因容量小现在一般很少使用
光盘	存储容量大、价格低、抗磁性干扰、存取速度快，如 DVD 光盘
移动硬盘	体积小、质量小、容量大、存取速度快
闪存盘	质量小、体积小、使用方便

小知识

保护硬件须知：硬盘最忌震动，主板最忌静电和形变，内存最忌超频，CPU 最忌高温和高电压，光驱最忌灰尘和振动。

5. 显卡

显卡（video card、graphics card）全称为显示接口卡，又称显示适配器，如图 1-22 所示。它是计算机的基本配置，也是计算机的重要配件之一。显卡与显示器相连接，构成完整的显示系统，用于显示输出。显卡作为计算机主机中的一个重要组成部分，承担输出显示图形、图像的任务，可协助 CPU 工作，提高整体的运行速度。对于从事专业图形设计的人来说显卡尤为重要，在科学计算中，显卡被称为显示加速卡。目前，市场上显卡图形芯片供应商主要有 AMD（超微半导体公司）和 NVIDIA（英伟达）。

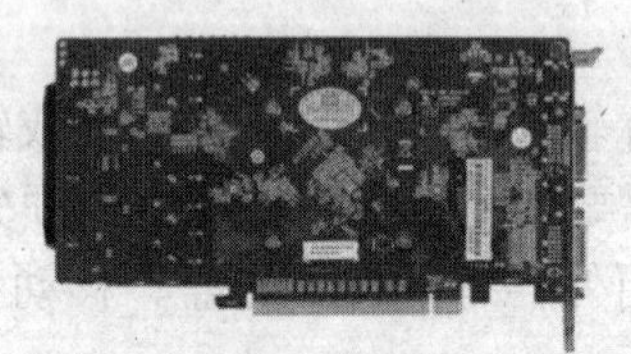

图 1-22 显卡

6. 声卡

声卡（sound card）又称音频卡或声效卡，如图 1-23 所示。它与音箱或耳机相连接，构成完整的声音系统，是多媒体技术中基本的组成部分。声卡是实现声波/数字信号相互转换的一种硬件，用于声音的输入和输出。

图 1-23 声卡

7. 网卡

网卡（图 1-24）是计算机网络中基本的连接设备之一。计算机主要通过网卡实现网络的接入。

图 1-24　网卡

8. 输入设备

输入设备是用来向计算机输入命令、程序、数据、文本、图形、图像、音频和视频等信息的设备，其主要作用是将人们可读的信息转换为计算机能识别的二进制代码输入计算机。常用的输入设备有键盘、鼠标和其他输入设备等。

1）键盘。键盘是计算机的主要输入设备，用户通过键盘向计算机发出指令，计算机根据指令进行工作。常用键盘的布局如图 1-25 所示。

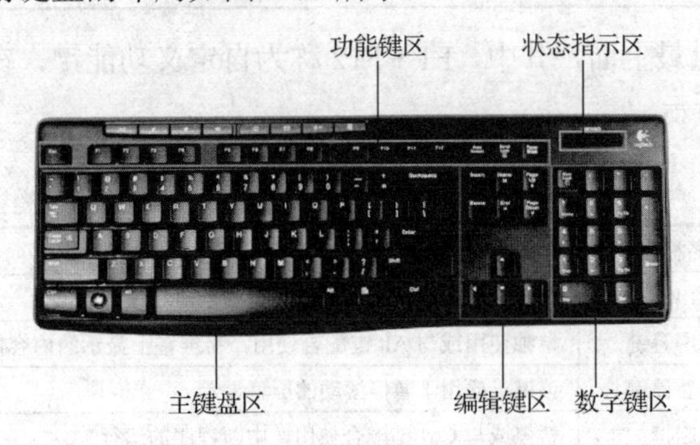

图 1-25　常用键盘的布局

主键盘区包括字母键（26 个字母键，分布在第 2、3、4 排，通过转换可以有大、小写两种状态）、数字键（0～9 共 10 个键位，是双字符键，通过 Shift 键切换）、主键盘功能键。主键盘区功能键如表 1-4 所示。

表 1-4　主键盘区功能键

符号键	名称	功能
Ctrl	控制键	该键常与其他键配合使用，起某种控制作用
Alt	交替换挡键	该键常与其他键配合使用，起某种转换或控制作用
Shift	上挡转换键	按住该键不放，再按下某键，则输入上挡符号，否则输入下挡符号
Tab	制表定位键	在某些软件中，按下此键光标移动到预定的下一位置
Caps Lock	大小写锁定键	是一个开关键，按一次输入英文字母为大写形式，再按一次输入英文字母为小写形式
Backspace（←）	退格键	该键用于删除光标位置左边的一个字符，并使光标左移一个字符位置
Enter	回车键	按此键后，输入的命令被接收和执行，在文字处理软件中，起换行作用

编辑键区位于主键盘区与数字键区之间，通常具有与编辑操作有关的功能，如表 1-5 所示。

表 1-5 编辑键区功能键

符号键	名称	功能
Delete	删除键	按下此键，当前光标位置之后的一个字符被删除，右边的字符依次左移
Insert	插入/改写键	该键是一个开关键，将编辑状态在插入方式或改写方式之间切换
Home	起始键	在编辑状态下将光标定位于行首
End	结束键	在编辑状态下将光标定位于行尾
Page Up	上翻一页	按下此键，可使屏幕向上翻一页
Page Down	下翻一页	按下此键，可使屏幕向下翻一页

数字键区位于键盘最右边，便于快速输入数字，如表 1-6 所示。

表 1-6 数字键区功能键

符号键	名称	功能
Num Lock	数字锁定键	按下此键，Num Lock 指示灯亮，利用数字键区可输入数字；若再按一次此键，指示灯熄灭，利用数字键区可移动光标

功能键区位于键盘最上面，其中，F1～F12 称为自定义功能键，在不同软件中被赋予不同的功能，如表 1-7 所示。

表 1-7 功能键区功能键

符号键	名称	功能
Esc	退出键	该键常用于取消当前操作，退出当前程序或返回上一级菜单
Print Screen	打印屏幕键	单独使用或与 Alt 键配合使用，将屏幕上显示的内容保存到剪贴板
Scroll Lock	屏幕暂停键	该键一般用于暂停滚动的屏幕显示
Pause Break	中断键	暂停或与 Ctrl 键配合使用，中断程序的运行

按照连接方式划分，键盘可分为有线键盘、无线键盘和蓝牙键盘；按照接口划分，键盘可分为 USB 接口键盘、PS/2 接口键盘和 USB+PS/2 双接口键盘，其中，PS/2 接口为淡紫色。

2）鼠标。鼠标是一种屏幕坐标定位设备。鼠标的种类很多，分类方式也有很多种。例如，按大小可分为大鼠标、中鼠标和小鼠标；按照接口可分为 USB 接口鼠标、PS/2 接口鼠标（图 1-26）和 USB+PS/2 双接口鼠标；按照工作方式可分为激光式鼠标、光电式鼠标和蓝牙式鼠标（图 1-27）。

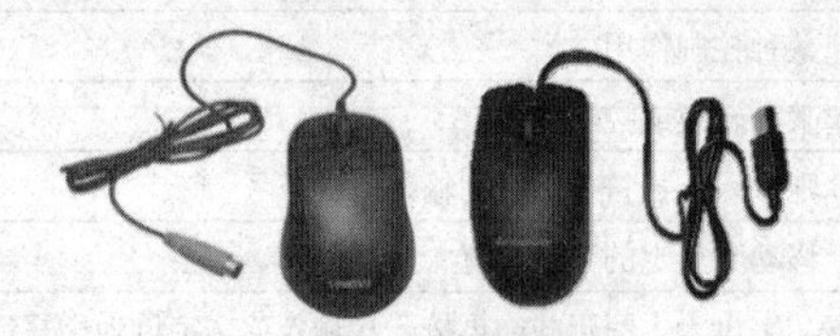

图 1-26 不同接口鼠标

图 1-27 蓝牙式鼠标

3）其他输入设备。其他输入设备主要包括图形扫描仪［图 1-28（a）］、条形码阅读器、光学字符阅读器、触摸屏、手写笔［图 1-28（b）］、语音输入设备（麦克风）和图像输入设备（数码照相机、数码摄像机）［图 1-28（c）］等。

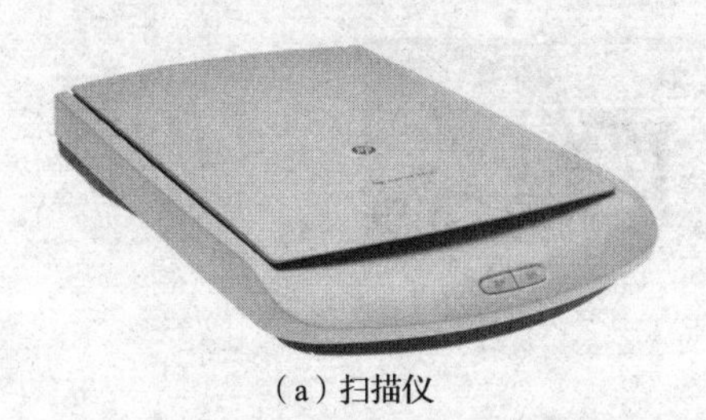

（a）扫描仪

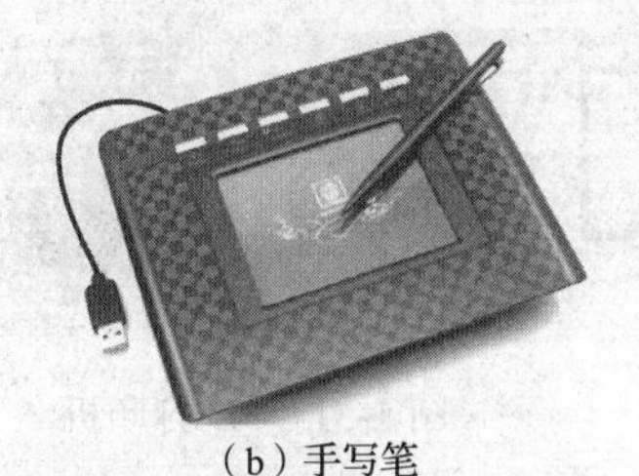

（b）手写笔

（c）数码照相机

图 1-28　其他输入设备

9. 输出设备

输出设备可以将计算机的处理过程或处理结果以人们熟悉的文字、图形、图像、声音等形式展现出来。常见的输出设备有显示器、打印机等。

1）显示器。显示器是重要的输出设备，目前常用的显示器主要有两类：一类是阴极射线管（cathode ray tube，CRT）显示器；另一类是液晶显示器（liquid crystal display，LCD），如图 1-29 所示。与 CRT 显示器相比，LCD 的优点是机身薄、省电、无辐射、画面柔和不伤眼，但它不如 CRT 显示器色彩丰富。目前，一般使用 LCD。

（a）阴极射线管显示器

（b）液晶显示器

图 1-29　显示器

2）打印机。打印机可以将用户编排好的文档、表格及图像等内容输出到纸张上。目前，打印机主要分为针式打印机、喷墨打印机和激光打印机 3 种类型，如图 1-30 所示。

（a）针式打印机

（b）喷墨打印机

（c）激光打印机

图 1-30　打印机

3D 打印机（图 1-31）又称三维打印机，是由恩里科·迪尼发明的一种新型打印机。3D 打印机是一种采用增材制造技术的机器，即采用快速成形技术，它以计算机中的数字模型文件为基础，运用特殊蜡材、粉末状金属或塑料等可黏合材料，通过打印一层层的黏合材料来制造三维物体。它不仅可以“打印”一幢完整的建筑，还可以在航天飞船中为宇航员打印任何所需的物品的形状。

图 1-31　3D 打印机

小知识

总线（bus）是系统部件之间传递信息的公共通道，各部件由总线连接并通过它传输数据和控制信号。现代计算机普遍采用总线结构。根据所连接部件的不同，总线可分为内部总线和系统总线。内部总线是同一部件内部控制器、运算器和各寄存器之间连接的总线。系统总线是同一台计算机的各部件之间相互连接的总线，系统总线又分为数据总线（data bus，DB）、地址总线（address bus，AB）和控制总线（control bus，CB），分别用来传输数据、地址和控制信号。

（三）计算机软件系统

软件是在硬件设备上运行的各种计算机数据和指令的集合，包括在硬件设备上运行的计算机程序、数据和有关的技术资料文档。程序就是根据所要解决问题的具体步骤编制而成的指令序列。当程序运行时，它的每条指令依次指挥计算机硬件完成一个简单的操作，通过这一系列简单操作的组合，最终完成指定的任务。软件系统可分为系统软件和应用软件两大类。

1. 系统软件

系统软件是指用于计算机系统内部管理、控制，并维护计算机各种资源的软件，是应用软件运行的平台。系统软件包括操作系统、语言处理程序等。

1）操作系统。操作系统是最基本的系统软件。它直接管理和控制计算机硬件及软件资源，是用户和计算机之间的接口，为用户提供友好的计算机操作环境。

2）语言处理程序。计算机语言是人们根据描述实际问题的需要而设计的、用于书写计算机程序的语言。程序设计语言就是人们开发出来的使计算机读懂并且能完成某个特定事情的语言。程序设计语言从低级到高级依次为机器语言、汇编语言、高级语言 3 类。

① 机器语言是以二进制代码形式表示机器基本指令的语言。它的特点是运算速度快，每条指令都是 0 和 1 的组合，不同计算机的机器语言均不同。这种语言难以阅读、修改，可移植性差。

```
AL 1 1 1 1 0 1 1 0

   SHR AL,1                 CF
AL 0 1 1 1 1 0 1 1  ──►  0

   SHR AL,1                 CF
AL 1 1 1 1 1 0 1 1  ──►  0

CF     SHL/SAL AL,1
0  ◄── 1 1 1 0 1 1 0 0  AL
```

图 1-32　汇编语言图解

② 汇编语言（图 1-32）是用易于理解和记忆的名称和符号表示机器指令的语言，用于解决机器语言难以理解和记忆的问题。汇编语言虽比机器语言直观，但基本上还是一条指令对应一种基本操作，对同一问题编写的程序在不同类型的机器上仍然不能通用。汇编语言必须经过语言处理程序（汇编程序）的翻译才能被计算机识别。

③ 高级语言是人们为了弥补低级语言使用的不足而开发的程序设计语言。它由一些接近自然语言和数学语言的语句组成，易学、易用、易维护。但是，由于机器硬件不能直接识别高级语言中的语句，

因此必须经过编译程序，将用高级语言编写的程序翻译成机器语言程序才能执行。一般来说，用高级语言编程效率高，使用方便，但执行速度没有低级语言高。目前，常用的高级语言有C语言、C++、C#、Java、Basic等。

除机器语言外，采用其他程序设计语言编写的程序，计算机都不能直接识别其指令，这种程序称为源程序，必须将源程序翻译成等价的机器语言程序，即计算机能识别的0与1的组合，承担翻译工作的程序即为语言处理程序。语言处理程序将源程序翻译成与之等价的用另一种语言表示的程序，其工作方法有解释和编译两种。解释是将源程序逐句翻译、执行的过程。编译是先将高级语言源程序编译成目标程序，再通过连接程序将目标程序连接成可执行程序的过程。

2. 应用软件

应用软件是用户利用计算机及其提供的系统软件为解决各种实际问题而编制的计算机软件。常见的应用软件有如下几类。

1）办公软件。办公软件是日常办公所使用的一些软件，一般包括文字处理软件、电子表格处理软件、演示文稿制作软件、个人数据库、个人信息管理软件等。常见的办公软件有美国微软公司开发的Microsoft Office和中国金山软件股份有限公司开发的WPS等。

2）多媒体处理软件。多媒体技术是指能够同时对两种或两种以上媒体进行采集、操作、编辑、存储等综合处理的技术，集声音、图像、文字、视频于一体。多媒体处理软件主要包括图形图像处理软件、音视频处理软件、动画制作软件等，如Adobe公司开发的Photoshop、Flash、Dreamweaver、Premier及由Autodesk公司开发的如3DS Max、Maya等三维动画制作软件。

3）Internet工具软件。随着计算机网络技术的发展和Internet的普及，涌现了许多基于Internet环境的应用软件，如Web服务及浏览软件、文件传送工具FTP、下载工具FlashGet等。

本任务主要介绍计算机组成和性能指标的基础知识，不再设置任务实施。

任务三　掌握数据在计算机中的表示和存储方法

任务导入

计算机中使用和处理的数据有两大类，即数值型数据和非数值型数据。任何形式的数据在计算机中都要进行数据的数字化，以一定的数制进行表示。数据在计算机中是以二进制数制进行处理和存储的。

掌握数据在计算机中的表示和存储方式，才能更好地掌握计算机的工作原理。

相关知识

一、信息与数据

信息与数据是两个不同的概念，但两者又有密切的联系。数据是符号，是物理性的，经过加工处理后仍是数据。信息是数据加工后对决策有影响的数据，具有逻辑性。数据是信息的表现形式，信息是有意义的数据。

（一）各种信息的转换过程

数据通过收集、加工、利用 3 个过程的处理，形成信息。由此可知，信息是对数据加工处理后得到的有效数据。它是现实世界在人们头脑中的反映，以文字、数字、符号、声音和图像等形式记录下来，进行传递、加工，为生产和管理提供依据。

计算机要进行信息处理，首先通过输入设备将各种信息进行编码输入，处理结束后再通过输出设备进行“还原”输出。信息的转换过程如图 1-33 所示。

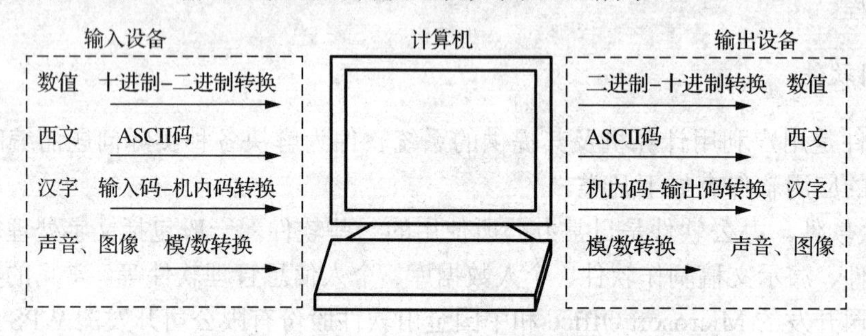

图 1-33　信息的转换过程

小知识

所有类型的数据在计算机中都是通过二进制形式来表示和存储的。每一个二进制数都用一连串 0 或 1 表示。计算机常用的存储单位有位、字节和字。

位（bit）：一个二进制位称为比特，是计算机中存储数据的最小单位，用 b 表示。

字节（byte）：8 个二进制位称为 1 字节，字节是计算机存储与处理数据的基本单位，通常用 B 表示。

计算机存储容量的大小是用字节的多少来衡量的，通常使用的单位是 B、KB、MB、GB 或 TB，这些衡量单位之间的换算关系如下：

1 B=8 bit

1 KB=1024 B

1 MB=1024 KB

1 GB=1024 MB

1 TB=1024 GB

字（word）：一个字由若干字节组成（通常取字节的整数倍），是计算机一次存取、加工和传输的数据长度。

（二）数制

数制又称计数制，是指用一组固定的符号和统一的规则来表示数值大小的方法。按进位的方法进行计数，称为进位计数制。生活中常用十进制数，计算机中采用二进制数。下面介绍数制的相关概念。

1）基数：在一种数制中，一组固定不变的不重复数字的个数称为基数（用 R 表示）。

2）位权：某个位置上的 1 代表的数值大小。

一般来说，如果数值只采用 R 个基本符号，则称为 R 进制。进位计数制的编码遵循“逢 R 进一”的原则。各个数位的位权是以 R 为底的幂。对于任意一个具有 n 位整数和 m 位小数的 R 进制数 N，按各个数位的位权展开可表示如下：

$$(N)_R = a_{n-1}R^{n-1} + a_{n-2}R^{n-2} + \cdots + a_iR^i + \cdots + a_1R^1 + a_0R^0 + a_{-1}R^{-1} + \cdots + a_{-m}R^{-m}$$

式中，a_i 表示各个数位上的数，其取值范围为 0～R−1；R 为计数制的基数；i 为数位的编号。

（1）十进制

十进制的计数方法是“逢十进一”，一般表示形式为在数字后加 D。十进制数位权为 10 的幂，即个、十、百、千位……的位权为 10^0、10^1、10^2、10^3……，基数为 10。

（2）二进制

二进制的基数为 2（符号 0、1），计数方法是“逢二进一”，位权为 2 的幂，一般表示形式为在数字后加 B。

（3）八进制

八进制的基数为 8（符号 0～7），计数方法是“逢八进一”，位权是 8 的幂，一般表示形式为在数字后加 Q 或 O。

（4）十六进制

十六进制的基数为 16（符号 0～9 及 A、B、C、D、E、F，其中 A～F 分别代表数值 10～15），计数方法是“逢十六进一”，位权为 16 的幂，一般表示形式为在数字后加 H。

表 1-8 给出了几种进位制数之间的对应关系。

表 1-8 几种进位制数的对应关系

十进制	0	1	2	3	4	5	6	7	8	9	10	11	12	13	14	15
二进制	0	1	10	11	100	101	110	111	1000	1001	1010	1011	1100	1101	1110	1111
八进制	0	1	2	3	4	5	6	7	10	11	12	13	14	15	16	17
十六进制	0	1	2	3	4	5	6	7	8	9	A	B	C	D	E	F

（三）数制间的转换

非十进制数转换成十进制数，方法：将其他进制按位权展开，然后各项相加，即得到相应的十进制数。

1. 二进制数转换成十进制数

二进制数转换成十进制数过程如下：

$$\begin{aligned} N&=101101.01\text{B} \\ &=1\times2^5+0\times2^4+1\times2^3+1\times2^2+0\times2^1+1\times2^0+0\times2^{-1}+1\times2^{-2} \\ &=32+0+8+4+0+1+0+0.25 \\ &=45.25\text{D} \end{aligned}$$

2. 十进制数转换成二进制数

十进制数向二进制数转换分为整数部分的转换和小数部分的转换，其中，整数部分采用不断地除以 2，然后倒取余数的方法。小数部分采用不断地乘以 2，顺取整数的方法。

提示：不同进制转换时，整数对应整数，小数对应小数。

例如，N=25.625D，将整数部分和小数部分分开处理，如图 1-34 所示。

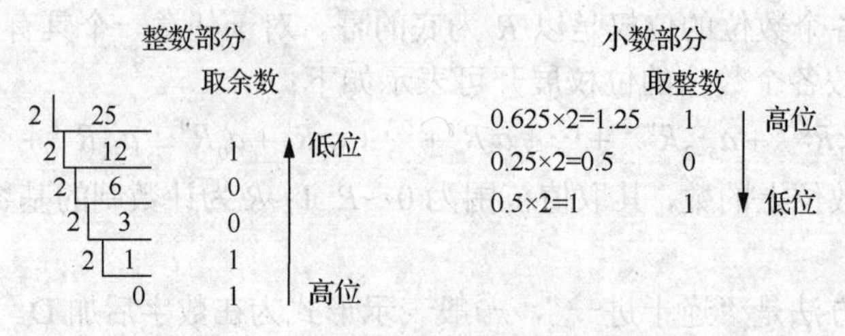

图 1-34 十进制向二进制转换的过程

结果：25.625D＝11001.101B。

小知识

十进制转换为二进制，整数部分采取除 2 倒取余数法，小数部分采取乘 2 取整法；推广开来，十进制转换为其他进制也可采取此法，如十进制转换为八进制，整数部分可除 8 倒取余，小数部分乘 8 取整；十进制转换为十六进制，整数部分可除 16 倒取余，小数部分乘 16 取整。

3. 二进制数与八进制或十六进制数之间的转换

二进制、八进制、十六进制之间存在这样一种关系：2^3=8，2^4=16。所以，每位八进制数相当于 3 位二进制数，每位十六进制数相当于 4 位二进制数，在转换时，位组划分是以小数点为中心向左右两边延伸的，中间的 0 不能省略，两头位数不足时可补 0。例如：

24.53Q=010 100. 101 011B
2 4. 5 3

又如：

11010010110B=0110 1001 0110B=696H
6 9 6

二、常见的信息编码

当今社会计算机主要用于信息处理，对计算机处理的各种信息进行抽象后，可以分为数字、字符、图形、图像和声音等几种主要类型。

（一）计算机中采用二进制的原因

在日常生活中人们并不经常使用二进制，因为它不符合人们固有的习惯。但是，在计算机内部的数是用二进制来表示的，这主要有以下几个方面的原因。

1. 电路简单，易于表示

计算机是由逻辑电路组成的，逻辑电路通常只有两种状态。例如，开关的接通和断开、晶体管的饱和和截止、电压的高与低等。这两种状态可以用二进制的两个数码 0 和 1 来表示。若是采用十进制，则需要有 10 种状态来表示 10 个数码，实现起来比较困难。

2. 可靠性高

两种状态表示两个数码，数码在传输和处理中不容易出错，因而电路更加可靠。

3. 运算简单

二进制数的运算规则简单，无论是算术运算还是逻辑运算都容易进行。十进制的运算规则相对烦琐，现在已经证明，*R* 进制数的算术求和、求积规则各有 $R(R+1)/2$ 种。如果采用二进制，求和与求积运算法只有 3 个，简化了运算器等物理器件的设计。

4. 逻辑性强

计算机不仅能进行数值运算而且能进行逻辑运算。逻辑运算的基础是逻辑代数，而逻辑代数是二值逻辑。二进制的两个数码 1 和 0，可代表逻辑代数中的“真”（true）和“假”（false）。

（二）计算机中字符的表示

在计算机处理的各种信息中，文字信息占有很大的比例。对文字的处理即是对字符的处理。为了使计算机能够对字符进行识别和处理，各种字符在计算机内一律用二进制编码来表示，每一个字符和一个确定的编码相对应。

1. ASCII 码

目前，普遍采用的字符编码是 ASCII 码（即美国标准信息交换码），它使用指定的 7 位或 8 位二进制数组合来表示 128 种字符。标准 ASCII 码又称基础 ASCII 码，它使用 7 位二进制数来表示所有的大写和小写字母、十进制数字 0～9、各种运算符、标点符号，以及在美式英语中使用的特殊控制字符。

ASCII 码是唯一的，不可能出现两个字符的 ASCII 码值一样。下面是 7 位 ASCII 码常用的码值，其中：

ASCII 码值 0～31 及 127（共 33 个）是控制字符或通信专用字符（其余为可显示字符），如控制符 LF（换行）、CR（回车）、FF（换页）、DEL（删除）、BS（退格）、BEL（响铃）等；通信专用字符 SOH（文头）、EOT（文尾）、ACK（确认）等。它们并没有特定的图形显示，但会依不同的应用程序影响文本的显示。

ASCII 码值 32～126（共 95 个）是字符（32 是空格），其中 48～57 为 10 个阿拉伯数字 0～9，65～90 为 26 个大写英文字母，97～122 为 26 个小写英文字母，其余为一些标点符号、运算符号等，如表 1-9 所示，可以看出 ASCII 码具有以下特点：

1）最小的字符是 NUL（Space 键），最大的字符是 DEL（删除键）。

2）ASCII 码值为数字<大写字母<小写字母。

3）小写字母=大写字母+100000B，即小写字母=大写字母+32D。

表 1-9　ASCII 码表

ASCII 码值	控制字符	ASCII 码值	控制字符	ASCII 码值	控制字符	ASCII 码值	控制字符
0	NUL	32	（Space）	64	@	96	\
1	SOH	33	!	65	A	97	a
2	STX	34	"	66	B	98	b
3	ETX	35	#	67	C	99	c
4	EOT	36	$	68	D	100	d
5	ENQ	37	%	69	E	101	e
6	ACK	38	&	70	F	102	f
7	BEL	39	'	71	G	103	g
8	BS	40	(	72	H	104	h
9	HT	41	)	73	I	105	i
10	LF	42	*	74	J	106	j
11	VT	43	+	75	K	107	k
12	FF	44	,	76	L	108	l
13	CR	45	–	77	M	109	m
14	SO	46	.	78	N	110	n
15	SI	47	/	79	O	111	o
16	DLE	48	0	80	P	112	p
17	DCI	49	1	81	Q	113	q
18	DC2	50	2	82	R	114	r
19	DC3	51	3	83	X	115	s
20	DC4	52	4	84	T	116	t
21	NAK	53	5	85	U	117	u
22	SYN	54	6	86	V	118	v
23	TB	55	7	87	W	119	w
24	CAN	56	8	88	X	120	x
25	EM	57	9	89	Y	121	y
26	SUB	58	:	90	Z	122	z
27	ESC	59	;	91	[	123	{
28	FS	60	<	92	/	124	|
29	GS	61	=	93	]	125	}
30	RS	62	>	94	^	126	~
31	US	63	?	95	–	127	DEL

计算机内部用 1 字节（8 个二进制位）存储一个 7 位 ASCII 码，最高位置 0。内存按字节来编排地址，内存每一个存储单元即为 1 字节，可以存储一个 ASCII 码字符。

2. 汉字编码

汉字编码是为汉字设计的一种便于输入计算机的代码。由于电子计算机现有的输入键盘与英文打字机的键盘完全兼容，因此如何输入非拉丁字母的文字（包括汉字）便成了多年来人们研究的课题。汉字信息处理系统一般包括编码、输入、存储、编辑、输出和传输。其中，编码是关键，不解决这个问题，汉字就不能转换进入计算机。根据应用目的的不同，汉字编码分为外码、交换码、机内码和字形码。

（1）外码

外码又称输入码，是用键盘将汉字输入计算机中的编码方式。目前，常用的输入码有拼音码、五笔字型码、自然码、表形码、认知码、区位码和电报码等（一种好的输入码应具有编码规则简单、易学好记、操作方便、重码率低、输入速度快等优点），用户可根据自己的需要进行选择。

（2）交换码

为了满足国内在计算机中使用汉字的需要，中国国家标准总局发布了一系列的汉字字符集国家标准编码，统称为 GB 码。其中，最有影响的是于 1980 年发布的《信息交换用汉字编码字符集 基本集》（GB 2312—1980），因其使用非常普遍，也常称为国标码。GB 2312 编码通行于我国内地，是国家规定的用于汉字信息处理的标准。另外，新加坡等地也采用此编码。绝大多数的中文系统和国际化软件都支持 GB 2312。

GB 2312 是一个简体中文字符集，由 6763 个常用汉字和 682 个全角非汉字字符组成。其中，汉字根据使用的频率分为两级：一级汉字 3755 个，二级汉字 3008 个。

（3）机内码

根据国标码的规定，每一个汉字都有了确定的二进制代码。在微型计算机内部，汉字代码都使用机内码，在磁盘上记录汉字的代码也使用机内码。

机内码是汉字在计算机内的基本表示形式，是计算机对汉字进行识别、存储、处理和传输所用的编码。内码也是双字节编码，两个字节的最高位都为 1。计算机信息处理系统就是根据字符编码的最高位是 1 还是 0 来区分汉字字符和 ASCII 码字符的。

例如，汉字“大”的区号为 20，位号为 83，即“大”的区位码为 2083（0823H）；“大”的国标码为 2843H（0823H+2020H），机内码为 A8C3H（2843H+8080H）。

（4）字形码

字形码是汉字的输出码，输出汉字时采用图形方式，无论汉字的笔画多少，每个汉字都可以写在同样大小的方块中，通常用 16×16 点阵来显示汉字。点阵数越大，字形质量越高，字形码占用的字节数越多。

图 1-35 是“学”字的 16×16 点阵字形。黑色小正方形可以表示一个二进制位的信息 1，白色小正方形表示二进制位的信息 0。例如：

按 32×32 点阵存放两级汉字的汉字库，需要占用的字节为

$$32\times32\times6763/8=865664\text{B}\approx845\text{KB}$$

所以，大约需要 845KB 的空间来存放该汉字。

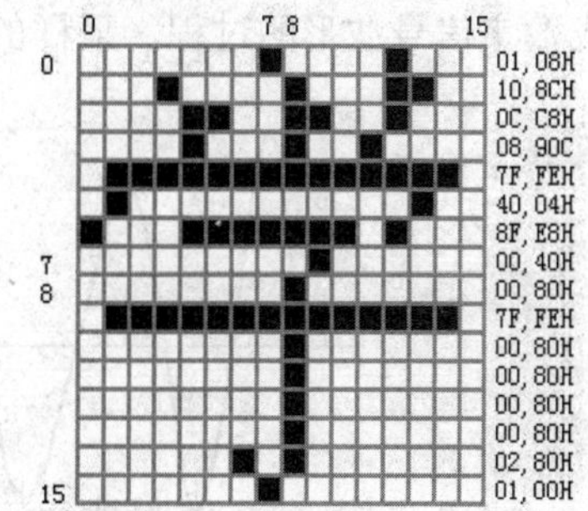

图 1-35 “学”字的 16×16 点阵字形

（三）计算机中图形和声音的表示

具有多媒体功能的计算机除了可以处理数值和字符信息外，还可以处理图形和声音信息。在计算机中，图形和声音的使用能够增强信息的表现能力。下面将讨论计算机中图形和声音信息的表示方法。

1. 图形的表示方法

计算机通过指定每个独立的点（或像素）在屏幕上的位置来存储图形，最简单的图形是单色图形。单色图形包含的颜色仅仅有黑色和白色两种。为了理解计算机怎样对单色图形进行编码，可以考虑将一个网格叠放到图形上。网格将图形分成若干单元，每个单元相当于计算机屏幕上的一个像素。对于单色图形，每个单元（或像素）都标记为黑色或白色。如果图像单元对应的颜色为黑色，则在计算机中用 0 来表示；如果图像单元对应的颜色为白色，则在计算机中用 1 来表示。网格的每一行用一串 0 和 1 来表示，如图 1-36 所示。

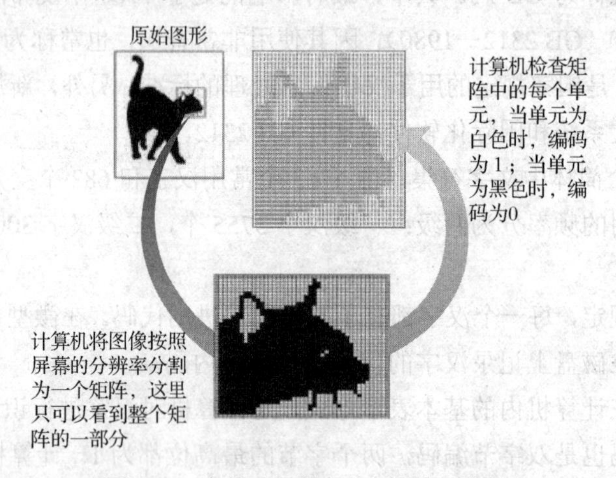

图 1-36 存储一幅单色位图图像示意图

2. 声音的表示方法

通常，声音是用一种模拟（连续的）波形来表示的，该波形描述了振动波的形状。如图 1-37 所示，表示一个声音信号有 3 个要素，分别是基线、周期和振幅。

声音的表示方法是以一定的时间间隔对音频信号进行采样，并将采样结果进行量化，转化为数字信息的过程，如图 1-38 所示。声音的采样是在数字模拟转换时，将模拟波形分割成数字信号波形的过程，采样的频率越大，所获得的波形越接近实际波形，即保真度越高。

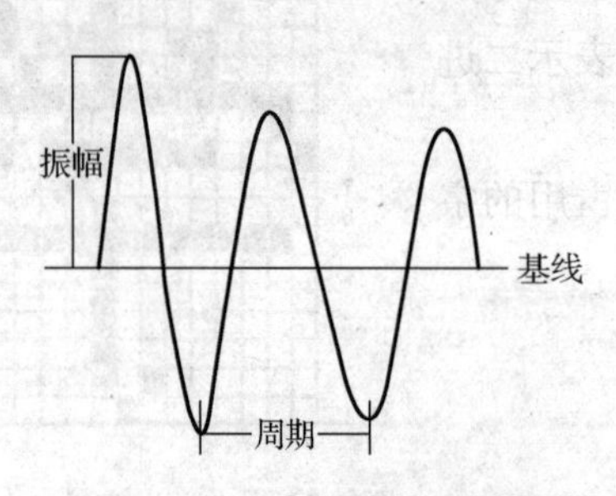

图 1-37 声音信号的三要素

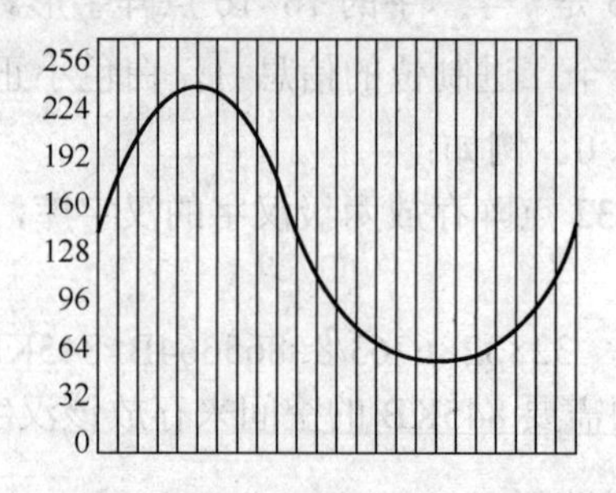

图 1-38 声音信号的采集和量化

这里讲述了声音信息最基本的表示方法，关于更进一步的介绍，请学生参阅多媒体技术的有关资料。

本任务主要介绍数据在计算机中的表示和存储，不再设置任务实施。

项目二　Windows 7 操作系统安装与应用

操作系统（operation system，OS）是计算机软件系统中最主要、最基本的系统软件。在各种操作系统中，微软公司推出的 Windows 操作系统有着极其重要的地位，其中，Windows 7 操作系统在用户个性化、应用服务、娱乐视听等方面增加了很多特色功能，支持大部分常用软件，在许多行业的计算机系统中有着广泛的应用。因此，本项目以 Windows 7 操作系统为例来介绍 Windows 操作系统的基础知识和个性化设置。

【学习目标】

1. 了解操作系统的功能和分类。
2. 了解常用的操作系统。
3. 掌握 Windows 7 操作系统的基本操作，如任务栏、“开始”菜单、窗口和对话框的设置等。
4. 掌握管理文件和文件夹的方法。
5. 掌握管理 Windows 7 操作系统的方法。
6. 掌握 Windows 7 操作系统中软、硬件的管理与维护方法。

任务一　认识操作系统

子任务一　了解操作系统

任务导入

小明是大一新生，由于专业需求，小明想要买一台属于自己的计算机。为了选择一台适合自己使用且性价比高的计算机，小明首先需要深入了解操作系统的概念、功能、分类、特征等知识。

相关知识

一、操作系统的概念

操作系统是系统软件的核心，它负责计算机系统的管理和控制，是其他系统软件和应用软件的基础。它是管理和控制计算机所有的硬件和软件资源的一组程序，并根据用户的需求进行合理、有效的资源分配，使计算机充分发挥其强大的功能，其性能直接决定了整个计算机系统的性能。操作系统是计算机硬件基础上的第一层软件，位于所有软件的最内层，负责所有硬件的分配、控制和管理，使硬件在操作系统的控制下正常、有效地工作。所有软件都需要在操作系统的支持下工作，操作系统为其他软件提供了一个良好的运行环境。操作系统是整个系统的中枢神经和控制中心，是用户与计算机之间交互的桥梁，是软件与硬件之间的接口，是整个计算机系统不可缺少的系统软件。

二、操作系统的功能

操作系统对计算机资源进行控制和管理的功能主要包括进程管理、存储管理、文件管理、设备管理、作业管理。

1. 进程管理

进程是程序在计算机上的一次执行活动，它是操作系统进行资源分配的单位。当用户运行一个程序时，就启动了一个进程。也就是说，进程是动态的，而程序是指令的集合，是静态的。进程管理是操作系统中最主要、最复杂的管理，它描述和管理程序的动态执行过程。计算机具有允许多个程序分时执行，各部件并行工作及系统资源共享等功能，从而使进程管理更为复杂和重要。它主要包括进程的组织、进程的状态、进程的控制、进程的调度和进程的通信等控制管理功能。

2. 存储管理

存储管理主要是指针对内存的管理。它的主要任务是分配内存空间，保证各作业占用的存储空间不发生矛盾，并使各作业在自己所属的存储区中互不干扰。

3. 文件管理

文件是指存储在磁盘上的信息的集合，包括文字、图形、图像、声音、视频和程序等。计算机是以文件的形式来存储信息的。文件管理是指操作系统对信息资源的管理。操作系统中负责存取和管理信息的部分称为文件系统。在文件系统的管理下，用户可以方便地对文件进行存储、检索、更新、共享和保护等。

4. 设备管理

设备管理负责管理各类外围设备（又称外部设备，简称外设），包括中断处理，输入、输出程序设计，设备的驱动，外设的分配、启动和故障处理等。合理使用外设，可提高 CPU 和设备的利用率。当用户程序使用外设时，必须提出要求，由操作系统负责驱动外设，待操作系统进行统一分配后方可使用。

5. 作业管理

每个用户请求计算机系统完成的一个独立的操作称为作业。作业管理就是对作业的执行情况进行系统管理的程序集合，包括作业的输入和输出、作业的调度与控制（即根据用户的需要，控制作业运行的步骤）。

三、操作系统的分类

在计算机的发展过程中，为满足不同的需求而产生了不同的操作系统。按操作环境和使用方式的不同可分为以下几种。

1）单用户操作系统。计算机在某个时间内只为一个用户服务，此用户独占系统资源。

它又可分为单用户单任务操作系统（如 DOS）和单用户多任务操作系统（适合个人计算机）。

2）多道批处理操作系统（batch processing operating system）。多道批处理操作系统可将用户提交的作业成批地送入计算机，由作业调度选择适当的作业运行。在计算机系统中，多个作业同时存在，CPU 轮流执行各个作业。如果调度得当、搭配合理，这种操作系统可以极大地提高系统的吞吐量和资源的利用率。

3）分时操作系统（time-sharing operating system）。分时操作系统采用时间片轮转调度策略，CPU 将每个处理数据的周期分为若干时间片，一台主机可挂接若干终端。在一个周期内，每个终端用户每次可以使用一个时间片，CPU 轮流为各个终端用户服务，一个任务在一个周期的时间片内没有完成，则需等到下一周期的时间片，实现多个用户分时轮流使用一台主机系统，大大提高了主机系统的效率。

4）实时操作系统（real time operating system）。实时操作系统能够对外部随机出现的信息进行及时的响应和处理，并在指定的时间内做出反应。实时操作系统控制系统中的所有设备协调一致地运行。按使用方式不同，实时操作系统又可分为实时控制系统和实时信息处理系统。

5）网络操作系统（network operating system）。网络操作系统是基于计算机网络的操作系统，它既要为本机用户提供服务，又要为网络用户使用本机资源提供服务，使异地用户可以突破地理条件的限制，方便地使用远程计算机资源，实现网络环境下计算机之间的通信和资源共享，并解决网络传输、仲裁冲突等，如 Novell NetWare、Windows NT、Windows 2003 等均为网络操作系统。

6）分布式操作系统（distributed operating system）。分布式操作系统指通过网络将大量计算机连接在一起，可以将一个任务分解为若干能够并行执行的子任务，分布到网络中的不同计算机上并行执行，使系统中的各台计算机相互协作共同完成一个任务，以充分利用网上计算机的资源优势，并获取极高的运算能力的系统。分布式操作系统负责整个系统的资源管理、任务划分、信息传输，并为用户提供一个统一的界面和接口。它与网络操作系统最大的区别在于，其所管理的计算机系统中各结点的计算机并无主次之分。

7）嵌入式操作系统（embedded operating system）。嵌入式操作系统是一种用途广泛的系统软件，负责嵌入系统的全部软、硬件资源的分配、调度工作，控制协调并发活动。它能体现其所在系统的特征，能够通过装卸某些模块来达到系统所要求的功能。其主要应用于工业控制和国防系统领域。随着 Internet 技术的发展、信息家电的普及应用和嵌入式操作系统的微型化和专业化，其开始从单一弱功能向高专业化强功能方向发展。嵌入式操作系统在系统实时高效性、硬件相关依赖性、软件固态化及应用的专用性等方面具有较为突出的特点。

小知识

嵌入式系统一般指非个人计算机系统，有计算机功能但又不称为计算机的设备或器材。它是以应用为中心，软、硬件可裁减的，适应应用系统对功能、可靠性、成本、体积、功耗等综合性严格要求的专用计算机系统。简单地说，嵌入式系统集系统的应用软件与硬件于一体，具有软件代码小、高度自动化、响应速度快等特点，特别适合于要求实时和多任务的体系。

四、操作系统的特征

1）并发性，即在计算机中可以同时执行多个程序。

2）共享性，即多个并发执行的程序可以共享系统资源。

3）虚拟性，即把逻辑部件和物理实体有机结合为一体的处理技术。

4）不确定性，即在多道程序系统中，由于系统共享资源有限，并发程序的执行受到一定的制约和影响，程序运行顺序、运行结果和完成时间都具有不确定性。

本任务主要介绍操作系统的相关知识，不再设置任务实施。

子任务二　安装 Windows 7 操作系统

任务导入

在一台已经组装好硬件的裸机上，利用光盘镜像文件安装 Windows 7 操作系统，并安装声卡、网卡等驱动程序。

相关知识

一、Windows 操作系统的发展历史

Microsoft Windows 是美国微软公司于 1985 年推出的图形界面操作系统，最初是 Microsoft-DOS 模拟环境。由于微软公司不断地对系统更新升级，后续的 Windows 系统版本简单、易用，逐渐成为人们喜爱的操作系统。Windows 采用了图形化模式，与 DOS 需要键入指令的使用方式相比更为人性化。随着计算机硬件和软件的不断更新升级，微软公司的 Windows 系统也在不断升级，如架构从 16 位、32 位到 64 位，版本从最初的 Windows 1.0 到人们熟知的 Windows 95、Windows 98、Windows ME、Windows 2000、Windows 2003、Windows XP、Windows Vista、Windows 7、Windows 8、Windows 8.1、Windows 10、Windows Server（企业级操作系统）。其中，比较具有代表性的是 Windows 95、Windows 98、Windows XP 和 Windows 7 操作系统。Windows 7 操作系统的外观更加美观，且改善了 Windows Vista 操作系统的一些不足。Windows 7 操作系统允许用户在任务栏中固定软件及快速浏览公开软件的预览版本，且增加了在开放应用程序中发布流行任务快捷键的功能，并且可以快速组织窗口。

二、其他常见操作系统

操作系统有多种，除了 Windows 系列，还有 Microsoft-DOS 模拟环境、UNIX 类操作系统、Linux 类操作系统、Mac OS 等。随着智能手机的普及，iOS、Android 等手机操作系统也越来越多地被人们所认识。其中，Android 是 Google 基于 Linux 平台的开源手机操作系统。该平台由操作系统、中间件、用户界面和应用软件组成，是为移动终端打造的开放式的移动软件。

1. DOS

DOS 是最原始的操作系统。从 1981 年问世至今，DOS 经历了 7 次大的版本升级，即从 1.0 版到 7.0 版，不断地改进和完善。DOS 最初是微软公司为 IBM-PC 开发的操作系统，它对硬件平台的要求很低，适用性较广。DOS 有众多通用软件支持，如各种语言处理程序、数据库管理系统、文字处理软件、电子表格等。

2. Mac OS

Mac OS 被称为界面最漂亮的操作系统，它是美国苹果计算机公司为其 Macintosh 系列计算机设计的操作系统，该机型于 1984 年推出。Mac OS 率先采用了一些新技术，如图形用户界面、多媒体应用、鼠标等。Macintosh 系列计算机在出版、印刷、影视制作和教育等领域有着广泛的应用。

3. UNIX 操作系统

1969 年，UNIX 操作系统在贝尔实验室诞生，其最初应用于中小型计算机。该系统的特点为短小精干、系统开销小、运行速度快。UNIX 操作系统为用户提供了一个分时系统以控制计算机的活动和资源，并且提供一个交互灵活的操作界面。UNIX 操作系统能够同时运行多进程，支持用户之间共享数据。同时，其还支持模块化结构，当安装 UNIX 操作系统时，只需要安装自己需要的部分即可。用户界面同样支持模块化原则，互不相关的命令能够通过“管道”相连接，用于执行非常复杂的操作。

4. Linux 操作系统

Linux 操作系统是一种自由和开放源码的类 UNIX 操作系统。目前，存在许多不同的 Linux 版本，但它们都使用了 Linux 内核。Linux 操作系统可安装在各种计算机硬件设备中，如手机、平板计算机、路由器、视频游戏控制台、台式计算机、大型机和超级计算机。世界上运算最快的 10 台超级计算机运行的都是 Linux 操作系统。严格来讲，Linux 这个词本身只表示 Linux 内核，但实际上人们已经习惯用 Linux 来形容整个基于 Linux 内核，并且使用 GNU 工程各种工具和数据库的操作系统。

5. Android 操作系统

Android（安卓）操作系统是一种基于 Linux 的开放源代码开发的操作系统，主要应用于移动设备，如智能手机和平板计算机等。Android 操作系统最初由 Andy Rubin 开发，主要支持智能手机。2007 年 11 月，Google 与多家硬件制造商、软件开发商及电信营运商组建开放手机联盟共同研发改良 Android 操作系统。2008 年 10 月，第一部 Android 智能手机发布，之后 Android 的应用逐渐扩展到平板计算机及电视、数码照相机、游戏机等设备。目前，Android 操作系统是智能手机上主要使用的操作系统。

6. iOS

iOS 是由苹果公司开发的移动设备操作系统，于 2007 年发布第一版。iOS 最初是为设计 iPhone 开发的，后来陆续应用到 iPod touch、iPad 及 Apple TV 等苹果产品上。iOS 与 Mac OS 都是基于 UNIX 操作系统的，属于类 UNIX 的商业操作系统。由于 iOS 主要针对苹果公司的产品开发，因此其并不支持其他公司的移动终端。

任务实施

一、安装 Windows 7 操作系统

安装系统是指对计算机的操作系统进行安装。用户新购买的计算机需要安装操作系统。当用户误操作或计算机受到病毒的破坏，使系统中的重要文件受损，导致系统错误甚至崩溃无法启动时，也需要重新安装操作系统。在重新安装操作系统之前，需要将计算机中的重要资料备份或转移到其他盘（一定不能放到 C 盘）。

安装 Windows 7 操作系统有 3 种方法，即用安装光盘引导系统安装、从现有系统中全新安装、从现有系统中升级安装。

Windows 7 操作系统开始安装后，其安装向导将引导用户完成一些选择。用户首先要做出的决定是选择从当前的操作系统升级，还是执行一次全新安装。升级安装就是在已经运行了 Windows 系列操作系统的机器上安装 Windows 7 操作系统，而全新安装是删除以前的系统或在一个没有安装过操作系统的磁盘或磁盘分区上安装 Windows 7 操作系统。

Windows 7 操作系统作为 Windows Vista 操作系统的升级版，允许使用 Windows Vista 操作系统的用户执行升级安装。但各发行版原则上只可升级到与之相对应的 Windows 7 操作系统。具体情况参照表 2-1。

表 2-1 Windows Vista 各版本升级路径

Windows Vista 各版本	Windows 7 各版本				
	初级版	家庭普通版	家庭高级版	专业版	企业/旗舰版
家庭普通版	×	√	√	×	×
家庭高级版	×	×	√	×	×
商业版	×	×	×	√	×
旗舰版	×	×	×	×	√
企业版	×	×	×	×	√

注：表中√表示可以升级，×表示无法升级。

全新安装 Windows 7 操作系统与升级安装方式的过程基本相似，只不过用户在选择安装方式的对话框中单击“全新”按钮即可，在安装期间用户必须执行一些选择，这都由安装向导引导用户一步一步完成。

二、安装驱动程序

驱动程序是一种允许计算机与硬件或设备之间进行通信的软件，如果没有驱动程序，连接到计算机的硬件（如显卡或打印机）将无法正常工作。因此，为计算机安装操作系统后，要使计算机各硬件正常工作，通常需要为这些硬件安装驱动程序。安装驱动程序是在操作系统安装完成之后、应用软件安装之前进行的。只有为硬件正确安装驱动程序之后，才能保证硬件设备的正常工作，计算机才能发挥其作用。

1. 驱动程序的获取

在安装驱动程序前，首先介绍如何找到相应的驱动程序。大多数情况下，Windows 操作

系统会附带驱动程序，也可以通过“控制面板”中的 Windows Update 功能检查是否有更新来查找驱动程序。如果 Windows 操作系统没有提供所需的驱动程序，则转到 Windows 兼容中心网站，其中列出了数千种设备的驱动程序，可直接通过单击链接下载驱动程序。另外，在购买计算机硬件时，通常会附带一张驱动程序的光盘，用户可使用该光盘进行安装，或在硬件制造商的网站上找到相应的驱动程序进行安装。当硬件使用一段时间后，需对驱动程序进行更新，以便更好地发挥其性能。计算机的主要硬件驱动程序有主板、显卡、网卡和声卡等。

2. 安装驱动程序的顺序

一般当操作系统安装完毕后，可以根据具体需要来安装硬件设备的驱动程序。

1）安装顺序。一般按照“主板驱动→显卡驱动→声卡驱动→网卡驱动→外设驱动”的顺序来安装，这样可以防止在安装驱动程序时出现死机、蓝屏或冲突等异常情况。

2）驱动程序的版本。安装驱动一般新版本优先。这是因为一般来说新版驱动比旧版驱动运行性能更好。通常情况下，厂商提供的驱动优先于公用版的驱动。

3. 驱动程序的安装方法

驱动程序的安装方法主要包括以下几种。

（1）通过 Setup.exe 自动安装

利用硬件附带的驱动程序光盘，直接运行 Setup.exe 安装程序即可。全过程除单击“下一步”按钮和选择路径之外，基本是自动完成的。如果没有驱动安装盘，且不清楚硬件具体型号，可以通过 Everest 等检测软件识别，根据识别结果利用搜索引擎查找或直接登录硬件官方网站下载对应的驱动安装程序或驱动包。

（2）通过驱动包手动安装

在“设备管理器”中右击“需要安装或更新驱动的设备”，在弹出的快捷菜单中选择“更新驱动程序”命令，弹出“硬件更新向导”对话框，选择“在这些位置上搜索最佳驱动程序”选项，选中“在搜索中包含这个位置”复选框，定位到驱动包（一般是需要解压的.zip 或.Far 文件）的解压缩文件夹（一般包含.sys、.cat、.inf 扩展名的系统配置文件），单击“确定”按钮后系统会在此文件夹中搜索驱动并安装。

（3）通过主动选择的方法强制安装

例如，采用 IDE 兼容模式安装系统后，磁盘控制器在“设备管理器”的 IDE ATA/ATAPI 控制器中被识别为“Storage Controller”。Intel Matrix 驱动中包含一个系列南桥芯片组（一般包含 ICH7R/ICH8R/ICH9R/ICH10R 系列）的 AHCI 和 RAID 控制器驱动，支持 ACHI 的 Intel 芯片组。若在 Windows 操作系统中自动安装该驱动后仍然无法自动识别 SATAII 设备，则需要采用主动选择的方法强制安装。

子任务三 启动和退出 Windows 7 操作系统

任务导入

学生在使用计算机的过程中，经常会强制关机。因此，要求学生掌握正确的开机、关机方法，养成良好的计算机使用习惯。

相关知识

一、Windows 的启动

按下计算机主机面板上的电源开关后，系统开始自检，自检成功后计算机开始启动 Windows 操作系统，如图 2-1 所示。

图 2-1　开机启动界面

启动完成后，出现欢迎界面，随后显示器屏幕上显示 Windows 桌面，表示 Windows 启动成功。如果本计算机设置了用户密码，则系统会提示用户选择用户名和输入密码，确认无误后进入 Windows 桌面，此时 Windows 启动成功。

二、Windows 的退出

关闭计算机系统之前要将重要的数据、文件等进行保存，关闭已经启动的软件，再退出 Windows。如果强行关闭电源，则有可能会破坏正在运行的应用程序和一些没有保存的文件。

Windows 的退出通常按以下步骤进行。

1）关闭所有正在运行的应用程序。

2）选择“开始”→“关机”命令。

Windows 7 系统中提供了关机、切换用户、注销、锁定、重新启动、休眠和睡眠等功能，用户可以根据自己的需要进行选择。操作方法：打开“开始”菜单，单击“关机”按钮右侧的小三角按钮，选择相应的命令即可。

正常关机：Windows 将保存设置并关闭电源。

切换用户：使当前用户退出系统返回用户登录界面，重新选择新用户身份登录。

注销：Windows 7 系统提供多个用户共同使用计算机操作系统的功能，每个用户可以拥有自己的工作环境，用户可以采用“注销”命令来进行用户环境的退出。

锁定：当用户暂时不使用计算机但又不希望别人操作自己的计算机时，可以将计算机锁定。若用户要再次使用计算机，则只需输入用户密码即可进入系统。

重新启动：计算机将退出 Windows，但不关闭电源，直接重新启动。

休眠/睡眠：Windows 7 系统提供了休眠和睡眠两种待机模式，它们的相同点是计算机电源都是打开的，保存当前系统的状态。当需要使用时，唤醒计算机即可进入之前的使用状态，在暂时不适用系统时起到省电的作用。这两种方式的不同点在于，在休眠模式下，系统的状态保存在磁盘中；在睡眠模式下，系统的状态保存在内存中。

任务实施

一、启动 Windows

请学生进行 Windows 的启动操作，并说明开机的步骤。

二、退出 Windows

请学生分别使用关机、切换用户、注销、锁定、重新启动、休眠、睡眠命令操作计算机，说明这几个命令的功能。

任务二　个性化设置

子任务一　设置 Windows 7 操作系统桌面

任务导入

Windows 7 操作系统提供了丰富的桌面设置功能，包括设置桌面背景、优化桌面图标等。下面利用 Windows 7 操作系统提供的功能进行桌面设置。

1）设置桌面主题为“Aero 主题”中的“Windows 7”效果。

2）从 Windows 7 操作系统自带图片中挑选 4 张照片，以照片每隔 10min 播放的形式设置个性化桌面背景。

3）在桌面上添加画图工具的快捷方式图标，并将桌面图标按照名称方式排列。

4）将桌面上不常用的图标删除。

5）利用控制面板为用户账户“个人”设置用户名和开机密码，并体验锁屏设置。

6）更改系统日期，修改为 2020 年 10 月 20 日。

7）利用控制面板卸载爱奇艺视频软件。

相关知识

桌面是打开计算机并登录 Windows 系统之后看到的主屏幕区域，它是用户工作的平台。打开程序或文件夹时，所打开内容便会出现在桌面上。另外，用户可以将一些项目（如文件和文件夹）放在桌面上，并进行排列。桌面一般有常用应用程序的图标、“开始”按钮、任务栏等，如图 2-2 所示。

图 2-2　Windows 桌面

一、桌面图标

图标是代表文件、文件夹、程序和其他对象的小图片及相应文字说明。其中，左下角带箭头的图标是快捷方式图标。首次启动 Windows 系统时，在桌面上至少包含一个回收站图标。双击桌面图标会打开相应的对象。

1. 创建图标

右击桌面上的空白区域，在弹出的快捷菜单中选择“新建”命令，利用其子菜单即可创建不同类型的图标。

2. 删除图标

右击图标，在弹出的快捷菜单中选择“删除”命令即可。如果该图标是某程序快捷方式，则只会删除该快捷方式，原始程序不会被删除。

3. 移动图标

一般，图标排列在 Windows 系统桌面左侧。为了使用方便，Windows 系统提供多种排列方式，右击桌面上的空白区域，在弹出的快捷菜单中选择“排列方式”命令，可以根据需要按名称、项目类型等进行排列，还可以让 Windows 系统自动排列图标。右击桌面上的空白区域，在弹出的快捷菜单中选择“查看”→“自动排列图标”命令，Windows 系统自动将图标排列在左侧并将其锁定在此位置。若要解除对图标的锁定，则再次选择“自动排列图标”命令即可。

4. 隐藏图标

如果要临时隐藏所有桌面图标，则右击桌面上的空白区域，在弹出的快捷菜单中选择“查看”→“显示桌面图标”命令，清除其复选标记，桌面上将不再显示任何图标。可以通过再次选择“显示桌面图标”命令来显示图标。

5. 选中多个图标

如果要一次移动或删除多个图标，必须首先选中这些图标。单击桌面上的空白区域并拖动鼠标，用出现的矩形框选所需图标，然后释放鼠标，即可选中这些图标。

6. 回收站

回收站用于存储用户删除的对象，双击桌面上的“回收站”图标，打开“回收站”窗口，可以看见用户放入其中的对象，这些对象并没有真正从计算机中删除。回收站实际上是系统在磁盘中预留的空间，其容量默认为驱动器总容量的10%。对于回收站中的对象可进行两种操作：一是“还原”，可将选中的对象从回收站还原到该对象原来的位置，即取消对对象的删除操作；二是“删除”，表示从回收站中删除该对象。如果要一次性删除回收站中的所有对象，可使用“清空回收站”命令。

二、“开始”菜单

“开始”菜单是计算机程序、文件夹和设置的主门户，是执行程序常用的方式。“开始”菜单中包含用户能够快速、方便地开始工作的命令，可以协助完成用户需要做的操作。“开始”菜单可执行下列常见的操作：启动程序，打开常用文件夹，搜索文件、文件夹和程序，调整计算机设置，获取有关 Windows 操作系统的帮助信息，关闭计算机，注销 Windows 或切换到其他用户账户。“开始”菜单分为 3 个基本部分：

1）左侧窗格区域显示计算机上常用程序的列表。单击“所有程序”按钮，可显示程序的完整列表。用鼠标指针指向某一程序后单击，即可启动该程序。

2）左侧窗格区域底部是搜索框，通过键入搜索项可在计算机上查找程序和文件。

3）右侧窗格区域提供对常用文件夹、文件、设置和功能的访问。在这里还可注销 Windows 或关闭计算机。

三、任务栏

任务栏是位于屏幕底部的水平长条。与桌面不同的是任务栏始终可见，无论何时打开程序、文件夹或文件，Windows 都会在任务栏上创建对应的按钮，表示已打开程序的图标，而桌面会被打开的窗口覆盖。它主要由 4 个部分组成：

1）“开始”按钮，用于打开“开始”菜单。

2）快速启动栏，单击该区域的一个按钮，就会快速打开相应的应用程序，并使其成为当前窗口。

3）活动任务区，显示已打开的程序和文件，并可以在它们之间进行快速切换。

4）通知区域，包括时钟、音量、网络及通知特定程序和计算机设置状态的图标。

四、Windows 7 操作系统窗口

Windows 7 操作系统的界面除桌面外还包括窗口和对话框。Windows 7 操作系统的窗口分为 3 类：对象窗口、文本窗口和应用程序窗口。窗口的操作主要包括以下内容：

1）移动窗口。将鼠标指针指向窗口的标题栏，按住鼠标左键并拖动鼠标到目标位置，即可移动窗口。

2）改变窗口。将鼠标指针指向窗口的边框或角，当鼠标指针变成双向箭头时，拖动鼠标，即可改变窗口的大小。

3）滚动窗口内容。将鼠标指针指向窗口滚动条的滑块，拖动鼠标，即可滚动窗口中的内容。另外，也可以通过单击滚动条上的上、下箭头来向上或向下滚动显示窗口中的内容。

4）最小化窗口。单击“最小化”按钮，窗口在桌面上消失，以图标形式保留在任务栏上。最小化窗口时，程序将在后台运行。

5）最大化窗口。单击“最大化”按钮或双击窗口标题栏，窗口扩大到整个桌面。此时，最大化按钮变成“还原”按钮。

6）恢复窗口（或称还原）。当窗口处于最大状态时，此按钮可用。单击它可使窗口恢复成原来大小。

7）关闭窗口。关闭窗口后，对应的程序将从内存中卸载，窗口也从屏幕上消失，任务栏上对应的图标同时消失。

小知识

已最大化的窗口无法调整大小，必须先将其还原。另外，多数窗口可最大化和调整大小，但对话框不可调整大小。

五、菜单和工具栏的操作使用

（1）菜单的类型及组织

常见的菜单可分为 4 种类型：“开始”菜单、窗口控制菜单、窗口菜单和快捷菜单。窗口菜单栏由多个菜单组成，其他 3 种菜单均为单一菜单。

（2）打开菜单

菜单中的每一个项对应于 Windows 的一个命令，使用户不必记忆命令，操作更加简单。常用菜单的打开方式如下：

1）“开始”菜单。单击“开始”按钮，或按 Windows 键。

2）窗口控制菜单。单击标题栏的控制图标，或右击标题栏即可。

3）窗口菜单。单击菜单名或同时按下 Alt 键和菜单名右侧带下划线的英文字母，如按 Alt+I 组合键可以打开写字板的“插入”菜单。

4）快捷菜单。右击当前选项，即可打开该选项的创建快捷方式菜单。

（3）菜单中命令的特征

1）带“…”的命令：表示执行命令后会打开一个对话框，要求用户选择或输入信息。

2）带“√”标记的命令：表示该命令有效。

3）带“●”标记的命令：表示该命令被选中，一个分组菜单中有且只有一个选项带有“●”。

4）带组合键的命令：组合键是该命令的快捷键。直接按组合键就能执行相应的命令。

5）带右向箭头“▸”的命令：表示当鼠标指针指向时，会打开一个子菜单。

6）暗灰色命令：表示目前不可选用。

7）带下划线字母的命令：表示当其所在菜单激活时，在键盘上按下该字母即可执行命令。

（4）菜单命令的执行方式

1）菜单法：打开菜单选择相应命令即可。

2）工具栏法：如果在工具栏上有该命令对应的按钮，则可单击该按钮。

3）快捷菜单法：在快捷菜单中选择命令。

4）快捷键法：在不打开菜单的情况下，直接使用快捷键。

六、剪贴板的使用

剪贴板是 Windows 7 内存中的一块临时存储区域，用于在程序和文件之间传递信息，是一个非常有用的工具。剪贴板可以存储文本、图像、声音等信息。通过剪贴板可以对文件或文件夹进行移动或复制操作，也可以将文件的正文、图像和声音粘贴在一起，形成一个图文声并茂的文档。

任务实施

一、设置个性化桌面主题效果

1）右击桌面上的空白区域，在弹出的快捷菜单中选择“个性化”命令，打开“个性化”窗口，如图 2-3 所示。

图 2-3 “个性化”窗口

2）在“Aero 主题”中选择“Windows 7”选项，观察桌面主题的变化。

二、桌面背景设置

1）打开“个性化”窗口，单击“桌面背景”链接，打开“桌面背景”窗口。

2）在“图片位置”下拉列表框中选择“Windows 桌面背景”选项，此时下面的列表框中会显示场景、风景、建筑、人物、中国和自然 6 个图片分组的 36 张精美图片，选中“中国”分组中的 4 张图片，如图 2-4 所示。

3）在 Windows 7 操作系统中，桌面背景有 5 种显示方式，分别为填充、适应、拉伸、平铺和居中。用户可以在“选择桌面背景”选项组左下角的“图片位置”下拉列表框中选择需要的选项，这里选择“填充”选项。在“更改图片时间间隔”下拉列表框中选择“10 分钟”选项。

4）设置完毕后单击“保存修改”按钮，观察桌面背景的变化。

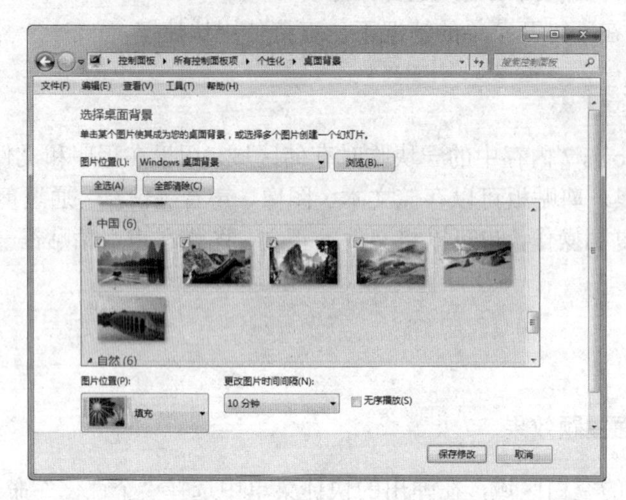

图 2-4　设置桌面背景

三、设置桌面图标

用户可以将常用应用程序的快捷方式放置在桌面上。以添加画图工具的桌面快捷方式为例，具体操作步骤如下：

1）选择“开始”→“所有程序”→“附件”命令，打开“附件”列表。

2）右击画图工具，在弹出的快捷菜单中选择“发送到”→“桌面快捷方式”命令，如图 2-5 所示。

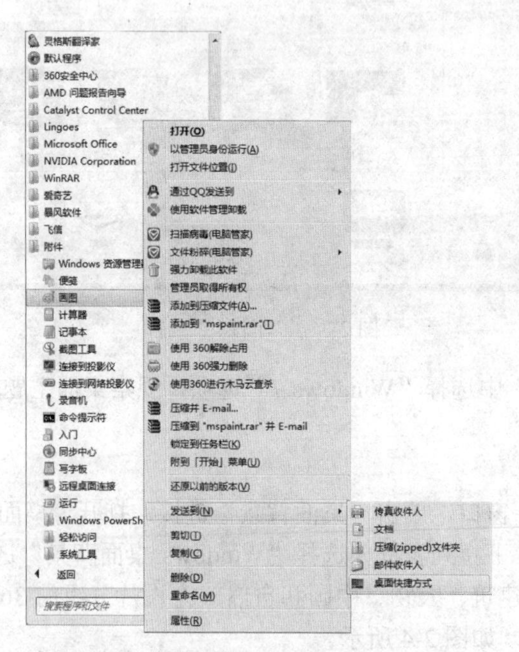

图 2-5　选择“桌面快捷方式”命令

3）返回桌面，可以看到桌面上已经新增加了一个画图工具的快捷方式图标。

四、删除桌面图标

例如，将“画图”图标删除，具体操作步骤如下：

1）右击“画图”图标，在弹出的快捷菜单中选择“删除”命令。

2）弹出删除快捷方式提示对话框，询问“您确定要将此快捷方式移动到回收站吗？”，单击“确定”按钮即可。

双击桌面上“回收站”图标，打开“回收站”窗口，可以看到删除的“画图”图标已经在该窗口中。如果要彻底删除，则在“回收站”窗口中选中要删除的图标按 Delete 键。

五、设置用户名和密码

1）由于计算机中没有“个人”账户，因此先新建用户账户。选择“开始”→“控制面板”命令，打开“控制面板”窗口，在“用户账户和家庭安全”选项组中单击“添加或删除用户账户”链接，打开“管理账户”窗口，如图 2-6 所示。

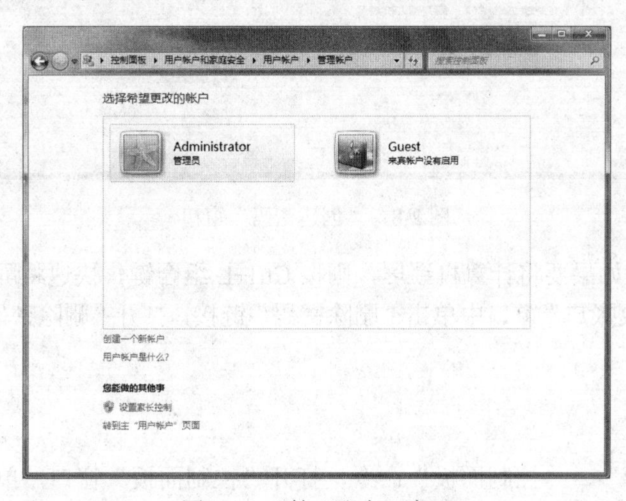

图 2-6　“管理账户”窗口

2）单击“创建一个新账户”链接，打开“创建新账户”窗口，在“该名称将显示在欢迎屏幕和「开始」菜单上”文本框中输入要创建的用户账户名称，这里输入“个人”，选中“标准用户”单选按钮，单击“创建账户”按钮，效果如图 2-7 所示。

图 2-7　添加账户效果

3）单击“个人”账户，打开“更改账户”窗口，单击“创建密码”链接，打开“创建密码”窗口，如图 2-8 所示。在“新密码”和“确认新密码”文本框中输入要创建的密码，在“键入密码提示”文本框中输入密码提示，单击“创建密码”按钮。

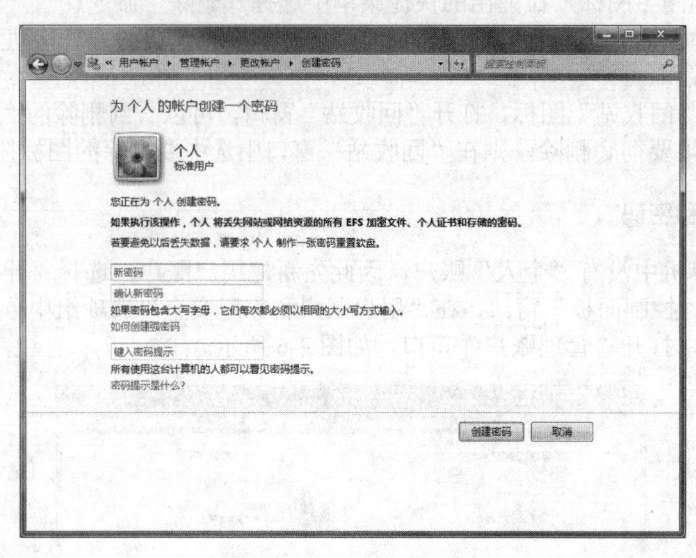

图 2-8 “创建密码”窗口

4）设置密码后如果要将计算机锁屏，则按 Ctrl+L 组合键，快速将屏幕锁定。如果要删除密码，则在“更改账户”窗口中单击“删除密码”链接，打开“删除密码”窗口，单击“删除密码”按钮即可。

六、修改系统时间

1）选择“开始”→“控制面板”命令，打开“控制面板”窗口，单击“时钟、语言和区域”链接，打开“时钟、语言和区域”窗口，单击“设置时间和日期”链接，弹出“日期和时间”对话框，如图 2-9 所示。

2）单击“更改日期和时间”按钮，弹出“日期和时间设置”对话框，选择要设置的日期“2020 年 10 月 20 日”，如图 2-10 所示。

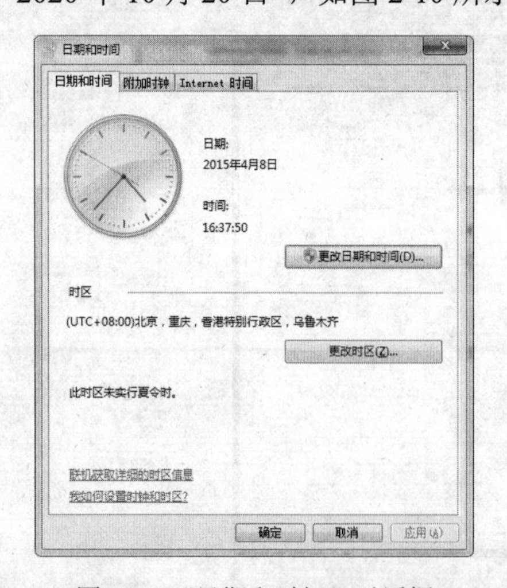

图 2-9 “日期和时间”对话框

图 2-10 “日期和时间设置”对话框

七、卸载软件

1）选择“开始”→“控制面板”命令，打开“控制面板”窗口，单击“程序”选项组中的“卸载程序”链接，打开“程序和功能”窗口，如图 2-11 所示。

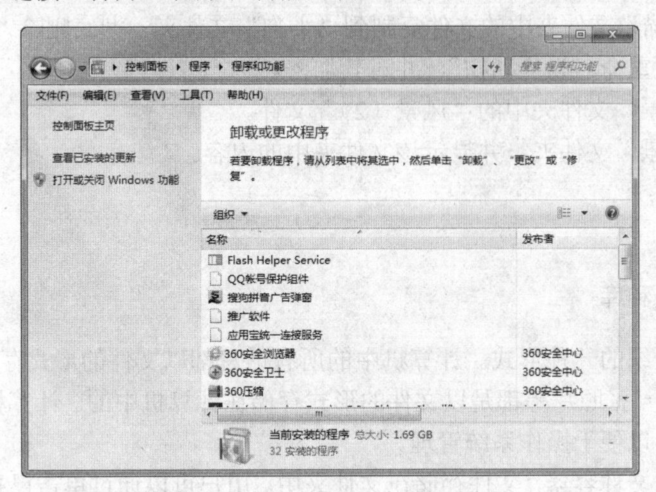

图 2-11 “程序和功能”窗口

2）在程序列表中选中“爱奇艺视频”，单击“更改/卸载”按钮，在打开的卸载界面中选中“卸载”单选按钮，单击“卸载”按钮，如图 2-12 所示，完成对该软件的卸载。

图 2-12 卸载界面

子任务二 管理文件和文件夹

任务导入

以我喜欢的图片为主题，合理对“图片”文件夹进行分类，能够完成复制、粘贴、删除等操作，并能依据图片主题或图片名称搜索到图片文件。

1）将 F 盘“图片”文件夹中已有的 16 张图片依据图片主题进行分类，为每个主题新建一个文件夹，分类为风景、小狗、机器猫、人物。将提供的图片按照类型复制到相应的文件夹中，并将每个文件夹内的图片文件按照主题（1）、主题（2）、主题（3）、主题（4）的顺序命名。

2）隐藏“人物”文件夹，将“小狗”文件夹中的“小狗（1）”文件设置为只读属性。

3）取消隐藏属性设置。

4）将“机器猫”文件夹中的文件复制到“小狗”文件夹，彻底删除“机器猫”文件夹，将“小狗”文件夹重命名为“动物”，并对其加密。

5）删除“风景”文件夹中的“风景（2）”文件。

6）搜索“风景”文件夹，并显示该文件夹中的内容。

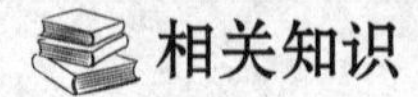

相关知识

一、文件、文件夹和库

文件是数据组织的一种形式。计算机中的所有信息都以文件的形式存储，如一份简历、一幅画、一首歌、一张照片等都是以文件的形式存储在计算机中的。计算机中的每一个文件都必须有文件名，以便于操作系统管理。

文件夹是一个文件容器，文件存储在文件夹中。用户可以通过单击已打开文件夹导航窗格中的“计算机”来访问所有文件夹。

库是 Windows 7 系统中的新增功能，用于管理文档、音乐、图片和视频文件的位置。用户可以使用与在文件夹中浏览文件相同的方式浏览库中的文件。与文件夹不同的是，库可以收集存储在多个位置中的文件。Windows 7 系统采用树形结构来管理和定位文件及文件夹（又称目录）。在树形文件系统结构中，最顶层的是磁盘根文件夹，根文件夹下面可以包含文件和文件夹，表示为 C:\、D:\等，文件夹下面可以有文件夹和文件，每个盘的根文件夹中可存储的文件和文件夹数量是有限的。

二、文件的命名规则

文件名一般由主文件名和扩展名组成，中间用分隔符（即“.”）隔开。扩展名用来表示文件的类型，如“练习.docx”“题目.docx”这两个文件均表示为 Word 文件。常见的文件类型及其扩展名如表 2-2 所示。

表 2-2　常见的文件类型及其扩展名

文件类型	扩展名	说明
可执行文件	.exe	应用程序
批处理文件	.bat	批处理文件
文本文件	.txt	文本文件
配置文件	.sys	系统配置文件，可使用记事本创建
位图图像	.bmp	位图格式的图形、图像文件，可由画图软件创建
声音文件	.wav	压缩或非压缩的声音文件
视频文件	.avi	将语音和影像同步组合在一起的文件格式
静态光标文件	.cur	用来设置鼠标指针

Windows 7 中文件的命名规则如下：

1）文件名可以由字母、数字、汉字、空格和一些字符组成，最多可以包含 255 个字符。

2）文件名不可以含有\、/、:、*、?、<、>等特殊符号。

3）Windows 系统中文件名不区分大小写。

4）文件名中可以用多个分隔符“.”分隔，但最后一个分隔符后的字符为该文件的扩展名。

5）文件名的命名最好见名知意。

库和文件夹的命名与文件的命名规则基本相同，只是文件夹不需要扩展名。

小知识

命名文件或文件夹时，要注意在同一个文件夹中不能有两个名称相同的文件或文件夹，还应注意不要修改文件的扩展名。

三、路径

文件的路径即文件的地址，是指连接目录和子目录的一串目录名称，各文件夹间用“\”分隔。路径分为绝对路径和相对路径两种。

绝对路径：完整的描述文件位置的路径就是绝对路径，不需要了解其他任何信息就可以根据绝对路径判断出文件的位置。例如，看到 C:/website/img/photo.jpg 即可知道 photo.jpg 文件是在 C 盘 website 目录下的 img 子目录中。

相对路径：某文件或文件夹相对于目标位置的路径。无论将这些文件或文件夹放到哪里，只要它们的相对关系不变，就不会出错。

任务实施

一、文件夹的新建、文件的移动和重命名操作

1）打开 F 盘中的“图片”文件夹，可以看到存放的 16 张图片。右击窗口的空白区域，在弹出的快捷菜单中选择“新建”→“文件夹”命令，如图 2-13 所示。

图 2-13 新建文件夹

2）右击“新建文件夹”，在弹出的快捷菜单中选择“重命名”命令，将其重命名为“风景”，利用此方法完成“小狗”“机器猫”“人物”文件夹的创建，效果如图 2-14 所示。

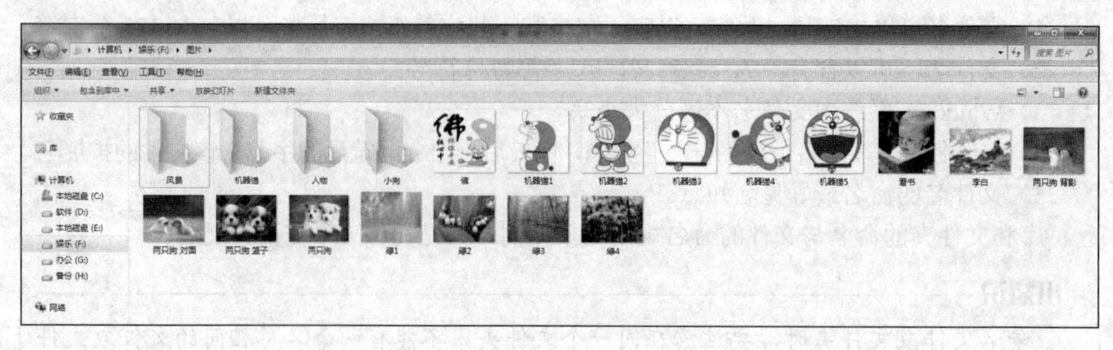

图 2-14　建立 4 个文件夹后效果

3）按住 Ctrl 键的同时，依次单击文件“机器猫 1”“机器猫 2”“机器猫 3”“机器猫 4”“机器猫 5”，将其移动到“机器猫”文件夹中；使用这种办法将文件“两只狗 背影”“两只狗 对面”“两只狗 篮子”“两只狗”移动到“小狗”文件夹中；将文件“绿 1”“绿 2”“绿 3”“绿 4”移动到“风景”文件夹中；将文件“佛”“看书”“李白”移动到“人物”文件夹中。

4）批量重命名文件名。选中风景文件夹中的 4 个文件，选择“组织”→“重命名”命令，如图 2-15 所示。

图 2-15　批量重命名操作

5）此时，风景文件夹中第 1 个文件的名称处于可编辑状态。直接输入新的文件名称，即输入“风景”。

6）单击窗口的空白区域或按 Enter 键，可以看到所选的 4 个文件都重新命名，如图 2-16 所示。

图 2-16　“风景”文件夹重命名效果

7）依据步骤 6 的方法，对“小狗”“机器猫”“人物”3 个文件夹中的文件进行批量重命名操作。重命名后的窗口如图 2-17～图 2-19 所示。

图 2-17　“机器猫”文件夹重命名效果

图 2-18　“人物”文件夹重命名效果

图 2-19　“小狗”文件夹重命名效果

二、设置文件夹和文件属性

1）右击“人物”文件夹，在弹出的快捷菜单中选择“属性”命令，弹出“人物 属性”对话框，选中“隐藏”复选框，单击“确定”按钮，如图 2-20 所示。

2）弹出“确认属性更改”对话框，选中“将更改应用于此文件夹、子文件夹和文件”单选按钮，单击“确定”按钮，完成“人物”文件夹隐藏属性的设置，如图 2-21 所示。

3）如果隐藏的文件夹呈现半透明状态，则需在“文件夹选项”对话框中设置不显示隐藏的文件。在文件夹窗口中单击“组织”→“文件夹和搜索选项”命令，弹出“文件夹选项”对话框。

4）切换到“查看”选项卡，在“高级设置”列表框中选中“不显示隐藏的文件、文件夹或驱动器”单选按钮，如图 2-22 所示。

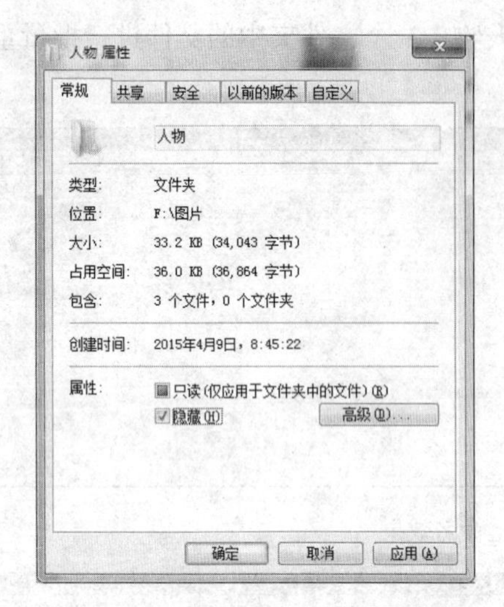

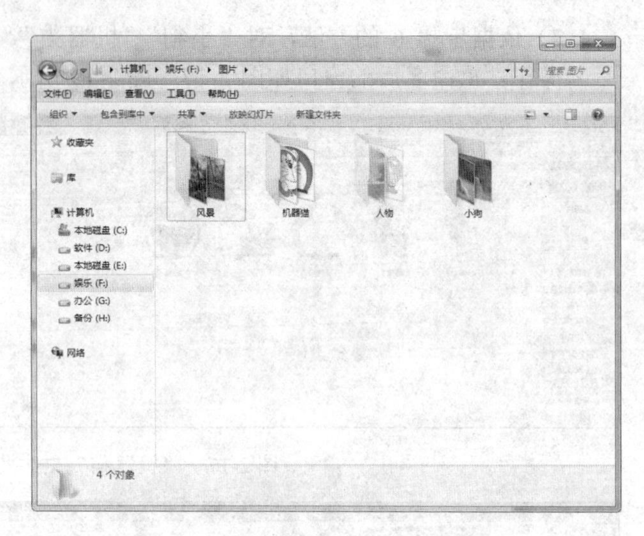

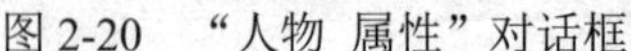

图 2-20 “人物 属性”对话框　　　　图 2-21 隐藏属性设置完成后的窗口

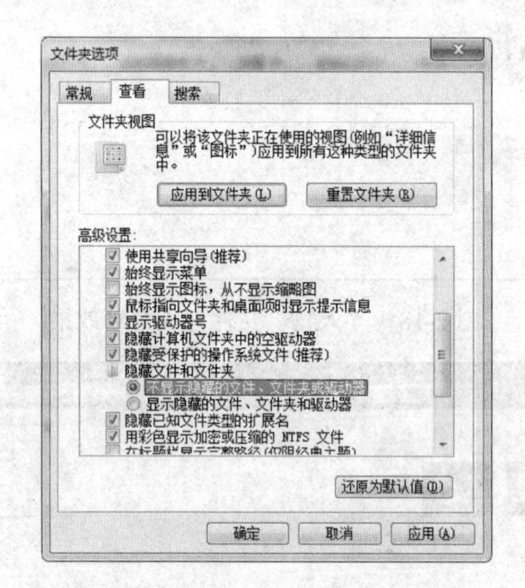

图 2-22 “文件夹选项”对话框

5）单击“确定”按钮，即可隐藏“人物”文件夹。

6）打开“小狗”文件夹，右击“小狗（1）”文件，在弹出的快捷菜单中选择“属性”命令，在弹出的“小狗（1） 属性”对话框中选中“只读”复选框，单击“确定”按钮。

三、取消隐藏属性设置

1）打开“文件夹选项”对话框，选中“显示隐藏的文件、文件夹和驱动器”单选按钮。

2）右击处于隐藏状态的半透明文件夹，在弹出的快捷菜单中选择“属性”命令，弹出文件夹属性对话框，取消“隐藏”单选按钮的选中，单击“确定”按钮，在弹出的“确认属性更改”对话框中选中“将更改应用于此文件夹、子文件夹和文件”单选按钮，单击“确定”按钮。

四、文件夹的复制、删除、重命名、加密

1）打开“机器猫”文件夹，按 Ctrl+A 组合键选中该文件夹中的所有文件并右击，在弹

出的快捷菜单中选择“复制”命令，右击“小狗”文件夹的空白区域，在弹出的快捷菜单中选择“粘贴”命令。

2）选中“机器猫”文件夹，按 Shift+Delete 组合键，在弹出的提示对话框中单击“是”按钮，如图 2-23 所示。

3）右击“小狗”文件夹，在弹出的快捷菜单中选择“重命名”命令，此时“小狗”文件夹名称处于可编辑状态，输入“动物”后在空白处单击。

4）右击“动物”文件夹，在弹出的快捷菜单中选择“属性”命令，弹出“动物 属性”对话框。

5）切换到“常规”选项卡，单击“高级”按钮，弹出“高级属性”对话框，选中“压缩或加密属性”选项组中的“加密内容以便保护数据”复选框，如图 2-24 所示。

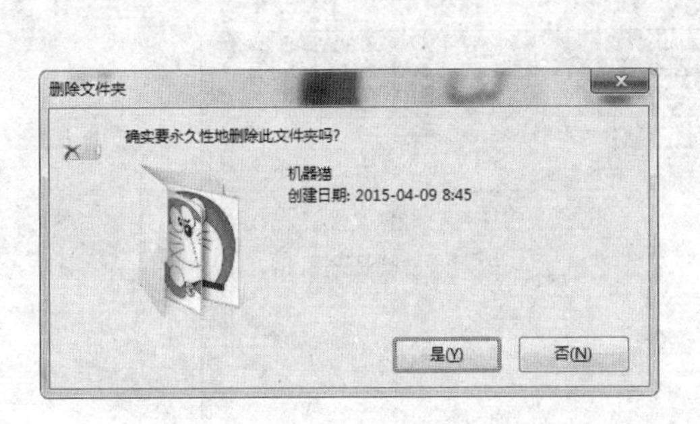

图 2-23 “删除文件夹”提示对话框

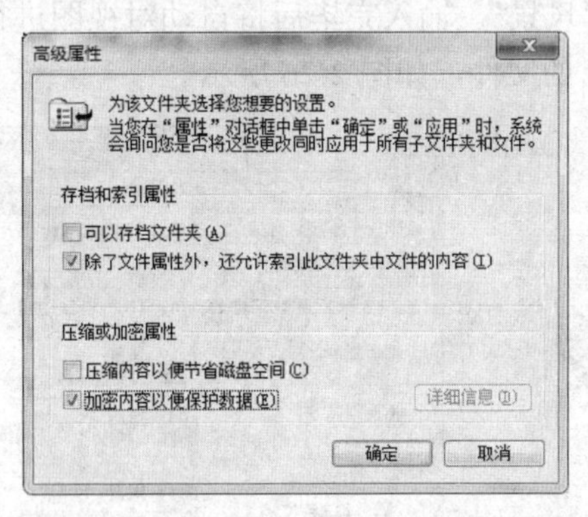

图 2-24 “高级属性”对话框

6）单击“确定”按钮，返回“动物 属性”对话框，单击“应用”按钮，弹出“确认属性更改”对话框，选中“将更改应用于此文件夹、子文件夹和文件”单选按钮。

7）单击“确定”按钮，再次返回“动物 属性”对话框，单击“确定”按钮，弹出“应用属性”对话框，此时开始对所选文件夹进行加密。

“应用属性”提示对话框自动关闭后，返回文件夹窗口，可以看到被加密的“动物”文件夹的名称已经呈现绿色显示，表明该文件夹已完成加密。

五、删除“风景”文件夹中的“风景（2）”文件

打开“风景”文件夹，右击“风景（2）”文件，在弹出的快捷菜单中选择“删除”命令，在弹出的提示对话框中单击“是”按钮即可，如图 2-25 所示。

图 2-25 “删除文件”提示对话框

六、搜索“风景”文件夹

如果在“开始”菜单中的搜索框中输入要搜索的信息，则搜索结果中仅显示已建立索引的文件。要搜索特定的文件或文件夹，通常使用“计算机”窗口中的“搜索”文本框搜索。

小知识

搜索条件的复杂程度决定着搜索的成功率，条件越复杂，搜索的内容越精确，但搜索成功率大大降低。当“修改日期”为区间时，需在确认起止日期后，按 Shift 键的同时单击以确定起止日期。

1）打开“计算机”窗口，在窗口顶部的“搜索”文本框中输入要查找的内容，这里输入“风景”。输入完毕后将自动对视图进行筛选，可以看到在窗口中列出了所有关于“风景”信息的文件，如图 2-26 所示。

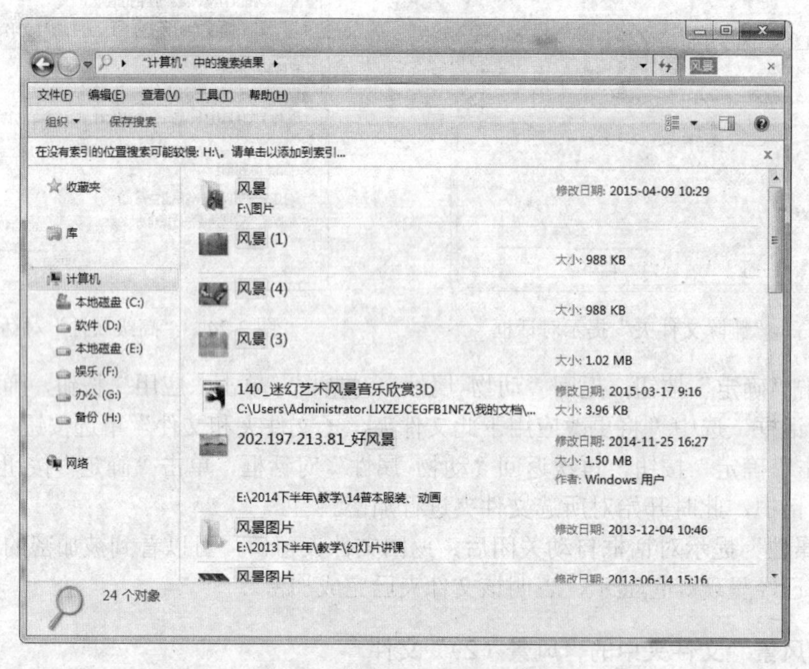

图 2-26 搜索“风景”文件夹

2）双击“风景”文件夹，将显示该文件夹中的 3 个文件。

子任务三 优化 Windows 7 操作系统

任务导入

以 Windows 7 操作系统作为操作环境，使用性能监视器、任务管理器、磁盘管理等工具，更好地维护计算机系统。

1）观察在某个时间段的计算机运行性能。

2）利用资源管理器查看 CPU、内存、磁盘和网络的使用情况。

3）查找 QQ 程序进程，并结束该进程。

4）查看正在运行的“酷我音乐盒”程序的磁盘占用率。

5）使用资源监视器监控当前的网络流量。

6）使用任务管理器查找、结束正在运行的病毒。

相关知识

一、控制面板

在计算机维护和管理中，控制面板起到了重要的作用。控制面板是 Windows 系统中的一组管理系统的设置工具。这些工具控制了有关 Windows 外观和工作方式的所有设置，并允许用户对 Windows 进行个性化设置，使其满足用户的需求。使用控制面板可以很方便地更改系统的外观和功能，对计算机软件和硬件进行设置和修改。例如，利用控制面板不仅可以管理打印机、扫描仪、显示设备、多媒体设备、键盘和鼠标等，还可以进行网络设置、硬件安装、软件安装和删除及用户账户管理等操作。

打开控制面板的方法：选择“开始”→“控制面板”命令，打开“控制面板”窗口，如图 2-27 所示，查看方式可以在类别、大图标、小图标之间切换。窗口中绿色文字是相应设置的分组提示链接，淡蓝色文字则是该组中的常用设置。

图 2-27 “控制面板”窗口

通过用户账户，多个用户可以轻松共享一台计算机。Windows 7 操作系统是一个多任务多用户的操作系统，允许多个用户共同使用一台计算机。这就需要进行用户管理，包括创建新用户及为用户分配权限等。在 Windows 7 操作系统中，每一个用户都有自己的工作环境，都可以有一个具有唯一设置和首选项（如桌面背景或屏幕保护程序）的单独的用户账户。另外，用户账户控制用户可以访问的文件和程序，以及对计算机进行的更改类型。

在 Windows 7 操作系统中，用户账户分为管理员账户、标准账户和来宾账户 3 种类型。安装 Windows 7 操作系统时，系统会创建一个能够使用户设置计算机及安装应用程序的管理员账户。管理员账户具有计算机的最高访问权限，可以对计算机进行任何需要的更改，所进行的操作可能会影响计算机中的其他用户。一个计算机中至少要有一个管理员账户。

标准账户用户可以使用计算机中的大多数软件及更改不影响其他用户或计算机安全的系统设置。如果要安装、更新或卸载应用程序，需要打开“管理账户”窗口，输入管理员密码后，才能继续执行操作。

来宾账户用于临时使用计算机的用户。默认情况下，来宾账户已被禁用，如果要使用来宾账户，需要先将其启用。使用来宾账户登录系统时，不能创建账户密码、更改计算机设置及安装软件。

（1）创建新用户账户

创建新用户账户操作在本任务子任务一中已经介绍，这里不再赘述。

（2）删除用户账户

在“管理账户”窗口中单击某用户账户，打开“更改账户”窗口，单击“删除账户”链接，打开“删除账户”窗口，系统会询问是否保留该账户的文件，根据实际情况做出决定，然后在“确认删除”窗口中单击“删除账户”按钮即可。

（3）对用户账户进行高级配置

右击桌面上的“计算机”图标，在弹出的快捷菜单中选择“管理”命令，打开“计算机管理”窗口，如图 2-28 所示。在导航窗格中选择“本地用户和组”→“用户”选项，右击中间窗格中的某个账户，在弹出的快捷菜单中选择“属性”命令，弹出该账户对应的属性对话框，如图 2-29 所示。选中“账户已禁用”复选框可以禁用某个账户，切换到“隶属于”选项卡，可以改变账户所属的权限组。

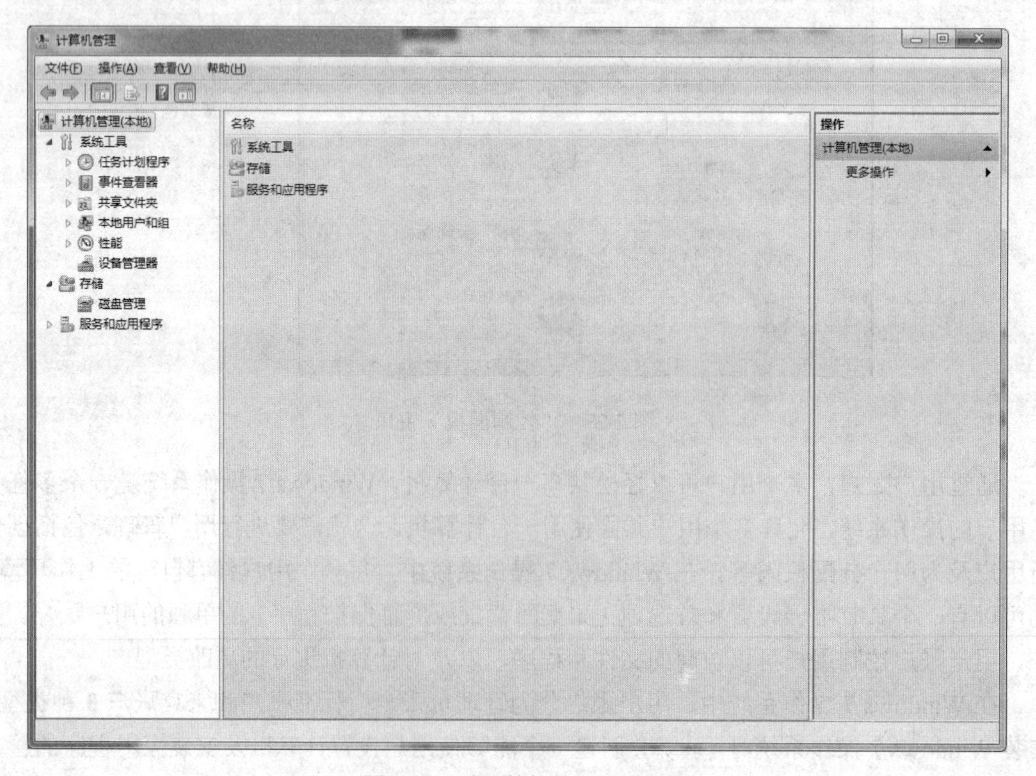

图 2-28 “计算机管理”窗口

图 2-29 管理账户属性对话框

二、任务管理器

在 Windows 操作系统中，按 Ctrl+Alt+Delete 组合键，进入任务选择界面，选择“启动任务管理器”选项，打开图 2-30 所示的“Windows 任务管理器”窗口。在其中可以管理当前正在运行的应用程序和进程，并查看有关计算机性能的信息。如果计算机已与网络连接，还可以使用任务管理器查看网络状态及网络的工作方式。如果有多个用户连接到计算机，可以看到谁在连接、他们在做什么，还可以给他们发送消息。

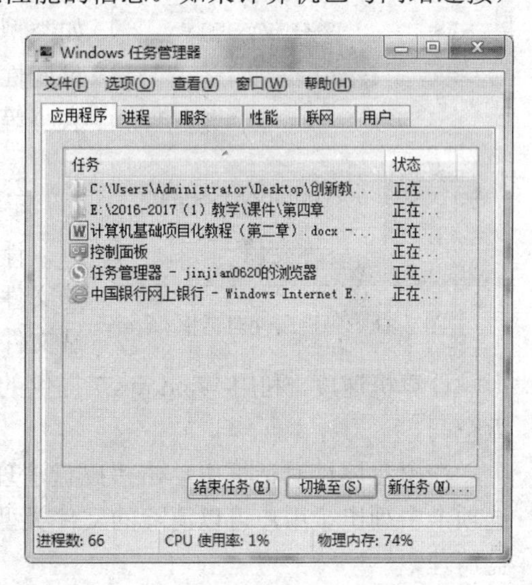

图 2-30 “Windows 任务管理器”窗口

除了查看系统当前的信息之外，任务管理器还有如下的用途：

（1）终止未响应的应用程序

当系统出现“死机”症状时，往往是因为存在未响应的应用程序。此时，通过任务管理器终止未响应的应用程序，系统就会恢复正常。选择“应用程序”选项卡，单击要结束的任务，再单击“结束任务”按钮，即可关闭未响应的程序。

（2）终止进程的运行

当 CPU 的使用率长时间达到或接近 100%，或系统提供的内存长时间处于几乎耗尽的状态时，利用任务管理器，找到 CPU 使用率高或内存消耗高的进程，并终止这些进程，可以提高计算机的运行速度。选择“进程”选项卡，单击要终止的进程，再单击“结束进程”按钮，即可终止进程。

三、软件的安装和卸载

各种应用软件，如办公自动化软件 Office、图像处理软件 Photoshop 等，并不包含在 Windows 操作系统内，要使用它们必须进行安装。各种软件的安装方法大同小异，可以从资源管理器进入软件安装文件夹，通过双击 Setup 或 Install 程序进行安装。当不需要某软件时，可以将其从系统中卸载以节省系统资源。卸载程序可以使用以下方法（同时参考本任务子任务一相关内容)。

(1)利用软件自身所带的卸载程序进行卸载

软件一般自带卸载程序，选择“开始”→“所有程序”命令，找到要卸载的程序，一般可以看到程序列表中有一项就是“卸载”。单击它即可开始卸载。在卸载过程中只需按照屏幕提示操作即可。

(2)利用“控制面板”进行卸载

打开“程序和功能”窗口，找到要卸载的软件，单击“卸载/更改”按钮即可。

四、磁盘和设备管理

磁盘是重要的存储设备之一。学习和掌握磁盘的管理维护方法不但可以提高系统的运行速度、延长磁盘的寿命，而且可以提高用户数据、文档的安全性。

1. 磁盘属性

在“计算机”或资源管理器窗口中，右击某一盘符，在弹出的快捷菜单中选择“属性”命令，弹出磁盘属性对话框，如图 2-31 所示。

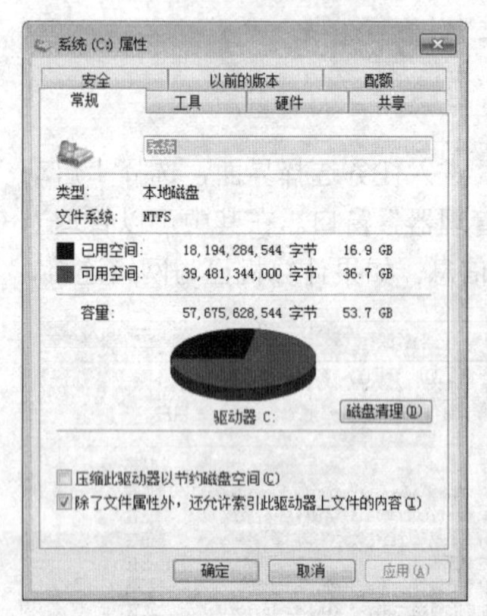

图 2-31 磁盘属性对话框

在“常规”选项卡中列出了该磁盘的一些常规信息，如类型、文件系统、可用空间、已用空间等。通过查看磁盘属性，可以了解磁盘的总容量、可用空间和已用空间的大小等信息。

2. 磁盘清理

计算机在使用一段时间后，磁盘上就会存在各种无用的文件，如 Windows 临时文件、Internet 缓存文件、回收站文件、安装日志文件等。它们不仅浪费磁盘空间，还会影响计算机速度，利用 Windows 7 提供的磁盘清理功能可以很方便地清除无用文件，节省磁盘空间。

在磁盘属性对话框中单击“磁盘清理”按钮，弹出“磁盘清理”对话框。“磁盘清理”选项卡中列出了用户可以清除的文件类型，进行选择后单击“确定”按钮，系统开始进行磁盘清理。

3. 磁盘格式化

格式化是指对磁盘或磁盘中的分区(partition)进行初始化的一种操作。格式化是在磁盘中建立磁道和扇区，建立完成后，计算机才可以使用磁盘来存储数据。这种操作通常会导致现有磁盘或分区中所有的文件被清除。格式化通常分为低级格式化和高级格式化。如果没有特别指明，对磁盘的格式化通常是指高级格式化。

小知识

格式化磁盘时要十分小心，特别是系统所在的磁盘不能轻易格式化，否则将会破坏系统文件，造成严重后果。

磁盘格式化的操作方法：选中要进行格式化操作的磁盘，选择“文件”→“格式化”命令，或右击需要进行格式化操作的磁盘，在弹出的快捷菜单中选择“格式化”命令，弹出格式化磁盘对话框，在“文件系统”下拉列表框中指定格式化的文件系统。在“分配单元大小”下拉列表框中设置簇的大小，一般选择默认大小即可。在“卷标”文本框中输入该磁盘的卷标，如图 2-32 所示。其中，快速格式化不扫描磁盘的坏扇区，而是直接从磁盘上删除文件。

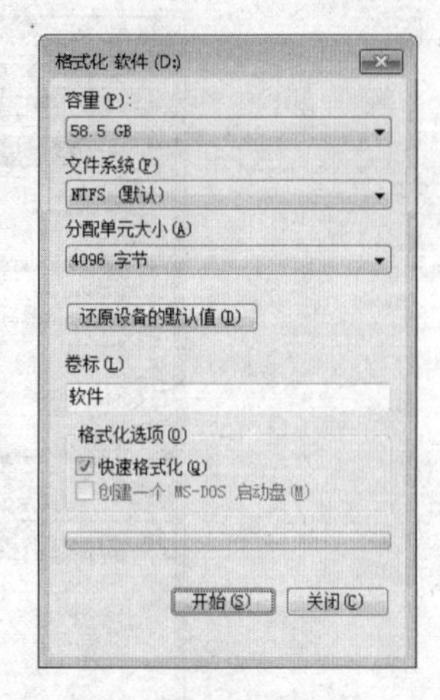

图 2-32 格式化磁盘对话框

格式化设置完成后，单击“开始”按钮，弹出提示对话框，如果确认要进行格式化操作，则单击“确定”按钮，这时在格式化磁盘对话框的进度条中可以看到格式化的进程。格式化操作完成后，弹出格式化完毕提示对话框，单击“确定”按钮即可。

任务实施

一、观察在某个时间段的计算机运行性能

右击“计算机”图标，在弹出的快捷菜单中选择“管理”命令，打开“计算机管理”窗口。在导航窗格中选择“系统工具”→“性能”→“监视工具”→“性能监视器”选项，如图 2-33 所示，即可观察计算机运行性能。

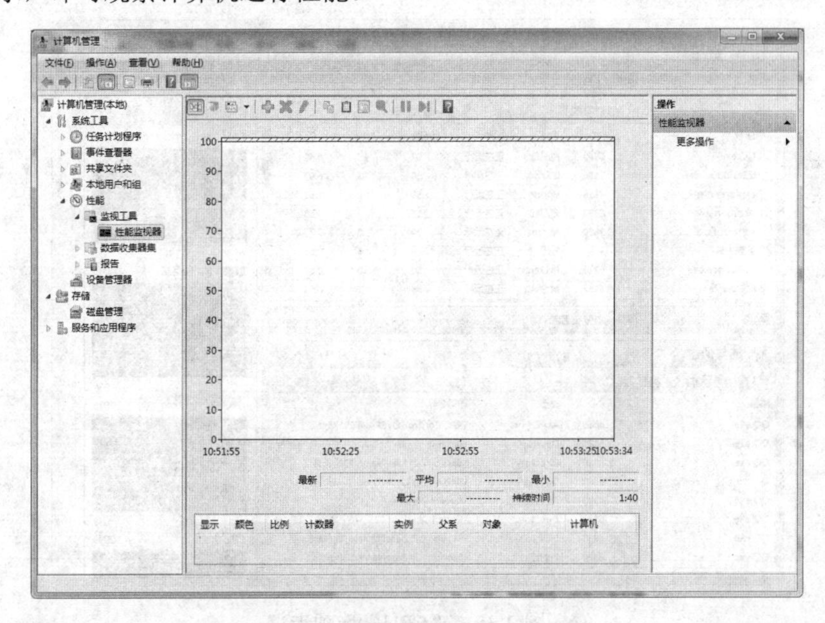

图 2-33 选择“性能监视器”选项

二、查看 CPU、内存、磁盘和网络的使用情况

打开“开始”菜单，在搜索框中输入“资源监视器”，按 Enter 键，打开“资源监视器”窗口，如图 2-34 所示。通过资源监视器，用户可以查看 CPU、内存、磁盘和网络的实时使用和读取情况。

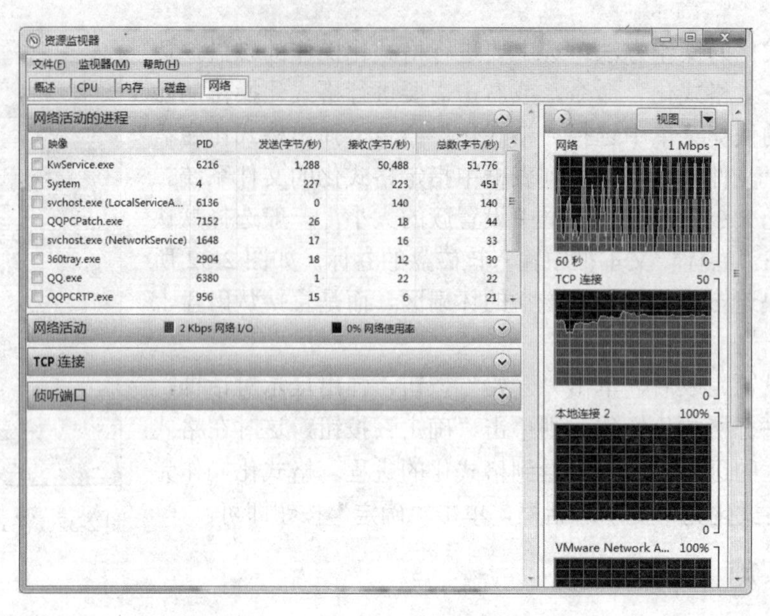

图 2-34 “资源监视器”窗口

三、查找并结束 QQ 程序进程

1）打开“资源监视器”窗口，选择“CPU”选项卡，在此显示所有正在运行的程序的 CPU 使用情况，如图 2-35 所示。

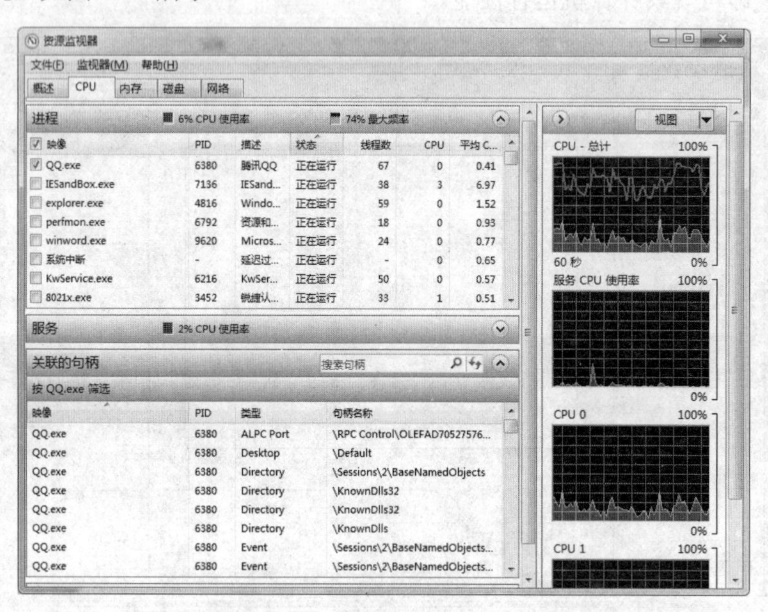

图 2-35 “CPU”选项卡

2）右击 QQ.exe 进程，在弹出的快捷菜单中选择“结束进程”、“结束进程树”或“挂起进程”命令，即可结束 QQ 程序。如果选择“挂起进程”命令，则可以在需要时“恢复进程”。

四、查看“酷我音乐盒”程序的磁盘占用率

在“资源监视器”窗口中选择“磁盘”选项卡，可以在列表中查看“酷我音乐盒”程序

的详细读写速度、具体路径，如图 2-36 所示。如果某个进程的数据读写速度一直很高，可以选中该进程后查看映像文件的具体路径来判断是否为病毒。用户可以根据需要选择“挂起进程”“结束进程”或“结束进程树”等命令，挂起或结束可疑进程。进行以上操作会丢失未保存的数据或导致系统运行不稳定。

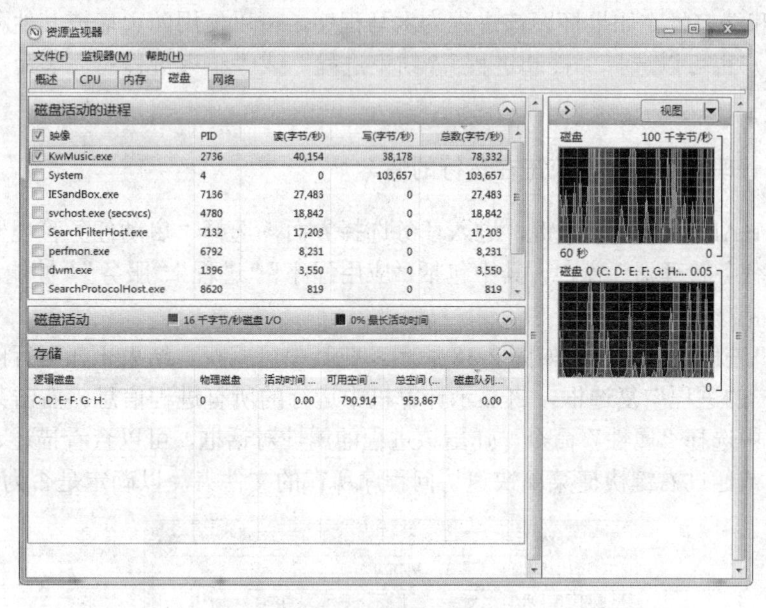

图 2-36 “磁盘”选项卡

五、使用资源监视器监控当前的网络流量

在“资源监视器”窗口中选择“网络”选项卡，可以查看正在使用的网络进程、本地端口、远程端口、远程 IP，以及发送和接收的数据量等，如图 2-37 所示。

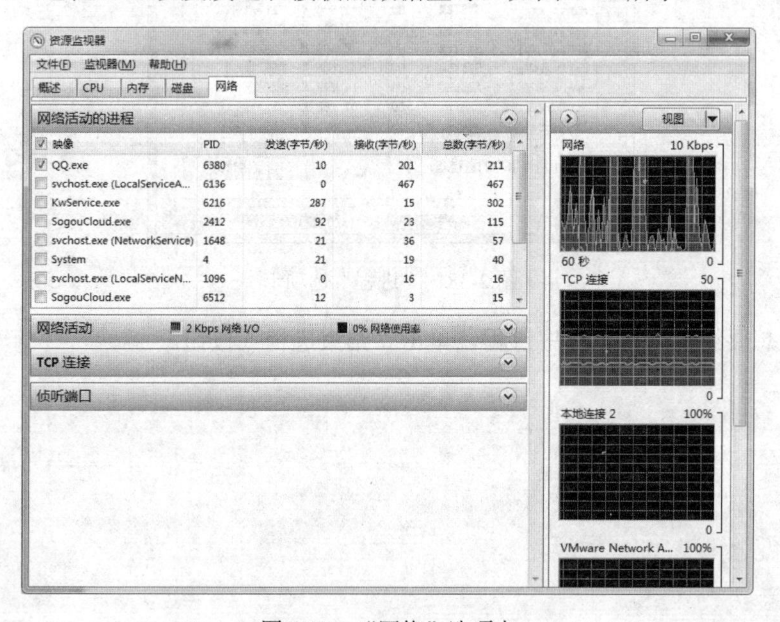

图 2-37 “网络”选项卡

在“网络活动的进程”列表框中用户可以查看所有与网络连接的进程，了解该进程的发送和接收等详细信息。用户可以根据每个进程发包的数量，判断出哪个程序对网络流量的影响较大。

用户选择需要查看的进程，在“网络活动”“TCP 连接”等列表框中查看该进程访问的远程 IP 地址和端口号。如果怀疑该进程为木马程序，可以使用防火墙或其他程序关闭该端口。同样，用户也可以选择“挂起进程”“结束进程”或“结束进程树”等命令，挂起或结束可疑进程。

六、使用任务管理器查找、结束正在运行的病毒

1）按 Ctrl+Alt+Delete 组合键，进入任务选择界面，选择“启动任务管理器”选项，打开“Windows 任务管理器”窗口，其中包括“应用程序”“进程”“服务”“性能”“联网”“用户”6 个选项卡。

2）选择“进程”选项卡，如图 2-38 所示，在其中可查找、结束正在运行的病毒。选中“显示所有用户的进程”复选框，将显示计算机中运行的所有进程信息。右击某进程，在弹出的快捷菜单中选择“属性”命令，弹出该进程的属性对话框，可以查看描述、位置和数字签名等情况，或通过右键快捷菜单快速访问程序所在的文件夹，以确定是否为恶意程序。

图 2-38 “进程”选项卡

3）选中想要结束的恶意程序进程，单击“结束进程”按钮。

项目三 用 Word 2010 处理文档

Word 2010 是美国微软公司研制开发的文字处理软件，其通常是作为 Microsoft Office 的一个组件进行安装。Word 2010 文字处理功能丰富、界面友好，可以完成文字的输入、文档的编辑、文稿的打印等一系列文字处理操作，给工作带来了极大的方便。

【学习目标】

1. 熟练掌握 Word 2010 文档的编辑（新建与保存、汉字与符号的输入、移动复制、查找替换）、排版（字符格式化、段落处理、边框和底纹、项目符号和编号）、图文混排（图片、形状、艺术字、文本框）、表格制作、页面设置、应用样式、添加页眉与页脚的方法。

2. 掌握中文版式，如加注拼音、带圈字符、双行合一、首字下沉，应用邮件合并，SmartArt，页面背景，分隔符，目录，脚注与尾注的设置方法。

3. 了解文档部件的使用、数学公式的输入与编辑、文档内容引用操作、文档审阅与修订、分析图文素材，根据需要提取相关信息引用到 Word 文档中。

任务一 设置 Word 文档基本格式

子任务一 设置字符格式

任务导入

某培训机构计划招生，需要制作招生简章文档以便宣传，要求：

创建空白 Word 文档，输入图 3-1 所示文字，并保存到磁盘。设置第一行文字为黑体、小一号，并选择一种文字效果；设置“招生简章”为宋体、二号、红色，字间距为加宽 6 磅；第三行文字为隶书、小四号、加粗；文中小标题文字均设置为宋体、小四号、红色、加粗；为文字“年满 18 岁”加上着重号；为“我想知道更准确的开班时间”加上双线型下划线。效果如图 3-2 所示。

红鸟培训中心

招生简章

服务电话：1*********8

作为国内 IT 职业教育的先行者，我们拥有许多在业界开创“先河”的“殊荣”；红鸟是国内首家通过 ISO9001 认证的职业教育厂商；先进、标准、科学、系统的教学方法和课程体系率先获得了劳动与社会保障部门的认可（OSTA 认证）；是国内第一家与 ORACLE 公司结成战略联盟、开展联合认证的培训机构。

为适应日益增长的计算机教育发展的需要，拓展我国计算机职业教育市场，开发信息技术产业人力资源，依托北京大学强大的师资力量与社会影响力，凭借集团雄厚的技术力量与资金支持，在科技部、教育部、工业和信息化部的大力支持下，与世界上规模最大的专业计算机教育公司——APTECH 公司强强联合，在吸收其先进的教学管理经验，系统完善的教材内容编排，灵活机动、以人为本的课程设置的基础上，斥巨资成立红鸟计算机教育公司，公司采取特许经营的先进管理模式，与各学校合作，全面进军计算机教育领域。

图 3-1 招生简章原始文档

招生对象
年满 18 岁，高中以上学历，喜欢计算机的在校学生、待业人员、在职人员均可报名
针对高中学历开设“零起点班”
针对中专、职高、技校学历开设“高薪就业班”
针对大专学历开设“白领班”
针对本科学历开设“名企定向班”
学费食宿
金融危机时代，红鸟学费坚挺，早报早省钱，早报 1 天，多赚 100
CBD 核心地带 4 层超大校区，教学住宿一体化，24 小时提供空调热水，享受宾馆级待遇
封闭式教学管理，早晚自习，随时提供网上辅导
开班方式
学习时间灵活，零起点班、就业班、白领班、名企定向班自由选择
28 人小班授课，确保教学质量
每月至少有 5 ~ 6 个班可供选择
我想知道更准确的开班时间
报名方式
电话报名：24 小时全国咨询热线：010-512***71
在线报名：如果你现在不方便通话，你可以点此在线留言咨询
直接报名：如果你已了解红鸟，请填写以下载报名单直接报名学习

图 3-1（续）

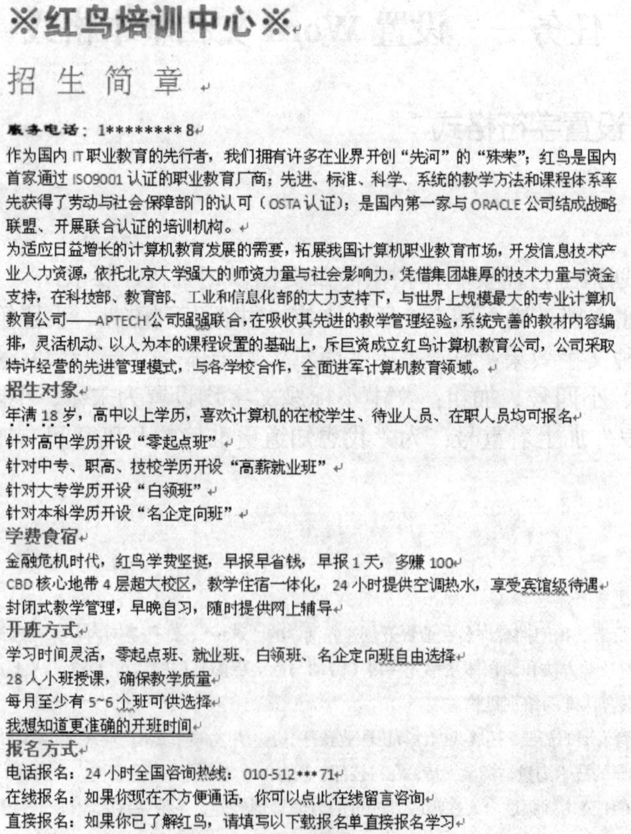

※红鸟培训中心※

招 生 简 章

服务电话：1******** 8
作为国内 IT 职业教育的先行者，我们拥有许多在业界开创“先河”的“殊荣”；红鸟是国内首家通过 ISO9001 认证的职业教育厂商；先进、标准、科学、系统的教学方法和课程体系率先获得了劳动与社会保障部门的认可（OSTA 认证）；是国内第一家与 ORACLE 公司结成战略联盟、开展联合认证的培训机构。
为适应日益增长的计算机教育发展的需要，拓展我国计算机职业教育市场，开发信息技术产业人力资源，依托北京大学强大的师资力量与社会影响力，凭借集团雄厚的技术力量与资金支持，在科技部、教育部、工业和信息化部的大力支持下，与世界上规模最大的专业计算机教育公司——APTECH 公司强强联合，在吸收其先进的教学管理经验，系统完善的教材内容编排，灵活机动、以人为本的课程设置的基础上，斥巨资成立红鸟计算机教育公司，公司采取特许经营的先进管理模式，与各学校合作，全面进军计算机教育领域。
招生对象
年满 18 岁，高中以上学历，喜欢计算机的在校学生、待业人员、在职人员均可报名
针对高中学历开设“零起点班”
针对中专、职高、技校学历开设“高薪就业班”
针对大专学历开设“白领班”
针对本科学历开设“名企定向班”
学费食宿
金融危机时代，红鸟学费坚挺，早报早省钱，早报 1 天，多赚 100
CBD 核心地带 4 层超大校区，教学住宿一体化，24 小时提供空调热水，享受宾馆级待遇
封闭式教学管理，早晚自习，随时提供网上辅导
开班方式
学习时间灵活，零起点班、就业班、白领班、名企定向班自由选择
28 人小班授课，确保教学质量
每月至少有 5~6 个班可供选择
我想知道更准确的开班时间
报名方式
电话报名：24 小时全国咨询热线：010-512***71
在线报名：如果你现在不方便通话，你可以点此在线留言咨询
直接报名：如果你已了解红鸟，请填写以下载报名单直接报名学习

图 3-2　字符格式设置效果

任务实施

一、新建 Word 文档

操作步骤：

1）运行 Microsoft Word 2010 程序，选择“文件”→“新建”→“空白文档”命令，单击“创建”按钮，如图 3-3 所示。

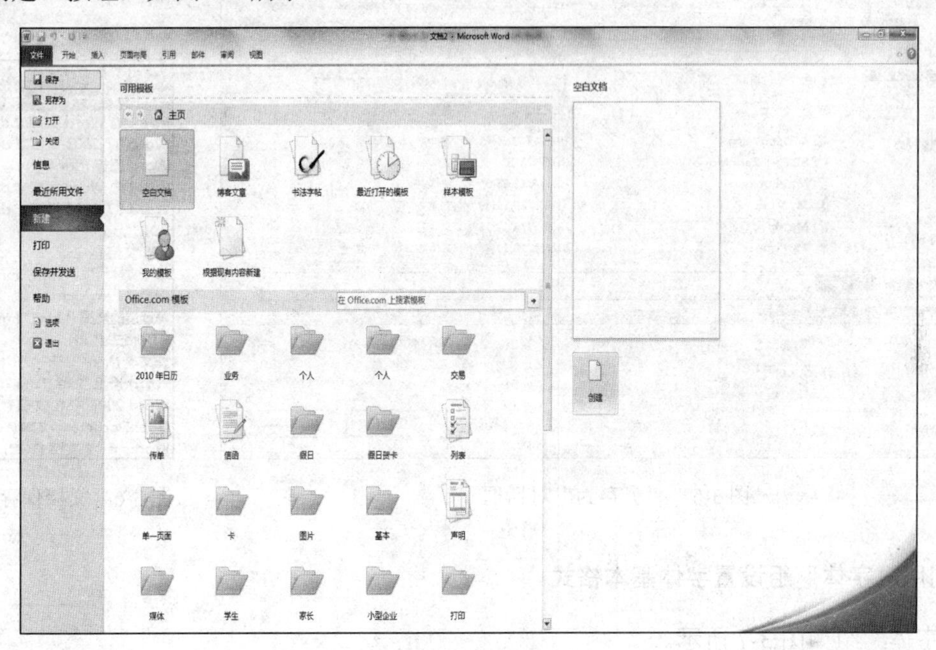

图 3-3　新建文档

2）输入文字，单击“插入”选项卡“符号”组中的“符号”下拉按钮，在弹出的下拉菜单中选择“其他符号”命令，弹出“符号”对话框（图 3-4），选择需要的符号※。

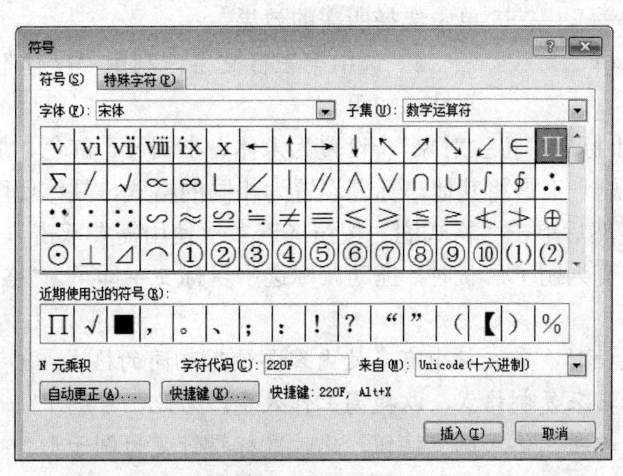

图 3-4　“符号”对话框

3）单击快速访问工具栏上的“保存”按钮，或选择“文件”→“保存”命令。首次保存文档会弹出“另存为”对话框，如图 3-5 所示。输入文件名，选择保存路径后，单击“确定”按钮。

提示： 保存文档分为“保存”和“另存为”，“保存”是直接更新当前文档，没有任何提示信息；“另存为”可重新选择位置和文件名，保存为新的文档，原文档不变。“另存为”对话框中的“保存类型”列表中有多种类型，可将文本保存为多种形式，如图 3-6 所示。

图 3-5 “另存为”对话框

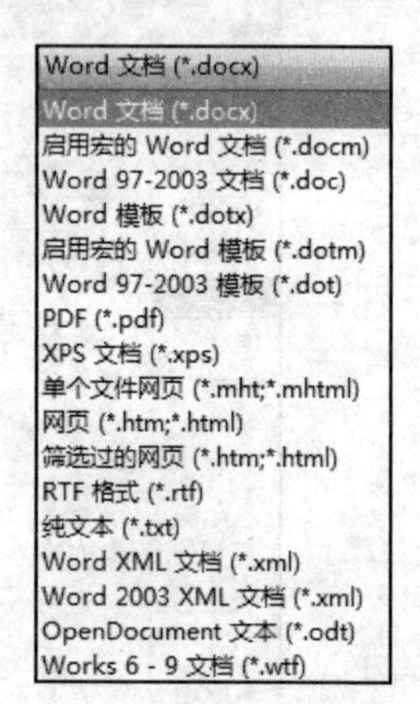

图 3-6 文档保存类型

二、利用“字体”组设置字体基本格式

“字体”组如图 3-7 所示。

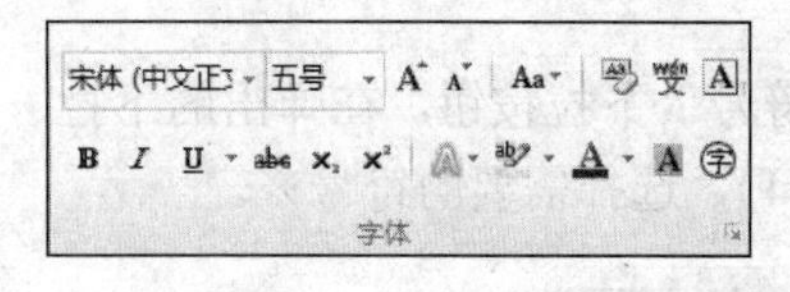

图 3-7 “字体”组

操作步骤：

1）选中第一行文字，在“开始”选项卡的“字体”组中设置字体为黑体，字号为小二号，在“文本效果”下拉菜单中选择所需的效果。

2）选中第三行文字，利用“字体”组设置为隶书、小四号、加粗。

3）选择第一个小标题“招生对象”，设置为宋体、小四号、红色、加粗，然后利用“剪贴板”组中的“格式刷”工具将其他小标题设置为相同的格式，具体使用方法为，首先选中设置好格式的文字，然后单击“格式刷”按钮（若多次使用需要双击），将鼠标指针指向待设置的文字，当指针变为刷子形状时，拖动鼠标选中目标文字即可。“格式刷”按钮如图 3-8 所示。

提示： 在编辑文档时，若文档中有多处内容要使用相同的格式，可使用“格式刷”工具来复制格式，以提高工作效率。为此，可选中带有源格式的对象，单击“格式刷”按钮，此时鼠标指针变为刷子形状，拖动鼠标选中目标对象，即可将复制的格式应用到当前选中的对象。

图 3-8 “格式刷”按钮

若要将所选格式应用于文档中的多处内容，只需双击“格式刷”

按钮，依次选中要应用该格式的文本或段落即可。若要结束格式复制操作，需按 Esc 键或再次单击“格式刷”按钮。

三、利用“字体”对话框设置字体格式

利用“字体”对话框不仅可以完成“字体”组中的所有字符设置功能，还可以分别设置中文和西文字符的格式，以及为字符设置阴影、阳文、空心等特殊效果，或设置字符间距和位置等。

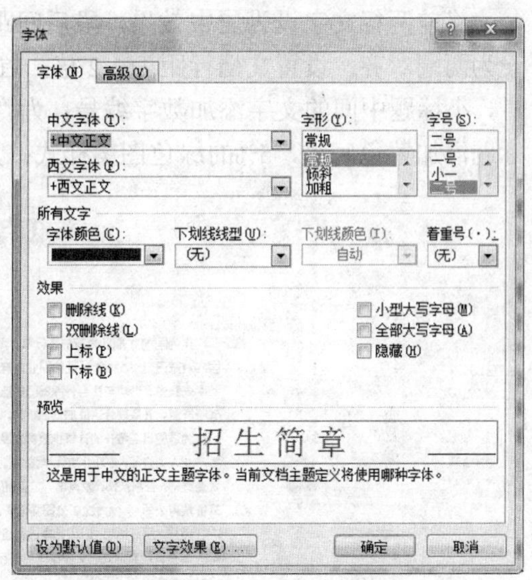

图 3-9 “字体”对话框

操作步骤：

1）选中“招生简章”文字，单击“字体”组右下角的对话框启动器按钮，弹出“字体”对话框，如图 3-9 所示。

2）在“中文字体”下拉列表框中选择“宋体”选项，在“字号”列表框中选择“二号”选项，在“字体颜色”下拉列表框中选择“红色”选项。

3）选择“高级”选项卡，在“间距”下拉列表框中选择“加宽”选项，在“磅值”数值框中输入“6 磅”，单击“确定”按钮，如图 3-10 所示。

4）选中文字“年满 18 岁”，再次打开“字体”对话框，在“着重号”下拉列表框中选择着重号，单击“确定”按钮，如图 3-11 所示。使用同样的操作方法，选中文字“我想知道更准确的开班时间”，打开“字体”对话框，在“下划线线型”下拉列表框中选择双线型，单击“确定”按钮。

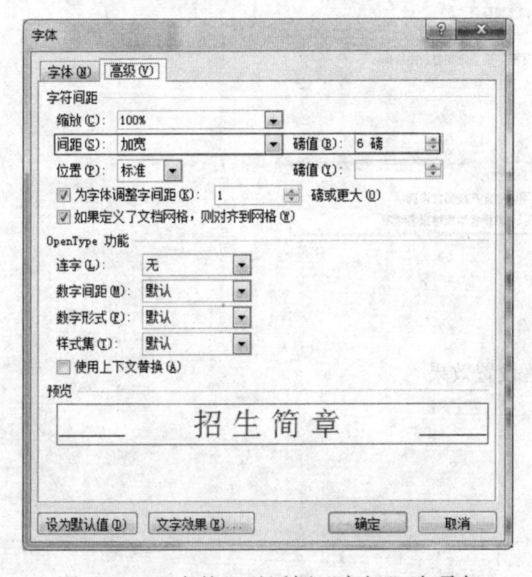

图 3-10 “字体”对话框“高级”选项卡

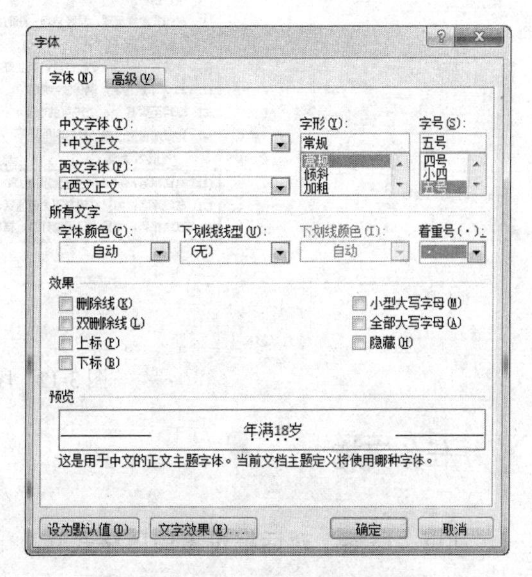

图 3-11 “着重号”设置

子任务二　设置段落格式

任务导入

对“招生简章”进行段落设置，使文档层次清晰、规范、美观。要求：

将前两行文字设为居中效果，段后间距 0.5 行；将第三行文字设为右对齐；将正文文字设为两端对齐；设置文档行距为 1.2 倍，首行缩进 2 字符；为正文中小标题添加中文数字编号，小标题中间的文字添加数字编号；为“报名方式”下的文字加上蓝色双线边框，为二级标题添加黄色底纹，5%的绿色图案样式；为页面添加艺术型边框，效果如图 3-12 所示。

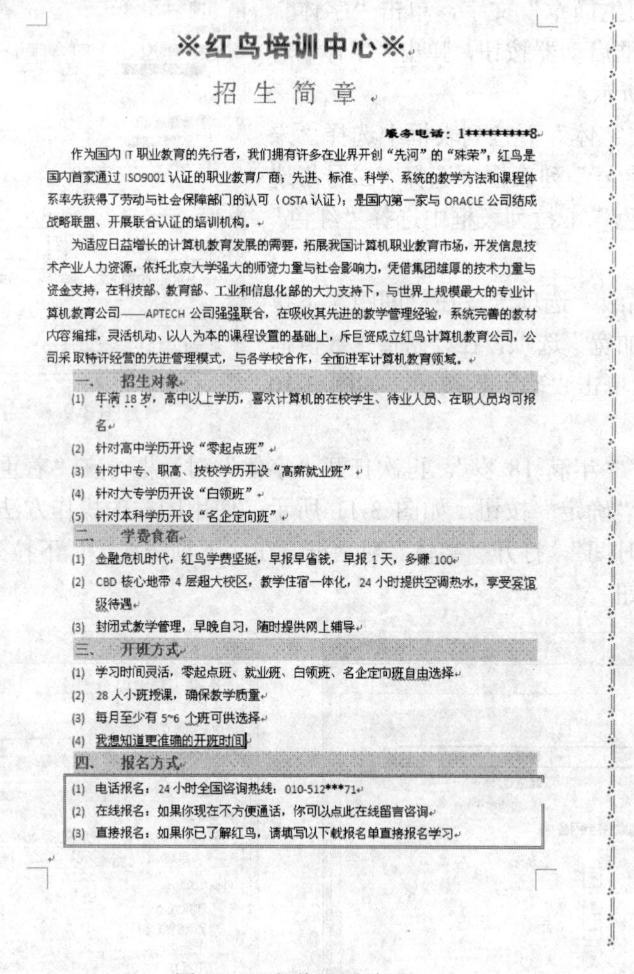

※红鸟培训中心※

招 生 简 章

服务电话：1*********8

作为国内 IT 职业教育的先行者，我们拥有许多在业界开创“先河”的“殊荣”，红鸟是国内首家通过 ISO9001 认证的职业教育厂商；先进、标准、科学、系统的教学方法和课程体系率先获得了劳动与社会保障部门的认可（OSTA 认证）；是国内第一家与 ORACLE 公司结成战略联盟、开展联合认证的培训机构。

为适应日益增长的计算机教育发展的需要，拓展我国计算机职业教育市场，开发信息技术产业人力资源，依托北京大学强大的师资力量与社会影响力，凭借集团雄厚的技术力量与资金支持，在科技部、教育部、工业和信息化部的大力支持下，与世界上规模最大的专业计算机教育公司——APTECH 公司强强联合，在吸收其先进的教学管理经验，系统完善的教材内容编排，灵活机动、以人为本的课程设置的基础上，斥巨资成立红鸟计算机教育公司，公司采取特许经营的先进管理模式，与各学校合作，全面进军计算机教育领域。

一、　招生对象

(1) 年满 18 岁，高中以上学历，喜欢计算机的在校学生、待业人员、在职人员均可报名

(2) 针对高中学历开设“零起点班”

(3) 针对中专、职高、技校学历开设“高薪就业班”

(4) 针对大专学历开设“白领班”

(5) 针对本科学历开设“名企定向班”

二、　学费食宿

(1) 金融危机时代，红鸟学费坚挺，早报早省钱，早报 1 天，多赚 100

(2) CBD 核心地带 4 层超大校区，教学住宿一体化，24 小时提供空调热水，享受宾馆级待遇

(3) 封闭式教学管理，早晚自习，随时提供网上辅导

三、　开班方式

(1) 学习时间灵活，零起点班、就业班、白领班、名企定向班自由选择

(2) 28 人小班授课，确保教学质量

(3) 每月至少有 5~6 个班可供选择

(4) 我想知道更准确的开班时间

四、　报名方式

(1) 电话报名：24 小时全国咨询热线：010-512***71

(2) 在线报名：如果你现在不方便通话，你可以点此在线留言咨询

(3) 直接报名：如果你已了解红鸟，请填写以下载报名单直接报名学习

图 3-12　段落设置效果

任务实施

一、利用“段落”对话框设置段落格式

使用“段落”对话框可以精确地设置段落的缩进方式、段落间距及行距等。

操作步骤：

1）选中前两行文字，单击“段落”组右下角的对话框启动器按钮，弹出“段落”对话框。

2）在“对齐方式”下拉列表框中选择“居中”选项，在段后间距中设置为 0.5 行，如图 3-13 所示。

3）选中第三行文字，在“对齐方式”下拉列表框中选择“右对齐”选项。

4）选中正文文字，打开“段落”对话框，在“对齐方式”下拉列表框中选择“两端对齐”选项，在“特殊格式”下拉列表框中选择“首行缩进”选项，磅值设置为 2 字符，在“行距”下拉列表框中选择“多倍行距”选项，设置值为 1.2，如图 3-14 所示。

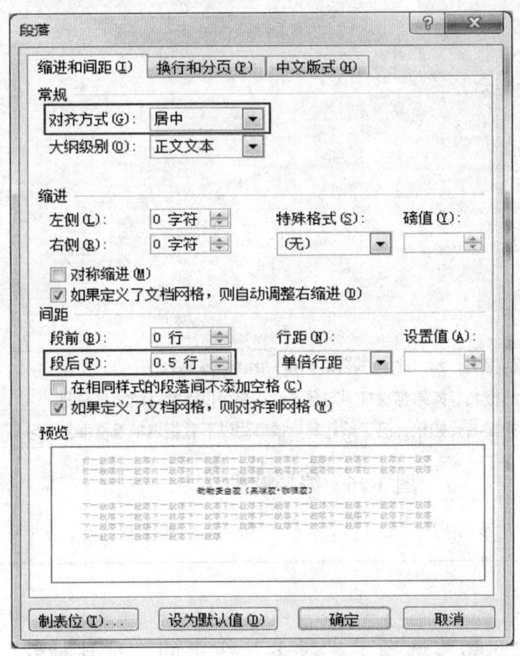

图 3-13　对齐方式和段间距设置

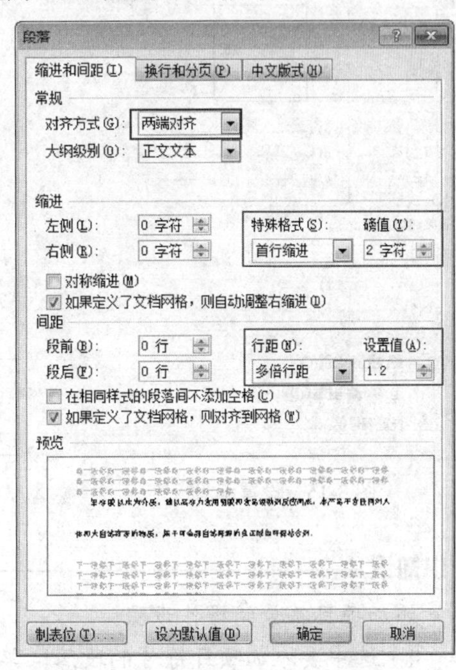

图 3-14　缩进和行距设置

二、利用“段落”组设置项目符号和编号

项目符号用于表示内容的并列关系，编号用于表示内容的顺序关系，合理地应用项目符号和编号可以使文档更具条理性。

操作步骤：

1）将光标定位到需要添加编号的小标题文字前，单击“编号”按钮右侧的下拉按钮，在弹出的下拉菜单中的编号库中选择中文数字，如图 3-15 所示。

2）分别选中其他需要添加编号的小标题文字，单击“编号”按钮右侧的下拉按钮，添加编号。

3）选中小标题下的文字，在“编号”下拉菜单中选择所需的编号格式即可，效果如图 3-16 所示。

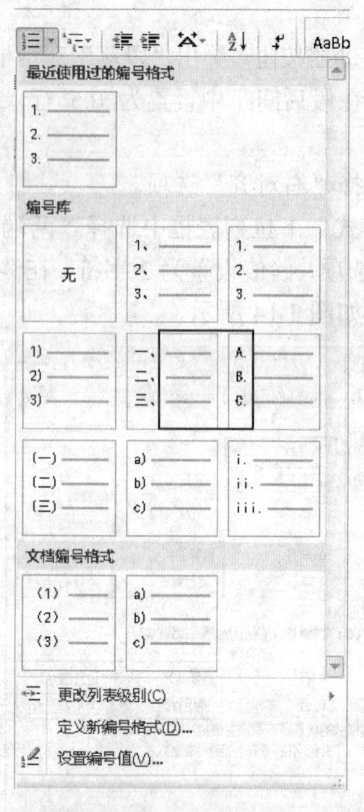

图 3-15 设置编号

(1) 电话报名：24 小时全国咨询热线：010-512***71
(2) 在线报名：如果你现在不方便通话，你可以点此在线留言咨询
(3) 直接报名：如果你已了解红鸟，请填写以下载报名单直接报名学习

图 3-16 编号设置效果

小知识

添加项目符号的操作步骤：

1）选中要添加项目符号的段落，单击“开始”选项卡“段落”组中的“项目符号”按钮右侧的下拉按钮，在弹出的下拉菜单（图 3-17）中选择一种项目符号，即可将该项目符号应用于所选段落。

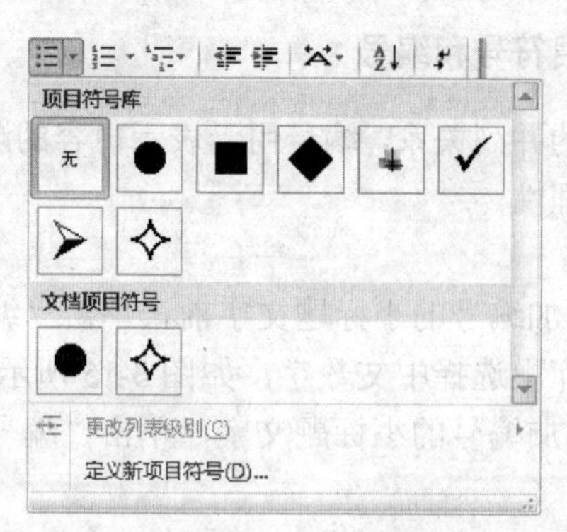

图 3-17 “项目符号”下拉菜单

若项目符号库中无所需内容，还可自定义项目符号。选中要添加项目符号的段落，单击“项目符号”按钮右侧的下拉按钮，在弹出的下拉菜单中选择“定义新项目符号”命令，弹出“定义新项目符号”对话框，如图 3-18 所示。

2）单击“符号”按钮，弹出“符号”对话框，选择需要的符号，如图 3-19 所示。

3）单击“确定”按钮，返回“定义新项目符号”对话框，选择对齐方式，单击“确定”按钮。

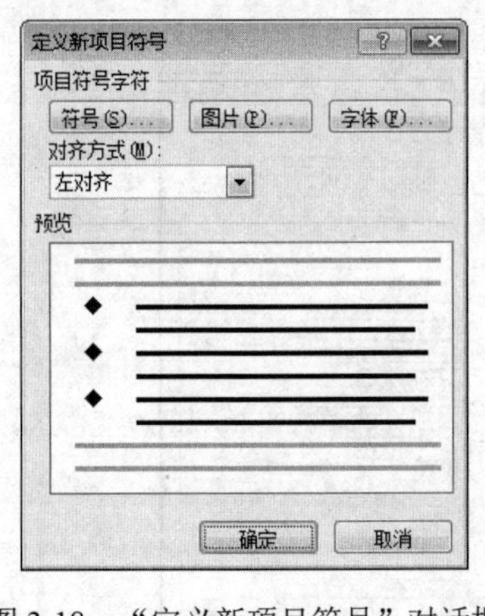

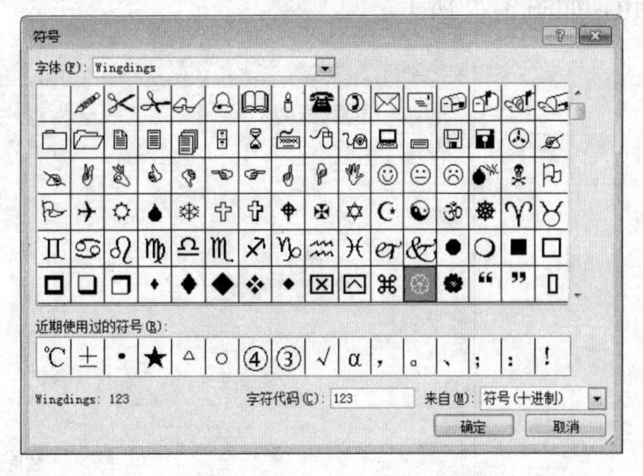

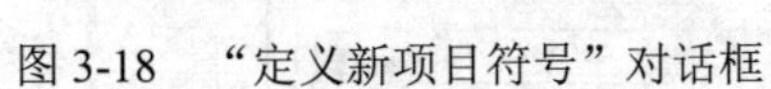

图 3-18　“定义新项目符号”对话框　　图 3-19　“符号”对话框

三、利用“段落”组设置边框和底纹

边框和底纹是美化文档的重要方式之一，在 Word 中不但可以为选中的文本添加边框和底纹，还可以为段落和页面添加边框和底纹。

操作步骤：

1）选中文档中“报名方式”下方的所有文字，单击“开始”选项卡“段落”组中的“边框”按钮右侧的下拉按钮，在弹出的下拉菜单中选择“边框和底纹”命令，弹出“边框和底纹”对话框，如图 3-20 所示。

2）在“边框”选项卡的“设置”选项组中选择一种边框样式，此处选择方框，在“样式”列表框中选择一种线型样式，此处选择双线型，在“颜色”和“宽度”下拉列表框中分别设置边框的颜色（蓝色）和宽度。因为选择的是整段，所以“应用于”下拉列表框自动设为段落，如图 3-21 所示。

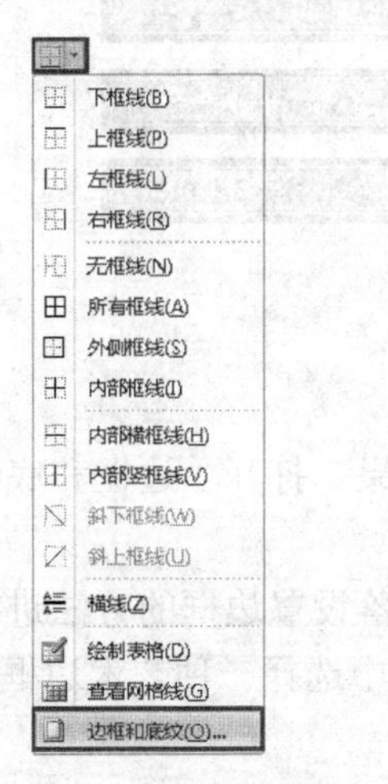

图 3-20　选择“边框和底纹”命令　　图 3-21　边框设置

3）选中需要设置底纹的文字，打开“边框和底纹”对话框，选择“底纹”选项卡，在“填充”下拉列表框中选择一种填充颜色，此处选择黄色，在“图案”选项组的“样式”下拉列表框中选择 5%图案样式，在“颜色”下拉列表框中选择“绿色”选项，单击“确定”按钮，如图 3-22 所示。

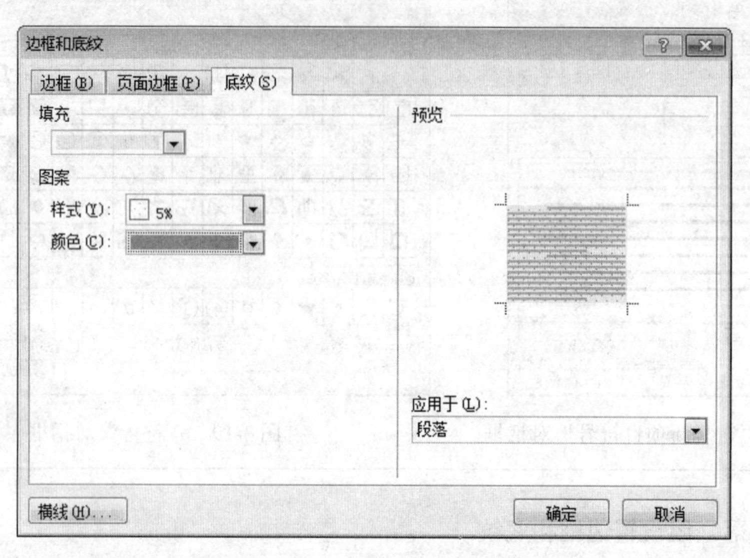

图 3-22 底纹设置

说明：边框和底纹可分为应用于段落和应用于文字，效果如图 3-23 和图 3-24 所示，用户可根据需要进行设置。

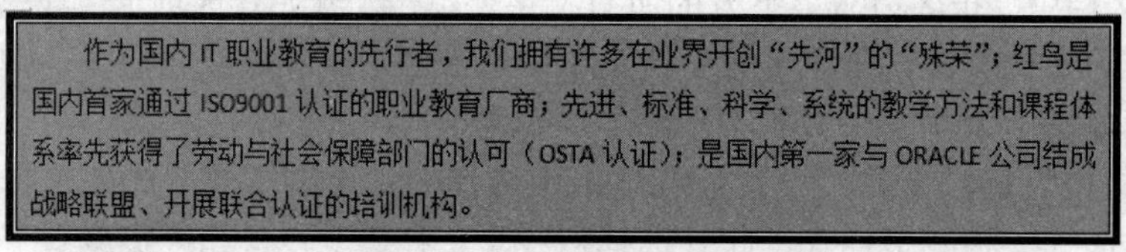

作为国内 IT 职业教育的先行者，我们拥有许多在业界开创“先河”的“殊荣”；红鸟是国内首家通过 ISO9001 认证的职业教育厂商；先进、标准、科学、系统的教学方法和课程体系率先获得了劳动与社会保障部门的认可（OSTA 认证）；是国内第一家与 ORACLE 公司结成战略联盟、开展联合认证的培训机构。

图 3-23 边框和底纹应用于段落效果

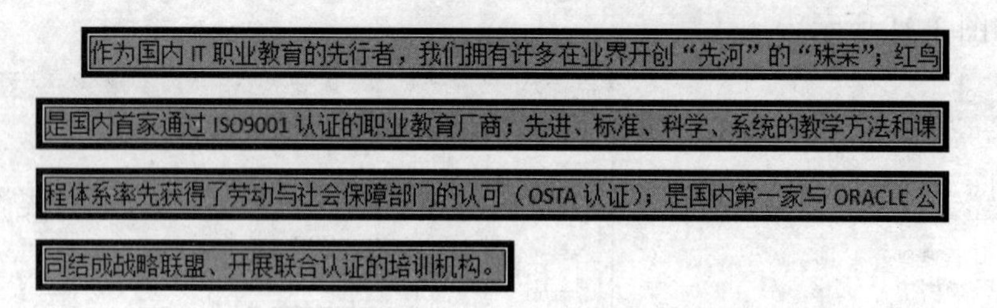
作为国内 IT 职业教育的先行者，我们拥有许多在业界开创“先河”的“殊荣”；红鸟
是国内首家通过 ISO9001 认证的职业教育厂商；先进、标准、科学、系统的教学方法和课
程体系率先获得了劳动与社会保障部门的认可（OSTA 认证）；是国内第一家与 ORACLE 公
司结成战略联盟、开展联合认证的培训机构。

图 3-24 边框和底纹应用于文字效果

4）在整个页面周围添加边框可以获得生动的页面外观效果。打开“边框和底纹”对话框，切换到“页面边框”选项卡。

5）若要为页面添加普通线型边框，只需参照为文本或段落设置边框的方法进行操作即可。此处为页面添加艺术型边框，可在“艺术型”下拉列表框中选择一种艺术边框，在“宽度”数值框中调整艺术边框的宽度值，如图 3-25 所示。

6）由图 3-12 可知，页面边框左右两侧有，而上下两端没有。可利用“预览”选项组中的 4 个按钮实现，分别单击代表上方和下方的按钮将上下边框删除，如图 3-25 所示。

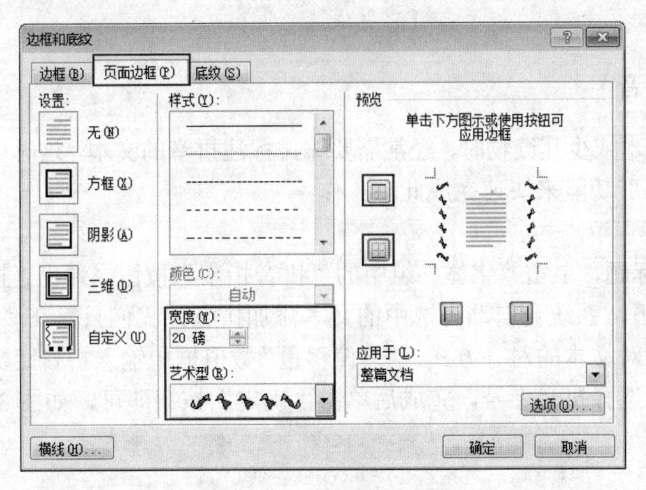

图 3-25　页面边框设置

子任务三　设置中文版式

任务导入

为报刊编辑一篇文档，要求：

以“留学生眼中的外国垃圾分类”文档为例，为标题添加拼音，为作者名添加菱形圈，将“导读:”后的文字做双行合一处理，为文中标题后段落设置首字下沉，并设置下沉行数、字体等效果，如图 3-26 所示。

留学生眼中的外国垃圾分类

作者　阿丙

导读: 他山之石，可以攻玉，欧美各国在垃圾分类方面，有不少值得我们借鉴的地方。记者采访了几位在国外学习的中国留学生，了解一下不同国家和地区的垃圾分类方式。

瑞典：玻璃制品有色无色分开放

北欧国家瑞典一直以环境整洁、优美而闻名于世，这在相当大的程度上得益于该国的垃圾分类处理系统。就读于瑞典乌普萨拉大学的源源告诉记者，瑞典街边的垃圾桶就分为可回收和不可回收两类。家里面的垃圾分类比较细，主要有：残食类、报纸类、硬纸板类、金属类、透明玻璃类、有色玻璃类、硬塑料类、软塑料类。

瑞典的超市在垃圾处理系统中也占据很重要的一环，瑞典所有的中大型超市都设有回收站。这里会分门别类摆放着许多垃圾箱，上面标明专门盛装某种垃圾的标志。有的回收金属类包装盒，有的回收报纸杂志，有的回收塑料包装瓶和罐子，就连玻璃制品也要分为有色的和无色的。“瑞典垃圾分类之细，令人叹服”源源感慨地说。

英国：垃圾桶分两种颜色

就读于英国莱斯特大学的西安女孩新洁告诉记者，在学校的学生宿舍里，通常有两个垃圾桶并排而立，一个是装可回收垃圾的，比如纸盒类；另一个是装日常生活垃圾的，比如瓜果皮壳等。垃圾袋的颜色也不一样，可回收是透明的，不可回收的是黑色的。垃圾桶也分两种颜色。而在马路边，多数是小垃圾桶，不必分类。

德国：酸奶瓶要洗干净再扔

在德国包豪斯大学读博士的鑫鑫介绍，德国人一向严谨，对垃圾分类尤其在意。在德国，马路边和学校里的垃圾箱都是分成三类的：食物类、纸张类和塑料类。而在家庭垃圾方面，分类就更详细了。比如，酸奶的罐子，传统的德国人都是要用水将罐子里酸奶的残留物清洗干净，再把罐子扔掉的。

食物类垃圾都有专门的袋子装好之后再扔；家里的报纸和纸张类是积攒到一起再扔到专门的纸张类的垃圾桶；对于啤酒瓶子等专门的玻璃制品，也有专门的垃圾桶。

（a）设置前

liú xué shēng yǎn zhōng de wài guó lā jī fēn lèi
留学生眼中的外国垃圾分类

作者　◇阿◇丙

导读:

瑞典：玻璃制品有色无色分开放

北欧国家瑞典一直以环境整洁、优美而闻名于世，这在相当大的程度上得益于该国的垃圾分类处理系统。就读于瑞典乌普萨拉大学的源源告诉记者，瑞典街边的垃圾桶就分为可回收和不可回收两类。家里面的垃圾分类比较细，主要有：残食类、报纸类、硬纸板类、金属类、透明玻璃类、有色玻璃类、硬塑料类、软塑料类。

瑞典的超市在垃圾处理系统中也占据很重要的一环，瑞典所有的中大型超市都设有回收站。这里会分门别类摆放着许多垃圾箱，上面标明专门盛装某种垃圾的标志。有的回收金属类包装盒，有的回收报纸杂志，有的回收塑料包装瓶和罐子，就连玻璃制品也要分为有色的和无色的。“瑞典垃圾分类之细，令人叹服”源源感慨地说。

英国：垃圾桶分两种颜色

就读于英国莱斯特大学的西安女孩新洁告诉记者，在学校的学生宿舍里，通常有两个垃圾桶并排而立，一个是装可回收垃圾的，比如纸盒类；另一个是装日常生活垃圾的，比如瓜果皮壳等。垃圾袋的颜色也不一样，可回收是透明的，不可回收的是黑色的。垃圾桶也分两种颜色。而在马路边，多数是小垃圾桶，不必分类。

德国：酸奶瓶要洗干净再扔

在德国包豪斯大学读博士的鑫鑫介绍，德国人一向严谨，对垃圾分类尤其在意。在德国，马路边和学校里的垃圾箱都是分成三类的：食物类、纸张类和塑料类。而在家庭垃圾方面，分类就更详细了。比如，酸奶的罐子，传统的德国人都是要用水将罐子里酸奶的残留物清洗干净，再把罐子扔掉的。

食物类垃圾都有专门的袋子装好之后再扔；家里的报纸和纸张类是积攒到一起再扔到专门的纸张类的垃圾桶；对于啤酒瓶子等专门的玻璃制品，也有专门的垃圾桶。

（b）设置后

图 3-26　中文版式设置

任务实施

一、为文字加注拼音

在编排小学课本或少儿读物时，经常需要编排标注拼音的文本，这时可以利用 Word 2010 提供的“拼音指南”功能来快速完成此项工作。

操作步骤：

1）选中文档标题，单击“字体”组中的“拼音指南”按钮，弹出“拼音指南”对话框。

2）默认情况下，系统会自动为选中的文本添加拼音，我们只需在“对齐方式”下拉列表框中选择拼音针对文本的对齐方式，在“偏移量”数值框中输入拼音距文本的距离，在“字号”下拉列表框中选择拼音字号，完成后单击“确定”按钮即可，如图 3-27 所示。

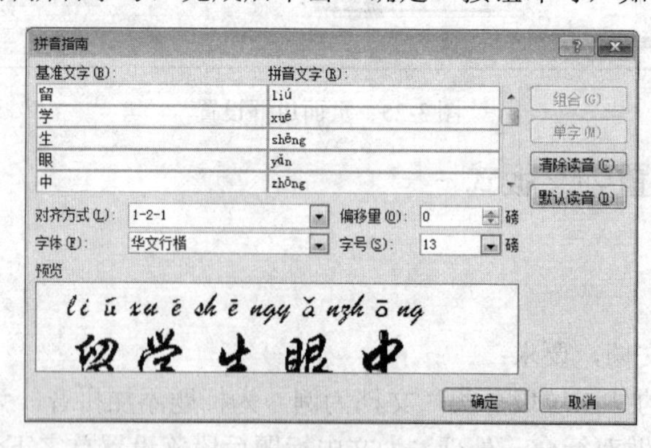

图 3-27 “拼音指南”对话框

二、带圈字符

在编排文档时，为了突出显示某些字符或数字的意义，可以为它们加一个圈。需要注意的是，该操作每次只能设置单个汉字或两位数字。

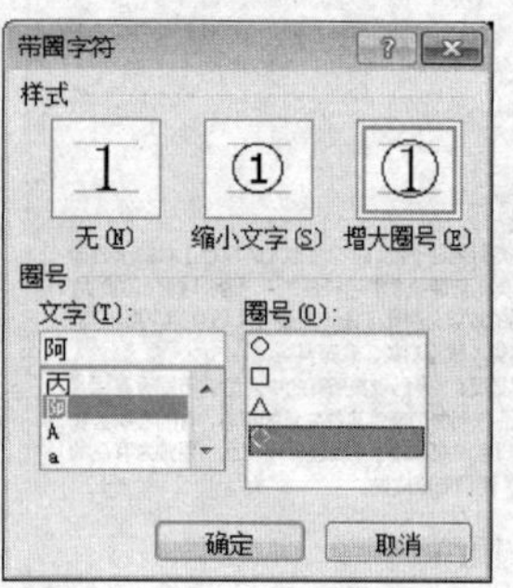

图 3-28 带圈字符设置

操作步骤：

1）选中“阿丙”中的“阿”字，单击“字体”组中的“带圈字符”按钮，弹出“带圈字符”对话框。

2）选择“增大圈号”样式，在“圈号”列表框中选择“菱形”选项，单击“确定”按钮，如图 3-28 所示。

3）用同样的方法为“丙”字加菱形圈。

三、双行合一

双行合一是指在保持原始行高不变的情况下，将选中的字符以两行并为一行的方式显示。

操作步骤：

1）选中文档第一段“导读：”之后的文字，单击“开始”选项卡“段落”组中的“中文版式”下拉按钮，在弹出的下拉菜单中选择“双行合一”命令，如图 3-29（a）所示，弹出“双行合一”对话框。

2）如果需要将文字带上括号，则选中“带括号”复选框，在“括号样式”下拉列表中选择括号样式，单击“确定”按钮，如图 3-29（b）所示。

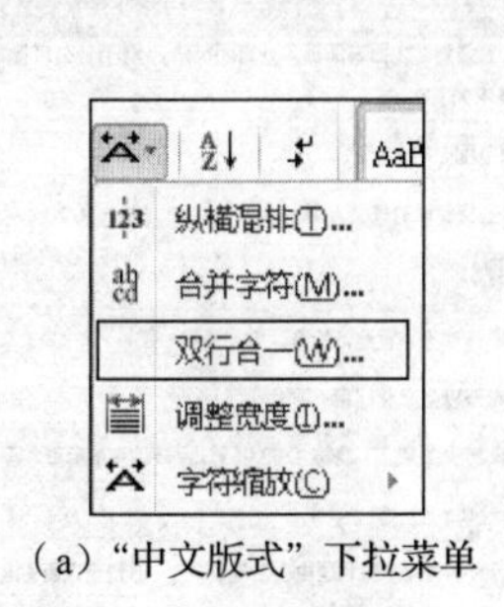

（a）“中文版式”下拉菜单

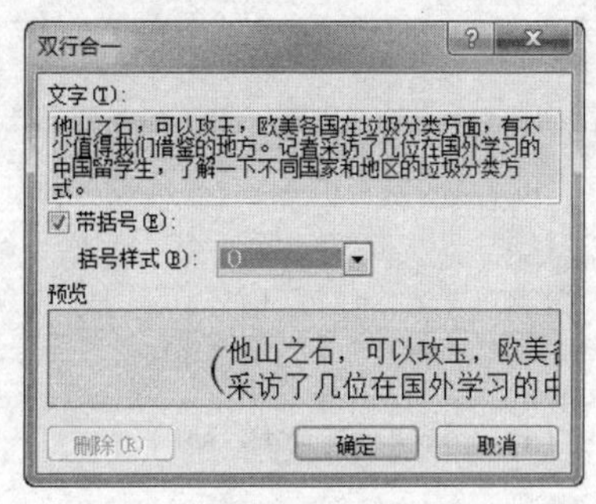

（b）“双行合一”对话框

图 3-29　双行合一设置

四、设置首字下沉

使用“首字下沉”命令可以将段落开头的第一个或若干字母、文字变为大号字，并以下沉或悬挂方式显示，以美化文档版面。

操作步骤：

将光标置于要设置首字下沉的段落中，单击“插入”选项卡“文本”组中的“首字下沉”下拉按钮，在弹出的下拉菜单中选择一种下沉方式，如图 3-30 所示。

若要对首字下沉文字做更为详细的设置，可在“首字下沉”下拉菜单中选择“首字下沉选项”命令，弹出“首字下沉”对话框。选择下沉方式，设置下沉文字的字体、下沉行数及距正文的距离，单击“确定”按钮，如图 3-31 所示。

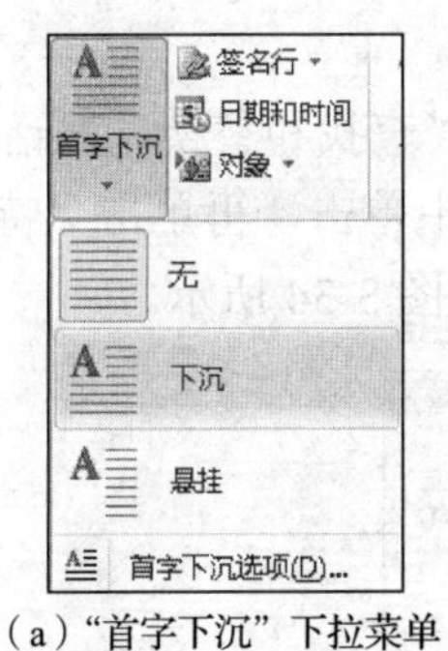

（a）“首字下沉”下拉菜单

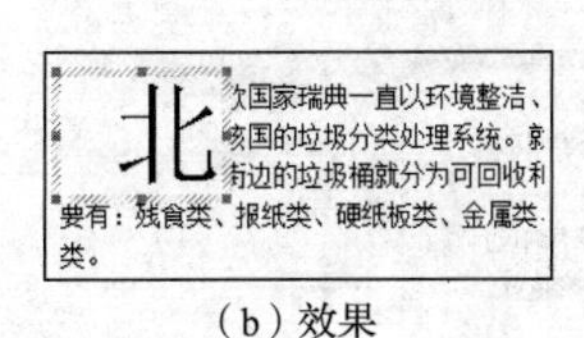

（b）效果

图 3-30　首字下沉

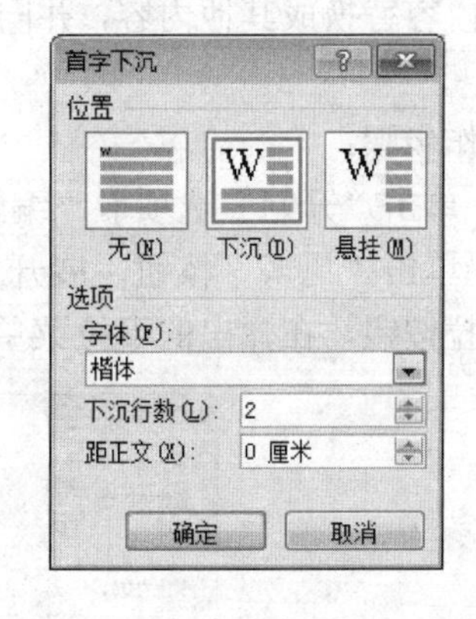

图 3-31　“首字下沉”对话框

子任务四　利用查找与替换功能设置格式

任务导入

以“招聘启事”为例，学习 Word 查找和替换的各种用法。要求：

将“招聘启事”文档中的软回车符全部替换为段落标记。将文字“桂林市”全部替换为“郑州市”，同时设置文字格式为小四号、加粗、红色，并加着重号，以强调效果。设置恰当的字体和段落格式。原文档和设置后效果如图 3-32 和图 3-33 所示。

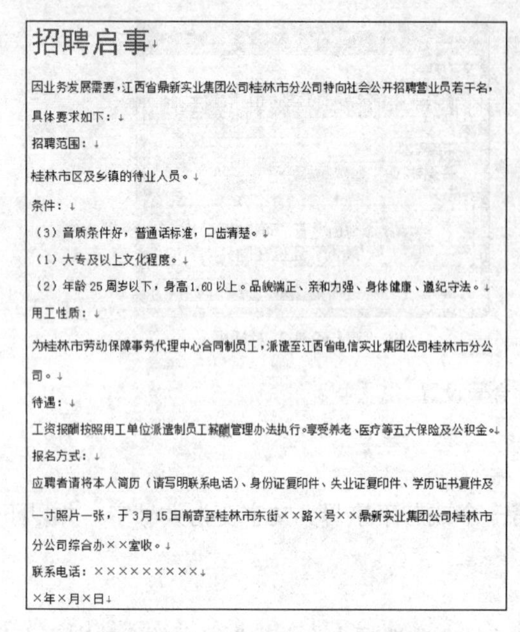

招聘启事

因业务发展需要，江西省鼎新实业集团公司桂林市分公司特向社会公开招聘营业员若干名，具体要求如下：

招聘范围：

桂林市区及乡镇的待业人员。

条件：

（3）音质条件好，普通话标准，口齿清楚。

（1）大专及以上文化程度。

（2）年龄 25 周岁以下，身高 1.60 以上。品貌端正、亲和力强、身体健康、遵纪守法。

用工性质：

为桂林市劳动保障事务代理中心合同制员工，派遣至江西省电信实业集团公司桂林市分公司。

待遇：

工资报酬按照用工单位派遣制员工薪酬管理办法执行。享受养老、医疗等五大保险及公积金。

报名方式：

应聘者请将本人简历（请写明联系电话）、身份证复印件、失业证复印件、学历证书复件及一寸照片一张，于 3 月 15 日前寄至桂林市东街××路×号××鼎新实业集团公司桂林市分公司综合办××室收。

联系电话：×××××××××

×年×月×日

图 3-32 “招聘启事”原文档

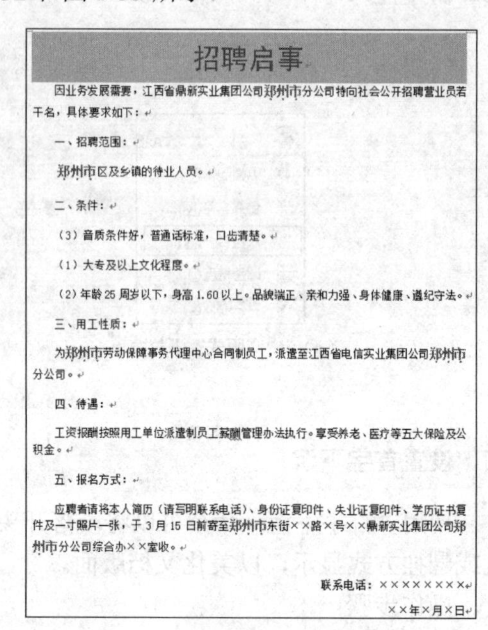

招聘启事

因业务发展需要，江西省鼎新实业集团公司郑州市分公司特向社会公开招聘营业员若干名，具体要求如下：

一、招聘范围：

郑州市区及乡镇的待业人员。

二、条件：

（3）音质条件好，普通话标准，口齿清楚。

（1）大专及以上文化程度。

（2）年龄 25 周岁以下，身高 1.60 以上。品貌端正、亲和力强、身体健康、遵纪守法。

三、用工性质：

为郑州市劳动保障事务代理中心合同制员工，派遣至江西省电信实业集团公司郑州市分公司。

四、待遇：

工资报酬按照用工单位派遣制员工薪酬管理办法执行。享受养老、医疗等五大保险及公积金。

五、报名方式：

应聘者请将本人简历（请写明联系电话）、身份证复印件、失业证复印件、学历证书复件及一寸照片一张，于 3 月 15 日前寄至郑州市东街××路×号××鼎新实业集团公司郑州市分公司综合办××室收。

联系电话：××××××××

××年×月×日

图 3-33 “招聘启事”设置后效果

任务实施

利用 Word 2010 提供的查找和替换功能可以在文档中迅速查找到相关内容，也可以将查找到的内容替换成其他内容，并同时设置恰当的格式，从而使文档修改工作变得十分迅速和高效。

操作步骤：

1）单击“开始”选项卡“编辑”组中的“替换”按钮，弹出“查找和替换”对话框。

2）单击“更多”按钮，展开对话框，在“查找内容”文本框中单击，再单击“特殊格式”下拉按钮，在弹出的下拉菜单中选择“手动换行符”命令，如图 3-34 所示。

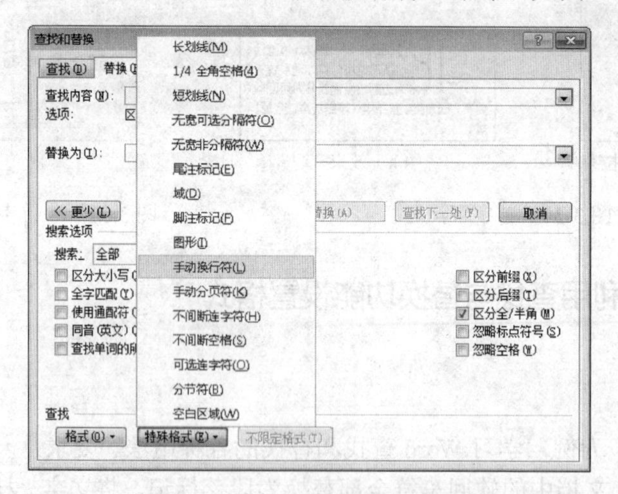

图 3-34 选择“手动换行符”命令

3）在“替换为”文本框中单击，再单击“特殊格式”下拉按钮，在弹出的下拉菜单中选择“段落标记”命令，如图 3-35 所示。设置后的“查找和替换”对话框如图 3-36 所示。

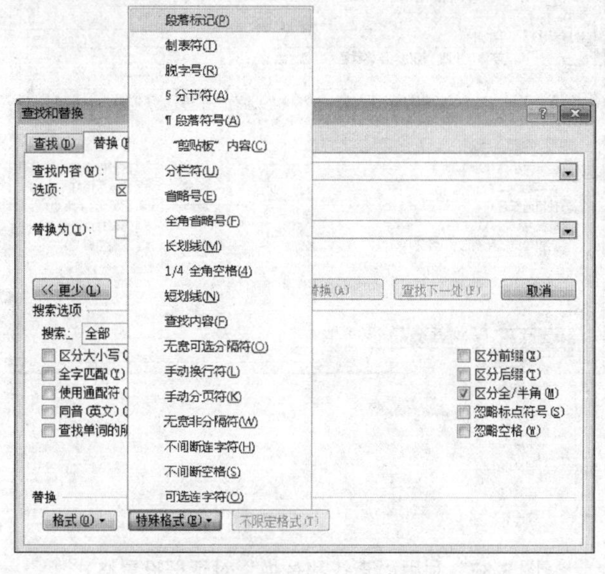

图 3-35　选择“段落标记”命令

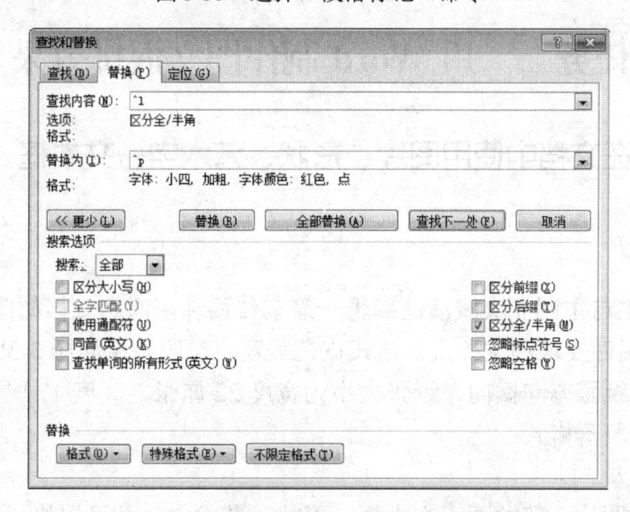

图 3-36　设置后“查找和替换”对话框

4）单击“全部替换”按钮，在弹出的提示对话框中单击“确定”按钮。此时文档中的所有软回车符已被替换为段落标记。

5）将光标定位在文档开始处，打开“查找和替换”对话框，选择“替换”选项卡。

6）在“查找内容”文本框中输入“桂林市”，在“替换为”文本框中输入“郑州市”。

7）单击“更多”按钮，再单击“格式”下拉按钮，在弹出的下拉菜单中选择相应的格式类型（如“字体”“段落”等），本例选择“字体”命令，如图 3-37 所示。

8）在弹出的“查找字体”对话框中可以选择要查找的字体、字号、颜色、加粗、倾斜等。本例设置小四号、加粗、红色，加着重号，单击“确定”按钮。

9）为文档设置字体和段落格式等，完成文档设置。

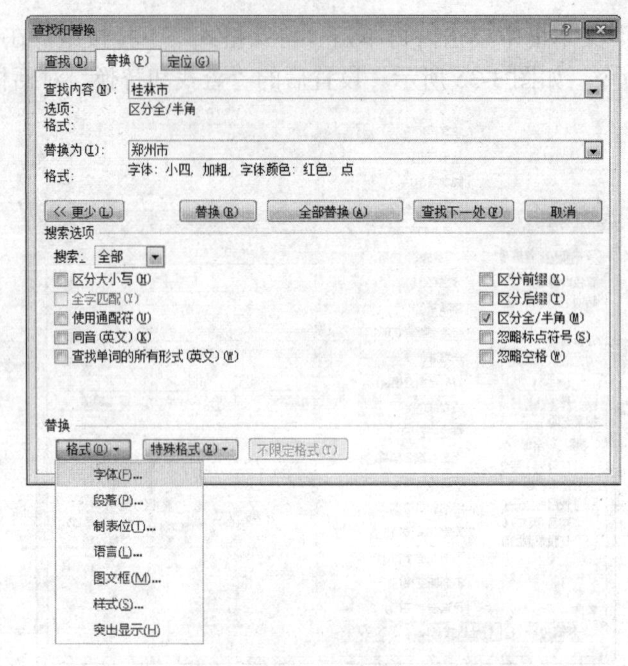

图 3-37 利用“查找和替换”对话框设置格式

任务二 用 Word 制作图文混排效果

子任务一 在文档中使用图片、形状、艺术字、文本框

任务导入

某高校针对学生自主创业实践活动编辑一篇宣传稿件，原始文档如图 3-38（a）所示，请进行编辑。宣传稿件要求图文并茂，格式规范美观。参照效果如图 3-38（b）所示。要求：

1）页面设置。纸张方向横向，纸张大小为宽度 22 厘米，高度 17 厘米。

2）设置合适的段落格式。

3）设置页面背景。

4）添加适当的图片、剪贴画、文本框、形状、艺术字，并设置格式。

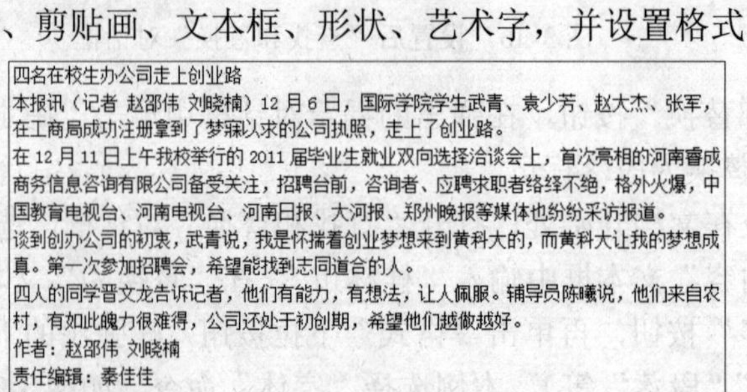

四名在校生办公司走上创业路

本报讯（记者 赵邵伟 刘晓楠）12 月 6 日，国际学院学生武青、袁少芳、赵大杰、张军，在工商局成功注册拿到了梦寐以求的公司执照，走上了创业路。

在 12 月 11 日上午我校举行的 2011 届毕业生就业双向选择洽谈会上，首次亮相的河南睿成商务信息咨询有限公司备受关注，招聘台前，咨询者、应聘求职者络绎不绝，格外火爆，中国教育电视台、河南电视台、河南日报、大河报、郑州晚报等媒体也纷纷采访报道。

谈到创办公司的初衷，武青说，我是怀揣着创业梦想来到黄科大的，而黄科大让我的梦想成真。第一次参加招聘会，希望能找到志同道合的人。

四人的同学晋文龙告诉记者，他们有能力，有想法，让人佩服。辅导员陈曦说，他们来自农村，有如此魄力很难得，公司还处于初创期，希望他们越做越好。

作者：赵邵伟 刘晓楠

责任编辑：秦佳佳

发布时间：2010-12-20

（a）原始文档

图 3-38 宣传稿件

四名在校生办公司走上创业路

本报讯（记者 赵邵伟 刘晓楠）12 月 6 日，国际学院学生武青、袁少芳、赵大杰、张军，在工商局成功注册拿到了梦寐以求的公司执照，走上了创业路。

首次创业

在 12 月 11 日上午我校举行的 2011 届毕业生就业双向选择洽谈会上，首次亮相的河南睿成商务信息咨询有限公司备受关注，招聘台前，咨询者、应聘求职者络绎不绝，格外火爆，中国教育电视台、河南电视台、河南日报、大河报、郑州晚报等媒体也纷纷采访报道。

谈到创办公司的初衷，武青说，我是怀揣着创业梦想来到黄科大的，而黄科大让我的梦想成真。第一次参加招聘会，希望能找到志同道合的人。

四人的同学晋文龙告诉记者，他们有能力，有想法，让人佩服。辅导员陈曦说，他们来自农村，有如此魄力很难得，公司还处于初创期，希望他们越做越好。

作者：赵邵伟 刘晓楠

责任编辑：秦佳佳

发布时间：2010-12-20

（b）设置效果

图 3-38（续）

任务实施

一、页面设置

新建文档时，Word 对文档的纸张大小、纸张方向、页边距及其他选项进行了默认设置。用户也可以根据需要对这些设置进行更改。用户最好在设置文档格式之前设置好文档的页面，以避免设置页面后使文档的版式变乱。

操作步骤：

1）文档默认页面大小为 A4、纵向。本文档需要设置成特殊页面。单击“页面布局”选项卡“页面设置”组中的“纸张大小”下拉按钮，在弹出的下拉菜单中选择所需的纸型，如图 3-39 所示。

2）若下拉菜单中没有所需选项，则可选择“其他页面大小”选项，弹出“页面设置”对话框，在“纸张”选项卡的“纸张大小”下拉列表框中进行选择，也可直接在“宽度”和“高度”数值框中输入数值来自定义纸张大小。本例中设置宽度为 22 厘米，高度为 17 厘米，如图 3-40 所示。

说明：在“页面设置”组中还可以进行页边距、纸张方向、分栏、分隔符的设置，在论文排版项目中，再具体讲解。段落格式设置本项目任务一子任务二中已经介绍，这里不再赘述。

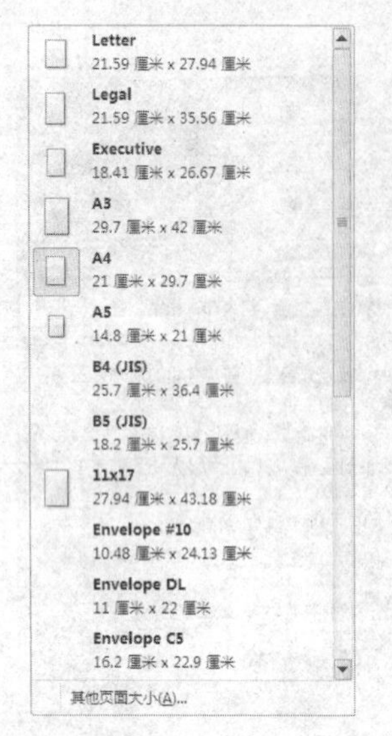

图 3-39 “纸张大小”下拉菜单

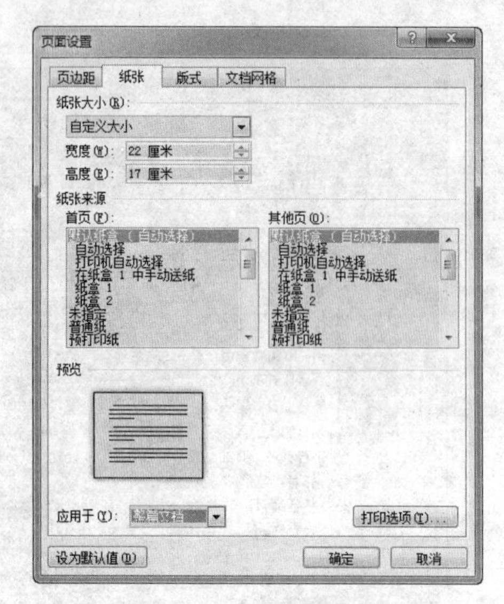

图 3-40 自定义纸张大小

二、页面背景

页面背景设置是指为整个页面设置背景颜色或背景样式，美化页面显示效果。在“页面布局”选项卡中有“页面背景”组，在其中可进行水印设置和页面颜色设置。

本任务进行页面颜色设置。

操作步骤：

1）单击“页面颜色”下拉按钮，弹出“页面颜色”下拉菜单，如图 3-41（a）所示。在其中可以选择一种颜色作为页面背景。此处选择“填充效果”命令，弹出“填充效果”对话框，如图 3-41（b）所示。

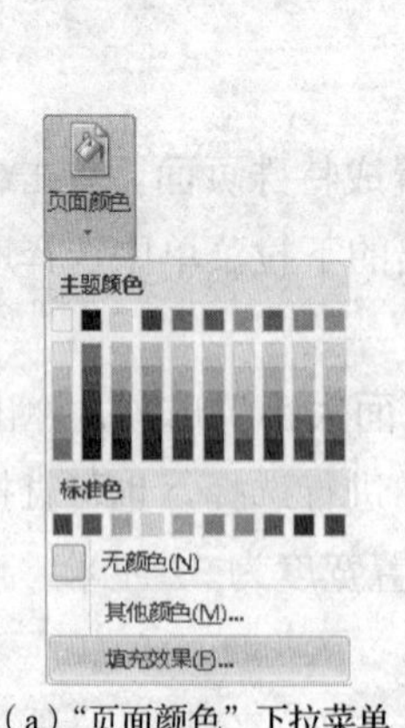

（a）“页面颜色”下拉菜单

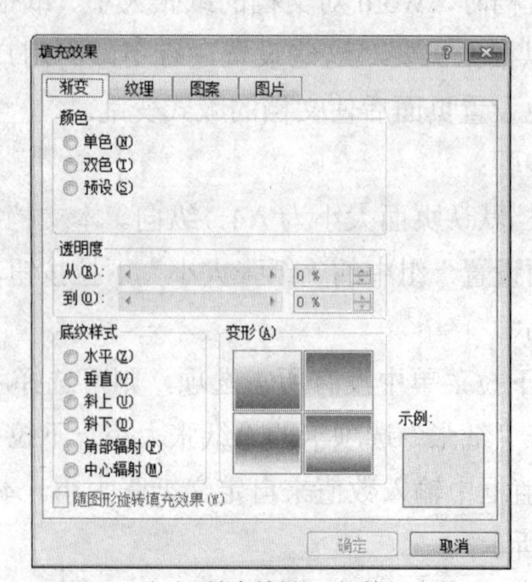

（b）“填充效果”对话框

图 3-41 页面填充效果设置

2）填充效果分为渐变、纹理、图案、图片，均可根据需要选择。此处选择“图片”选项卡，在本机中选择合适的背景图片填充页面，如图 3-42 所示。

图 3-42　图片填充设置

小知识

水印设置的步骤如下：

1）单击“水印”下拉按钮，在弹出的下拉菜单中选择“自定义水印”命令，如图 3-43 所示，弹出“水印”对话框。

2）选中“文字水印”单选按钮，输入文字，在颜色中可以选择自己喜欢的样式，如图 3-44 所示。用户还可以选择图片水印，即选中“图片水印”单选按钮，选择缩放比例和冲蚀效果。

图 3-43　“水印”下拉菜单

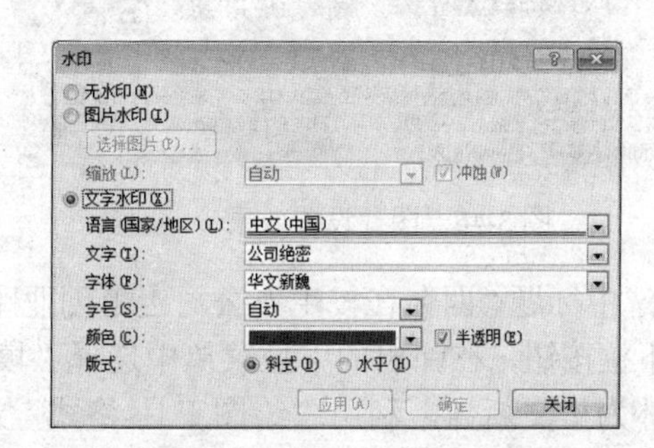

图 3-44　文字水印设置

三、插入形状、图片、文本框和艺术字

制作一份图文混排的文档通常需要合理使用图片、形状、文本框、艺术字等，使版面图文并茂、美观大方。

操作步骤：

1）将光标定位在目标位置，单击“插入”选项卡“插图”组中的“图片”按钮，弹出“插入图片”对话框，选择要插入的图片，单击“插入”按钮，即可在文档中插入图片。此处插入图片“鞭炮”。

2）插入图片后，功能区自动出现“图片工具-格式”选项卡（图 3-45），可以对插入的图片进行各种编辑和美化操作。

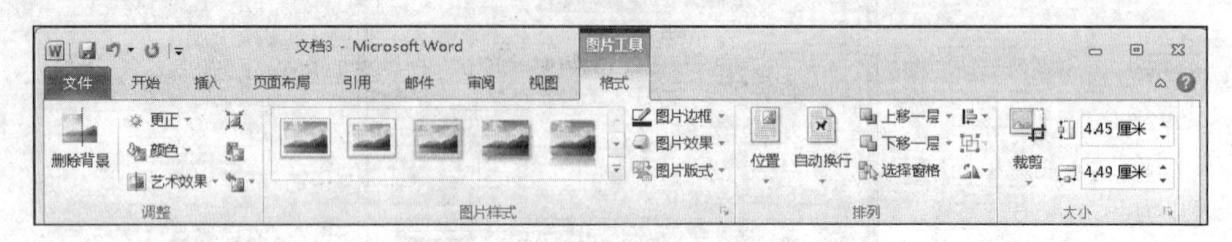

图 3-45　“图片工具-格式”选项卡

3）利用“排列”组中的“自动换行”下拉菜单选择图片环绕方式，此处为了便于移动图片，选择四周型环绕，将图片拖动到适当位置。在“旋转”下拉菜单可将图片水平旋转。

4）在“大小”组中分别设置图片的高度和宽度，也可单击图片，利用拖动图片四周方形控制点的方式改变大小。

5）在“图片样式”组中可选择一种系统预设的样式，或利用“图片边框”“图片效果”下拉菜单自行设置格式。此处为“鞭炮”添加了阴影效果，如图 3-46 所示。使用类似的方式可以添加剪贴画，并进行设置。

6）单击“插入”选项卡“插图”组中的“形状”下拉按钮，弹出的下拉菜单中包含各类形状，可根据需要进行选择，并在文档的恰当位置拖动鼠标绘制相应的形状。此处绘制一个云形标注。

7）在出现的“绘图工具-格式”选项卡中对形状做恰当的设置，此处在“形状样式”下拉列表框中选择一种样式，并调整大小。剪贴画和形状设置效果如图 3-47 所示。

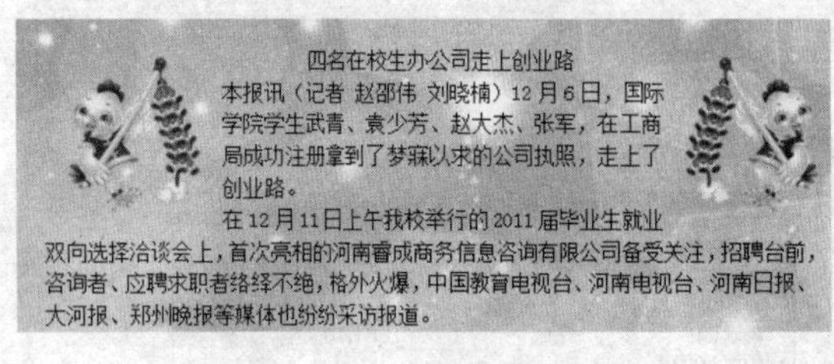
四名在校生办公司走上创业路

本报讯（记者 赵邵伟 刘晓楠）12 月 6 日，国际学院学生武青、袁少芳、赵大杰、张军，在工商局成功注册拿到了梦寐以求的公司执照，走上了创业路。

在 12 月 11 日上午我校举行的 2011 届毕业生就业双向选择洽谈会上，首次亮相的河南睿成商务信息咨询有限公司备受关注，招聘台前，咨询者、应聘求职者络绎不绝，格外火爆，中国教育电视台、河南电视台、河南日报、大河报、郑州晚报等媒体也纷纷采访报道。

图 3-46　图片设置效果

图 3-47　剪贴画和形状设置效果

8）选中标题“四名在校生办公司走上创业路”，单击“插入”选项卡“文本”组中的“艺术字”下拉按钮，在弹出的下拉菜单中选择“填充-红色，强调文字颜色 2 粗糙棱台”效果，设置字体为华文新魏。利用“绘图工具-格式”选项卡进行格式设置，如利用“形状效果”下拉菜单为该艺术字设置阴影效果，以增加立体感。其他设置与图片设置类似。

9）单击“插入”选项卡“文本”组中的“文本框”下拉按钮，在弹出的下拉菜单中有大量内置文本框格式，可根据需要选择。此处选择“绘制文本框”命令，用鼠标在文档矩形框左下方绘制一个普通文本框，输入“首次创业”文字。

10）在“绘图工具-格式”选项卡中可对文本框进行各种格式设置，此处在“形状样式”组中设置“形状填充”和“形状轮廓”。艺术字和文本框设置效果如图 3-48 所示。

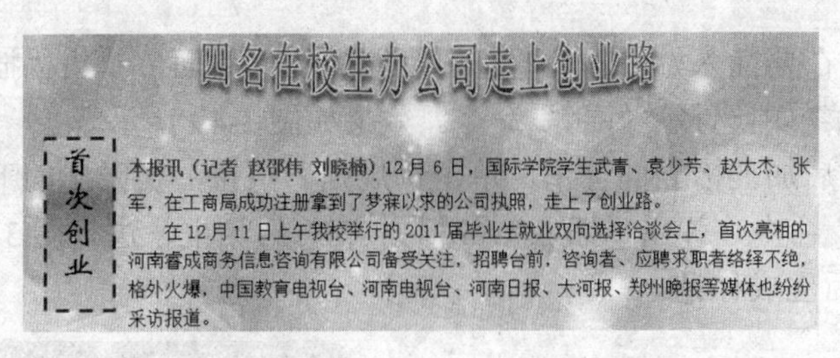

图 3-48　艺术字和文本框设置效果

子任务二　邮件合并

任务导入

年会前需要为每个被邀请人发送一份年会邀请函，注明被邀请人姓名，并根据性别写上“先生”或“女士”。要求：

利用 Word 2010 的邮件合并功能将“被邀请人名单”文件中的所有姓名导入邀请函中，为每个人生成一份独立的文件，并且根据性别写上称谓。

任务实施

在日常办公事务处理中，经常会遇到将一些内容相同的公文、信件或通知发送到不同的地址、单位或个人的情况，这时就可以利用 Word 2010 中的邮件合并功能来方便地解决这个问题。执行邮件合并操作时涉及两个文档，即主文档文件和数据源文件。主文档是邮件合并内容中固定不变的部分，数据源文件主要用于保存联系人的相关信息。在执行邮件合并操作之前，首先要创建这两个文档，然后将它们关联起来。完成后“合并”这两个文档，就可以为每个收件人创建邮件。

操作步骤：

1）创建数据源。创建一个 Word 文档或 Excel 文档，制作一个表格，包含“姓名”列和“性别”列，如表 3-1 所示。

表 3-1　创建表格

姓名	性别	姓名	性别
韦小明	男	钟慧涟	女
李芳	男	李丽琴	女
梁小良	女	张桂	女
罗莉	女	蒙玲玲	女
莫宽秀	女	潘启财	男
申兆	女	陈芳玲	女
韦巧碧	女	唐剑	男
周子媛	女	梁耀中	男
翟福树	女		

2）打开制作好的邀请函，单击“邮件”选项卡“开始邮件合并”组中的“选择收件人”下拉按钮，在弹出的下拉菜单中选择“使用现有列表”命令，弹出“选取数据源”对话框。

3）选中创建好的数据源文件“被邀请人名单”，单击“打开”按钮。

4）将光标定位在要插入姓名的位置，即“尊敬的”后面，单击“插入合并域”下拉按钮，在弹出的下拉菜单中选择“姓名”命令。效果如图 3-49 所示。

5）为了在姓名后加上恰当的称谓，单击“规则”按钮，在弹出的下拉菜单中选择“如果…那么…否则…”命令，弹出“插入 Word 域：IF”对话框，进行图 3-50 所示的设置，即可根据性别在姓名后生成称谓。

尊敬的____«姓名»________：

您好！

感谢您一直以来对我们公司的关心与支持，为表谢意，值此新春佳节到来之际，公司兹定于 2012 年 1 月 11 日（星期三）在重庆市九龙坡区杨家坪佳宁英皇大酒店举行“心跨越，赢未来”2011 年度工作总结暨颁奖典礼，暨 2012 年大团圆迎春晚会，敬请光临！

图 3-49　插入合并域效果

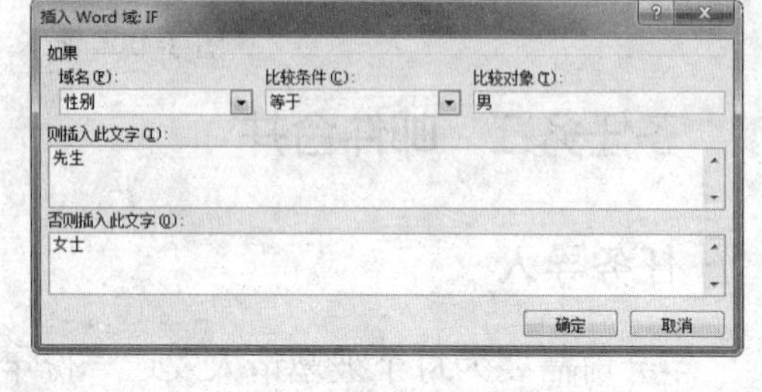

图 3-50　设置插入域规则

6）单击“完成”组中的“完成并合并”下拉按钮，在弹出的下拉菜单中选择“编辑单个文档”命令。

7）在弹出的“合并到新文档”对话框中选中“全部”单选按钮，单击“确定”按钮。

Word 将根据设置自动合并文档并将全部记录存储到一个新文档中，合并完成文档的份数取决于数据表中记录的条数，最后保存文档。效果如图 3-51 所示。

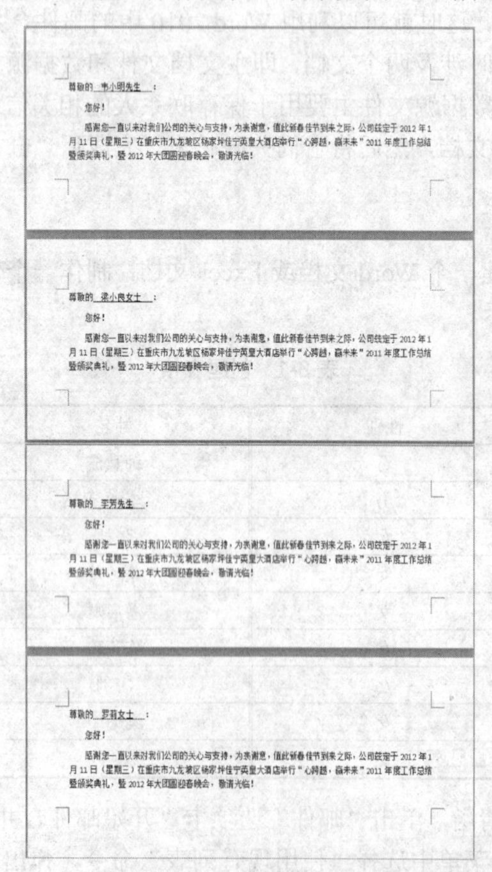

尊敬的 韦小明先生 ：

您好！

感谢您一直以来对我们公司的关心与支持，为表谢意，值此新春佳节到来之际，公司兹定于 2012 年 1 月 11 日（星期三）在重庆市九龙坡区杨家坪佳宁英皇大酒店举行“心跨越，赢未来”2011 年度工作总结暨颁奖典礼，暨 2012 年大团圆迎春晚会，敬请光临！

尊敬的 梁小良女士 ：

您好！

感谢您一直以来对我们公司的关心与支持，为表谢意，值此新春佳节到来之际，公司兹定于 2012 年 1 月 11 日（星期三）在重庆市九龙坡区杨家坪佳宁英皇大酒店举行“心跨越，赢未来”2011 年度工作总结暨颁奖典礼，暨 2012 年大团圆迎春晚会，敬请光临！

尊敬的 于芳先生 ：

您好！

感谢您一直以来对我们公司的关心与支持，为表谢意，值此新春佳节到来之际，公司兹定于 2012 年 1 月 11 日（星期三）在重庆市九龙坡区杨家坪佳宁英皇大酒店举行“心跨越，赢未来”2011 年度工作总结暨颁奖典礼，暨 2012 年大团圆迎春晚会，敬请光临！

尊敬的 罗莉女士 ：

您好！

感谢您一直以来对我们公司的关心与支持，为表谢意，值此新春佳节到来之际，公司兹定于 2012 年 1 月 11 日（星期三）在重庆市九龙坡区杨家坪佳宁英皇大酒店举行“心跨越，赢未来”2011 年度工作总结暨颁奖典礼，暨 2012 年大团圆迎春晚会，敬请光临！

图 3-51　部分邮件合并效果

子任务三 SmartArt 工具的使用

任务导入

利用 SmartArt 工具制作一个公司组织结构图。要求体现出如下内容：公司最高权力组织为董事会，总经理辅助董事会直接管理各部门，每个级别设置不同的颜色来区分，如图 3-52 所示。

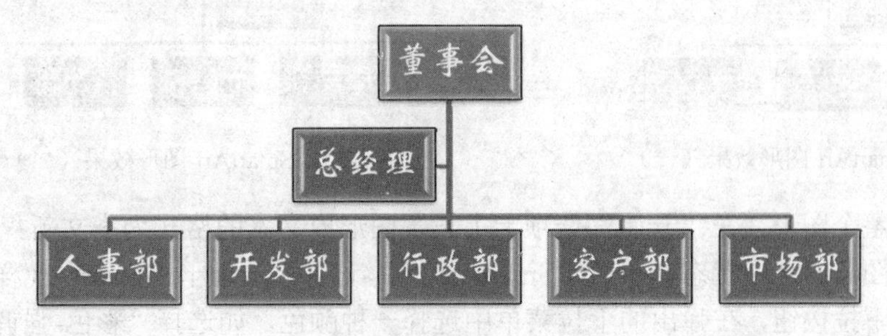

图 3-52 组织结构图

任务实施

SmartArt 图形主要用于在文档中列示项目、演示流程、表达层次结构或关系，并通过图形结构和文字说明有效地传达作者的观点和信息。Word 2010 提供了多种样式的 SmartArt 图形，用户可根据需要选择适当的样式插入文档中。

操作步骤：

1）新建文档。单击“插入”选项卡“插图”组中的“SmartArt”按钮，弹出“选择 SmartArt 图形”对话框。

2）选择一种图形类型，这里选择“层次结构”；根据需求选择所需图形布局，选择“组织结构图”，单击“确定”按钮，如图 3-53 所示。

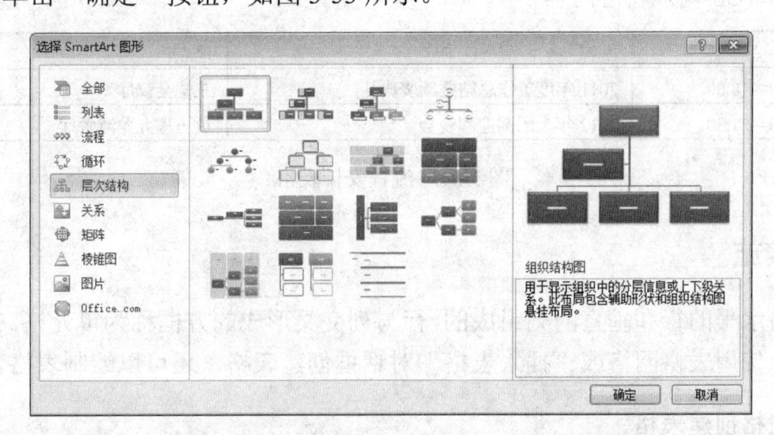

图 3-53 “选择 SmartArt 图形”对话框

3）文档中出现包含 3 个子类的流程图，如图 3-54 所示，分别单击图形中的占位符，输入所需的内容。

4）在图形中添加形状。选中最下面的图形，单击“SmartArt 工具-设计”选项卡“创建图形”组中的“添加形状”按钮右侧的下拉按钮，在弹出的下拉菜单中选择“在后面添加形状”命令。

5）在新添加的形状内输入需要的文本，用同样的方法添加其他需要的形状，并在其中输入相应的文本，如图 3-55 所示。

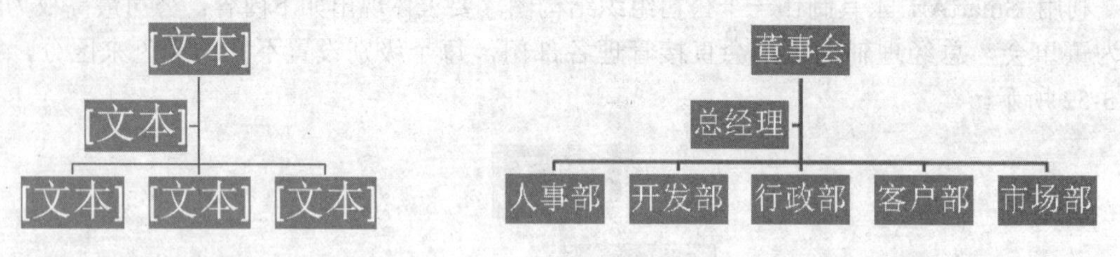

图 3-54 SmartArt 图形效果（一）　　图 3-55 SmartArt 图形效果（二）

6）选中整个图形，在“开始”选项卡上设置图形内文本的格式为华文新魏、18 磅。

7）保持图形的选中状态，单击“SmartArt 工具-设计”选项卡“SmartArt 样式”组中的“更改颜色”下拉按钮，在弹出的下拉菜单中选择一种颜色，如选择“彩色-强调文字颜色”。

8）单击“SmartArt 样式”组中的“其他”下拉按钮，在弹出的下拉列表中选择所需的样式，如卡通。

任务三　用 Word 制作表格

子任务一　创建表格

任务导入

某公司开年会，需要一份年会流程安排表。要求：制作一个 3 行 3 列的表格，适当设置大小，按照图 3-56 输入表格内容。

时间	内容	地点
13:30—18:00	2011 年度工作总结暨颁奖典礼	三楼会议厅
18:30—21:30	2012 年大团圆迎春晚会	负一楼九龙滩餐厅

图 3-56 流程安排表格

任务实施

表格是由水平的行和垂直的列组成的，行与列交叉形成的方框称为单元格。在 Word 2010 中，我们可以使用表格网格或“插入表格”对话框创建表格，还可以绘制表格。

一、用表格网格创建表格

使用表格网格适合创建行、列数较少，并具有规范行高和列宽的简单表格。

操作步骤：

1）将光标置于要创建表格的位置，单击“插入”选项卡“表格”组中的“表格”下拉按钮。

2）在显示的网格中移动鼠标指针选择 3 行 3 列，此时将在文档中显示表格的创建效果，如图 3-57 所示，单击即可创建表格。

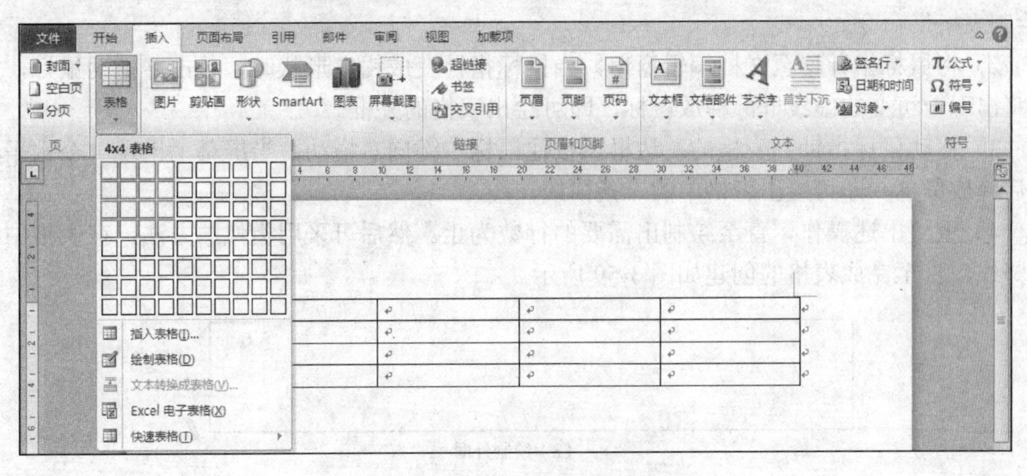

图 3-57　用表格网格创建表格

二、利用“插入表格”对话框创建表格

利用“插入表格”对话框创建表格可以不受行、列数的限制，还可以对表格格式进行简单设置，所以“插入表格”对话框是最常用的创建表格的方法。

操作步骤：

1）将光标置于要创建表格的位置，单击“插入”选项卡“表格”组中的“表格”下拉按钮，在弹出的下拉菜单中选择“插入表格”命令，弹出“插入表格”对话框。

2）在“列数”和“行数”数值框中设置表格的行数和列数，这里分别设置为 3，单击“确定”按钮，即可创建一个 3 行 3 列的表格，如图 3-58 所示。

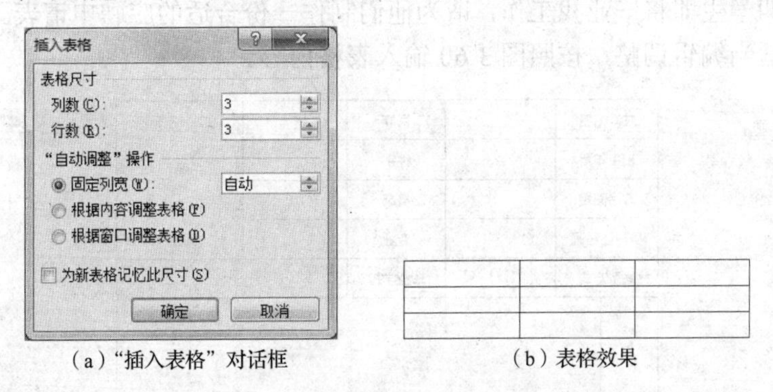

（a）“插入表格”对话框　　（b）表格效果

图 3-58　插入表格

3）在表格中的相应单元格中定位光标，输入内容，设置表格文本格式的方法与设置普通文本相同。

三、绘制表格

使用绘制表格工具可以非常灵活、方便地绘制行高、列宽不规则的复杂表格，或对现有表格进行修改。

操作步骤：

1）单击“插入”选项卡“表格”组中的“表格”下拉按钮，在弹出的下拉菜单中选择“绘制表格”命令。

2）将鼠标指针移至文档编辑窗口，当鼠标指针变成铅笔形状时，单击并拖动鼠标，此时将出现一可变的虚线框，释放鼠标，即可绘出表格的外框。

3）移动鼠标指针到表格的左边框，按住鼠标左键向右拖动，当屏幕上出现一个水平虚线后释放鼠标，即可绘出表格中的一条横线。

4）重复上述操作，直至绘制出需要的行数为止。然后可采用类似的方法，在表格中绘制竖线，直至完成表格的创建如图 3-59 所示。

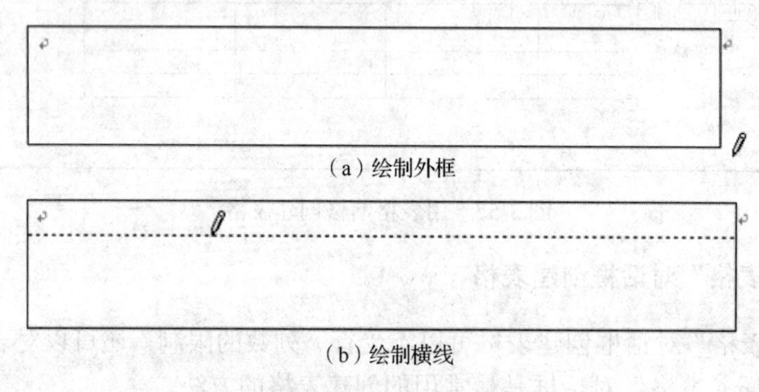

（a）绘制外框

（b）绘制横线

图 3-59 绘制表格

子任务二 编辑表格

任务导入

某高校大四学生即将毕业找工作，请为他们制作一份合适的应聘申请表。要求：制作应聘申请表格，适当编辑调整，按照图 3-60 输入表格内容。

<table>
<tr><td>姓　名</td><td></td><td>民族</td><td></td><td rowspan="4">照片</td></tr>
<tr><td>出生年月</td><td></td><td>性别</td><td></td></tr>
<tr><td>政治面貌</td><td></td><td>身高</td><td></td></tr>
<tr><td>身份证号码</td><td></td><td>专业</td><td></td></tr>
<tr><td>联系方式</td><td></td><td>毕业学校</td><td colspan="2"></td></tr>
<tr><td>个人特长</td><td colspan="4"></td></tr>
<tr><td>应聘部门意见</td><td colspan="4"></td></tr>
<tr><td>人事部意见</td><td colspan="4"></td></tr>
</table>

图 3-60 应聘申请表

任务实施

为满足用户在实际工作中的需要，Word 提供了多种方法来修改已经创建的表格。例如，插入行、列或单元格，删除多余的行、列或单元格，合并或拆分单元格，以及调整单元格的行高和列宽等。

一、插入行、列

操作步骤：

1）要插入行或列，可将光标置于要添加行或列位置邻近的单元格。

2）单击“表格工具-布局”选项卡“行或列”组（图 3-61）中的“在上方插入”按钮或“在下方插入”按钮，可在光标所在行的上方或下方插入空白行。

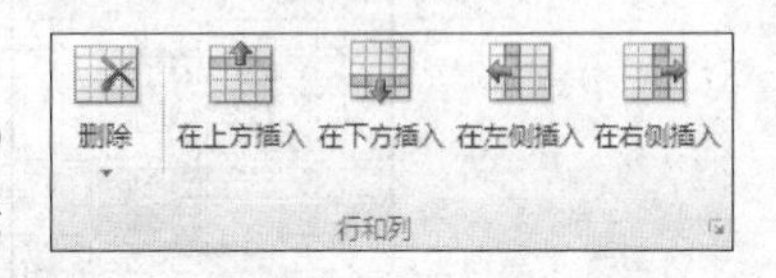

图 3-61 “行和列”组

3）单击“在左侧插入”按钮或“在右侧插入”按钮，可在插入符所在列的左侧或右侧插入一空白列。

二、合并与拆分单元格或表格

制作复杂表格时，可能会将多个单元格合并成一个单元格；或将选中的单元格拆分成等宽的多个小单元格，甚至直接将表格进行拆分。下面继续对应聘申请表进行操作。

操作步骤：

1）合并单元格。选中要合并的两个或多个单元格，此处选中表格最后一列 4 个单元格，单击“表格工具-布局”选项卡“合并”组中的“合并单元格”按钮，如图 3-62 所示。

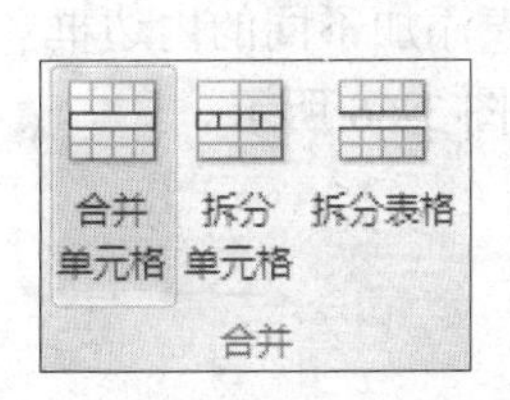

图 3-62 合并单元格

2）拆分单元格。将光标置于要拆分的单元格中，单击“合并”组中的“拆分单元格”按钮，在弹出的“拆分单元格”对话框中设置要拆分的行、列数，单击“确定”按钮即可。

3）拆分表格。若需要将一个表格拆分成两个表格，可将光标置于要拆分为第二个表格首行的任意单元格中，然后单击“合并”组中的“拆分表格”按钮即可。

三、调整行高与列宽

调整行高与列宽的方法主要有两种：一种是用鼠标拖动，另一种是利用“单元格大小”组进行精确设置。

操作步骤：

1）将鼠标指针置于要调整列宽的列线上或要调整行高的行线上，按住鼠标左键拖动即可改变行高和列宽。也可利用“表格工具-布局”选项卡“单元格大小”组中的“高度”或“宽度”文本框中输入数值精确设置行高和列宽。若要改变单个单元格的大小，可将单元格选中，拖动边线修改。

2）选中表格，单击“表格工具-布局”选项卡“对齐方式”组中的相应按钮选择表格中文字的对齐方式，如图 3-63 所示。

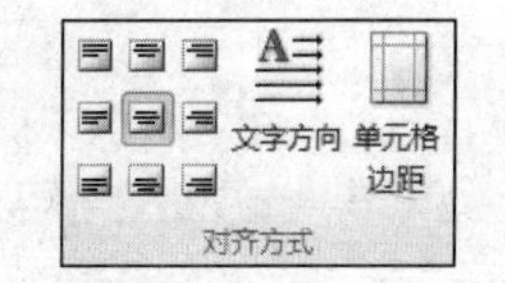

图 3-63 “对齐方式”组

四、文本转换为表格操作

Word 中可以将用段落标记、逗号、制表符或其他字符分隔的文本转换成表格。

操作步骤：

1）选中要转换为表格的文本，单击“插入”选项卡“表格”组中的“表格”下拉按钮，在弹出的下拉菜单中选择“文本转换成表格”命令，如图 3-64 所示。

2）在弹出的“将文字转换成表格”对话框中选择分隔符，单击“确定”按钮，即可将所选文本转换成表格，如图 3-65 所示。

图 3-64　选择“文本转换成表格”命令

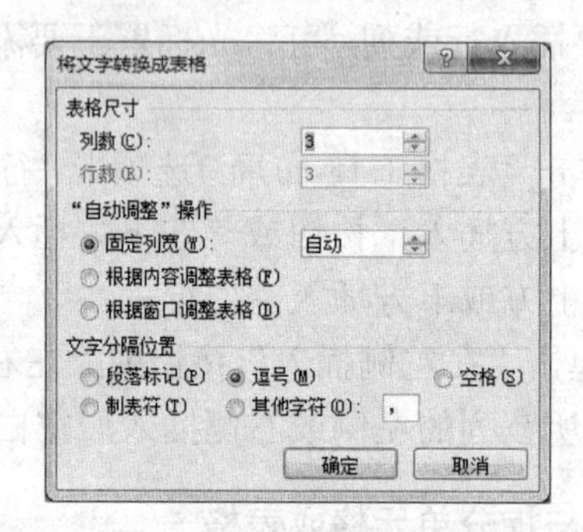

图 3-65　“将文字转换成表格”对话框

子任务三　美化表格

任务导入

对应聘申请表进行适当的美化，使其美观清晰。要求：为应聘申请表添加不同的内边框和外边框，并对表格中填写了文字的单元格添加底纹使其效果突出，如图 3-66 所示。

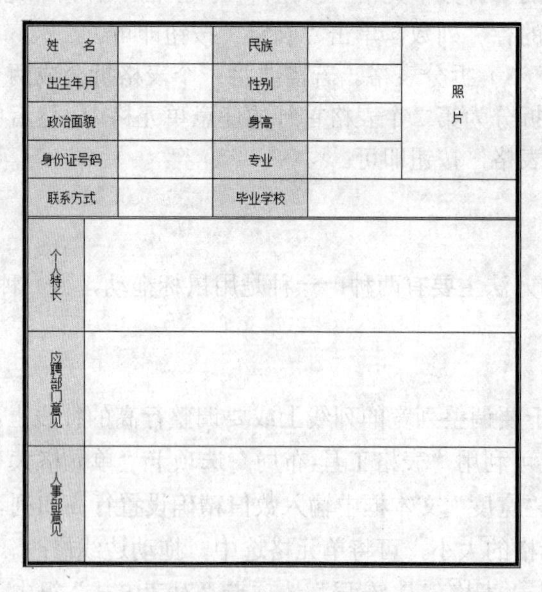

姓　名		民族		照片
出生年月		性别		
政治面貌		身高		
身份证号码		专业		
联系方式		毕业学校		
个人特长				
应聘部门意见				
人事部门意见				

图 3-66　表格美化效果

任务实施

表格创建和编辑完成后，还可进一步对表格进行美化操作，如设置单元格或整个表格的边框和底纹等。

操作步骤：

1）选中要添加边框的表格或单元格，单击“表格工具-设计”选项卡“绘图边框”组中的“笔样式”、“笔画粗细”和“笔颜色”下拉列表框右侧的下拉按钮，在弹出的下拉列表中选择边框的样式、粗细和颜色。

2）单击“表格样式”组“边框”按钮右侧的下拉按钮，在弹出的下拉菜单中选择要设置的边框，如“外侧框线”，为所选单元格区域添加外边框，如图 3-67 所示。

3）保持表格的选中状态，在“笔样式”、“笔画粗细”和“笔颜色”下拉列表框中重新选择边框样式和粗细，然后在“边框”下拉菜单中选择“内部框线”选项，为所选单元格区域添加内框线。

4）为强调某些单元格的内容，可为该单元格设置底纹。选中要添加底纹的单元格，单击“表格工具-设计”选项卡“表格样式”组中的“底纹”按钮右侧的下拉按钮，在弹出的下拉菜单中选择一种底纹颜色，如图 3-68 所示。

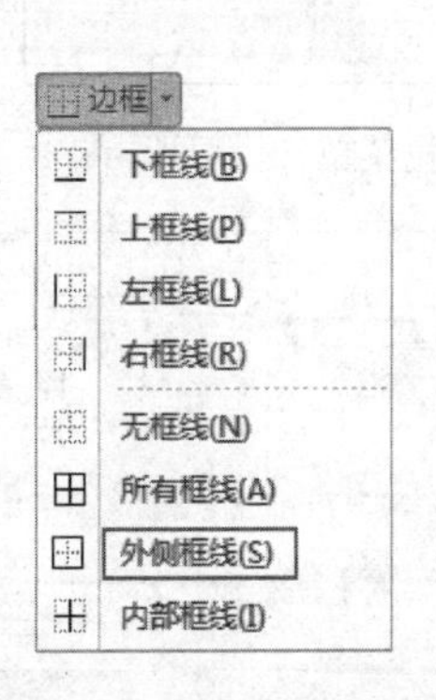

图 3-67　表格边框设置

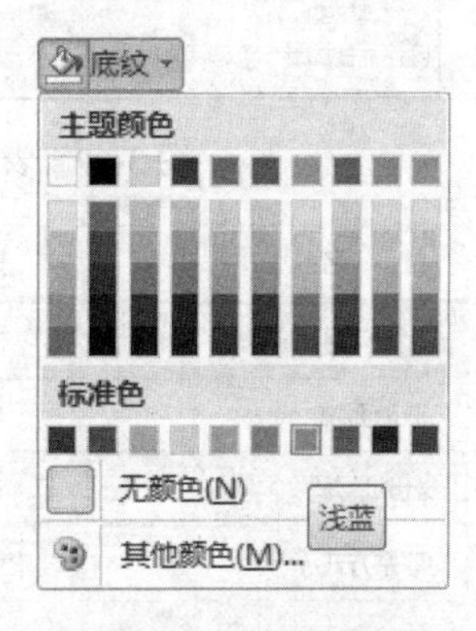

图 3-68　表格底纹设置

此外，Word 2010 还提供了多种表格样式，利用这些表格样式可快速美化表格。下面介绍内置表格样式的使用方法。

1）打开表格文档，将光标置于表格中的任意位置。

2）单击“表格工具-设计”选项卡“表格样式”组中的“样式”列表框右下方的“其他”下拉按钮，弹出表格样式下拉菜单，如图 3-69 所示。

3）选择要使用的表格样式，系统自动为表格添加上边框和底纹，如图 3-70 所示。

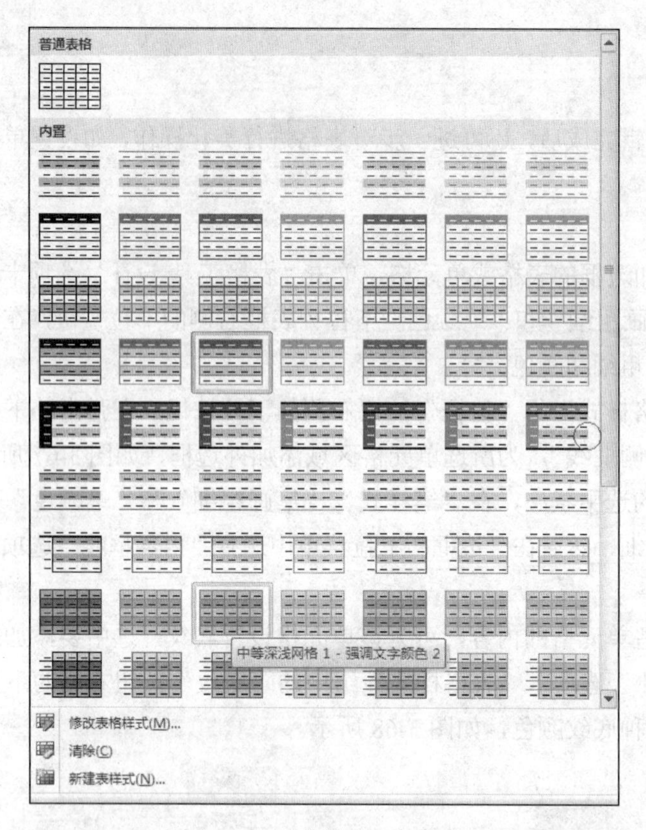

图 3-69 表格样式下拉菜单

<table>
<tr><td>姓 名</td><td></td><td>民族</td><td></td><td rowspan="4">照片</td></tr>
<tr><td>出生年月</td><td></td><td>性别</td><td></td></tr>
<tr><td>政治面貌</td><td></td><td>身高</td><td></td></tr>
<tr><td>身份证号码</td><td></td><td>专业</td><td></td></tr>
<tr><td>联系方式</td><td></td><td>毕业学校</td><td colspan="2"></td></tr>
<tr><td>个人特长</td><td colspan="4"></td></tr>
<tr><td>应聘部门意见</td><td colspan="4"></td></tr>
<tr><td>人事部意见</td><td colspan="4"></td></tr>
</table>

图 3-70 表格样式效果

任务四　对论文进行编辑排版

任务导入

财务管理专业大四学生以《企业财务风险分析与防范》为题写了一篇毕业论文，请为他的论文进行排版，主要包括页面设置、样式应用、页眉与页脚设置、目录生成、添加脚注或尾注等。要求：

1）调整纸张大小为B5，纸张方向为纵向，页边距为上下、左右各2厘米，装订线1厘米，对称页边距，以方便正反面打印装订，设置每页的行数和字符数。

2）利用样式功能将文档中章标题设为1级标题，字体为黑体、小二号、加粗、居中。标题如1.1等设为2级标题，字体为黑体、小三号，标题如1.1.1等设为3级标题，字体为黑体、小四号。将正文部分内容设为宋体、小四号，每个段落设为24磅行距且首行缩进2字符。

3）利用分节符将文档中第一行论文题目“企业财务风险分析与防范”单独放在一页，制作论文封面，将摘要部分也单独放在一页。摘要后再分出一页作为目录页，以便生成目录。文档从正文开始显示页码、页眉，正文为第一页，奇数页码显示在文档的底部靠右，偶数页码显示在文档的底部靠左。文档偶数页加入页眉，页眉中显示文档标题“企业财务风险分析与防范”，奇数页页眉显示“毕业设计论文”。

4）将论文中的1级、2级和3级标题生成目录，目录独占一页，并为不同级别的目录设置不同的格式，以便更有层次感，方便识别；对目录进行更新。

5）将论文中需要说明的内容以脚注的形式添加解释信息，引用其他论文的内容以尾注的形式标注出来。

6）将论文中的图表利用插入题注功能自动编号，在文中引用时利用插入交叉引用的方法自动显示。

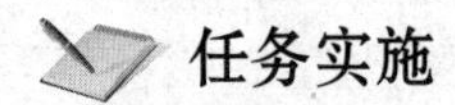

任务实施

一、页面设置

操作步骤：

1）打开“论文”文档，单击“页面布局”选项卡“页面设置”组右下角的对话框启动器按钮，弹出“页面设置”对话框。

2）选择“纸张”选项卡，单击“纸张大小”下拉列表框右侧的下拉按钮，在弹出的下拉列表中选择所需的纸型，此处选择B5纸，如图3-71所示。

3）在“应用于”下拉列表框中可选择页面设置的应用范围（整篇文档、当前节或插入点之后），此处选择整篇文档。

4）选择“页边距”选项卡，在“上”“下”“左”“右”数值框中分别定义页边距值，此处全部定义为2厘米。装订线设置为1厘米，装订线位置设置为左。

5）设置纸张方向，分为“纵向”和“横向”，本例使用“纵向”。

6）在“页码范围”选项组的“多页”下拉列表框中选择对称页边距，如图3-72所示。

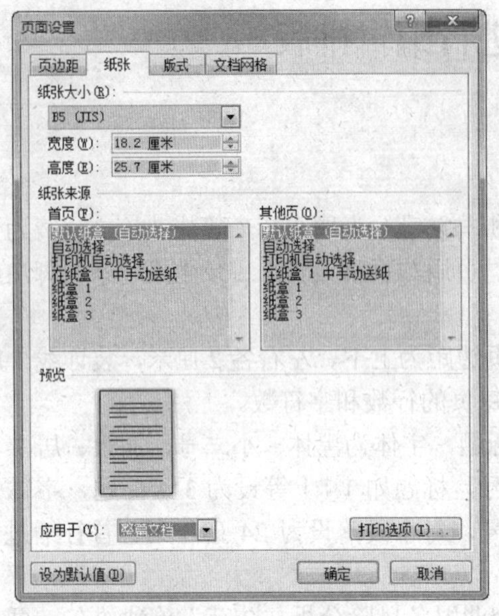

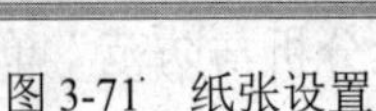
图 3-71 纸张设置

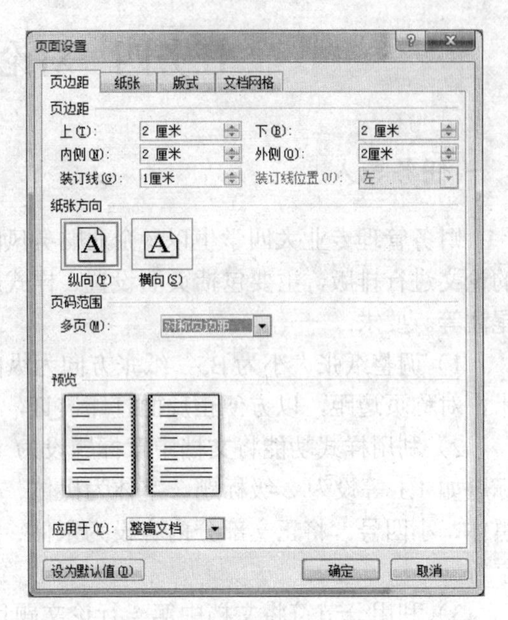

图 3-72 “页边距”选项卡

7）通过设置文档网格可以控制文字的排列方向及每页中的字符数。选择“文档网格”选项卡，在“方向”选项组中选中“水平”单选按钮，在“网格”选项组中选中“指定行和字符网格”单选按钮，在“字符数”选项组中指定每行显示的字符数。

8）在“行数”选项组中指定每页显示的行数，如图 3-73 所示。

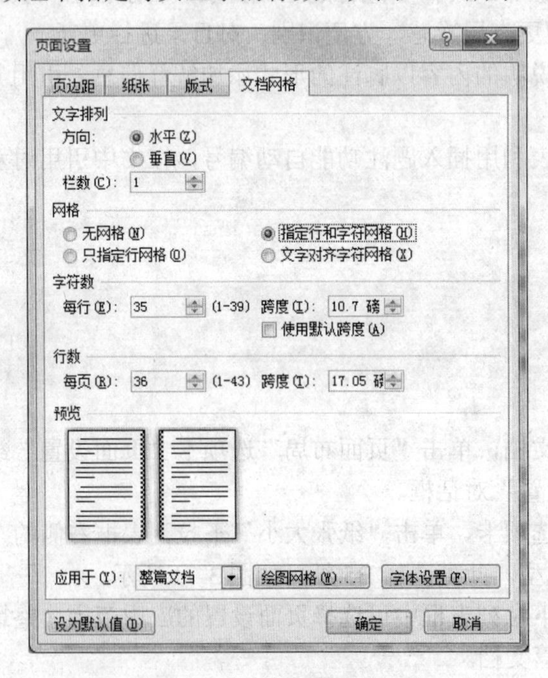

图 3-73 “文档网格”选项卡

9）单击“确定”按钮，完成文档网格设置。页面设置效果如图 3-74 所示。

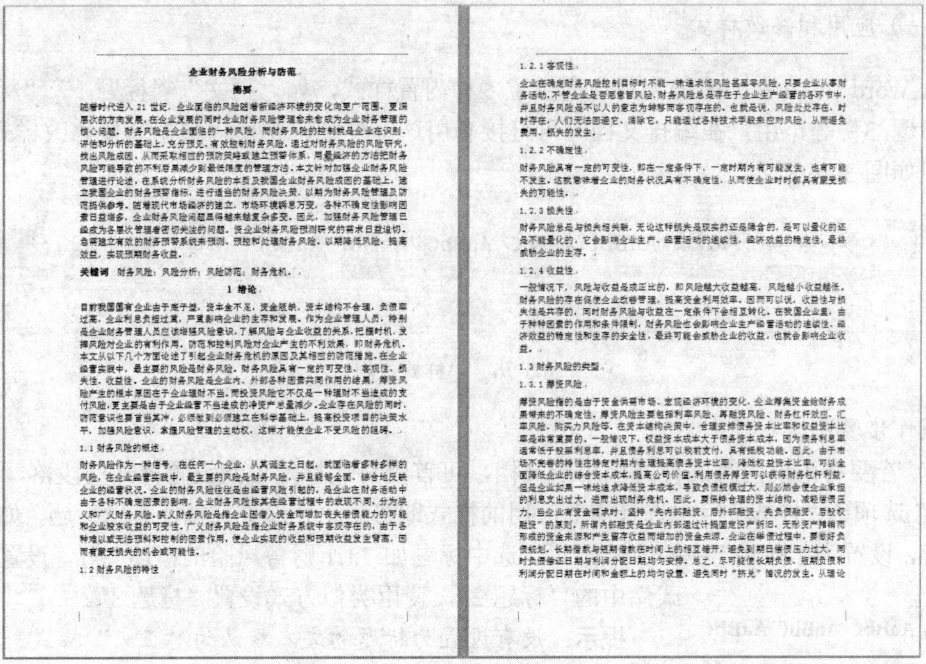
企业财务风险分析与防范

摘要

随着时代进入 21 世纪，企业面临的风险随着新经济环境的变化向更广范围、更深层次的方向发展，在企业发展的同时企业财务风险管理愈来愈成为企业财务管理的核心问题。财务风险是企业面临的一种风险，而财务风险的控制就是企业在识别、评估和分析的基础上，充分预见、有效控制财务风险，通过对财务风险的风险研究，找出风险成因，从而采取相应的预防策略或建立预警体系，用最经济的方法把财务风险可能导致的不利后果减少到最低限度的管理方法。本文针对加强企业财务风险管理进行论述，在系统分析财务风险的本质及我国企业财务风险成因的基础上，建立我国企业的财务预警指标，进行适当的财务风险决策，以期为财务风险管理及防范提供参考。随着现代市场经济的建立，市场环境瞬息万变，各种不确定性影响因素日益增多，企业财务风险问题显得越来越复杂多变。因此，加强财务风险管理已经成为各层次管理者密切关注的问题，资企业财务风险预测研究的需求日益迫切，急需建立有效的财务预警系统来预测、预控和处理财务风险，以期降低风险，提高效益，实现预期财务收益。

关键词　财务风险；风险分析；风险防范；财务危机。

1 绪论

目前我国国有企业由于底子薄，资本金不足，资金短缺，资本结构不合理，负债率过高，企业利息负担过重，严重影响企业的生存和发展。作为企业管理人员，特别是企业财务管理人员应该增强风险意识，了解风险与企业收益的关系，把握时机，发挥风险对企业的有利作用，防范和控制风险对企业产生的不利效果，即财务危机。本文从以下几个方面论述了引起企业财务危机的原因及其相应的防范措施。在企业经营实践中，最主要的风险是财务风险。财务风险具有一定的可变性、客观性、损失性、收益性。企业的财务风险是企业内、外部各种因素共同作用的结果。筹资风险产生的根本原因在于企业理财不当，而投资风险它不仅是一种理财不当造成的支付风险，更主要是由于企业经营不当造成的净资产总量减少。企业存在风险的同时，防范意识也要首当其冲，必须做到必须建立在科学基础上，提高投资项目的决策水平，加强风险意识，掌握风险管理的主动权，这样才能使企业不受风险的阻碍。

1.1 财务风险的概述

财务风险作为一种信号，在任何一个企业，从其诞生之日起，就面临着多种多样的风险，在企业经营实践中，最主要的风险是财务风险，并且能够全面、综合地反映企业的经营状况。企业的财务风险往往是由经营风险引起的，是企业在财务活动中由于各种不确定因素的影响，企业财务风险按其在经营过程中的表现不同，分为狭义和广义财务风险。狭义财务风险是指企业因借入资金而增加丧失偿债能力的可能和企业股东收益的可变性。广义财务风险是指企业财务系统中客观存在的，由于各种难以或无法预料和控制的因素作用，使企业实现的收益和预期收益发生背离，因而有蒙受损失的机会或可能性。

1.2 财务风险的特性

1.2.1 客观性

企业在确定财务风险控制目标时不能一味追求低风险甚至零风险，只要企业从事财务活动，不管企业是否愿意冒风险，财务风险总是存在于企业生产经营的各环节中，并且财务风险是不以人的意志为转移而客观存在的。也就是说，风险处处存在，时时存在，人们无法回避它、消除它，只能通过各种技术手段来应对风险，从而避免费用、损失的发生。

1.2.2 不确定性

财务风险具有一定的可变性，即在一定条件下、一定时期内有可能发生，也有可能不发生。这就意味着企业的财务状况具有不确定性，从而使企业时时都具有蒙受损失的可能性。

1.2.3 损失性

财务风险总是与损失相关联，无论这种损失是现实的还是隐含的，是可以量化的还是不能量化的，它会影响企业生产、经营活动的连续性，经济效益的稳定性，最终威胁企业的生存。

1.2.4 收益性

一般情况下，风险与收益是成正比的，即风险越大收益越高，风险越小收益越低。财务风险的存在促使企业改善管理，提高资金利用效率。因而可以说，收益性与损失性是共存的，同时财务风险与收益在一定条件下会相互转化。在我国企业里，由于种种因素的作用和条件限制，财务风险也会影响企业生产经营活动的连续性、经济效益的稳定性和生存的安全性，最终可能会威胁企业的收益，也就会影响企业收益。

1.3 财务风险的类型

1.3.1 筹资风险

筹资风险指的是由于资金供需市场、宏观经济环境的变化，企业筹集资金给财务成果带来的不确定性。筹资风险主要包括利率风险、再融资风险、财务杠杆效应、汇率风险、购买力风险等。在资本结构决策中，合理安排债务资本比率和权益资本比率是非常重要的。一般情况下，权益资本成本大于债务资本成本，因为债务利息率通常低于股票利息率，并且债务利息可以税前支付，具有抵税功能。因此，由于市场不完善的特性在特定时期内合理提高债务资本比率，降低权益资本比率，可以全面降低企业的综合资本成本，提高公司价值。利用债务筹资可以获得财务杠杆利益，但是企业如果一味地追求降低资本成本，导致负债规模过大，则必然会使企业承担的利息支出过大，进而出现财务危机。因此，要保持合理的资本结构，减轻偿债压力。当企业有资金需求时，坚持“先内部融资，后外部融资，先负债融资，后股权融资”的原则。所谓内部融资是企业内部通过计提固定资产折旧，无形资产摊销而形成的资金来源和产生留存收益而增加的资金来源。企业在举债过程中，要做好负债规划，长期借款与短期借款在时间上的相互错开，避免到期日偿债压力过大，同时负债偿还日期与利润分配日期均匀安排。总之，尽可能使长期负债、短期负债和利润分配日期在时间和金额上的均匀设置，避免同时“挤兑”情况的发生。从理论

图 3-74　页面设置效果

二、应用样式

样式是一系列格式的集合，它是 Word 中常用的工具之一，使用它可以快速统一或更新文档的格式。例如，一旦修改了某个样式，所有应用该样式的内容格式会自动更新。同时，利用样式可以辅助提取目录。应用样式效果如图 3-75 所示。

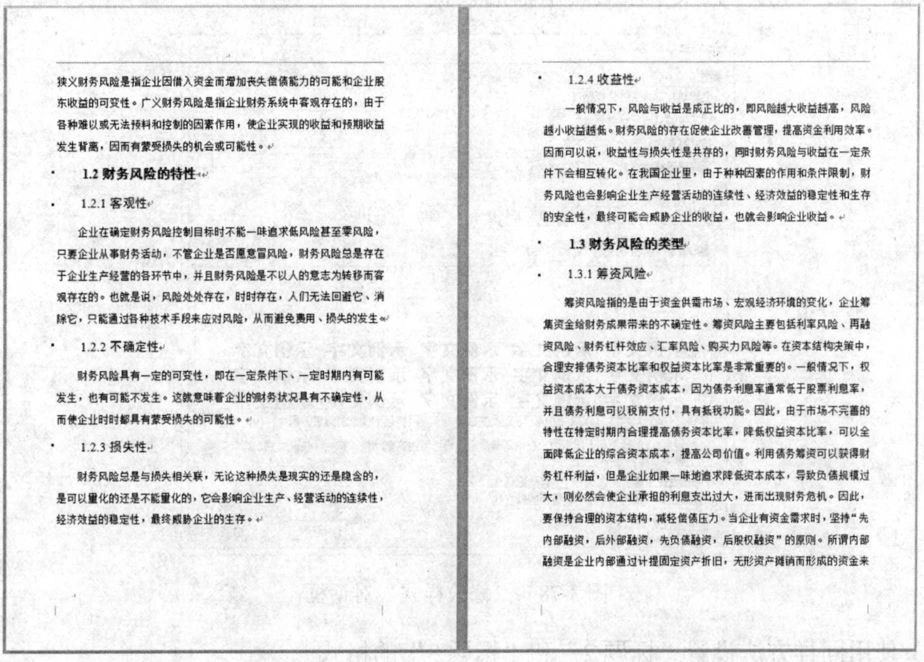
狭义财务风险是指企业因借入资金而增加丧失偿债能力的可能和企业股东收益的可变性。广义财务风险是指企业财务系统中客观存在的，由于各种难以或无法预料和控制的因素作用，使企业实现的收益和预期收益发生背离，因而有蒙受损失的机会或可能性。

- **1.2 财务风险的特性**
- 1.2.1 客观性

企业在确定财务风险控制目标时不能一味追求低风险甚至零风险，只要企业从事财务活动，不管企业是否愿意冒风险，财务风险总是存在于企业生产经营的各环节中，并且财务风险是不以人的意志为转移而客观存在的。也就是说，风险处处存在，时时存在，人们无法回避它、消除它，只能通过各种技术手段来应对风险，从而避免费用、损失的发生。

- 1.2.2 不确定性

财务风险具有一定的可变性，即在一定条件下、一定时期内有可能发生，也有可能不发生。这就意味着企业的财务状况具有不确定性，从而使企业时时都具有蒙受损失的可能性。

- 1.2.3 损失性

财务风险总是与损失相关联，无论这种损失是现实的还是隐含的，是可以量化的还是不能量化的，它会影响企业生产、经营活动的连续性，经济效益的稳定性，最终威胁企业的生存。

- 1.2.4 收益性

一般情况下，风险与收益是成正比的，即风险越大收益越高，风险越小收益越低。财务风险的存在促使企业改善管理，提高资金利用效率。因而可以说，收益性与损失性是共存的，同时财务风险与收益在一定条件下会相互转化。在我国企业里，由于种种因素的作用和条件限制，财务风险也会影响企业生产经营活动的连续性、经济效益的稳定性和生存的安全性，最终可能会威胁企业的收益，也就会影响企业收益。

- **1.3 财务风险的类型**
- 1.3.1 筹资风险

筹资风险指的是由于资金供需市场、宏观经济环境的变化，企业筹集资金给财务成果带来的不确定性。筹资风险主要包括利率风险、再融资风险、财务杠杆效应、汇率风险、购买力风险等。在资本结构决策中，合理安排债务资本比率和权益资本比率是非常重要的。一般情况下，权益资本成本大于债务资本成本，因为债务利息率通常低于股票利息率，并且债务利息可以税前支付，具有抵税功能。因此，由于市场不完善的特性在特定时期内合理提高债务资本比率，降低权益资本比率，可以全面降低企业的综合资本成本，提高公司价值。利用债务筹资可以获得财务杠杆利益，但是企业如果一味地追求降低资本成本，导致负债规模过大，则必然会使企业承担的利息支出过大，进而出现财务危机。因此，要保持合理的资本结构，减轻偿债压力。当企业有资金需求时，坚持“先内部融资，后外部融资，先负债融资，后股权融资”的原则。所谓内部融资是企业内部通过计提固定资产折旧，无形资产摊销而形成的资金来

图 3-75　应用样式效果

（一）应用和修改样式

在 Word 2010 中，系统为用户提供了多种内置样式，如“正文”、“标题 1”、“标题 2”和“标题 3”等，用户在编排文档时可直接套用这些样式，也可以根据需要修改样式。“样式”组如图 3-76 所示。

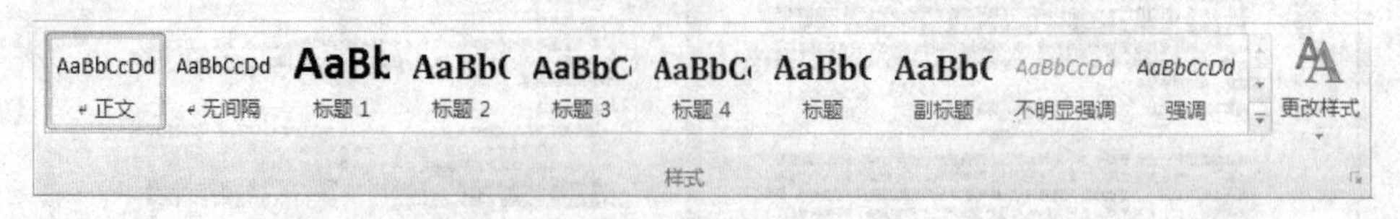

图 3-76 “样式”组

操作步骤：

1）若要将系统内置的样式应用于文档，可首先将光标定位到设置样式的段落，然后在“开始”选项卡“样式”组中选择需要应用的样式即可。此处选中文档所有章标题，如“1 绪论”等，设置为“样式”中的“标题 1”。选中标题如“1.1 财务风险的概述”等，设置为“样式”中的“标题 2”，使用类似方式设置“标题 3”。

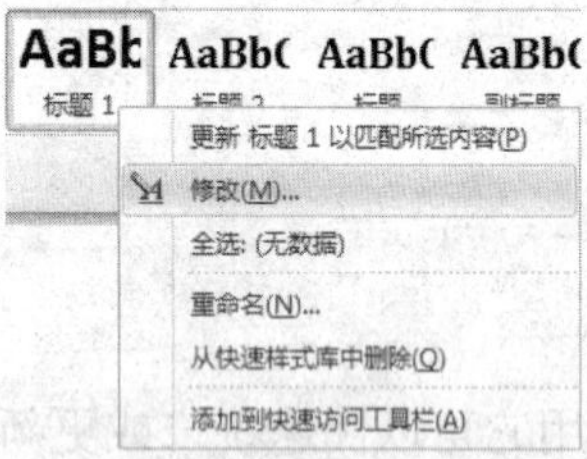

提示：没有设置为标题的文本默认为“正文”样式。

2）系统内置的标题样式不符合设置要求，可对样式格式进行修改。将鼠标指针移至要修改的样式，如“标题 1”，右击，在弹出的快捷菜单中选择“修改”命令，如图 3-77 所示，弹出“修改样式”对话框。

图 3-77 修改样式快捷菜单

3）在“格式”选项组设置字体为黑体、小二号、加粗、居中格式，如图 3-78 所示。若还需设置其他格式，则可以单击“格式”下拉按钮，在弹出的下拉菜单中进行所需的设置。

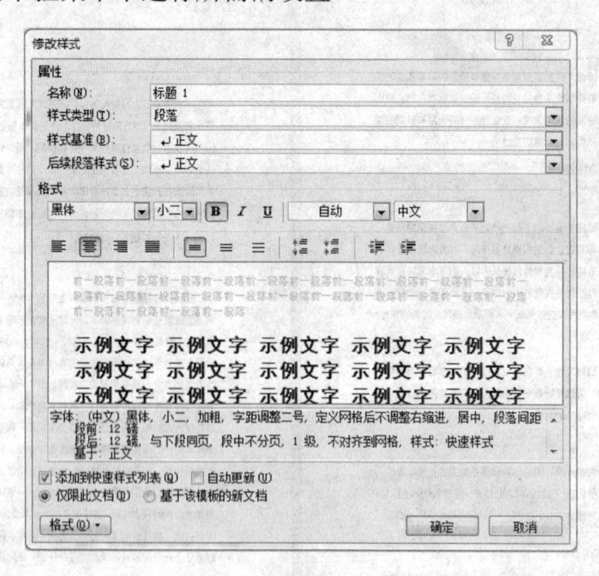

图 3-78 “修改样式”对话框

4）使用同样方法设置“标题 2”和“标题 3”的格式。

5）文档中除设为标题 1、标题 2 和标题 3 的文字外均为正文，所以要设置正文的格式，只需要在“样式”组中对“正文”样式进行修改即可。在“修改样式”对话框中设置正文为宋体、小四号，再选择“格式”下拉菜单中的“段落”命令，在弹出的“段落”对话框中设置首行缩进 2 字符，行距为固定值 24 磅。

（二）创建和清除样式

如果内置的样式不能满足要求，可以根据需要创建样式，还可以删除不需要的样式。

操作步骤：

1）要创建样式，可先将光标置于要应用该样式的任一段落中，然后单击“样式”组右下角的对话框启动器按钮，打开“样式”任务窗格，如图 3-79（a）所示。

2）单击“新建样式”按钮，弹出“根据格式设置创建新样式”对话框，在“名称”文本框中输入新样式名称，在“样式类型”下拉列表框中选择样式类型，如“段落”，如图 3-79（b）所示。

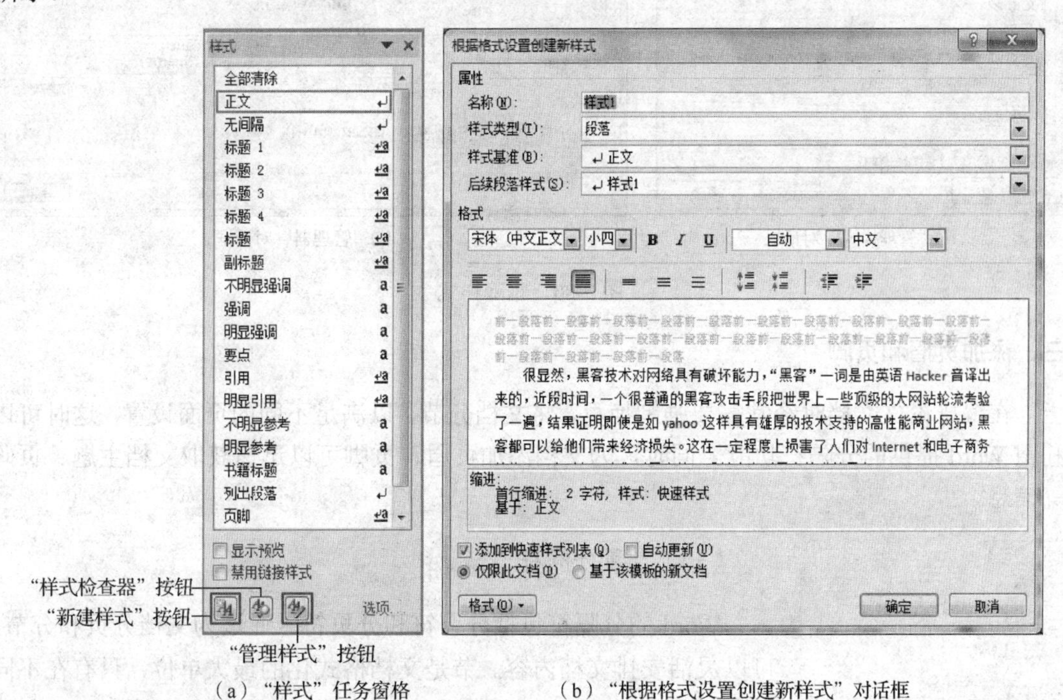

（a）“样式”任务窗格　　（b）“根据格式设置创建新样式”对话框

图 3-79　创建新样式

3）在“样式基准”下拉列表框中选择一个作为创建基准的样式，表示新样式中未定义的段落格式与字符格式均与其相同；在“后续段落样式”下拉列表框中设置应用该样式段落后面新建段落的默认样式，如“正文”。

4）在“格式”选项组中设置样式的字符格式。

5）单击“格式”下拉按钮，在弹出的下拉菜单中选择“段落”命令，弹出“段落”对话框，设置样式的段落格式。

6）单击“确定”按钮，返回“根据格式设置创建新样式”对话框，此时在“样式”任务窗格和“样式”组中都将显示新创建的样式，可以参照应用系统内置样式的方法，将其应用于文档中。

7）若要删除不需要的样式，则单击“样式”组右下角的对话框启动器按钮，打开“样式”任务窗格。

8）单击“管理样式”按钮，弹出“管理样式”对话框，如图 3-80（a）所示。

9）单击“导入/导出”按钮，弹出“管理器”对话框，选中需要删除的样式，单击“删除”按钮，如图 3-80（b）所示。

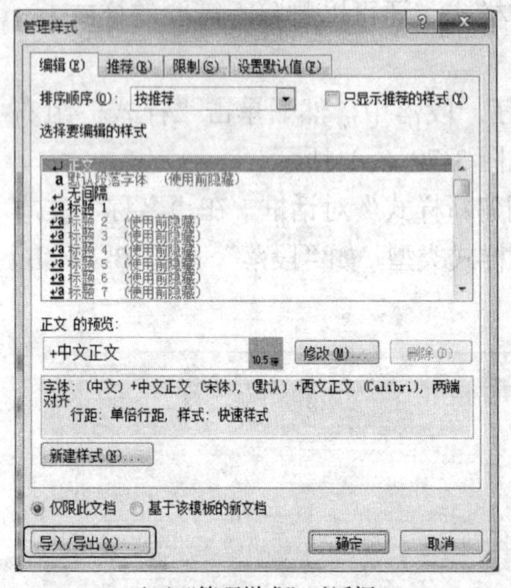

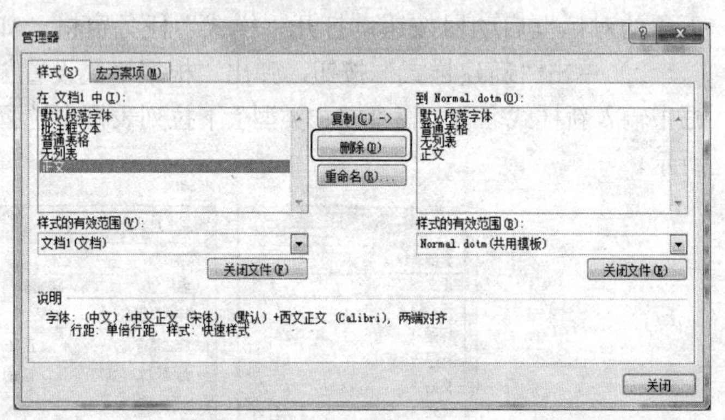

（a）“管理样式”对话框　　（b）“管理器”对话框

图 3-80　删除样式

三、添加页眉和页脚

在编排论文文档时经常需要强制换页，将文档分节，以满足不同的页面设置，这时可以利用 Word 提供的分隔符功能。同时，为文档添加页眉、页脚可以迅速获取文档主题、页码等信息。

（一）设置分隔符

Word 的分隔符包括分节符和分页符。通过为文档分页和分节，可以灵活安排文档内容。节是文档格式化的最大单位，只有在不同的节中，才可以对同一文档的不同部分进行不同的页面设置，如设置不同的页眉、页脚、页边距、文字方向或分栏版式等。此外，通常情况下，用户在编辑文档时系统会自动分页，如果要对文档进行强制分页，可通过插入分页符实现。

操作步骤：

1）将光标置于论文题目文字后面，单击“页面布局”选项卡“页面设置”组中的“分隔符”下拉按钮，在弹出的下拉菜单中选择“下一页”命令，如图 3-81 所示。此时，在光标所在位置插入一分隔符，并将分节符后的内容显示在下一页中。

2）制作论文封面，效果如图 3-82 所示。

3）使用同样的方法对摘要部分进行设置。

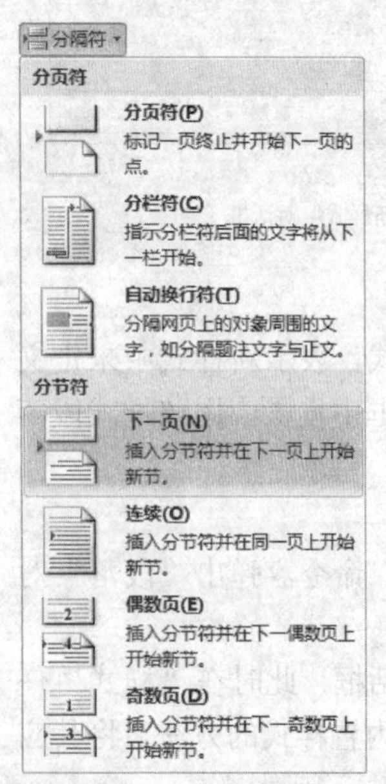

图 3-81　插入分节符

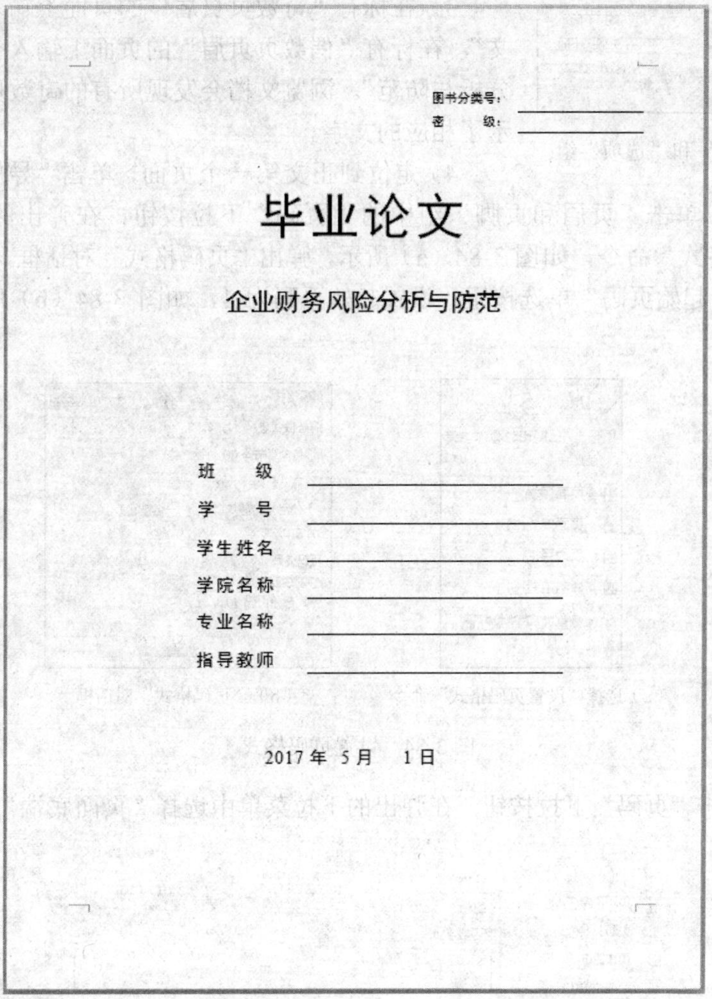

图书分类号：

密　　级：

毕业论文

企业财务风险分析与防范

班　　级

学　　号

学生姓名

学院名称

专业名称

指导教师

2017 年 5 月 1 日

图 3-82　封面制作效果

提示：要插入分页符，可将光标置于需要分页的位置，然后在“分隔符”下拉菜单中选择“分页符”列表中的“分页符”命令，此时，光标后面的内容显示在下一页中，并且在分页处显示一个虚线分页符标记。

（二）添加页眉、页脚和页码

页眉和页脚分别位于页面的顶端和底部，常用来插入页码、时间和日期、作者姓名或公司徽标等内容。下面为论文按要求添加页眉和页脚。

操作步骤：

1）要求从正文部分开始添加页眉，所以首先将文档滚动到正文页面，双击页面顶端，或单击“插入”选项卡“页眉和页脚”组中的“页眉”下拉按钮，在弹出的下拉菜单中选择页眉样式。进入页眉和页脚编辑状态，并在页眉区显示选择的页眉，同时功能区显示“页眉和页脚工具-设计”选项卡。

2）在“导航”组中取消“连接到前一条页眉”按钮的选中，选中“选项”组中的“奇偶页不同”复选框，如图 3-83 所示。

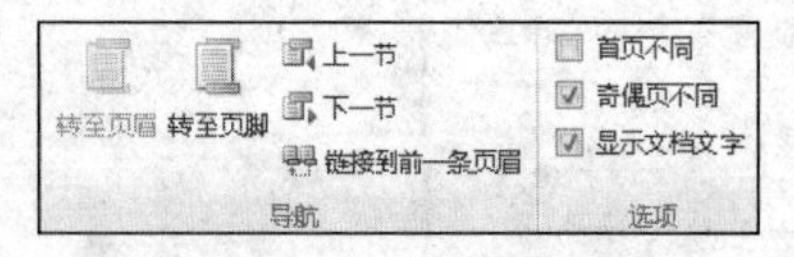

图 3-83 “导航”和“选项”组

3）在标有“奇数页页眉”的页面上输入“毕业设计论文”，在标有“偶数页页眉”的页面上输入“企业财务风险分析与防范”。浏览文档会发现所有的奇数页和偶数页都显示了相应的文字。

4）定位到正文第一个页面，单击“导航”组中的“转至页脚”按钮，单击“页眉和页脚”组中的“页码”下拉按钮，在弹出的下拉菜单中选择“设置页码格式”命令，如图 3-84（a）所示，弹出“页码格式”对话框，在“页码编号”选项组中选中“起始页码”单选按钮，设置起始页码为 1，如图 3-84（b）所示，单击“确定”按钮。

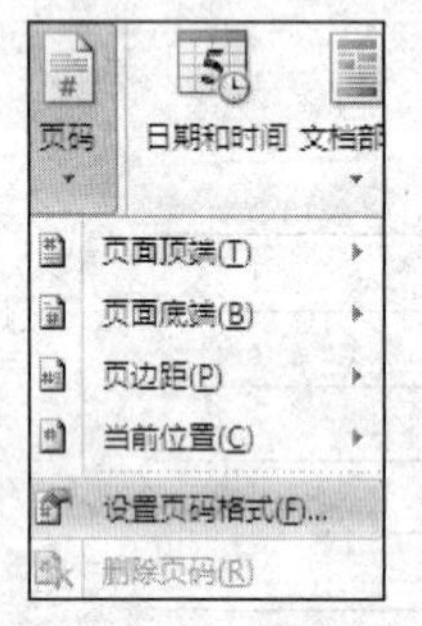

（a）选择“设置页码格式”命令

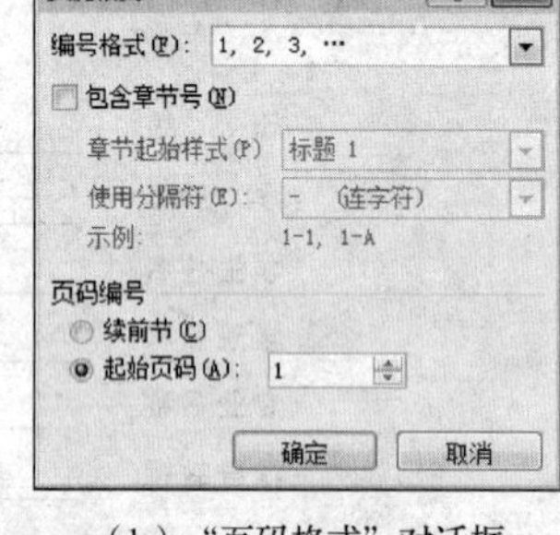

（b）“页码格式”对话框

图 3-84 设置页码格式

5）再次单击“页码”下拉按钮，在弹出的下拉菜单中选择“页面底端”中的靠右格式，如图 3-85 所示。

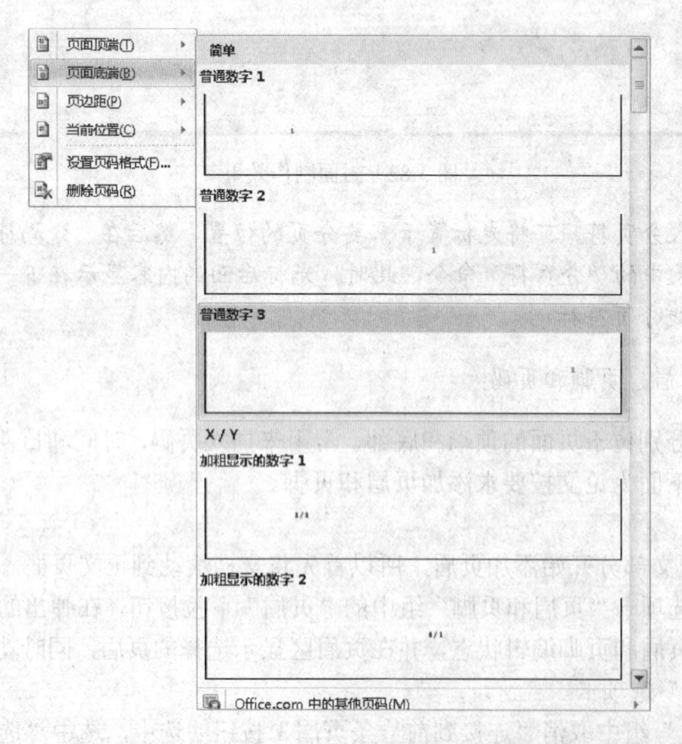

图 3-85 添加页码

6）定位到正文中偶数页面，使用同样的方法添加底端靠左的页码格式。

7）单击“关闭页眉和页脚”按钮。论文页眉和页脚设置效果如图 3-86 所示。

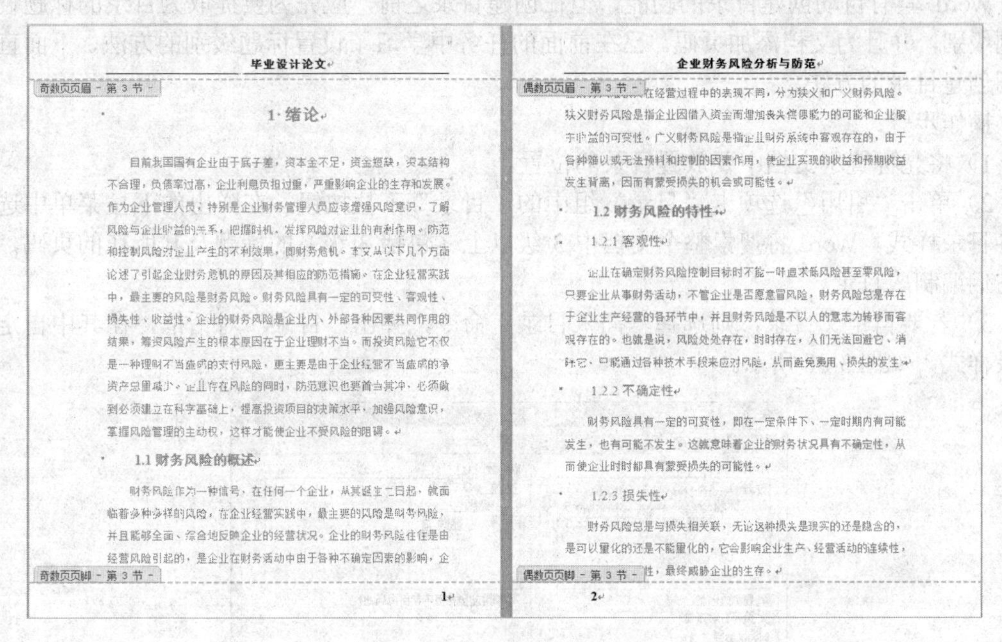
毕业设计论文

奇数页页眉 - 第 3 节 -

1 绪论

目前我国国有企业由于底子差，资本金不足，资金短缺，资本结构不合理，负债率过高，企业利息负担过重，严重影响企业的生存和发展。作为企业管理人员，特别是企业财务管理人员应该增强风险意识，了解风险与企业收益的关系，把握时机，发挥风险对企业的有利作用。防范和控制风险对企业产生的不利效果，即财务危机。本文从以下几个方面论述了引起企业财务危机的原因及其相应的防范措施。在企业经营实践中，最主要的风险是财务风险。财务风险具有一定的可变性、客观性、损失性、收益性。企业的财务风险是企业内、外部各种因素共同作用的结果，筹资风险产生的根本原因在于企业理财不当。而投资风险它不仅是一种理财不当造成的支付风险，更主要是由于企业经营不当造成的净资产总量减少。企业存在风险的同时，防范意识也要首当其冲，必须做到必须建立在科学基础上，提高投资项目的决策水平，加强风险意识，掌握风险管理的主动权，这样才能使企业不受风险的阻碍。

1.1 财务风险的概述

财务风险作为一种信号，在任何一个企业，从其诞生之日起，就面临着多种多样的风险，在企业经营实践中，最主要的风险是财务风险，并且能够全面、综合地反映企业的经营状况。企业的财务风险往往是由经营风险引起的，是企业在财务活动中由于各种不确定因素的影响，企

奇数页页脚 - 第 3 节 -

1

企业财务风险分析与防范

偶数页页眉 - 第 3 节 -

在经营过程中的表现不同，分为狭义和广义财务风险。狭义财务风险是指企业因借入资金而增加丧失偿债能力的可能和企业股东收益的可变性。广义财务风险是指企业财务系统中客观存在的，由于各种难以或无法预料和控制的因素作用，使企业实现的收益和预期收益发生背离，因而有蒙受损失的机会或可能性。

1.2 财务风险的特性

1.2.1 客观性

企业在确定财务风险控制目标时不能一味追求低风险甚至零风险，只要企业从事财务活动，不管企业是否愿意冒风险，财务风险总是存在于企业生产经营的各环节中，并且财务风险是不以人的意志为转移而客观存在的。也就是说，风险处处存在，时时存在，人们无法回避它、消除它，只能通过各种技术手段来应对风险，从而避免费用、损失的发生。

1.2.2 不确定性

财务风险具有一定的可变性，即在一定条件下、一定时期内有可能发生，也有可能不发生。这就意味着企业的财务状况具有不确定性，从而使企业时时都具有蒙受损失的可能性。

1.2.3 损失性

财务风险总是与损失相关联，无论这种损失是现实的还是隐含的，是可以量化的还是不能量化的，它会影响企业生产、经营活动的连续性，

偶数页页脚 - 第 3 节 -

性，最终威胁企业的生存。

2

图 3-86　论文页眉和页脚效果

四、编制目录

为了方便阅读和跳转，较长的文档通常需要制作目录，利用 Word 2010 的生成目录功能为论文编制目录。论文目录效果如图 3-87 所示。

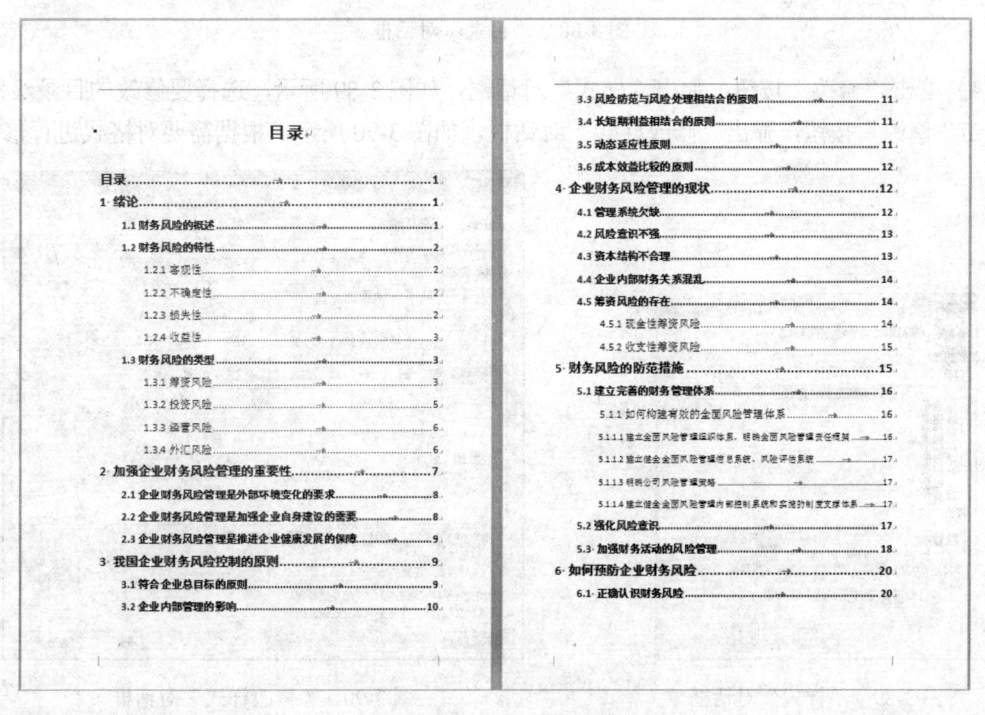
目录

图 3-87　论文目录效果

（一）插入目录

Word 具有自动创建目录的功能，但在创建目录之前，应先为要提取为目录的标题设置标题级别，并且为文档添加页码。已在前面的任务中学习了设置标题级别的方法，下面直接介绍创建目录的方法。

操作步骤：

1）将光标置于文档中要放置目录的位置。

2）单击“引用”选项卡“目录”组中的“目录”下拉按钮，在弹出的下拉菜单中选择一种目录样式。Word 将搜索整个文档中 3 级以上（包括 3 级）的标题及其所在的页码，并将它们编制成目录。

3）若要自定义目录，则选择“插入目录”命令，弹出“目录”对话框，在其中自定义目录样式，如图 3-88 所示。

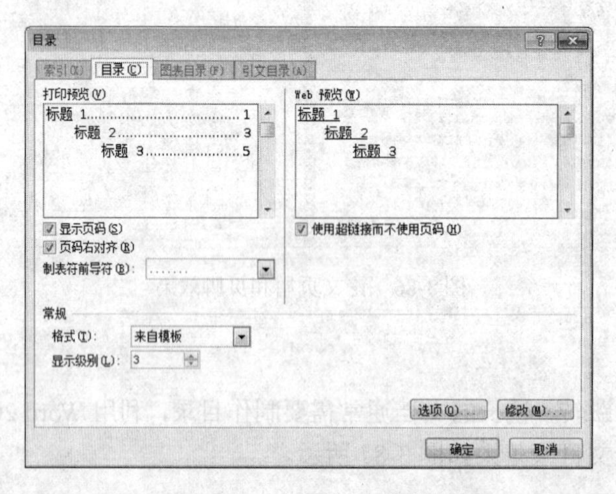

图 3-88 “目录”对话框

4）单击“修改”按钮，弹出“样式”对话框，如图 3-89 所示，选择要修改的目录级别，再单击“修改”按钮，弹出“修改样式”对话框，如图 3-90 所示，根据需要对格式进行修改。

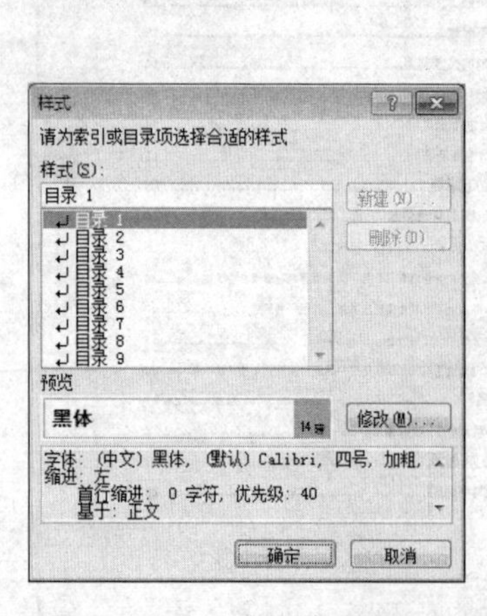

图 3-89 “样式”对话框

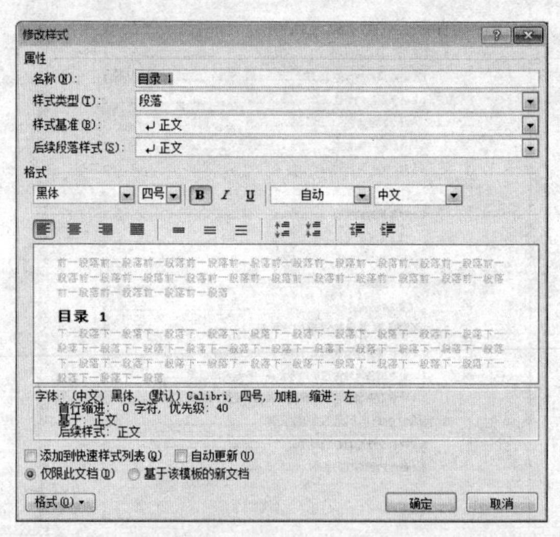

图 3-90 “修改样式”对话框

5）返回“目录”对话框，单击“确定”按钮，生成目录。

（二）更新目录

Word 所创建的目录以文档的内容为依据，如果文档的内容发生了变化，就要更新目录，使它与文档保持一致。

操作步骤：

1）单击需要更新的目录的任意位置，单击“引用”选项卡“目录”组中的“更新目录”按钮，弹出“更新目录”对话框。

2）选择要执行的操作，单击“确定”按钮，如图 3-91 所示。

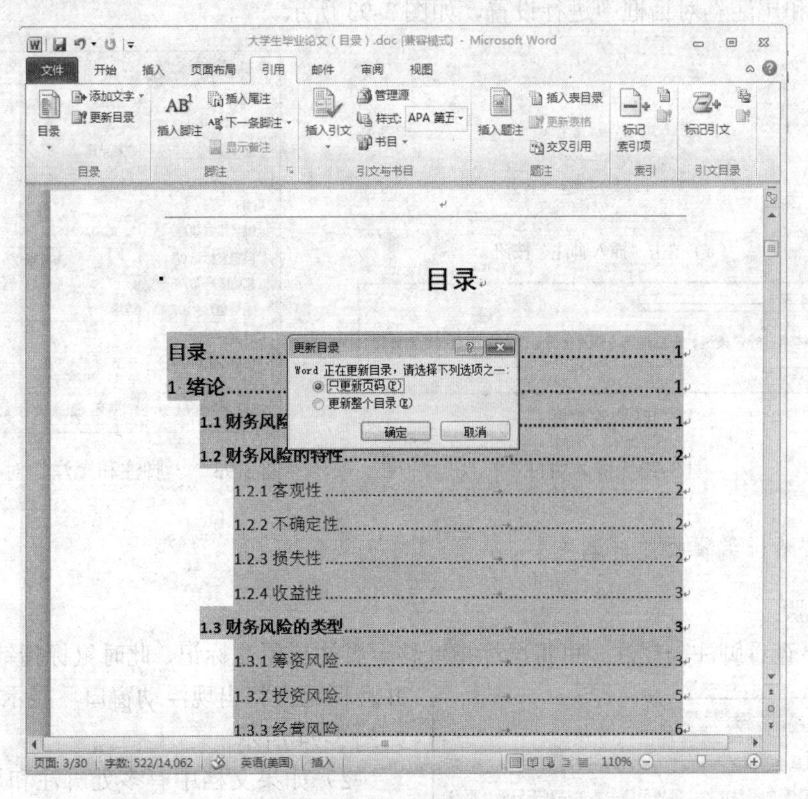

图 3-91 更新目录

五、使用脚注与尾注

脚注和尾注的作用完全相同，都是对文档中文本的补充说明，如单词解释、备注说明或提供文档的引文来源等。脚注位于页面底端，用来说明每页中要注释的内容。尾注一般列于文档结尾，用来集中解释文档中要注释的内容或标注参考文献。下面为论文设置需要的脚注与尾注。

（一）添加脚注与尾注

脚注和尾注都由两个关联的部分组成，即注释引用标记及相应的注释文本。注释引用标记出现在正文中，一般是一个上标字符，用来表示脚注或尾注的存在。Word 会自动对脚注或尾注进行编号，在添加、删除或移动注释时，Word 将对注释引用标记重新编号。

操作步骤：

1）为论文中的“筹资”一词添加注释。将光标定位在该词后面，单击“引用”选项卡“脚注”组中的“插入脚注”按钮。此时，在正文位置显示脚注引用标记，且光标跳转至页面底端的脚注编辑区，输入注释文本即可，如图 3-92 所示。用同样的方法继续在文档中插入其他脚注。

2）在文档正文的第一段末尾添加尾注。将光标定位在第一段结尾，单击“脚注”组中的“插入尾注”按钮。此时，在正文位置显示尾注引用标记，光标跳转至文档结束位置的尾注编辑区，输入尾注文本即可。

3）若要设置脚注或尾注的格式，可单击“脚注”组右下角的对话框启动器按钮，在弹出的“脚注和尾注”对话框中进行设置，如图 3-93 所示。

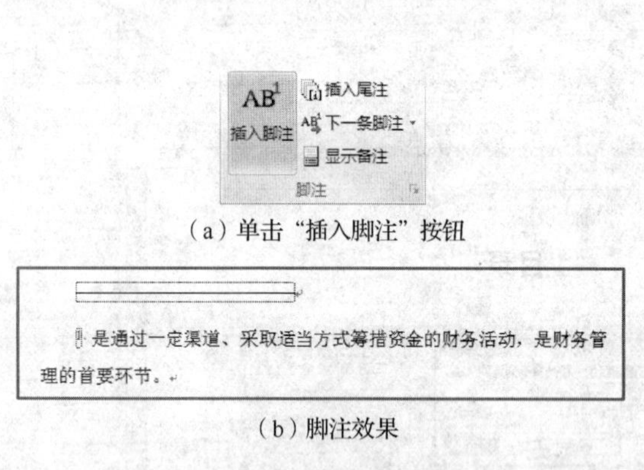

（a）单击“插入脚注”按钮

（b）脚注效果

图 3-92　插入脚注

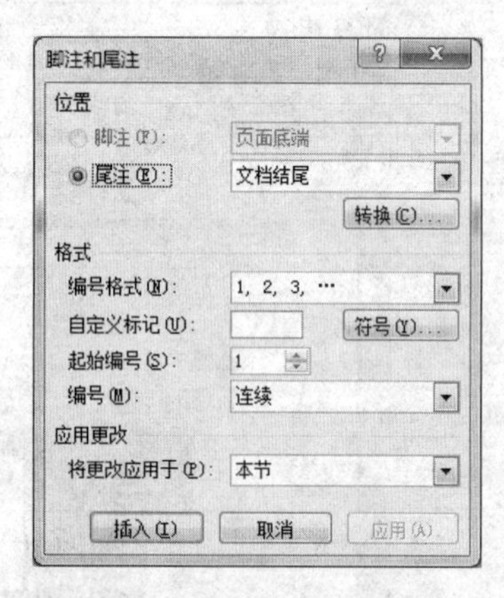

图 3-93　“脚注和尾注”对话框

（二）查看、编辑脚注与尾注

操作步骤：

1）若要查看脚注与尾注，可将鼠标指针移至脚注或尾注标记，此时鼠标指针变为框形，并且标记旁将出现浮动窗口，显示注释内容，如图 3-94 所示。

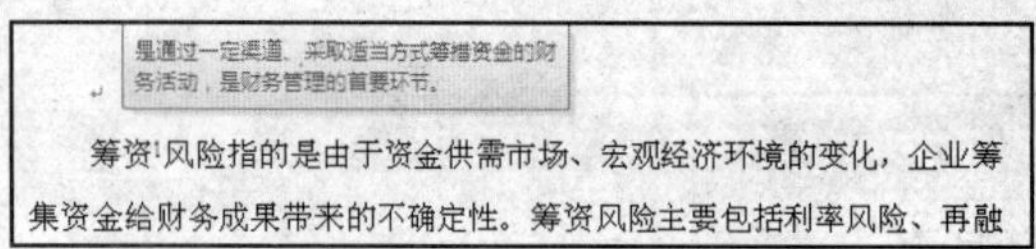

图 3-94　脚注显示

2）如果文档中有多处脚注和尾注，则单击“脚注”组中的“下一条脚注”按钮，可跳转至下一处脚注标记或脚注内容位置查看；如果单击其右侧的下拉按钮，在弹出的下拉菜单中选择相应的命令，则可在文档中所有的脚注和尾注标记或内容位置之间跳转。

3）若要编辑脚注或尾注的内容，可先双击文档中的脚注或尾注标记，跳转至该脚注或尾注内容所在的位置，然后对脚注和尾注的内容进行编辑，编辑方法与编辑正文完全一样，并且可以使用各种格式来设置脚注或尾注文本。

4）若要删除脚注标记和脚注内容，或尾注标记和尾注内容，可选中脚注或尾注标记后按 Delete 键。

六、使用题注和交叉引用

在论文中，要求图表按在章节中出现的顺序分章编号，如图 3-1 表示该图是第三章第一个图。在插入或删除图表时，编号的维护就成为一个大问题，手工修改非常浪费时间，且容易遗漏。利用 Word 中的题注功能即可实现图表的自动编号。

（一）插入题注

操作步骤：

1）选中论文中第一个需要设置编号的图。

2）单击“引用”选项卡“题注”组中的“插入题注”按钮，弹出“题注”对话框，如图 3-95 所示。

3）单击“编号”按钮，在弹出的“题注编号”对话框中将“编号”设置为阿拉伯数字，位置为所选内容下方。

4）因为预设标签中没有“图 3-”的标签，所以应单击“新建标签”按钮，在弹出的“新建标签”对话框的“标签”文本框中输入“图 3-”，如图 3-96 所示。

图 3-95　“题注”对话框

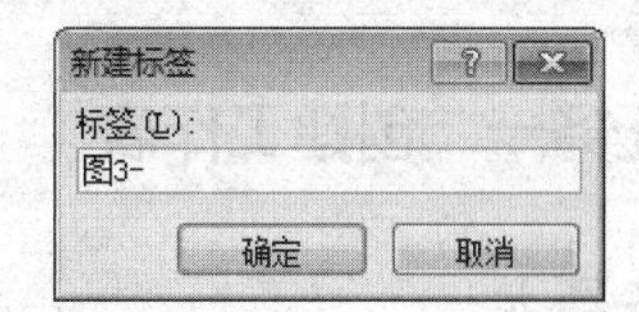

图 3-96　“新建标签”对话框

5）单击“确定”按钮，返回“题注”对话框，再次单击“确定”按钮，图编号即出现在该图的下一行。

6）在图编号后输入图的文字说明。

7）当需要为第三章的第二个图加题注时，只需要选中该图，单击“引用”选项卡“题注”组中的“插入题注”按钮，在标签中选择对应的标签“图 3-”，单击“确定”按钮。这样，图的题注会自动出现在图的下一行，再手工输入图的文字说明。

（二）交叉引用

操作步骤：

1）制作书签，如为图 3-1 制作书签。首先选中题注中的文字“图 3-1”，单击“插入”选项卡“链接”组中的“书签”按钮，在“书签名”文本框中输入“图三杠一原始文档”（需注意，不能有“数字”和“点”和“空格”，否则无法成功添加书签），单击“添加”按钮。这样，就将题注文字做成了一个书签，用同样的方法制作其他书签。

2）引用书签：将光标定位在目标位置，单击“插入”选项卡“引用”组中的“交叉引用”按钮，弹出“交叉引用”对话框，在“引用类型”下拉列表框中选择“书签”选项，在“引用内容”下拉列表框中选择“书签文字”选项，选择刚才输入的书签名，单击“插入”按钮，即可将文字“图 3-1”插入光标所在的位置。在其他位置需要再次引用该标签时，直接插入该书签的交叉引用即可。

项目四　用 Excel 2010 处理电子表格

Excel 2010 是微软公司开发的 Office 办公软件中的主要组件。它具有数据处理、统计分析和辅助决策等功能，广泛地应用于管理、统计、财经、金融等领域，具有功能丰富、使用方便灵活的特点。

【学习目标】

1. 掌握工作表的创建、管理和美化方法，公式和常用函数的使用方法、数据的格式化方法等。

2. 掌握数据图表化，数据清单的创建、编辑、排序、筛选、分类汇总和数据透视表的操作方法。

3. 掌握页面设置、打印区域设置、打印工作表等的方法。

任务一　Excel 基本操作

子任务一　创建工作表

任务导入

小李是黄河科技学院的一名在校大学生，作为班长的他经常要协助辅导员完成一些辅助性工作。第一学期结束后，他需要协助辅导员根据系中的 3 个专业学生信息及成绩创建 Excel 表格，以方便后期对数据信息统计和分析。

为了完成此项工作，需要掌握工作簿的创建与保存、工作表标签的设置、数据的输入、数据有效性、单元格批注等 Excel 功能。要求：

创建名为“学生资料册.xlsx”的工作簿，其中包含名为“学生成绩”的工作表，并将“学生成绩”工作表标签设置为蓝色；设置成绩区域的数据有效性，只允许输入 0～100 的数据，设置性别所在列只允许输入“男”或“女”，并提供下拉列表进行选择；在“总评”所在单元格插入内容为“240 分以上为合格，其他为不合格”的批注。最后输入数据并保存。

任务实施

一、创建工作簿

（一）工作簿

Excel 2010 中的工作簿就是一个 Excel 数据文件，是若干数据的集合。Excel 2010 文件的扩展名为.xlsx。

（二）工作表

在 Excel 2010 中，工作表是工作簿中的一张工作表格，是由行和列构成的二维网格，用来分析、存储和处理数据，是用户工作的主要窗口。它主要由单元格、行号、列标和工作表标签等组成。行号显示在工作区的左侧，依次用数字 1，2，…，1048576 表示；列标显示在工作区的上方，依次用字母 A，B，…，XFD 表示。默认情况下，一个工作簿包含 3 张工作表，用户可以根据需要添加或删除工作表。

（三）新建工作簿

新建工作簿的方法有以下几种：

通常情况下，启动 Excel 2010 时，系统会自动创建一个名为“工作簿 1”的空白工作簿。若需新建空白工作簿，可按 Ctrl+N 组合键，或选择“文件”→“新建”命令，在“可用模板”列表中选择“空白工作簿”选项，单击“创建”按钮，或直接双击“空白工作簿”选项。

选择“样本模板”选项，可以创建由 Excel 提供的一些模板文件，即可以创建具有特定格式的新工作簿。

选择“根据现有内容新建”选项，可以根据已经存在的工作簿来创建新的工作簿。当要创建的工作簿与已有工作簿基本相似时，可以使用这种方法创建，之后仅需要对创建的工作簿进行修改即可。

提示：*通过“开始”→“所有程序”→“Microsoft Office”→“Microsoft Excel 2010”命令，即可启动 Excel 2010。*

按上述方法创建工作簿即可。

二、设置工作表标签

（一）重命名工作表

默认情况下，新建工作簿或插入工作表时，工作表都是以“Sheet1”“Sheet2”“Sheet3”……的方式命名。为方便管理，经常需要将工作表重命名。选中要重命名的工作表，单击“开始”选项卡“单元格”组中的“格式”下拉按钮，在弹出的下拉菜单中选择“重命名工作表”命令，如图 4-1 所示；也可以双击要重命名的工作表标签，或右击工作表，在弹出的快捷菜单中选择“重命名”命令，如图 4-2 所示。这时该工作表标签呈高亮显示，表明其处于编辑状态，在标签上输入新的名称，按 Enter 键结束编辑。

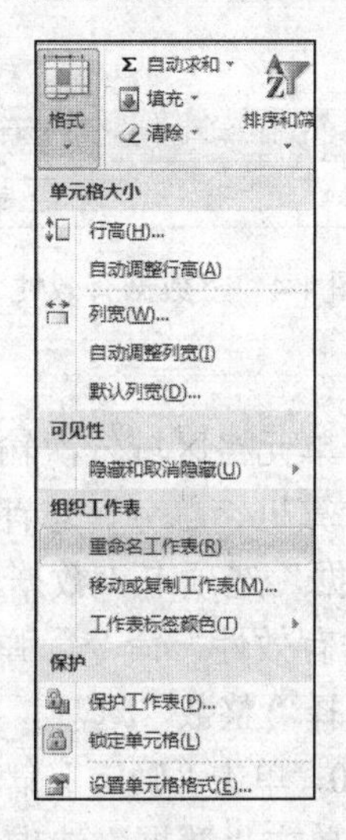

图 4-1　“格式”下拉菜单

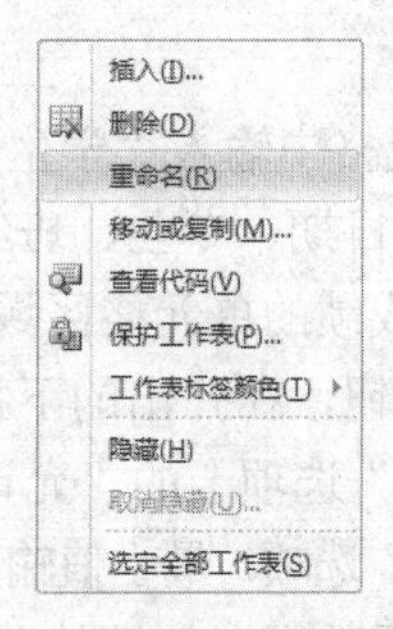

图 4-2　右键快捷菜单

（二）更改工作表标签颜色

选中要更改标签颜色的工作表，单击“开始”选项卡“单元格”组中的“格式”下拉按钮，在弹出的下拉菜单中选择“工作表标签颜色”命令，在弹出的子菜单中选择所需颜色，或直接右击工作表标签，在弹出的快捷菜单中选择“工作表标签颜色”命令，在弹出的子菜单中选择想要设置的颜色，或选择“其他颜色”命令，在弹出的“颜色”对话框中进行设置。

操作步骤：

1）右击“Sheet1”工作表，在弹出的快捷菜单中选择“重命名”命令，在编辑状态下输入“学生成绩”，按 Enter 键结束编辑。

2）右击“学生成绩”工作表，在弹出的快捷菜单中选择“工作表标签颜色”命令，在弹出子菜单的“标准色”列表中选择“蓝色”选项即可。

三、设置数据有效性

在一般情况下，输入单元格中的可以是任何类型的数据。但是，在实际工作中，某些单元格要求只能输入数值，某些单元格只能输入字符，有些单元格的数据要求在一定的有效范围内。为了保证输入数据的正确性，Excel 提供了数据有效性功能。

选中要设置有效数据范围的单元格或单元格区域，单击“数据”选项卡“数据工具”组中的“数据有效性”下拉按钮，在弹出的下拉菜单（图 4-3）中选择“数据有效性”命令，弹出“数据有效性”对话框，如图 4-4 所示。在“设置”选项卡中设置有效性条件；在“输入信息”选项卡中设置输入提示信息，用于在输入数据前显示相关提示信息，解释单元格中应输入什么样的数据；在“出错警告”选项卡中设置当输入无效数据时所显示的出错警告信息。

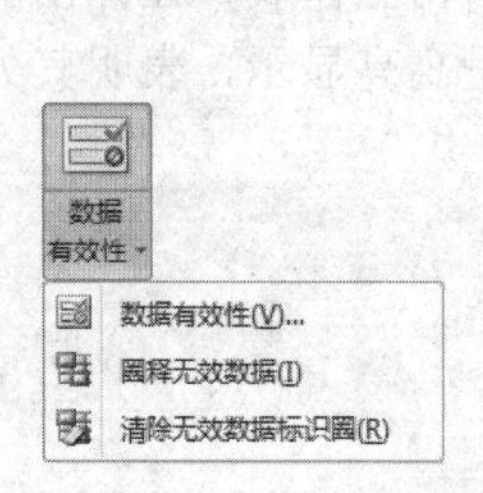

图 4-3 “数据有效性”下拉菜单

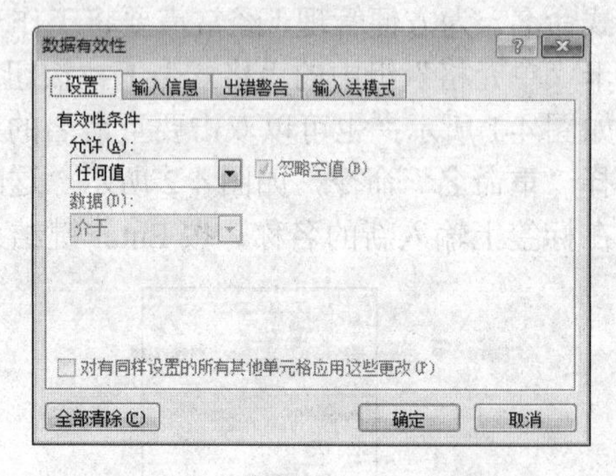

图 4-4 “数据有效性”对话框

操作步骤：

1）在 A1 单元格中输入“学生成绩表”，在 A2:K2 单元格区域依次输入各列标题学号、姓名、性别、出生日期、专业、班级、英语、思修、计算机、总分、总评。

2）选中输入成绩的单元格区域 G3:I31，单击“数据”选项卡“数据工具”组中的“数据有效性”下拉按钮，在弹出的下拉菜单中选择“数据有效性”命令，弹出“数据有效性”对话框，在“设置”选项卡的“允许”下拉列表框中选择“整数”选项，在“数据”下拉列表框中选择“介于”选项，最小值输入 0，最大值输入 100，单击“确定”命令，如图 4-5 所示。

3）选中要设置数据有效性的单元格区域 C3:C31，单击“数据”选项卡“数据工具”组中的“数据有效性”下拉按钮，弹出“数据有效性”对话框。在“设置”选项卡的“允许”下拉列表框中选择“序列”选项，选中“提供下拉箭头”复选框，在“来源”文本框中输入数据，数据间用英文逗号隔开，如“男,女”，如图 4-6 所示。单击“确定”按钮，此时在所选区域右侧出现下拉按钮，单击该按钮，选择所需数据，即可将其输入单元格。

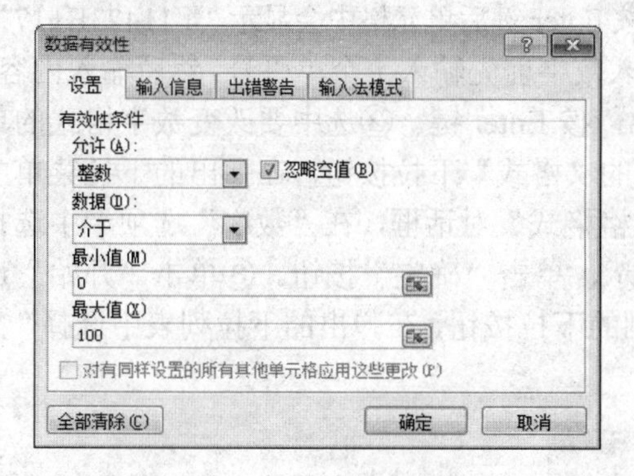

图 4-5 数据有效性设置

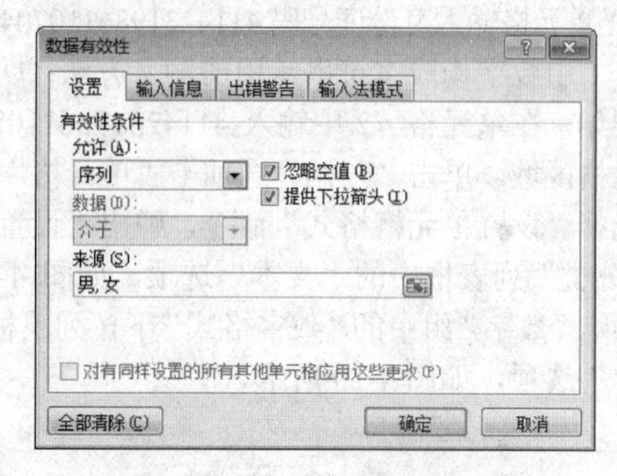

图 4-6 “性别”有效性设置

四、插入批注

在输入数据后，为了便于日后查看及其他用户快速地了解工作表中各个数据的含义，可以使用 Excel 提供的添加批注功能，为一些需要说明的复杂公式或特殊单元格数据添加批注。

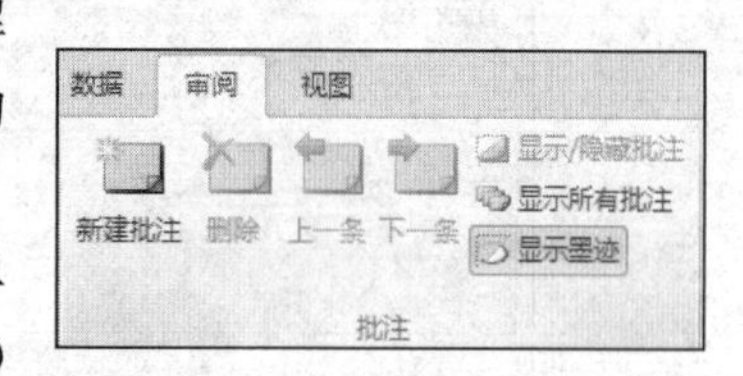

图 4-7 “批注”组

添加批注的具体方法如下：选中要添加批注的单元格；单击“审阅”选项卡“批注”组中的“新建批注”按钮（图 4-7）或右击，在弹出的快捷菜单中选择“插入批注”命令；在弹出的批注框中输入批注文本即可。

完成文本输入后，单击批注框外部的任意区域即可。添加了批注的单元格右上角会显示一个红色三角形标记，表示该单元格中有批注内容。如果要查看某个单元格中的批注，只需将鼠标指针指向该单元格即可。

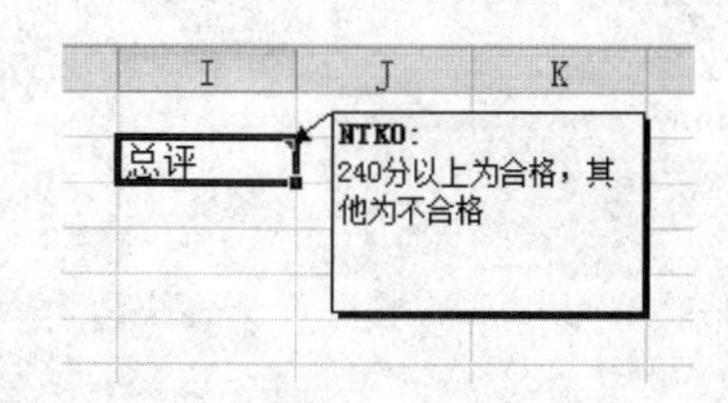

图 4-8 总评批注

操作步骤：

选中“总评”所在单元格 K3，单击“审阅”选项卡“批注”组中的“新建批注”按钮，在批注框中输入“240 分以上为合格，其他为不合格”，效果如图 4-8 所示。

五、输入数据

要在单元格中输入数据，只需单击所需单元格，输入数据即可；也可在单击单元格后，在编辑栏中输入数据，输入完毕按 Enter 键或单击编辑栏中的“输入”按钮确认。

在 Excel 工作表单元格中输入的数据有两类：常量和公式。常量是直接输入的字符、数字、文本、日期等。公式是指以等号开头的表达式、函数等，公式的结果将随引用单元格的数据变化而变化。

文本型数据是常见的数据类型之一，包括汉字、英文字母、具有文本性质的数字、空格及符号。默认情况下，文本型数据左对齐。

以文本形式存储的数字，其所在单元格的左上角有一个绿色三角形标记，表示此单元格中的数字为文本格式。在日常应用中，经常需要输入由数字构成的字符串，如电话号码、身份证号码、邮政编码等。此时，如果直接在单元格中输入则系统会自动按数字类型进行存储。例如，在A1单元格输入身份证号码411423198611070423，按Enter键后单元格中会显示“4.11423E+17”。

由数字构成字符串常用的输入方法：①在输入数字前先输入一个单引号，然后输入内容。例如，在单元格A2中输入’411423198611070423，按Enter键。②选中要改变数字格式的单元格区域，单击“开始”选项卡“单元格”组中的“格式”下拉按钮，在弹出的下拉菜单中选择“设置单元格格式”命令，弹出“设置单元格格式”对话框，在“数字”选项卡中选择“分类”列表框中的“文本”选项，如图4-9所示，单击“确定”按钮。③单击“开始”选项卡“数字”组中的“数字格式”下拉列表框右侧的下拉按钮，在弹出的下拉列表中选择“文本”选项，如图4-10所示。

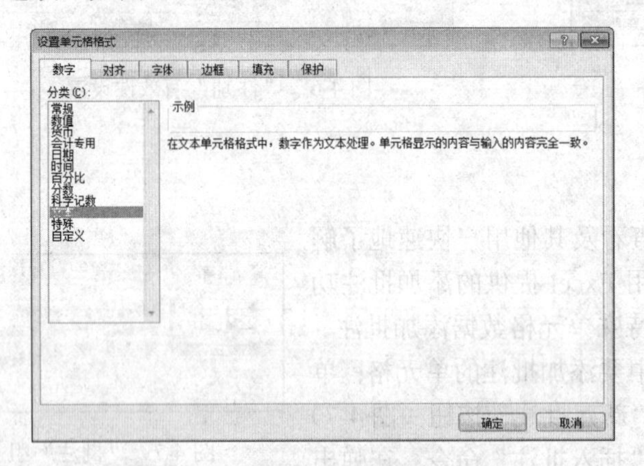

图4-9 “设置单元格格式”对话框

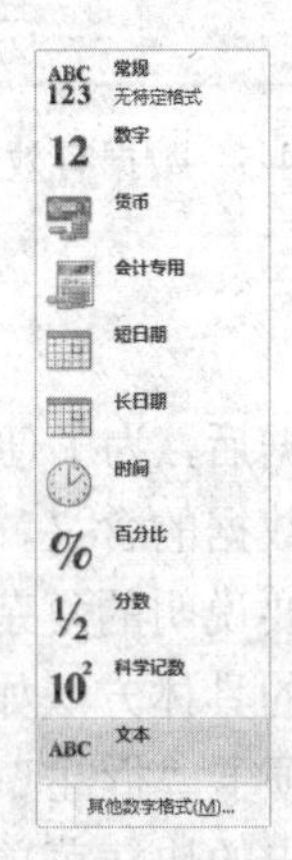

图4-10 “数字格式”下拉列表

操作步骤：

1）选中“学号”列，打开“设置单元格格式”对话框，在“数字”选项卡的“分类”列表框中选择“文本”选项，单击“确定”按钮。在“学号”列中输入“学生成绩表”（图4-11）中的学号数据。

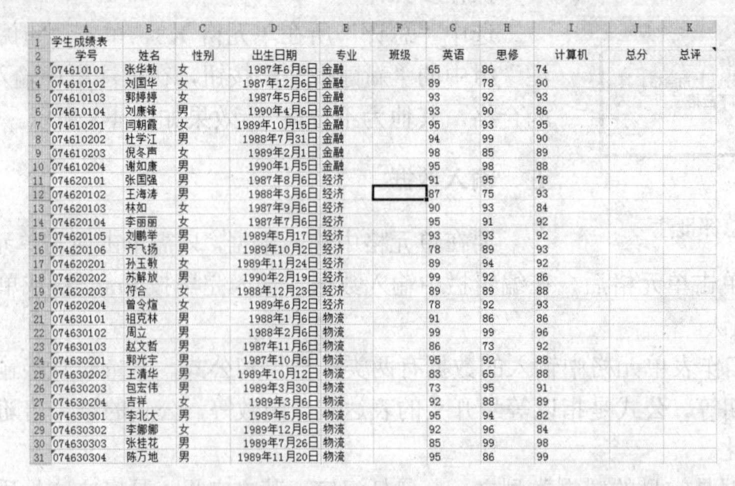

学生成绩表

学号	姓名	性别	出生日期	专业	班级	英语	思修	计算机	总分	总评
074610101	张华敏	女	1987年6月6日	金融		65	86	74		
074610102	刘国华	女	1987年12月6日	金融		89	78	90		
074610103	郭婷婷	女	1987年5月6日	金融		93	92	93		
074610104	刘康锋	男	1990年4月6日	金融		93	90	86		
074610201	闫朝霞	女	1989年10月15日	金融		95	93	95		
074610202	杜学江	男	1988年7月31日	金融		94	99	90		
074610203	倪冬声	女	1989年2月1日	金融		98	85	89		
074610204	谢如康	男	1990年1月5日	金融		95	98	88		
074620101	张国强	男	1987年8月6日	经济		91	95	78		
074620102	王海涛	男	1988年3月6日	经济		87	75	93		
074620103	林如	女	1987年9月6日	经济		90	93	84		
074620104	李丽丽	女	1987年7月6日	经济		95	91	92		
074620105	刘鹏举	男	1989年5月17日	经济		93	93	92		
074620106	齐飞扬	男	1989年10月2日	经济		78	89	93		
074620201	孙玉敏	女	1989年11月24日	经济		89	94	92		
074620202	苏解放	男	1990年2月19日	经济		99	92	86		
074620203	符合	女	1988年12月23日	经济		89	89	88		
074620204	曾令煊	女	1989年6月2日	经济		78	92	93		
074630101	祖克林	男	1988年1月6日	物流		91	86	86		
074630102	周立	男	1988年2月6日	物流		99	99	96		
074630103	赵文哲	男	1987年11月6日	物流		86	73	92		
074630201	郭光宇	男	1987年10月6日	物流		95	92	88		
074630202	王清华	男	1989年10月12日	物流		83	65	88		
074630203	包宏伟	男	1989年3月30日	物流		73	95	91		
074630204	吉祥	女	1989年3月6日	物流		92	88	89		
074630301	李北大	男	1989年5月8日	物流		95	94	82		
074630302	李娜娜	女	1989年12月6日	物流		92	96	84		
074630303	张桂花	男	1989年7月26日	物流		85	99	98		
074630304	陈万地	男	1989年11月20日	物流		95	86	99		

图4-11 “学生成绩表”数据

2）按照图 4-11 所示内容输入学生的姓名、专业及各科成绩。

3）选中要输入出生日期的单元格区域 D3:D31，单击“开始”选项卡“数字”组中的“数字格式”下拉列表框右侧的下拉按钮，在弹出的下拉列表中选择“长日期”选项。

4）在“性别”列中单击要输入性别的单元格，再单击其右侧的下拉按钮，在弹出的下拉列表中选择“男”或“女”，如图 4-12 所示。

性别
女
男
女

图 4-12　性别的输入

六、保存工作簿

当对工作簿进行编辑操作后，为防止数据丢失，需将其保存。要保存工作簿，可单击快速访问工具栏上的“保存”按钮，按 Ctrl+S 组合键，或选择“文件”→“保存”命令，弹出“另存为”对话框，在其中选择工作簿的保存位置，输入工作簿名称，然后单击“保存”按钮。

操作步骤：

选择“文件”→“保存”命令，在弹出的“另存为”对话框中设置保存位置为桌面，在“文件名”文本框中输入“学生资料册.xlsx”，单击“保存”按钮，如图 4-13 所示。

图 4-13　保存工作簿

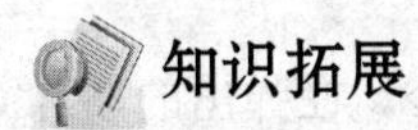

知识拓展

一、保护工作表和工作簿

（一）保护工作表

保护工作表可防止他人修改工作表中的单元格、图表等。具体操作方法如下：

选中要保护的工作表为当前工作表。选择“文件”→“信息”命令，单击右侧窗格中的“保护工作簿”下拉按钮，在弹出的下拉菜单（图 4-14）中选择“保护当前工作表”命令，或单击“审阅”选项卡“更改”组中的“保护工作表”按钮，弹出图 4-15 所示的“保护工作表”对话框。在“取消工作表保护时使用的密码”文本框中输入密码，防止未授权用户删除或更改单元格数据。选中“保护工作表及锁定的单元格内容”复选框，选择允许用户进行的操作。设置完毕后，单击“确定”按钮，在弹出“确认密码”对话框中再次输入密码，单击“确定”按钮。

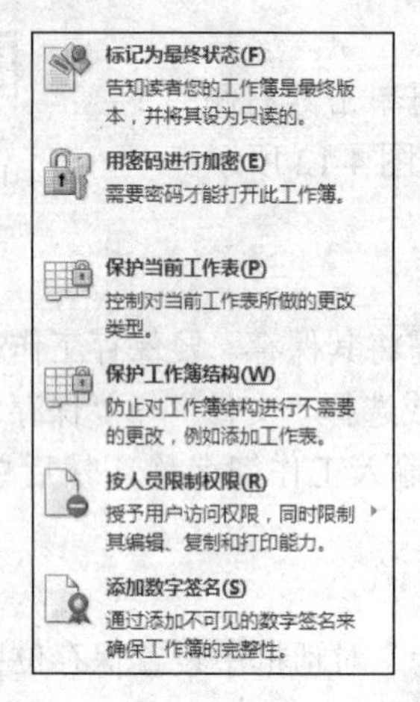

图 4-14 “保护工作簿”下拉菜单

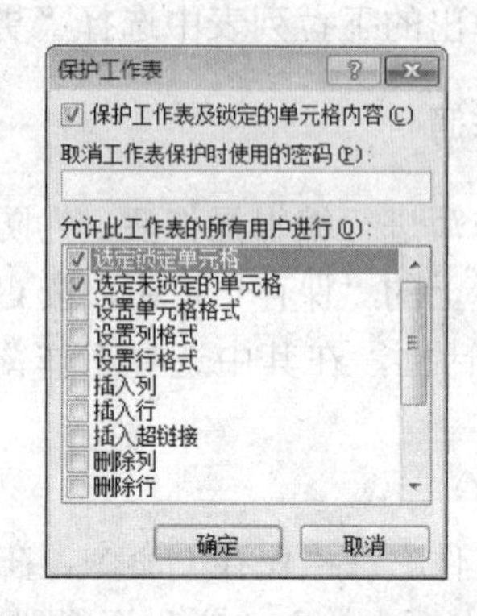

图 4-15 “保护工作表”对话框

如果要撤销对工作表的保护，可以选择“审阅”选项卡“更改”组中的“撤销工作表保护”按钮，弹出“撤销工作表保护”对话框，如图 4-16 所示，输入密码后，单击“确定”按钮即可。

图 4-16 “撤销工作表保护”对话框

（二）保护工作簿

对工作簿进行保护可以防止未授权用户对工作簿进行删除、移动、插入、重命名等操作。保护工作簿的方法如下：

打开要保护的工作簿，选择“文件”→“信息”命令，单击“保护工作簿”下拉按钮，在弹出的下拉菜单中选择“保护工作簿结构”命令，或单击“审阅”选项卡“更改”组中的“保护工作簿”按钮，弹出图 4-17 所示的“保护结构和窗口”对话框，设置对工作簿的保护功能。

另外，可以通过设置密码的方式，保证工作簿不被未授权的用户查看和编辑。操作步骤如下：

1）选择“文件”→“另存为”命令，弹出“另存为”对话框。

2）单击“工具”下拉按钮，在弹出的下拉菜单中选择“常规选项”命令，在弹出的“常规选项”对话框（图 4-18）中设置打开权限密码和修改权限密码。

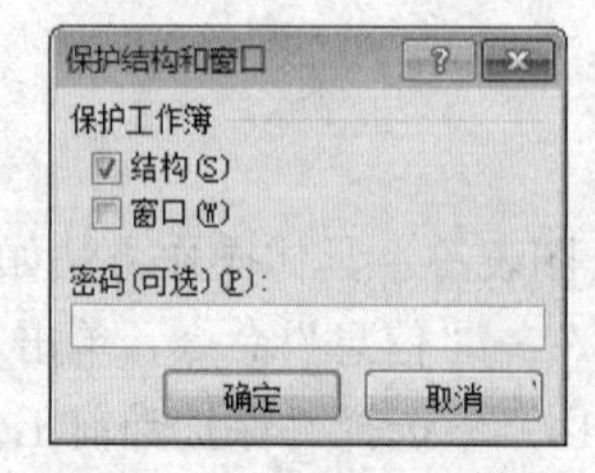

图 4-17 “保护结构和窗口”对话框

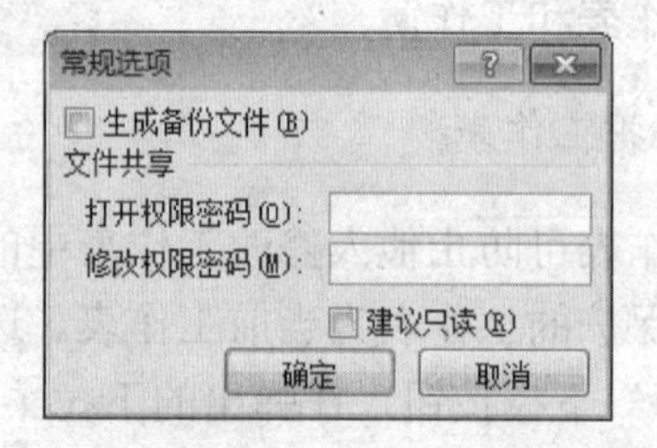

图 4-18 “常规选项”对话框

为工作簿文件添加密码后，其将不被未授权用户查看或修改。如果要打开或编辑工作簿文件，必须在系统提示对话框中输入正确的权限密码。

二、使用自动填充功能

（一）记忆式输入

图 4-19　记忆式输入

记忆式输入是指用户在输入单元格数据时，系统会自动根据已经输入的数据提出建议，以节省重复输入的操作时间。

在输入数据时，若在单元格中输入的起始字符与该列已有的输入项相符，Excel 可以自动填充其余字符，如图 4-19 所示，直接按 Enter 键，即可将该内容输入单元格中。

若输入多个第一个字相同的数据，可同时按 Alt+↓组合键进行选择。

（二）利用自动填充功能输入有规律的数据

在处理电子表格数据时，经常要输入相同或有规律的递增、递减、成比例数据，如同一班级的学生编号通常是以“1”递增的等差数列。这些有规律的数据在 Excel 中可以自动填充，以缩短编辑时间，提高工作效率。

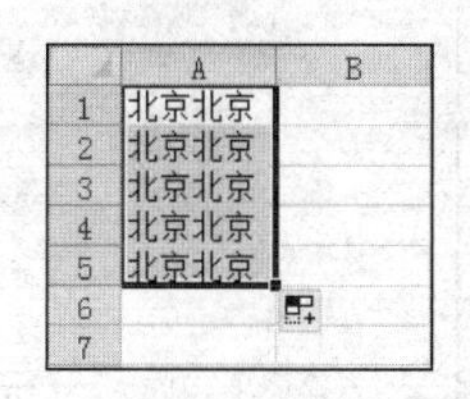

图 4-20　利用填充柄填充数据

自动填充数据有拖动填充柄和使用填充功能两种方法。其中，填充柄是位于选中单元格或单元格区域右下角的小黑方块，利用它可在相邻单元格自动填充数据，从而大大提高输入速度。

1）使用填充柄：若希望在一行或一列相邻的单元格中输入相同的数据，可首先在第一个单元格中输入示例数据，再上、下或左、右拖动填充柄即可，如图 4-20 所示。

2）使用填充功能：输入示例数据，选中从该单元格开始的行或列方向单元格区域，单击“开始”选项卡“编辑”组中的“填充”下拉按钮，在弹出的下拉菜单中选择相应命令，如图 4-21 所示。

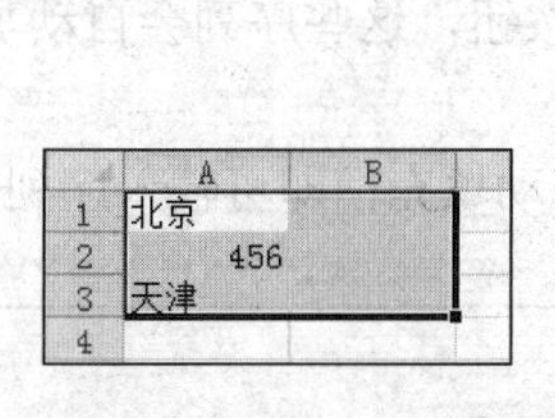

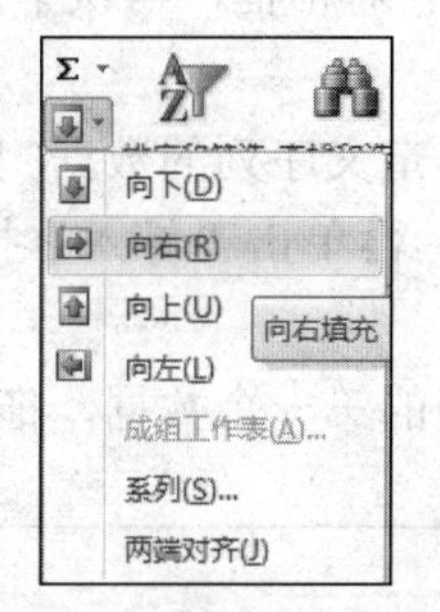

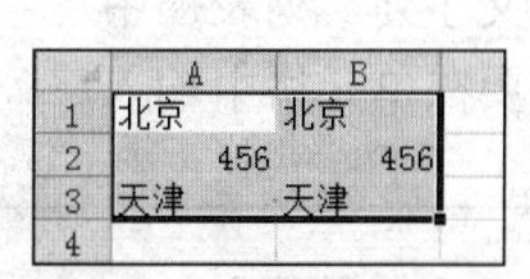

图 4-21　利用填充功能填充数据

对于等差和等比序列的自动填充，可以先输入等差和等比序列的第一个数值，然后选中要进行填充的单元格区域，再在“填充”下拉菜单中选择“系列”命令，弹出“序列”对话框，设置序列产生在行还是列（系统会根据用户选中的单元格区域自动选中所需项），选择系列类型，并设置步长值和终止值，如图 4-22 所示，最后单击“确定”按钮。

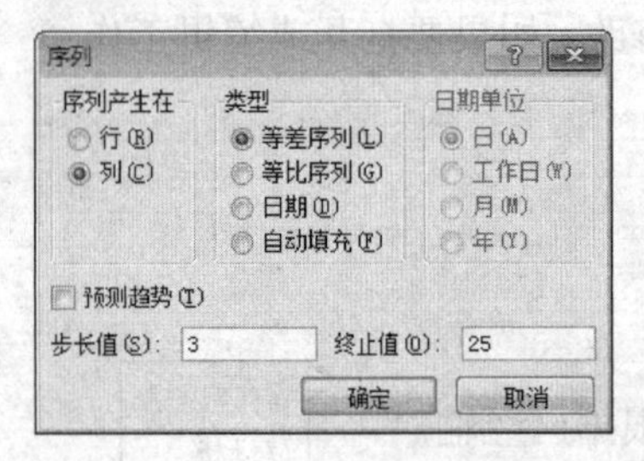

图 4-22 “序列”对话框

（三）填充用户自定义序列数据

自定义序列有许多用途，其中之一就是可以简化输入，即在单元格中输入序列的第一个数据后，利用填充柄就可以输入其余数据。

Excel 内置多种自定义序列，选择“文件”→“选项”命令，弹出“Excel 选项”对话框，在“高级”选项卡的“常规”选项组中单击“编辑自定义列表”按钮，弹出“自定义序列”对话框，在“自定义序列”列表框中可以看到系统内置的序列。创建自定义序列的操作步骤如下：

1）打开“自定义序列”对话框，在“自定义序列”列表框中选择“新序列”选项。

2）在“输入序列”文本框中输入序列的各项，每个序列之间要用英文逗号分隔，或每输入一个序列后按 Enter 键，如图 4-23 所示。

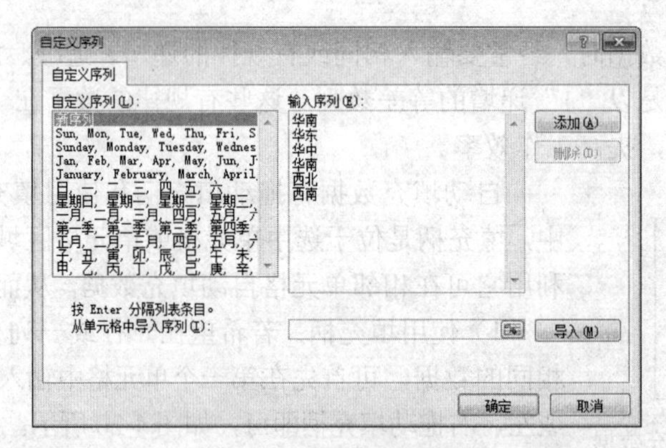

图 4-23 系统内置的系列

3）输入完毕，单击“添加”按钮，即可将序列放入“自定义序列”列表框中备用。单击“确定”按钮，返回“Excel 选项”对话框，再次单击“确定”按钮，完成自定义序列的创建。

如果在工作表中已输入要作为自定义序列的数据，则单击“自定义序列”对话框中的折叠按钮，在工作表中选择该数据，再单击“导入”按钮，这些序列会自动加入“输入序列”和“自定义序列”列表框中。

此后，只要在单元格中输入序列的第一个数据，拖动填充柄即可输入序列的其他项。

小知识

1. 输入不同类型的分数

1）常规法输入分数。输入分数时，应当按照整数部分（小于 1 的分数整数部分为 0）+空格+分数部分的步骤输入。例如，3/4，通过直接输入的方式并不能输入分数，系统会自动识别为日期类型的数据，应先输入一个“0”和一个空格，再输入分数部分。

2）输入指定分母的分数。选中单元格区域，打开“设置单元格格式”对话框，选择“数字”选项卡，设置分类为分数，在右侧的“类型”列表框中选择相应类型即可，如图 4-24 所示。

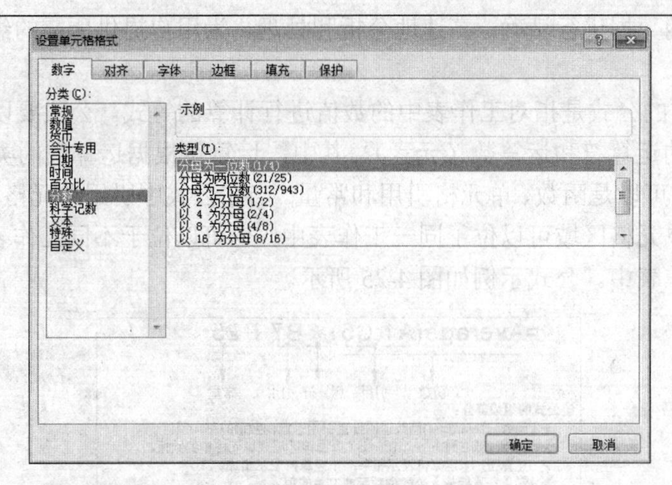

图 4-24　指定分母的分数

2. 时间和日期数据的输入

在 Excel 中输入日期和时间时，应注意以下几点：

1）常用的日期格式有“yy-mm-dd”“yy/mm/dd”“yyyy 年 mm 月 dd 日”等。

2）输入时间，则“时、分、秒”之间的各部分使用冒号（:）间隔。如果要输入带日期的时间，则在日期和时间之间键入一个空格。

3）如果按 12 小时制输入时间，需在时间后输入空格和“AM”或“PM”，否则 Excel 将以 24 小时制来处理时间。

按快捷键 Ctrl+; 可输入系统当前日期。按快捷键 Ctrl+Shift+; 可输入系统当前时间。

子任务二　创建公式和函数

任务导入

小李在创建“学生资料册.xlsx”工作簿之后，需要利用公式来计算学生的总分及总评，并能根据学号信息提取出学生所在的班级。要完成这个任务，需要掌握 Excel 的公式和函数的使用以及单元格的引用等。要求：

1）计算每位学生的总分，总分为三门课程之和。

2）计算每位学生的总评，总评的评价标准为，总分大于等于 240 分为合格，其他为不合格。

3）根据学号信息提取出学生所在的班级，学号的编码规则为第 1、2 位是入学的年份，如“07”指 2007 年入学；第 3～5 位代表专业代码，如“461”代表金融专业；第 6、7 位代表所在班级，如“01”表示 1 班；最后两位代表学生在班级中的位次。

相关知识

一、公式和函数

使用 Excel 2010 除了能够对用户输入的数据进行格式等设置外，还可以利用其中的函数和公式对已输入的数据进行精确、高速地分析和处理，为用户提供所需的结果，并为用户的决策提供支持。

Excel 2010 中的公式是指对工作表中的数值进行计算的等式。公式要以等号（=）开始，其后为参与运算的运算符和运算数（元素）。其中，运算符根据运算数的类型和运算的需要进行选取；运算数可以是函数、单元格引用和常量。当在公式中引用单元格或单元格区域时，所引用单元格或单元格区域可以位于同一工作表中，也可以位于不同工作表中，还可以位于不同工作簿的工作表中。公式示例如图 4-25 所示。

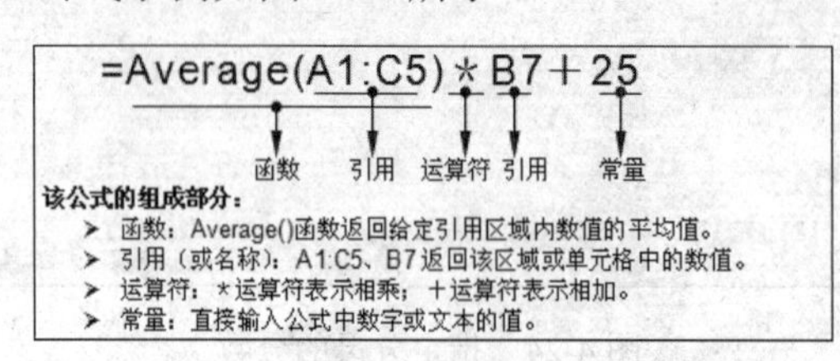

图 4-25　公式示例

二、输入与编辑公式

要创建公式，可以直接在单元格中输入，也可以在编辑栏中输入。具体操作步骤如下：

1）单击需输入公式的单元格。

2）输入“=”（等号）。

3）输入公式内容（运算符和操作数）。

4）按 Enter 键或单击编辑栏中的“输入”按钮确认。

提示：*也可在输入等号后单击要引用的单元格，输入运算符，再单击要引用的单元格。*

在单元格中输入公式后，如果发现错误，可以对其进行修改。为此，可单击公式所在单元格，在编辑栏中进行修改，修改完毕按 Enter 键即可。如果要取消操作，可以按 Esc 键，或单击编辑栏中的“取消”按钮。

运算符是指对公式中的元素进行特定类型运算的符号。Excel 中包含 4 种类型的运算符：算术运算符、文本运算符、比较运算符和引用运算符。算术运算符：完成基本的数学运算，如加法、减法、乘法和除法，连接数字和产生数值结果。文本运算符：使用“与”号（&），可连接两个或更多文本字符串，以产生一串文本。比较运算符：可比较两个值，结果是一个逻辑值，即“真”（TRUE）或“假”（FALSE）。引用运算符：可以将单元格区域合并计算。

三、输入函数

Excel 提供了大量的函数，并且有许多函数不经常使用，因此，用户很难记住函数及其用法。用户可以利用插入函数的方法，按照系统指示，逐步选择需要的函数及相应参数。具体操作步骤如下：

1）选中要输入函数的单元格。

2）单击“公式”选项卡“函数库”组中的“插入函数”按钮，或单击编辑栏上的“插入函数”按钮，弹出图 4-26 所示的“插入函数”对话框。

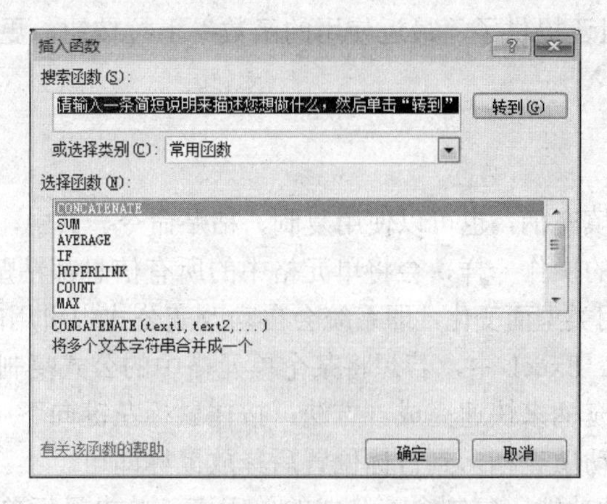

图 4-26 “插入函数”对话框

3）在“或选择类别”下拉列表框中选择一种函数类型。在“选择函数”列表框中选择一种函数，此时列表框下方会出现关于该函数功能的简单提示。

4）单击“确定”按钮，弹出图 4-27 所示的“函数参数”对话框。

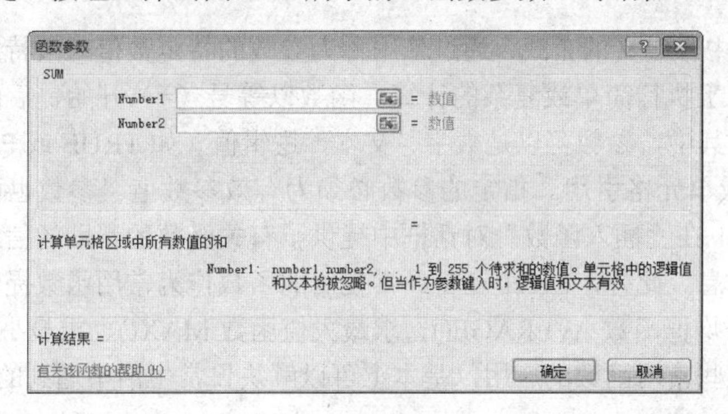

图 4-27 “函数参数”对话框

5）为函数添加参数，即在各文本框中输入数值、单元格或单元格区域的引用，也可在工作表中选中单元格区域。参数输入完成后，公式的计算结果将出现在“计算结果=”选项的后面。

6）单击“确定”按钮，计算结果将显示在选中的单元格中。

在 Excel 2010 中还可以采用一种更为快捷的方法来使用系统提供的函数，即单击“公式”选项卡（图 4-28）“函数库”组中的相应按钮。

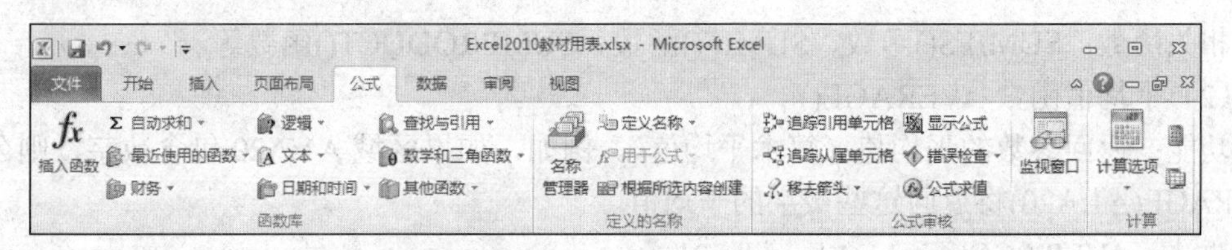

图 4-28 “公式”选项卡

这些按钮将 Excel 提供的函数分为几类，包括财务、文本、数字和三角函数、逻辑、日期和时间、其他函数等，用户可以根据所需函数的类型，单击某个下拉按钮，在弹出的下拉菜单中进行选择。

此外，“函数库”组还提供了“最近使用的函数”下拉按钮，更加方便了用户查找所需函数。

四、复制公式和函数

复制公式可以使用填充柄，也可以使用复制、粘贴命令。其中，利用复制、粘贴命令的方法与复制单元格内容的操作一样，会将单元格中的所有信息都粘贴进来。复制公式时，单元格引用会根据所用引用类型而变化，即系统会自动改变公式中引用的单元格地址。

1）使用填充柄：在 Excel 中，若想将某个单元格中的公式复制到同列（行）中相邻的单元格，可通过拖动填充柄来快速完成。方法：按住鼠标左键向下（也可以是上、左或右，根据实际情况而定）拖动填充柄，到目标位置后释放鼠标即可。

2）使用选择性粘贴功能：复制含有公式的单元格，单击目标单元格，再单击“开始”选项卡“剪贴板”组中的“粘贴”按钮下方的下拉按钮，在弹出的下拉菜单中选择“公式”命令即可。

五、常用函数及使用

函数是 Excel 中预定义的公式，通过使用称为参数的特定数值来按特定的顺序或结构执行计算。函数可用于执行简单或复杂的计算。函数以等号（=）开始，后面紧跟函数名称、括号和函数参数。其中，参数可以是数字、文本、逻辑值（如 TRUE 或 FALSE）、数组、错误值（如#N/A）或单元格引用。指定的参数必须为有效参数值。参数也可以是常量、公式或其他函数。Excel 在“插入函数”对话框中提供了有关函数的帮助的信息，从中可以获得选中函数的帮助信息。此外，Excel 还将经常使用的函数作为常用函数提供给用户，如求和函数 SUM()、求平均值函数 AVERAGE()、求最大值函数 MAX()、求最小值函数 MIN()等。如果用户掌握了这些常用函数的应用，基本上可以解决日常生活中遇到的问题。

（一）常用函数

（1）求和函数 SUM()

功能：SUM()将用户指定为参数的所有数字相加。例如，SUM(A1:A5)将单元格 A1～A5 中的所有数字相加；又如，SUM(A1,A3,A5)将单元格 A1、A3 和 A5 中的数字相加。

语法：SUM(number1,number2,…)

其中：number1,number2,…为 SUM()函数的参数，各个参数之间用逗号隔开，最多可包含 255 个。

相关函数：SUMIFS()函数、SUMIF()函数、SUMPRODUCT()函数等。

（2）平均值函数 AVERAGE()

功能：返回参数的平均值（算术平均值）。例如，如果区域 A1:A20 包含数字，则公式=AVERAGE(A1:A20)将返回这些数字的平均值。

语法：AVERAGE(number1,[number2],…)

其中：参数 number1 必需，后续数值可选，最多可包含 255 个。

相关函数：AVERAGEIF()函数、AVERAGEIFS()函数等。

（3）最大值函数 MAX()

功能：返回一组值中的最大值。

语法：MAX(number1,[number2],…)

其中：number1 必需，后续数值可选。

相关函数：MAXA()函数。

（4）最小值函数 MIN()

功能：返回一组值中的最小值。

语法：MIN(number1,[number2],…)

其中：number1 是必需的，后续数值可选。

相关函数：MINA()函数。

（5）计数函数 COUNT()

功能：用于计算包含数字的单元格及参数列表中数字的个数。使用该函数可以获取区域或数字数组中数字字段输入项的个数。例如，输入公式=COUNT(A1:A20)可以计算区域 A1:A20 中数字的个数。在此示例中，如果该区域中有 5 个单元格包含数字，则结果为 5。

语法：COUNT(value1,[value2],…)

其中：value1 必需，后续数值可选。

相关函数：COUNTIFS()函数、COUNTBLANK()函数、COUNTA()函数、NETWORKDAYS()函数等。

（6）逻辑函数 IF()

功能：如果指定条件的计算结果为 TRUE，IF()函数将返回某个值；如果该条件的计算结果为 FALSE，则返回另一个值。例如，如果 A1 大于 10，则公式=IF(A1>10,"大于 10","不大于 10")将返回“大于 10”，否则返回“不大于 10”。

语法：IF(logical_test,[value_if_true],[value_if_false])

其中：logical_test 必需，计算结果可能为 TRUE 或 FALSE 的任意值或表达式。

value_if_true 可选，为 logical_test 参数的计算结果为 TRUE 时所要返回的值。

value_if_false 可选，为 logical_test 参数的计算结果为 FALSE 时所要返回的值。

（二）文本类函数

（1）文本字符串连接函数 CONCATENATE()

功能：将最多 255 个文本字符串连接成一个文本字符串。连接项可以是文本、数字、单元格引用或这些项的组合。

语法：CONCATENATE(text1,[text2],…)

其中：text1 必需，为要连接的第一个文本项。

text2,…可选，为其他文本项，最多为 255 项，项与项之间必须用逗号隔开。

注释：也可以用“与”号（&）计算运算符代替 CONCATENATE()函数来连接文本。例如，=A1&B1 与=CONCATENATE(A1,B1)返回的值相同。

（2）文本字符串截取函数 MID()

功能：返回文本字符串中从指定位置开始的特定数目的字符，该数目由用户指定。

语法：MID(text,start_num,num_chars)

其中：text 必需，包含要提取字符的文本字符串。

start_num 必需，为文本中要提取的第一个字符的位置。文本中第一个字符的 start_num 为 1，依此类推。num_chars 必需，用于指定希望 MID()函数从文本中返回字符的个数。

（3）LEFT()

功能：从文本字符串的第一个字符开始返回指定个数的字符。

语法：LEFT(text,[num_chars])

其中：text 必需，包含要提取字符的文本字符串；

num_chars 可选，用于指定要提取的字符数量。num_chars 必须大于或等于零。如果num_chars 大于文本长度，则 LEFT 返回全部文本。如果省略 num_chars，则假设其值为 1。例如，=LEFT(A2,4)可返回第一个字符串中的前 4 个字符。

（4）RIGHT()

功能：从文本字符串的最后一个字符开始返回指定个数的字符。

语法：RIGHT(text,[num_chars])

其中：text 必需，包含要提取字符的文本字符串。

num_chars 可选，用于指定要提取的字符的数量；num_chars 必须大于或等于零。如果num_chars 大于文本长度，则返回所有文本。如果省略 num_chars，则假设其值为 1。

（5）LEN()

功能：返回文本字符串中的字符数。

语法：LEN(text)

其中：text 必需，为要查找长度的文本。空格将作为字符进行计数。

（6）TEXT()

功能：将数值转换为文本，可使用户通过使用特殊格式字符串来指定显示格式。当需要以可读性更高的格式显示数字或需要合并数字、文本或符号时，可使用此函数。例如，假设单元格 A1 含有数字 23.5。若要将数字格式设置为人民币金额，可以使用公式=TEXT(A1,"￥0.00")。

语法：TEXT(value,format_text)

其中：value 必需，为数值、计算结果为数值的公式，或对包含数值的单元格的引用。

format_text 必需，为使用双引号括起来的作为文本字符串的数字格式，如"m/d/yyyy"或"#,##0.00"。

（7）VALUE()

功能：将代表数字的文本字符串转换成数字。

语法：VALUE(text)

其中：text 必需，为带引号的文本，或对包含要转换文本的单元格的引用。

注释：text 可以是 Excel 中可识别的任意常数、日期或时间格式。如果 text 不为这些格式，则函数 VALUE()返回错误值#VALUE!。

（三）日期类函数

（1）DAY()

功能：返回以序列号表示的某日期的天数，用整数 1～31 表示。

语法：DAY(serial_number)

其中：serial_number 必需，为要查找的日期。应使用 DATE()函数输入日期，或将日期作为其他公式或函数的结果输入。例如，使用函数 DATE(2008,5,23)输入 2008 年 5 月 23 日。如果日期以文本形式输入，则会出现问题。

（2）MONTH()

功能：返回以序列号表示的日期中的月份。月份是 1（一月）～12（十二月）的整数。

语法：MONTH(serial_number)

其中：serial_number 必需，为要查找的日期。

（3）YEAR()

功能：返回某日期对应的年份。返回值为 1900～9999 的整数。

语法：YEAR(serial_number)

其中：serial_number 必需，为一个日期值，其中包含要查找的年份。

（4）TODAY()

功能：返回当前日期的序列号。如果在输入函数前，单元格的格式为“常规”，则 Excel 会将单元格格式更改为“日期”。如果要查看序列号，则必须将单元格格式更改为“常规”或“数值”。

此函数也可以用于计算时间间隔。例如，如果知道某人出生于 1963 年，可以使用 =YEAR(TODAY())-1963 公式计算出其年龄。此公式使用 TODAY()函数作为 YEAR()函数的参数来获取当前年份，然后减去 1963，最终返回对方的年龄。

语法：TODAY()

（5）WEEKDAY()

功能：返回某日期为星期几。默认情况下，其值为 1（星期天）～7（星期六）的整数。

语法：WEEKDAY(serial_number,[return_type])

其中：serial_number 必需，为一个序列号，代表目标日期。

return_type 可选，用于确定返回值类型的数字。

（四）数学函数和统计函数

（1）条件求和函数 SUMIF()

功能：可以对区域（工作表上的两个或多个单元格，区域中的单元格可以相邻或不相邻）中符合指定条件的值求和。

语法：SUMIF(range,criteria,[sum_range])

其中：range 必需，用于条件计算的单元格区域，每个区域中的单元格都必须是数字或名称、数组或包含数字的引用，空值和文本值将被忽略。

criteria 必需，用于确定单元格求和的条件，其形式可以为数字、表达式、单元格引用、文本或函数。例如，条件可以表示为">32"、B5、32、"32"、"苹果"或 TODAY()。任何文本条件或任何含有逻辑或数学符号的条件都必须使用双引号（"）括起来。如果条件为数字，则无须使用双引号。

sum_range 可选，为要求和的实际单元格（如果要对未在 range 参数中指定的单元格求和）。如果 sum_range 参数被省略，Excel 会对在 range 参数中指定的单元格（即应用条件的单元格）求和。

（2）多条件求和函数 SUMIFS()

功能：对区域中满足多个条件的单元格求和。

语法：SUMIFS(sum_range,criteria_range1,criteria1,[criteria_range2,criteria2],…)

其中：sum_range 必需，对一个或多个单元格求和，包括数字或包含数字的名称、区域或单元格引用，忽略空白和文本值。

criteria_range1 必需，在其中计算关联条件的第一个区域。

criteria1 必需，条件的形式为数字、表达式、单元格引用或文本，可用来定义对criteria_range1 参数中的哪些单元格求和。例如，条件可以表示为 32、">32"、B4、"苹果"或"32"。

criteria_range2,criteria2,…可选，为附加的区域及其关联条件。该函数最多允许 127 个区域/条件对。

（3）COUNTIF()

功能：对区域中满足单个指定条件的单元格进行计数。

语法：COUNTIF(range,criteria)

其中：range 必需，要对其进行计数的一个或多个单元格，包括数字或名称、数组或包含数字的引用。空值和文本值将被忽略。

criteria 必需，为以数字、表达式或文本定义的条件。

（4）COUNTIFS()

功能：将条件应用于跨多个区域的单元格，并计算符合所有条件的次数。

语法：COUNTIFS(criteria_range1,criteria1,[criteria_range2,criteria2]…)

其中：criteria_range1 必需，为在其中计算关联条件的第一个区域。

criteria1 必需，为条件的形式为数字、表达式、单元格引用或文本，可用来定义将对哪些单元格进行计数。

criteria_range2,criteria2,…可选，为附加的区域及其关联条件。最多允许 127 个区域/条件对。每一个附加的区域都必须与参数 criteria_range1 具有相同的行数和列数。这些区域不必彼此相邻。

（五）查找函数 VLOOKUP()

功能：搜索某个单元格区域的第一列，确定待检索单元格在区域中的行序号，再进一步返回选中单元格的值。

语法：VLOOKUP(lookup_value,table_array,col_index_num,[range_lookup])

其中：lookup_value 必需，要在表格或区域的第一列中搜索的值。lookup_value 参数可以是值或引用。如果为 lookup_value 参数提供的值小于 table_array 参数第一列中的最小值，则将返回错误值#N/A。

table_array 必需，包含数据的单元格区域。可以使用对区域（如 A2:D8）或区域名称的引用。table_array 第一列中的值是由 lookup_value 搜索的值。这些值可以是文本、数字或逻辑值。文本不区分大小写。

col_index_num 必需，table_array 参数中必须返回的匹配值的列号。col_index_num 参数为 1 时，返回 table_array 第一列中的值；col_index_num 为 2 时，返回 table_array 第二列中的值，依此类推。如果 col_index_num 参数小于 1，则返回错误值#VALUE!；如果大于 table_array 的列数，则返回错误值#REF!。

range_lookup 可选，为一个逻辑值，指定希望 VLOOKUP()查找精确匹配值还是近似匹配值。如果 range_lookup 为 TRUE 或省略，则返回精确匹配值或近似匹配值。如果找不到精确匹配值，则返回小于 lookup_value 的最大值。如果 range_lookup 参数为 FALSE，则 VLOOKUP()将只查找精确匹配值。如果 table_array 的第一列中有两个或更多值与 lookup_value 匹配，则使用第一个找到的值。如果找不到精确匹配值，则返回错误值#N/A。

注释：如果 range_lookup 为 TRUE 或省略，则必须按升序排列 table_array 第一列中的值；否则，VLOOKUP()可能无法返回正确的值。如果 range_lookup 为 FALSE，则不需要对 table_array 第一列中的值进行排序。

任务实施

1．计算总分

操作步骤：

选中存放总分的单元格 J3，单击“公式”选项卡“函数库”组中的“插入函数”按钮，在弹出的“插入函数”对话框的“或选择类别”下拉列表框中选择“常用函数”选项，在“选择函数”下拉列表框中选择“SUM”选项，单击“确定”按钮，在弹出的“函数参数”对话框中输入求和区域 G3:I3，如图 4-29 所示，单击“确定”按钮。通过填充柄功能填充到单元格 J31。

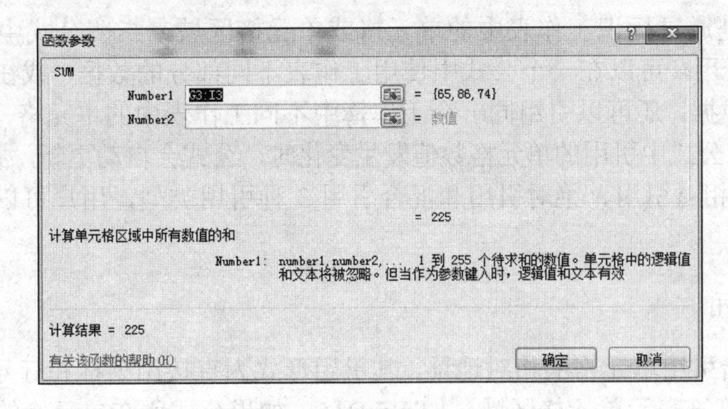

图 4-29　SUM()函数参数设置

2．计算总评

操作步骤：

选中存放总评的单元格 K3，单击“公式”选项卡“函数库”组中的“插入函数”按钮，在弹出的“插入函数”对话框的“或选择类别”下拉列表框中选择“常用函数”选项，在“选择函数”下拉列表框中选择“IF”选项，单击“确定”按钮，在弹出的“函数参数”对话框中的“Logical_test”文本框中输入条件“J3>=240”，在“Value_if_true”文本框中输入“"合格"”，在“Value_if_false”文本框中输入“"不合格"”，如图 4-30 所示，单击“确定”按钮。通过填充柄功能填充到单元格 K31。

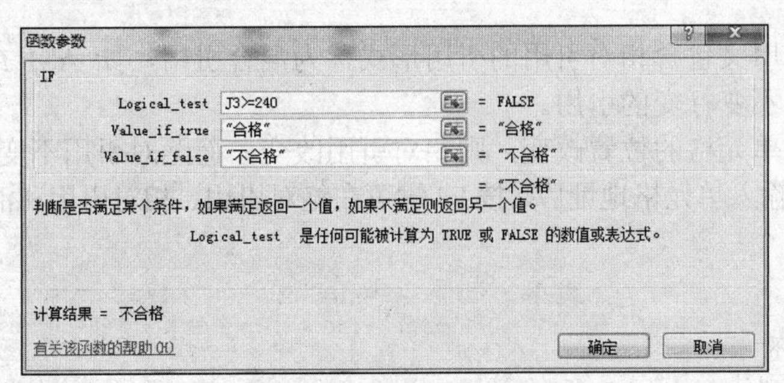

图 4-30　IF()函数参数设置

3．提取班级

操作步骤：

选中存放班级信息的单元格 F3，在编辑栏中输入公式“=VALUE(MID(A3,6,2))&"班"”，如图 4-31 所示。

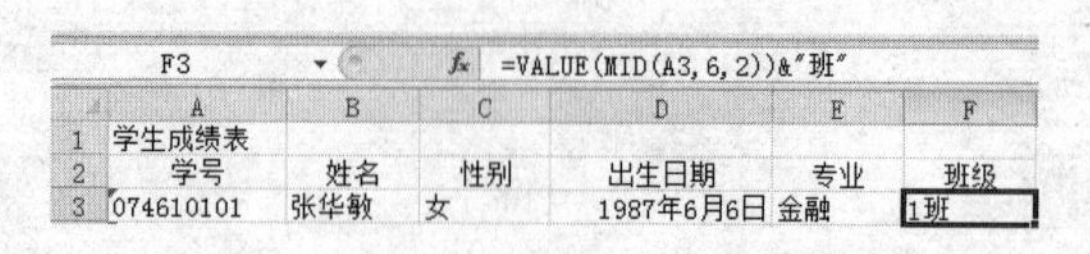

F3 =VALUE(MID(A3,6,2))&"班"

	A	B	C	D	E	F
1	学生成绩表					
2	学号	姓名	性别	出生日期	专业	班级
3	074610101	张华敏	女	1987年6月6日	金融	1班

图 4-31 提取班级

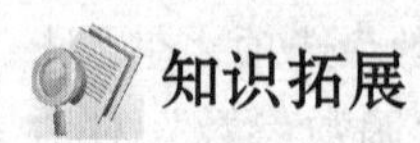

知识拓展

一、引用单元格

引用的作用是通过标识工作表中的单元格或单元格区域来指明公式中所使用数据的位置。通过单元格引用，可以在一个公式中使用工作表不同部分的数据，或在多个公式中使用同一个单元格的数据，还可以引用同一个工作簿中不同工作表中的单元格，甚至引用其他工作簿中的数据。当公式中引用的单元格数值发生变化时，公式会自动更新，并更新计算结果。

Excel 提供了相对引用、绝对引用和混合引用 3 种引用类型，用户可以根据实际情况选择引用的类型。

（一）相对引用

相对引用是指引用单元格的相对地址，其引用形式为直接用列标和行号表示单元格，如 B5，或用引用运算符表示单元格区域，如 B5:D15。如果公式所在单元格的位置改变，引用内容也随之改变。

引用单元格区域时，应先输入单元格区域起始位置的单元格地址，然后输入引用运算符，最后输入单元格区域结束位置的单元格地址。

（二）绝对引用

绝对引用是指引用单元格的精确地址，与包含公式的单元格位置无关，其引用形式为在列标和行号前加“$”符号。例如，若在公式中引用$B$5 单元格，则无论将公式复制或移动到什么位置，引用的单元格地址都不会改变。

（三）混合引用

既包含绝对引用又包含相对引用的引用形式称为混合引用，如 A$1 或$A1 等，用于表示列变行不变或列不变行变的引用。

如果公式所在单元格的位置改变，则相对引用改变，而绝对引用不变。

编辑公式时，输入单元格地址后，按 F4 键可在绝对引用、相对引用和混合引用之间切换。

二、名称管理

（一）定义名称

为单元格或区域指定一个名称是实现绝对引用的方法之一。可以在公式中使用定义的名称以实现绝对引用。可以定义名称的对象包括常量、单元格或单元格区域、公式。

1. 快速定义名称

选中要命名的单元格或单元格区域，在名称框中单击，原单元格地址反白显示。在名称框输入名称，按 Enter 键确认。

2. 将现有行标题和列标题转换为名称

选中要命名的区域，必须包括行或列标题。单击“公式”选项卡“定义的名称”组中的“根据所选内容创建”按钮，弹出图 4-32 所示的“以选定区域创建名称”对话框。通过选中“首行”“最左列”等复选框来指定包含标题的位置，单击“确定”按钮，完成名称的创建。通过此方法创建的名称仅引用相应标题下包含值的单元格，并且不包括现有行标题和列标题。

3. 使用“新名称”对话框定义名称

单击“公式”选项卡“定义的名称”组中的“定义名称”按钮，弹出图 4-33 所示的“新建名称”对话框，在“名称”文本框中输入用于引用的名称，在“范围”下拉列表框中设置名称的使用范围，可以在“备注”文本框中输入最多 255 个字符，作为对该名称的说明性批注。在“引用位置”文本框中显示当前选中的单元格或区域，可以对引用的位置进行定义。其可以是单元格或区域，也可以是常量或公式。单击“确定”按钮，完成命名并返回工作表。

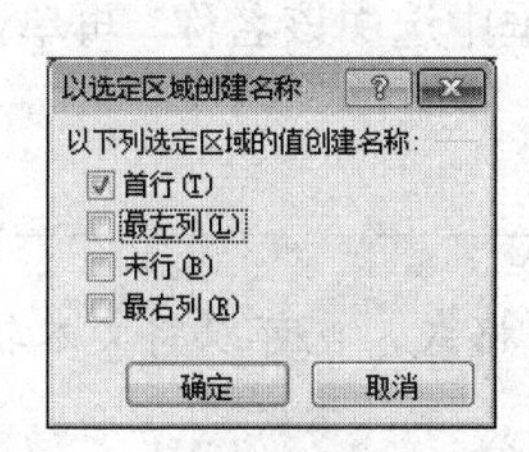

图 4-32 “以选定区域创建名称”对话框

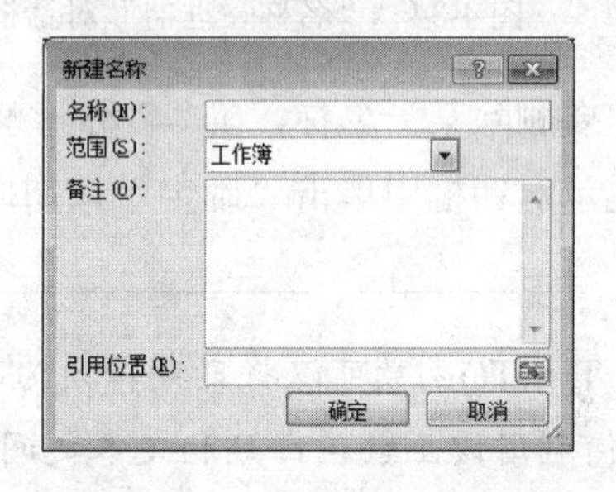

图 4-33 “新建名称”对话框

（二）引用名称

1. 通过名称框引用

单击名称框右侧的下拉按钮，弹出“名称”下拉列表，选择某一名称，将选中该名称所引用的单元格或区域。如果是在输入公式的过程中选中某一名称，则该名称将会出现在公式中。

2. 在公式中引用

选中要输入公式的单元格，单击“公式”选项卡“定义的名称”组中的“用于公式”下拉按钮，在弹出的下拉菜单中选择需要引用的名称，该名称出现在当前单元格的公式中，按 Enter 键确认输入。

（三）更改或删除名称

如果更改了某个已定义的名称，则工作簿中所有已引用该名称位置均随之更新。

单击“公式”选项卡“定义的名称”组中的“名称管理器”按钮，弹出图 4-34 所示的“名称管理器”对话框，选中要更改的名称，单击“编辑”按钮，弹出图 4-35 所示的“编辑名称”对话框。按照需要修改名称、引用位置等，单击“确定”按钮。

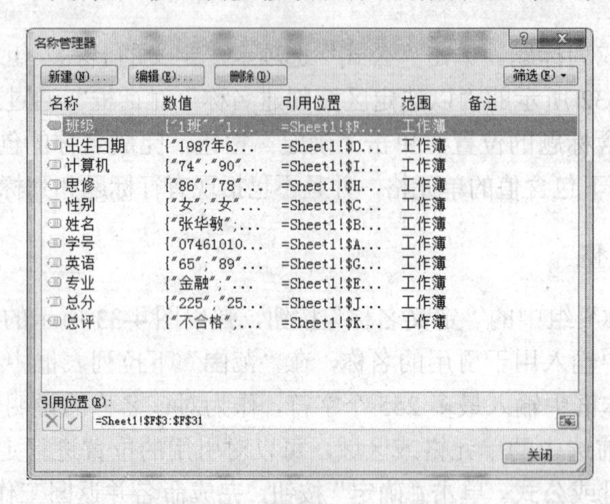

图 4-34 “名称管理器”对话框

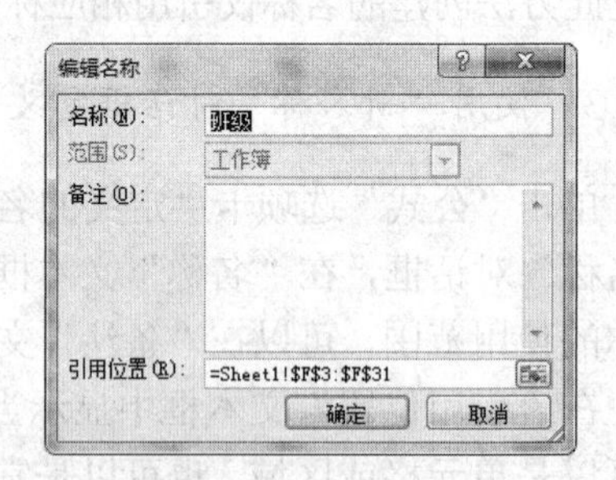

图 4-35 “编辑名称”对话框

如果需要删除某一名称，在“名称管理器”对话框中选中该名称，再单击“删除”按钮，在弹出的提示对话框中单击“确定”按钮即可。

小知识

利用 TEXT()函数可以将日期转换为不同的数字格式，也可以将文本转换为日期。下面介绍如何利用该函数在日期和文本之间进行转换。

1. 将日期转换为文本

选中 B3 单元格，输入公式 “=TEXT(A3,"yyyymmdd")”，如图 4-36 所示，按 Enter 键确认输入。

2. 将文本转换为日期

选中 D3 单元格，输入公式 “=TEXT(C3,"0-00-00")”，如图 4-37 所示，按 Enter 键确认输入。

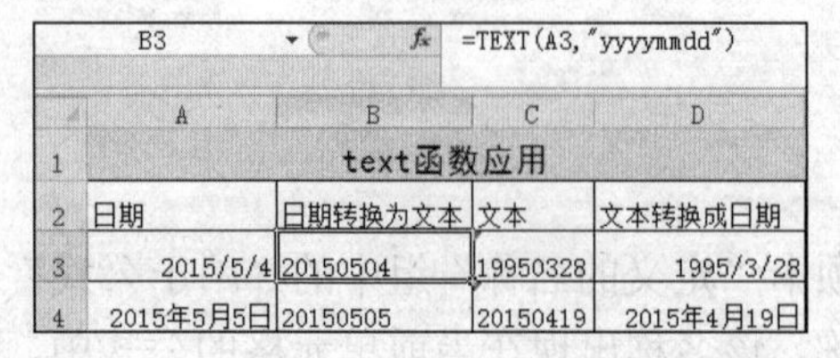
B3 =TEXT(A3,"yyyymmdd")

	A	B	C	D
1	text函数应用			
2	日期	日期转换为文本	文本	文本转换成日期
3	2015/5/4	20150504	19950328	1995/3/28
4	2015年5月5日	20150505	20150419	2015年4月19日

图 4-36 日期转换为文本

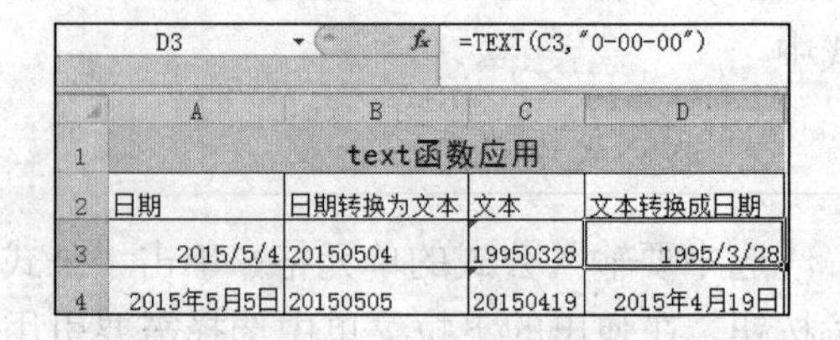
D3 =TEXT(C3,"0-00-00")

	A	B	C	D
1	text函数应用			
2	日期	日期转换为文本	文本	文本转换成日期
3	2015/5/4	20150504	19950328	1995/3/28
4	2015年5月5日	20150505	20150419	2015年4月19日

图 4-37 文本转换为日期

子任务三 美化工作表

任务导入

小李在完成了对“学生资料册.xlsx”中数据的计算后，需要对工作表进行适当的格式化操作，通过设置单元格的格式，使工作表更加美观。要完成此项工作表美化的工作，需要掌握单元格格式（字体、对齐、边框、填充等）、条件格式、表格自动套用格式等的设置方法。要求：

在“学生资料册.xlsx”工作簿的“学生成绩”工作表中，将 A1:K1 单元格区域合并，设为华文彩云、22 磅、居中；列标题各字段名设为宋体、16 磅、水平居中、垂直居中；数据内容为楷体、14 磅、靠右对齐；将各数值字段均保留到整数位；设置蓝色、虚线边框；将单科成绩低于 80 分的成绩显示为红色。在“出生日期”列的所有单元格中，标注每个出生日期为星期几，如日期为“1987 年 6 月 6 日”的单元格显示为“1987 年 6 月 6 日星期六”。

相关知识

一、设置工作表的格式

在 Excel 2010 中输入内容之后，要对其进行美化操作，如更改字体、字号、字符的颜色，添加边框和底纹，设置对齐方式等。要完成这些操作，可以利用“开始”选项卡“字体”组和“对齐方式”组中的工具按钮，或在“设置单元格格式”对话框中进行设置。

（一）设置单元格数据的字符格式

单元格的字符格式设置通常包括字体、字形、字号和字体颜色。在 Excel 2010 中，这些命令都在“开始”选项卡的“字体”组中，如图 4-38 所示。

除此之外，还可以利用“设置单元格格式”对话框，对单元格的字符格式进行更多设置。方法：选中要设置字符格式的单元格或单元格区域，单击“字体”组右下角的对话框启动器按钮，弹出“设置单元格格式”对话框，如图 4-39 所示，在“字体”选项卡中进行设置。其设置方法与在 Word 2010 中相似，此处不再重复。

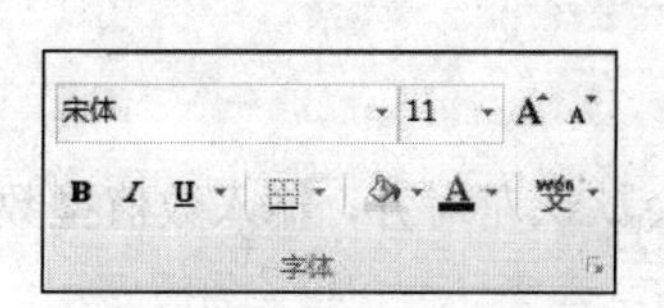

图 4-38 “字体”组

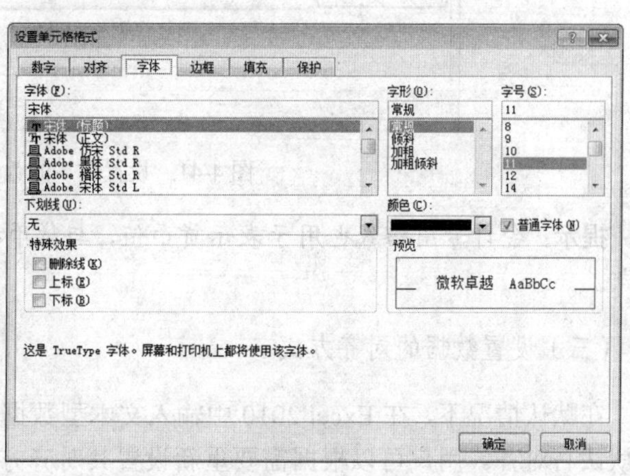

图 4-39 “设置单元格格式”对话框

（二）设置单元格的数字格式

Excel 中的数据类型有常规、数字、货币、会计专用、日期、时间、百分比、分数和文本等。为单元格中的数据设置不同的数字格式只是更改它的显示形式，不影响其实际值。

在 Excel 2010 中，若想为单元格中的数据快速设置会计数字格式、百分比样式、千位分隔或增加小数位数等，可直接单击“开始”选项卡“数字”组中的相应按钮，如图 4-40 所示。

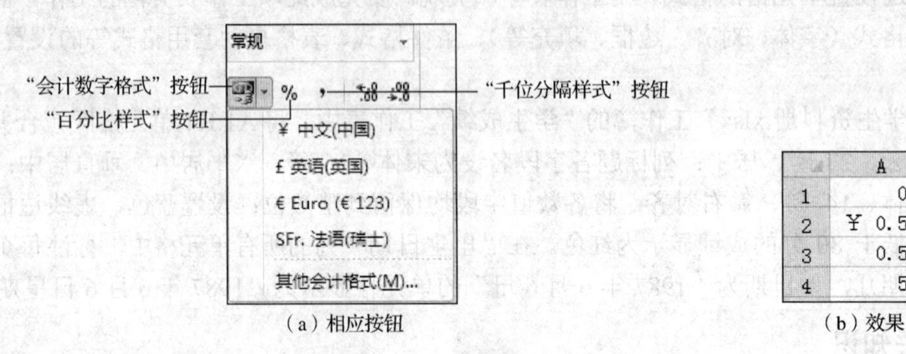

图 4-40　快速设置数字格式

若希望设置更多的数字格式，可单击“数字”组中数字格式下拉列表框右侧的下拉按钮，在弹出的下拉列表中进行选择。

此外，若希望为数字格式设置更多样式，可单击“数字”组右下角的对话框启动器按钮，或在“数字格式”下拉列表中选择“其他数字格式”选项，在弹出的“设置单元格格式”对话框的“数字”选项卡中进行设置，如图 4-41 所示。

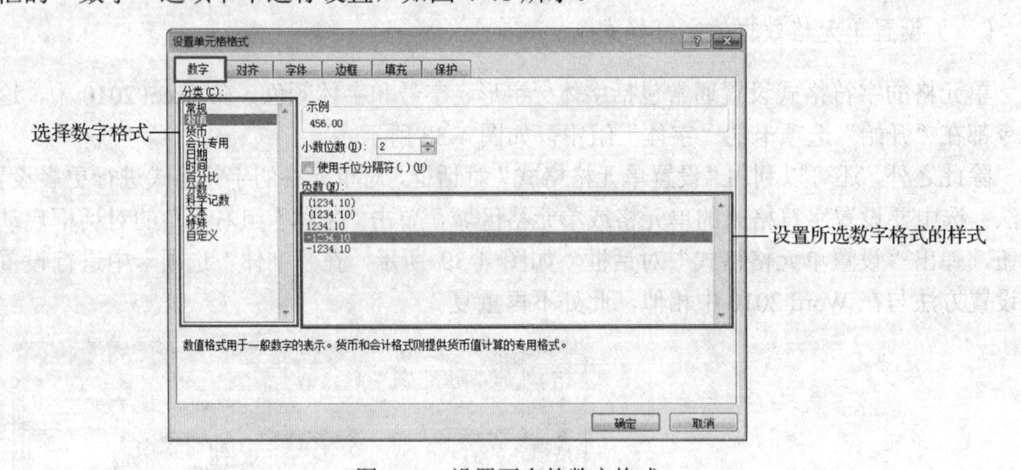

图 4-41　设置更多的数字格式

提示：会计专用格式也用于表示货币值，与货币格式不同的是，它会对齐货币符号和小数点。

（三）设置数据的对齐方式

在默认情况下，在 Excel 2010 中输入文本型数据，系统会默认左对齐，输入数值型数据会默认右对齐。用户可以根据需要重新设置其对齐方式。

对于简单的对齐操作，可在选中单元格或单元格区域后在“开始”选项卡的“对齐方式”组中设置单元格的垂直和水平对齐方式，如图 4-42 所示。

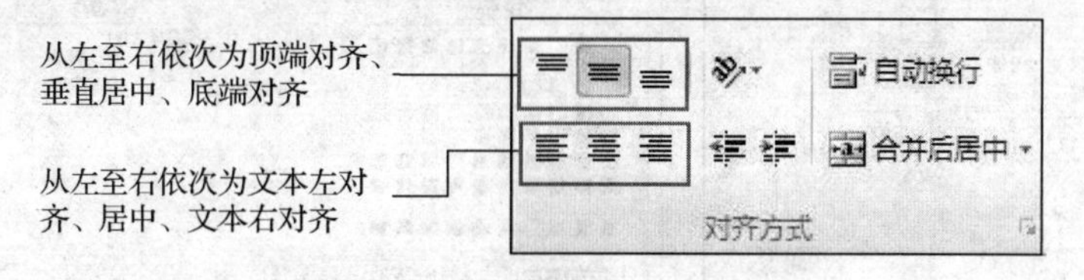

图 4-42　“对齐方式”组

对于较复杂的对齐操作，如设置两端对齐、分散对齐或设置缩进量对齐等，可以利用“设置单元格格式”对话框的“对齐”选项卡来设置，如图 4-43 所示。其中：①选中“自动换行”复选框，可将单元格内容以多行显示。②选中“缩小字体填充”复选框，Excel 将自动缩减选中单元格中字符的大小，以使单元格中的所有数据调整到与列宽一致。③“两端对齐”只有当单元格的内容是多行时才起作用，表示其多行文本两端对齐；“分散对齐”是将单元格中的内容以两端撑满方式与两边对齐；“填充”通常用于修饰报表，当选择该选项时，Excel 会自动将单元格中的已有内容填满该单元格。

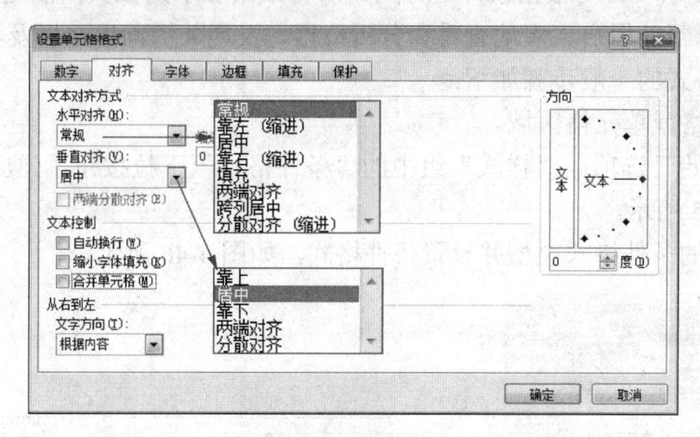

图 4-43　“对齐”选项卡

（四）设置单元格的边框及底纹

通常，在工作表中所看到的单元格都带有浅灰色的边框线，这是 Excel 默认的网格线，不会被打印出来。而在制作财务、统计等报表时，常常需要将报表设计成各种各样表格形式，使数据及其说明文字层次更加分明，这时可通过设置表格和单元格的边框和底纹来实现。

对于简单的边框设置和底纹填充，可在选中单元格或单元格区域后，利用“开始”选项卡“字体”组中的“边框”按钮和“填充颜色”按钮进行设置。

使用“边框”和“填充颜色”下拉菜单进行单元格边框和底纹设置有很大的局限性，如边框线条的样式和颜色比较单调，无法为所选单元格区域的不同部分设置不同的边框线，以及只能设置纯色底纹等。若要改变边框线条的样式、颜色，以及设置渐变色、图案底纹等，可利用“设置单元格格式”对话框的“边框”和“填充”选项卡进行设置，如图 4-44 所示。

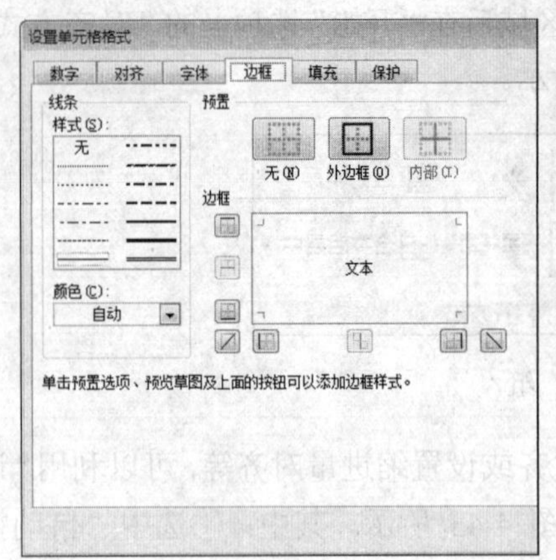

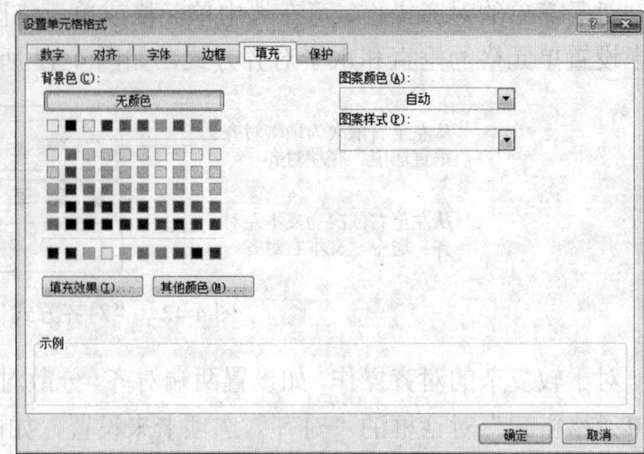

图 4-44 “边框”和“填充”选项卡

二、设置条件格式

条件格式是指对单元格或单元格区域定义的数据在特定条件下的显示格式。当该区域中存在数据时，Excel 系统自动根据条件进行判断后将数据显示为在其所满足的条件下的格式。使用条件格式可以帮助用户直观地查看和分析数据、发现关键问题，以及识别模式和趋势。设置单元格条件格式的一般步骤如下：

1）选中单元格或单元格区域。

2）单击“开始”选项卡“样式”组中的“条件格式”下拉按钮，弹出“条件格式”下拉菜单，如图 4-45 所示。

3）选择所需的条件格式类型并设置条件格式，如图 4-46 所示。

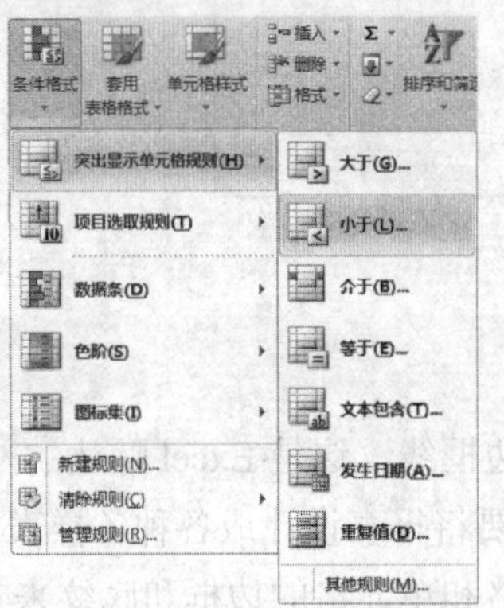

图 4-45 “条件格式”下拉菜单

102	102	102	102	102
40	40	40	40	40
87	87	87	87.00	87
78	78	78	78	78
58	58	58	58	58
86	86	86	86.00	86
86	86	86	86.00	86
97	97	97	97.00	97

图 4-46 条件格式示例

“条件格式”下拉菜单中的命令介绍如下。

突出显示单元格规则：突出显示所选单元格区域中符合特定条件的单元格。

项目选取规则：其作用与突出显示单元格规则相同，只是设置条件的方式不同。

数据条、色阶和图标集：使用数据条、色阶（颜色的种类或深浅）和图标来标识各单元格中数据值的大小，从而方便查看和比较数据。

提示：在“条件格式”下拉菜单中选择“清除规则”命令，在弹出的子菜单中选择相应命令，可以清除选中单元格区域或整个工作表中已设置的条件格式效果。

在“条件格式”下拉菜单中选择“新建规则”命令，弹出图 4-47 所示的“新建格式规则”对话框，用户可在其中建立新的条件格式。其中有 6 种规则类型，对每一种规则类型，在“编辑规则说明”选项组中均可进行相应的设置。

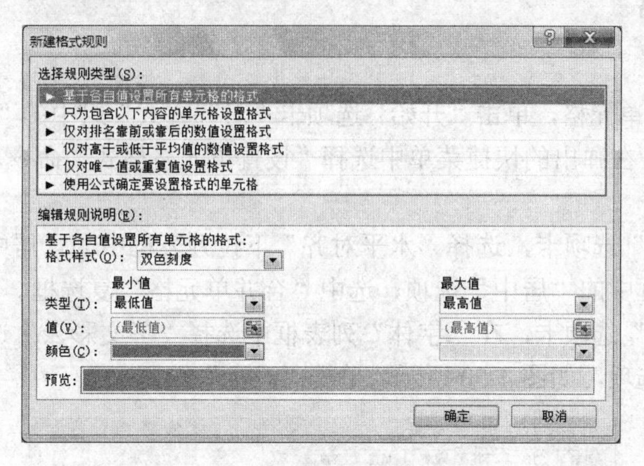

图 4-47　“新建格式规则”对话框

三、表格套用格式

除了利用前面介绍的方法美化表格外，Excel 2010 还提供了许多内置的单元格样式和表格格式，利用它们可以快速地对表格进行美化。具体操作步骤如下：

选中要套用单元格样式的单元格区域，单击“开始”选项卡“样式”组中的“单元格样式”下拉按钮，在弹出的下拉菜单中选择要应用的样式，如图 4-48 所示。

或选中单元格区域，单击“开始”选项卡“样式”组中的“套用表格格式”下拉按钮，在弹出的下拉菜单中选择要使用的表格格式，如图 4-49 所示。在弹出的“套用表格格式”对话框中单击“确定”按钮。

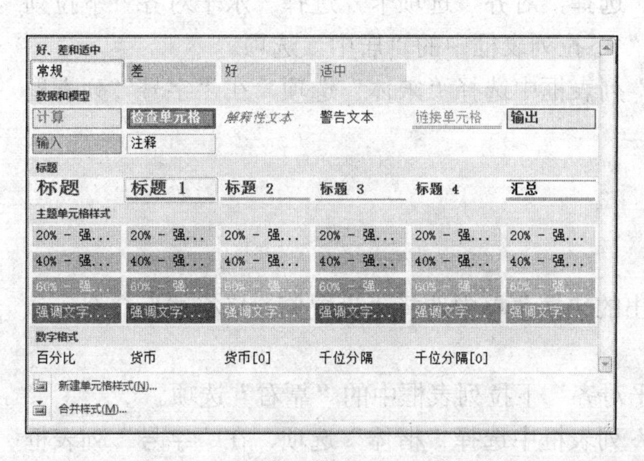

图 4-48　“单元格样式”下拉菜单

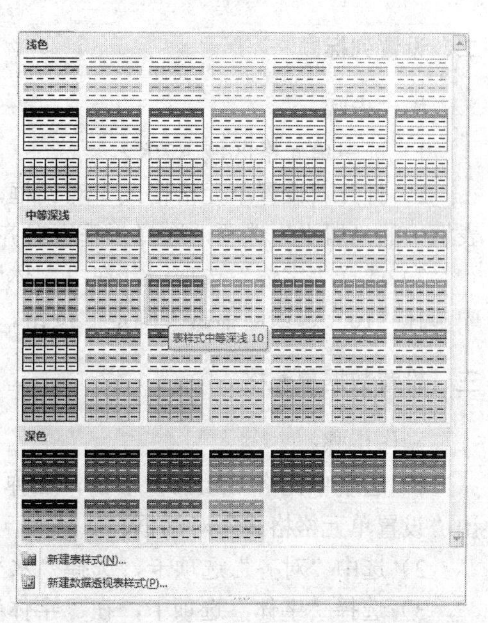

图 4-49　“套用表格格式”下拉菜单

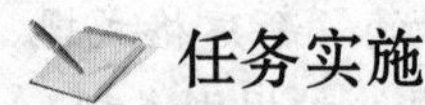

任务实施

一、设置标题单元格

操作步骤：

1）选中 A1:K1 单元格，单击“开始”选项卡“对齐方式”组中的“合并后居中”按钮。或右击单元格区域，在弹出的快捷菜单中选择“设置单元格格式”命令，弹出“设置单元格格式”对话框。

2）选择“对齐”选项卡，选择“水平对齐”下拉列表框中的“居中”选项，选择“垂直对齐”下拉列表框中的“居中”选项，选中“合并单元格”复选框。

3）选择“字体”选项卡，在“字体”列表框中选择“华文彩云”选项，在“字号”列表框中选择“22”选项，如图 4-50 所示，单击“确定”按钮。

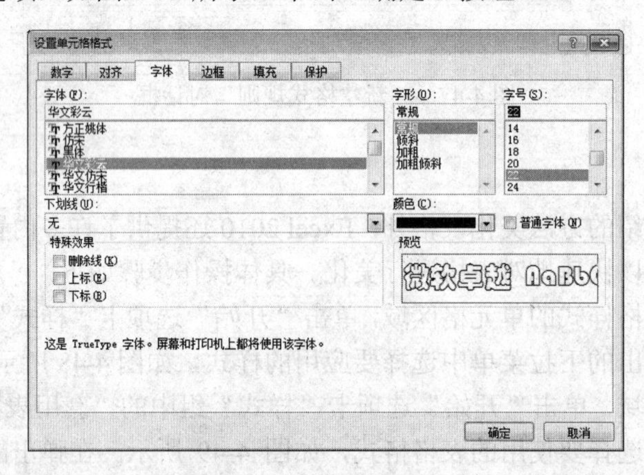

图 4-50 “字体”选项卡

二、设置列标题

操作步骤：

1）选中单元格区域 A2:K2。

2）打开“设置单元格格式”对话框，选择“对齐”选项卡，选择“水平对齐”下拉列表框中的“居中”选项，选择“垂直对齐”下拉列表框中的“居中”选项。

3）选择“字体”选项卡，在“字体”列表框中选择“宋体”选项，在“字号”列表框中选择“16”选项，单击“确定”按钮。

三、设置数据单元格

操作步骤：

1）选中单元格 G3:J31，右击，在弹出的快捷菜单中选择“设置单元格格式”命令，弹出“设置单元格格式”对话框。

2）选中“对齐”选项卡，选择“水平对齐”下拉列表框中的“靠右”选项。

3）选择“字体”选项卡，在“字体”列表框中选择“楷体”选项，在“字号”列表框中选择“14”选项，单击“确定”按钮。

四、设置数值字段保留整数位

操作步骤：

1）选中单元格区域 G3:J31，打开“设置单元格格式”对话框。

2）选择“数字”选项卡，选择“分类”列表框中的“数值”选项，小数位数设为 0，如图 4-51 所示，单击“确定”按钮。

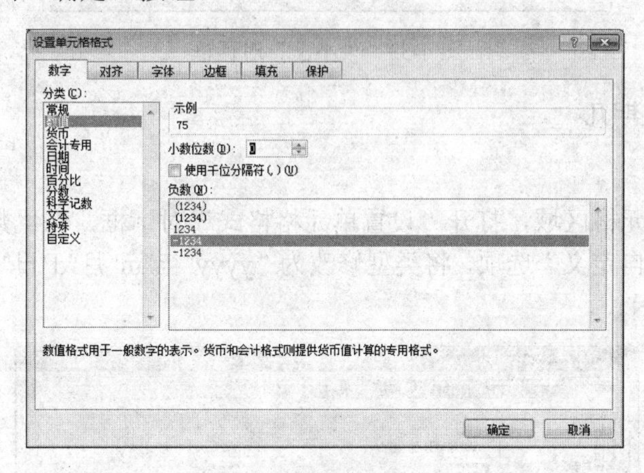

图 4-51　保留整数位

五、设置边框

操作步骤：

1）选中单元格区域 A1:K31，打开“设置单元格格式”对话框。

2）选择“边框”选项卡，在“样式”列表框中选择“虚线”选项，在“颜色”下拉列表框中选择“蓝色”选项，单击“预置”选项组中的“外边框”和“内部”按钮，单击“确定”按钮，如图 4-52 所示。

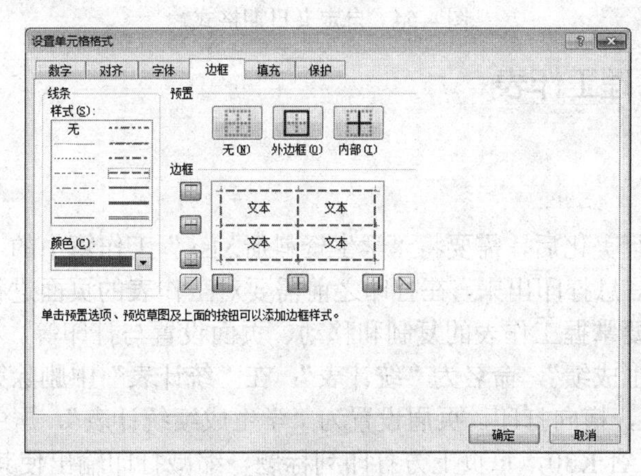

图 4-52　设置边框

六、设置条件格式

操作步骤：

1）选中单元格区域 G3:I31，单击“开始”选项卡“样式”组中的“条件格式”下拉按钮，在弹出的下拉菜单中选择“突出显示单元格规则”→“小于”命令，弹出“小于”对话框。

2）选择条件，并设置格式，单击“确定”按钮，如图 4-53 所示。

图 4-53 “小于”对话框

七、标注出生日期星期几

操作步骤：

选中 D3:D31 单元格区域，打开“设置单元格格式”对话框，在“数字”选项卡的“分类”列表框中选择“自定义”选项，将类型修改为“yyyy"年"m"月"d"日"aaaa”，单击“确定”按钮，如图 4-54 所示。

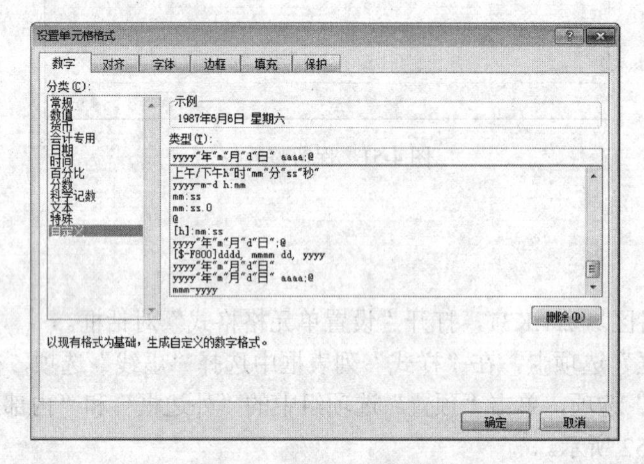

图 4-54 自定义日期格式

子任务四 管理工作表

任务导入

小李对工作表进行美化后，需要将“学生资料册.xlsx”工作簿中的“学生成绩”工作表复制一份，并将学生信息打印出来，在打印之前需要对工作表的页面进行适当的设置。要完成此项打印工作，需要掌握工作表的复制和移动、页面设置与打印等。要求：

复制工作表“学生成绩”，命名为“统计表”；在“统计表”中删除第一行，设置纸张大小为 B5，普通页边距，横向打印，页眉设置为“学生成绩统计表”，居中，页脚右侧显示页码；打印区域设置为 A1:K30，每页上方打印列标题，缩减打印输出使其只有一个页面宽。

相关知识

一、移动和复制工作表

在 Excel 中，可以将工作表移动或复制到同一工作簿的其他位置或其他工作簿中。但在移动或复制时需要十分谨慎，因为若移动了工作表，则基于工作表数据的计算可能出错。

1. 同一工作簿中移动和复制工作表

在同一个工作簿中，直接拖动工作表标签至所需位置即可实现工作表的移动；若在拖动工作表标签的过程中按住 Ctrl 键，则表示复制工作表。

2. 不同工作簿间的移动和复制工作表

要在不同工作簿间移动和复制工作表，可执行以下操作：

1）打开要进行移动或复制的源工作簿和目标工作簿，单击要进行移动或复制操作的工作表标签，再单击“开始”选项卡“单元格”组中的“格式”下拉按钮，在弹出的下拉菜单中选择“移动或复制工作表”命令，弹出“移动或复制工作表”对话框，如图 4-55 所示。

2）在“将选定工作表移至工作簿”下拉列表框中选择目标工作簿，在“下列选定工作表之前”列表框中选择目标工作簿的位置；若要复制工作表，需选中“建立副本”复选框。最后单击“确定”按钮，即可实现不同工作簿间工作表的移动或复制。

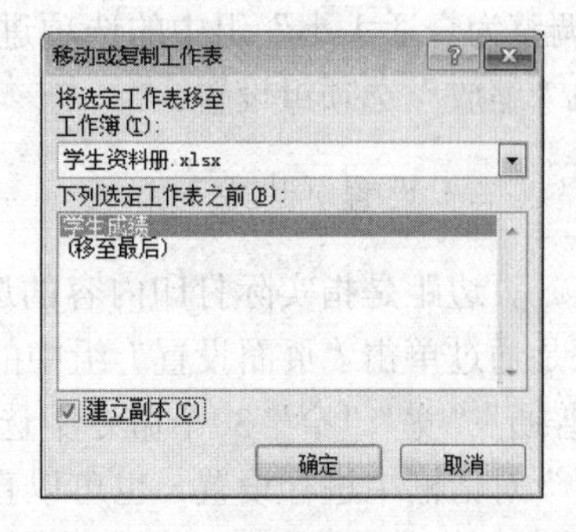

图 4-55　“移动或复制工作表”对话框

二、页面设置

在 Excel 中处理好的数据及制作好的图表等，可以通过输出设备输出到其他介质。一般在进行打印输出前需要进行相应的页面布局设置。例如，为工作表设置页面和打印区域，以便将工作表的所需部分打印到指定的纸张上等。

在“页面布局”选项卡的“页面设置”组中，可以设置页边距、纸张方向、纸张大小、打印区域与打印标题等。

单击“页面布局”选项卡“页面设置”组中的相应按钮，即可对页面进行设置。“页面设置”组共包含 7 个按钮，分别是“页边距”“纸张方向”“纸张大小”“打印区域”“分隔符”“背景”“打印标题”，如图 4-56 所示。除了使用这 7 个按钮进行页面设置外，还可以单击“页面设置”组右下角的对话框启动器按钮，弹出“页面设置”对话框（图 4-57），进行设置。

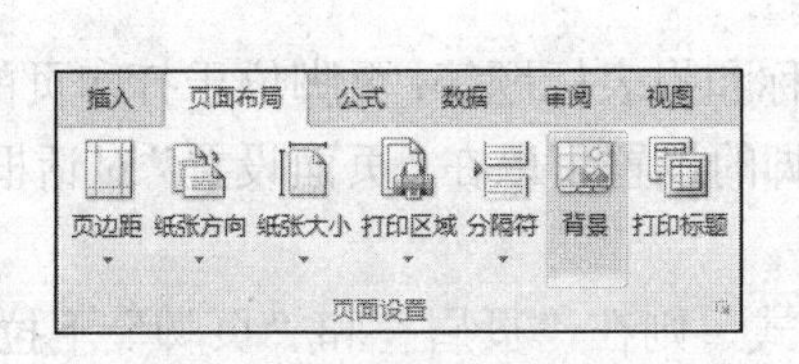

图 4-56　“页面设置”组

图 4-57　“页面设置”对话框

（一）设置页面

在“页面设置”对话框中的“页面”选项卡中可以对工作表进行页面设置，如设置方向、缩放、纸张大小、打印质量、起始页码等。

页面布局方向有两种，即纵向和横向，纵向布局打印出来的页是竖直的；横向布局打印出的页是水平的，适合打印宽度大于高度的工作表。可通过“页面布局”选项卡“页面设置”组中的“纸张方向”按钮，或“页面设置”对话框“页面”选项卡中的“方向”选项组设置。

对工作表缩放比例，可以保证在指定的纸张上打印全部工作表内容。缩放方式有两种：按比例缩放和自动按要求的页宽和页高进行打印。此操作可以直接使用“页面布局”选项卡“调整为合适大小”组中的选项进行设置，也可使用“页面设置”对话框“页面”选项卡中的“缩放”选项组设置。

（二）设置页边距

页边距是指实际打印内容的边界与纸张边沿的距离，通常用厘米表示。页边距的设置方法是通过单击“页面设置”组中的“页边距”下拉按钮，在弹出的下拉菜单（图 4-58）中的“普通”“宽”“窄”3 个命令中选择一个，或选择“自定义边框”命令，在弹出的“页面设置”对话框中进行设置，也可以直接打开“页面设置”对话框，在其“页边距”选项卡中进行设置，如图 4-59 所示。在该选项卡中还可以设置要打印文档内容是否在页边距之内居中，有“水平”和“垂直”两个选项可选。

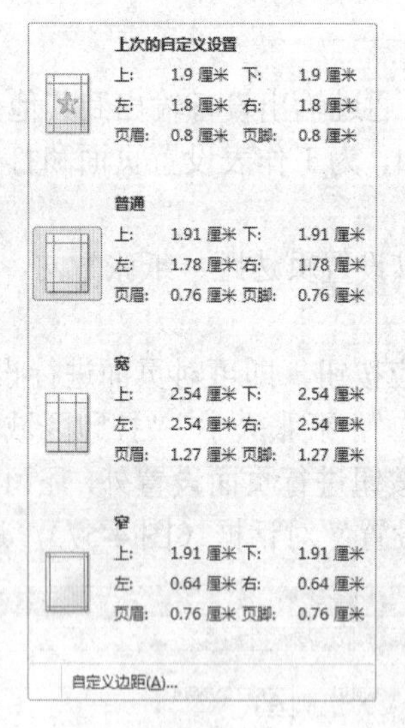

图 4-58 “页边距”下拉菜单

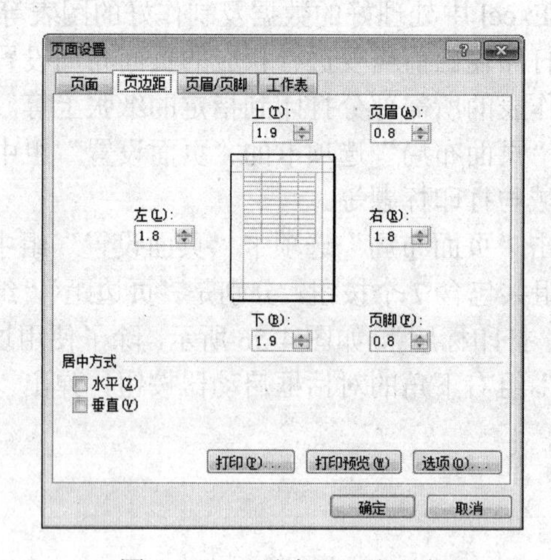

图 4-59 “页边距”选项卡

（三）设置页眉和页脚

页眉位于打印页的顶端，一般用来打印表格名称和报表标题等；页脚位于打印页的底部，一般用于打印页号、日期和时间等。对于页眉和页脚的设置可以在“页面设置”对话框的“页眉/页脚”选项卡中完成，如图 4-60 所示。

如果用户希望使用 Excel 内置的页眉和页脚格式，则在“页眉”和“页脚”下拉列表框中选择合适的页眉和页脚选项，选择的页眉或页脚将出现在“页眉”或“页脚”区域。

用户也可以自定义页眉或页脚，方法是单击“自定义页眉”或“自定义页脚”按钮，弹出相应的“页眉”（图 4-61）或“页脚”对话框。在“左”“中”“右”文本框中输入相应的文本，这些文本将分别出现在页眉或页脚的左边、中间和右边。

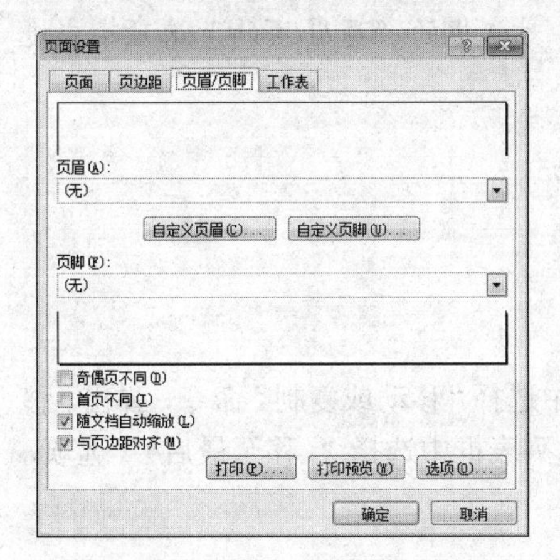

图 4-60　“页眉/页脚”选项卡

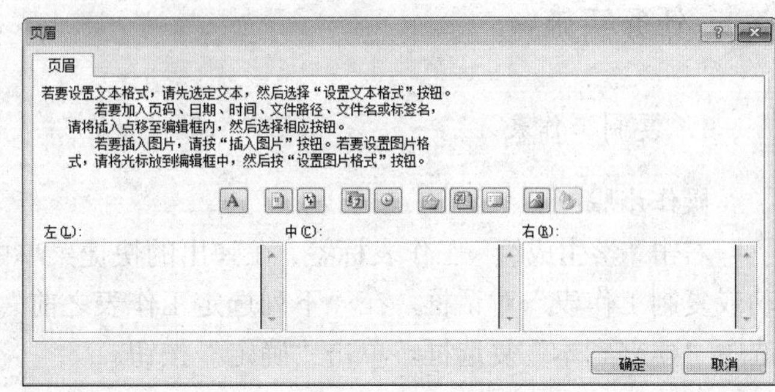

图 4-61　“页眉”对话框

另外，在 Excel 2010 的“页面布局”视图下，工作表上方显示了“单击可添加页眉”字样，单击此处，显示“页眉和页脚工具-设计”选项卡，可直接用其中的按钮来实现页眉和页脚的设置，操作方便直观。

（四）工作表的打印设置

默认情况下，Excel 会自动选择有文字的最大行和列作为打印区域。若要重新设置打印区域，可首先选中要打印的单元格区域，然后单击“页面布局”选项卡“页面设置”组中的“打印区域”下拉按钮，在弹出的下拉菜单中选择“设置打印区域”命令，此时所选区域出现虚线框，未被框选的部分不会被打印。

如果表格不能在一页显示，为方便查看和阅读，需要为每页表格添加标题，此时可设置打印标题。为此，可单击“页面布局”选项卡“页面设置”组中的“打印标题”按钮，弹出“页面设置”对话框，在“工作表”选项卡的“打印标题”选项组中添加“顶端标题行”或“左端标题行”，如图 4-62 所示，单击“确定”按钮即可。

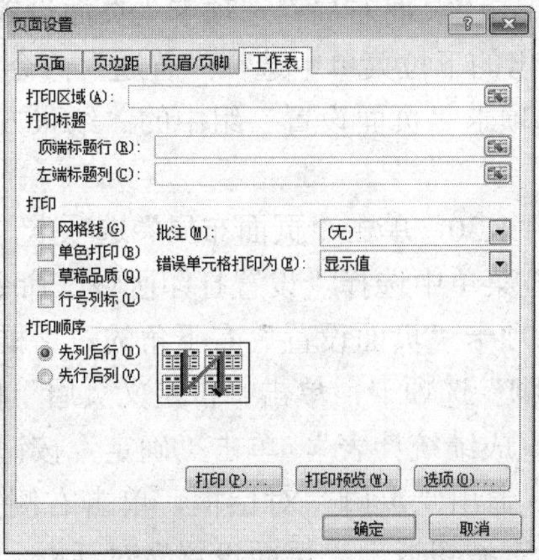

图 4-62　“工作表”选项卡

提示：要设置工作表的纸张大小、纸张方向和页边距，可分别单击“页面设置”组中的相应按钮进行设置，或在“页面设置”对话框中设置。其中：当要打印的表格高度大于宽度时，通常选中“纵向”单选按钮；当宽度大于高度时，通常选中“横向”单选按钮。

若要设置工作表的页眉和页脚，可在“页面设置”对话框的“页眉/页脚”选项卡中进行设置。

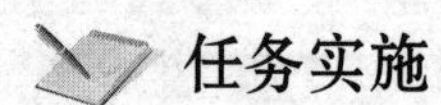

任务实施

1. 复制工作表

操作步骤：

右击“学生成绩”工作表标签，在弹出的快捷菜单中选择“移动或复制”命令，弹出“移动或复制工作表”对话框，在“下列选定工作表之前”列表框中选择“(移至最后)”选项，选中“建立副本”复选框，单击“确定”按钮。

2. 重命名工作表

操作步骤：

右击复制出来的工作表标签“学生成绩（2）”，在弹出的快捷菜单中选择“重命名”命令，输入“统计表”后按Enter键，完成命名。

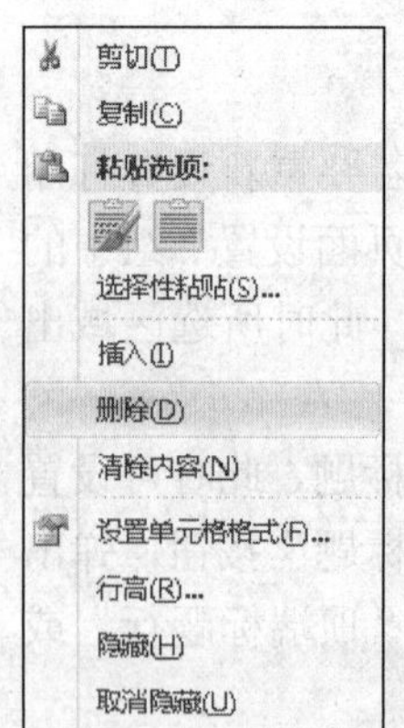

图4-63 删除行

3. 删除第一行

操作步骤：

在第一行行号上右击，在弹出的快捷菜单中选择“删除”命令，如图4-63所示。

4. 页面设置

操作步骤：

1）在“统计表”中单击“页面布局”选项卡“页面设置”组中的“纸张大小”下拉按钮，在弹出的下拉菜单中选择B5纸。

2）单击“页面布局”选项卡“页面设置”组中的“页边距”下拉按钮，在弹出的下拉菜单中选择“普通”命令。

3）单击“页面布局”选项卡“页面设置”组中的“纸张方向”下拉按钮，在弹出的下拉菜单中选择“横向”命令。

4）选中要打印的区域A1:K30，单击“页面布局”选项卡“页面设置”组中的“打印区域”下拉按钮，在弹出的下拉菜单中选择“设置打印区域”命令。

5）单击“页面布局”选项卡“页面设置”右下角的对话框启动器按钮，弹出“页面设置”对话框，选择“页眉/页脚”选项卡，单击“自定义页眉”按钮，弹出“页眉”对话框，在中间的文本框中输入“学生成绩统计表”，单击“确定”按钮返回“页面设置”对话框。再单击“自定义页脚”按钮，弹出“页脚”对话框，单击右侧文本框定位光标，单击“插入页码”按钮，单击“确定”按钮返回“页面设置”对话框，再次单击“确定”按钮。

6）单击“页面布局”选项卡“页面设置”组中的“打印标题”按钮，弹出“页面设置”

对话框，在“工作表”选项卡中单击“左端标题列”右侧的文本框，单击列标题所在行的行号，单击“确定”按钮。

7）单击“页面设置”组右下角的对话框启动器按钮，弹出“页面设置”对话框，在“页面”选项卡中选中“调整为”单选按钮，页宽、页高均设置为1。

任务二　数据统计与分析

子任务一　将数据转化为图表

任务导入

为了能够更加直观地显示学生成绩分布情况，小李计划为“学生资料册.xlsx”中“学生成绩表”中数据制作图表，通过图表来展示数据。

要完成图表的制作，需掌握 Excel 中创建图表的方法，以及对图表进行格式化和美化的方法，并能根据实际需求创建合适的图表等。要求：

针对“学生成绩”工作表中的数据建立一个二维簇状柱形图，显示金融专业所有学生三门课程的成绩，图表标题为“金融专业学生成绩分布图”；将图表中的图例放在图表上方；将图表类型更换为三维簇状柱形图。

任务实施

一、建立二维簇状柱形图

Excel 2010 提供了 11 种图表标准类型。各种类型的图表含有多种子图表类型供选择。用户可以根据需要选择合适的图表类型，动态地与工作表中的一组或多组数据链接，实时反应数据状况。

1）柱形图：以图形方式显示数值数据系列，更容易理解大量数据及不同数据系列之间的关系，内含 19 种子图表。

2）折线图：显示随时间而变化的连续数据（根据常用比例设置），因此非常适用于显示在相等时间间隔下数据的趋势。在折线图中，类别数据沿水平轴均匀分布，所有的数据值沿垂直轴均匀分布，内含 7 种子图表。

3）饼图：显示一个数据系列中各项的大小与总和的比例。饼图中的数据点显示为整个饼图的百分比，内含 6 种子图表。

4）条形图：显示各项之间的比较情况，内含 15 种子图表。

5）面积图：强调数量随时间变化的程度，也可用于引起人们对总值趋势的注意，内含 6 种子图表。

6）XY（散点图）：显示若干数据系列中各数值之间的关系，或将两组数字绘制为 XY 坐标的一个系列，内含 5 种子图表。

7）股价图：以特定顺序排列在列或行中的数据可以绘制到股价图中，通常用来显示股价的波动。必须按正确的顺序来组织数据才能创建股价图，内含 4 种子图表。

8）曲面图：找到两组数据之间的最佳组合，内含 4 种子图表。

9）圆环图：显示各个部分与整体之间的关系，内含 2 种子图表。

10）气泡图：以气泡大小来显示数据点的值，内含 2 种子图表。

11）雷达图：比较几个数据系列的聚合值，内含 3 种子图表。

Excel 中图表的类型不同，其组成部分也不相同，基本组成如图 4-64 所示。

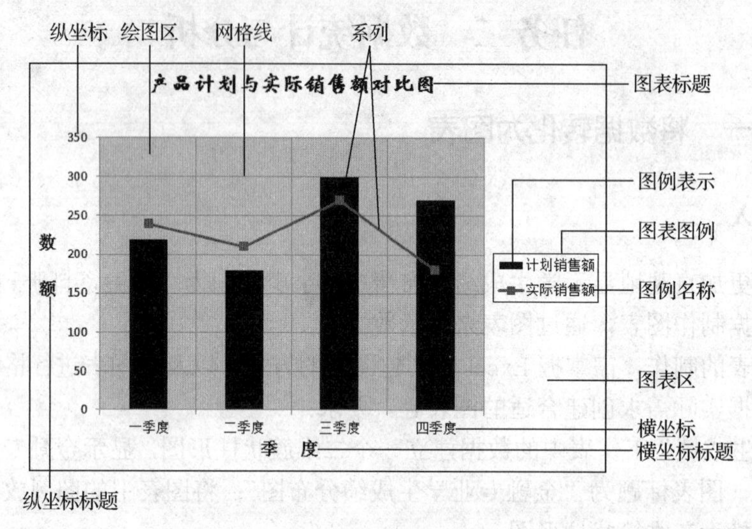

图 4-64　图表组成

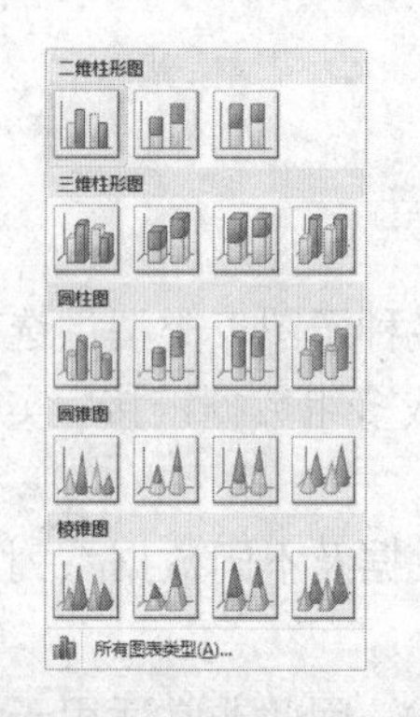

图 4-65　“柱形图”下拉菜单

操作步骤：

1）选中用于创建图表的数据，这里选中单元格区域 B2:B10 和 G2:I10。

2）单击“插入”选项卡“图表”组中的“柱形图”下拉按钮，弹出图 4-65 所示的下拉菜单。

3）根据需要选择所需的类型。在此选择“二维柱形图”列表中的“簇状柱形图”。此时，Excel 窗口的选项卡中多了 3 个选项卡，分别是“图表工具-设计”“图表工具-布局”“图表工具-格式”，其中，“图表工具-设计”选项卡如图 4-66 所示。

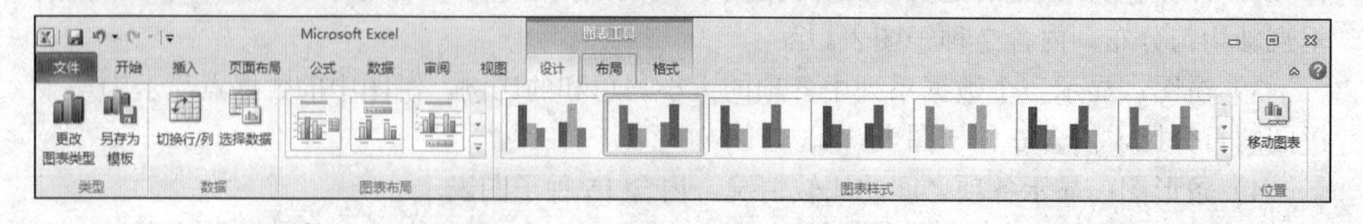

图 4-66　“图表工具-设计”选项卡

4）“图表工具-设计”选项卡“数据”组中有两个按钮，“切换行/列”按钮和“选择数据”按钮。其中，“选择数据”按钮用于修改图表包含的数据区域，单击该按钮，弹出图 4-67 所示的“选择数据源”对话框，在“图表数据区域”文本框中输入或选中所需的区域。在“图例项（系列）”选项组中列出了按图表所包含数据中的行产生的数据系列，可单击“切换行/列”按钮（单击“图表工具-设计”选项卡“数据”组中的“切换行/列”按钮与之效果相同），切换为按列产生数据系列，并且用户可以对其进行编辑，添加新的系列和删除现有系列。在“水平（分类）轴标签”选项组中列出了作为图表水平轴标签的数据。用户也可以对其进行编辑。这里按图 4-67 所示进行设置，完成后单击“确定”按钮。

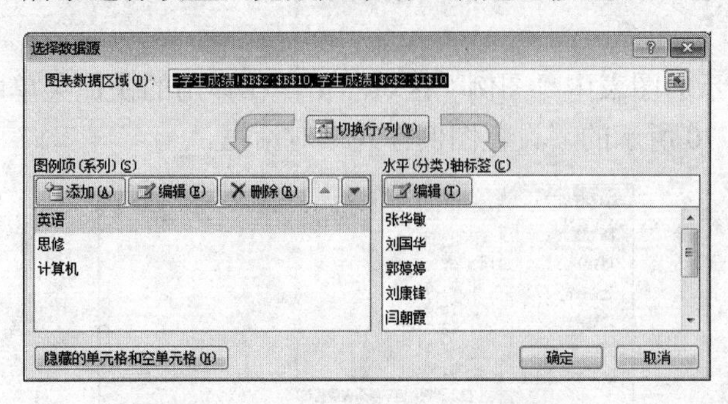

图 4-67　“选择数据源”对话框

5）单击“图表工具-布局”选项卡“标签”组中的“图表标题”下拉按钮，在弹出的下拉菜单中选择“图表上方”命令，然后在图表的标题框中输入“金融专业学生成绩分布图”，如图 4-68 所示。

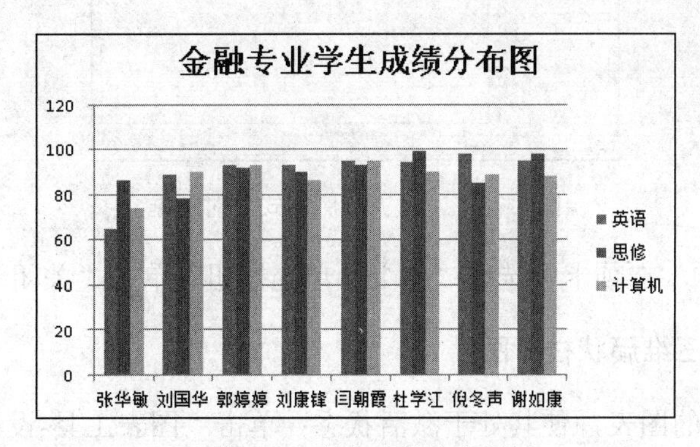

图 4-68　学生成绩分布图

二、将图表中的图例放在图表上方

创建图表后，需要对该图表包含的对象做进一步设置，如设置标题、坐标轴标题、图例、数据标志和数据表等。单击“图表工具-布局”选项卡“标签”组和“坐标轴”组中的按钮，即可对各种图表对象进行设置，如图 4-69 所示。

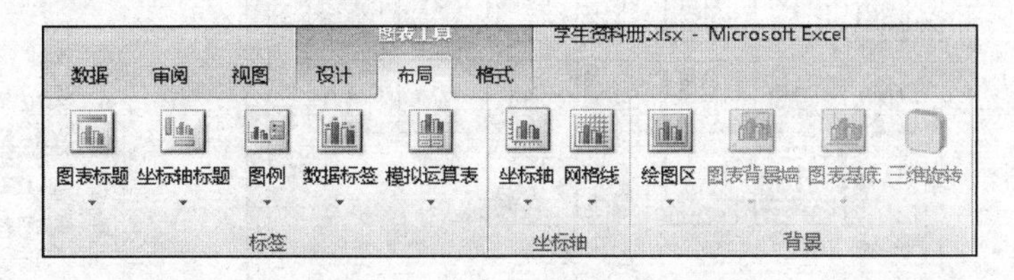

图 4-69　“图表工具-布局”选项卡

单击“标签”组中的“图表标题”下拉按钮，可以添加、删除或放置图表标题。

单击“坐标轴标题”下拉按钮，可以添加、删除或放置用于设置每个坐标轴标签的文本。

单击“标签”组中的“图例”下拉按钮，可以添加、删除或放置图例。

单击“标签”组中的“模拟运算表”下拉按钮，可以向图表中添加、删除模拟运算表。

单击“坐标轴”组中的“坐标轴”下拉按钮可以设置是否显示横坐标轴或纵坐标轴，以及它们的布局和格式。

单击“坐标轴”组中的“网格线”下拉按钮，可以显示或隐藏网格线或纵网格线。

操作步骤：

1）在图 4-68 所示的图表中“图例”区域右击，在弹出的快捷菜单中选择“设置图例格式”命令，弹出图 4-70 所示的“设置图例格式”对话框。

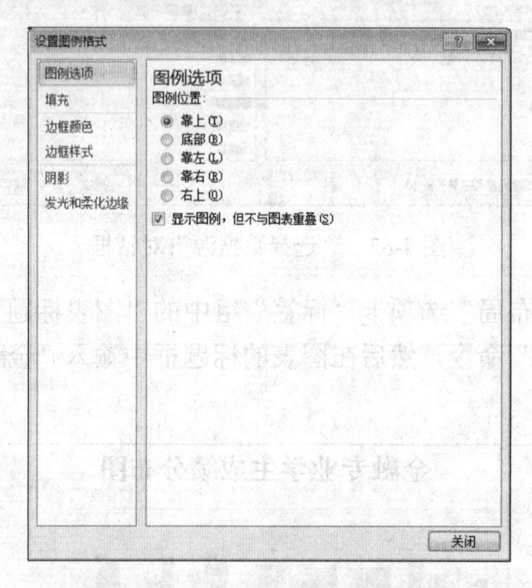

图 4-70 “设置图例格式”对话框

2）在“图例选项”选项卡中选中“靠上”单选按钮，单击“关闭”按钮即可。

三、将图表类型变为三维簇状柱形图

单击要更改类型的图表，使其处于激活状态；单击“图表工具-设计”选项卡“类型”组中的“更改图表类型”按钮，弹出图 4-71 所示的“更改图表类型”对话框。也可以在图表上右击，在弹出的快捷菜单中选择“更改图表类型”命令，如图 4-72 所示，弹出“更改图表类型”对话框，选择需要的图表类型即可。

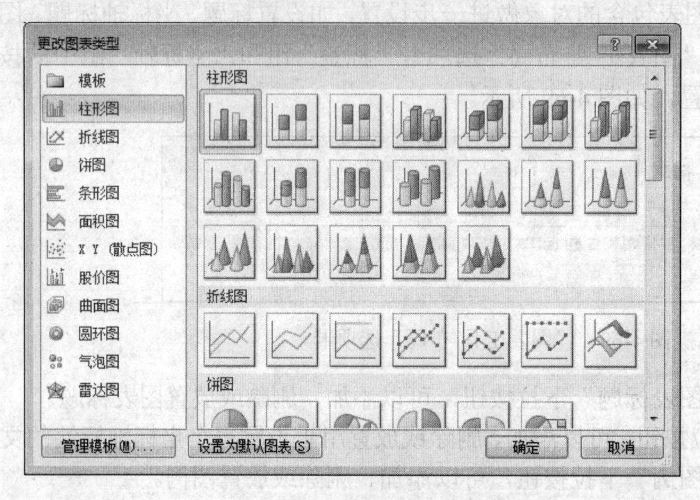

图 4-71 “更改图表类型”对话框

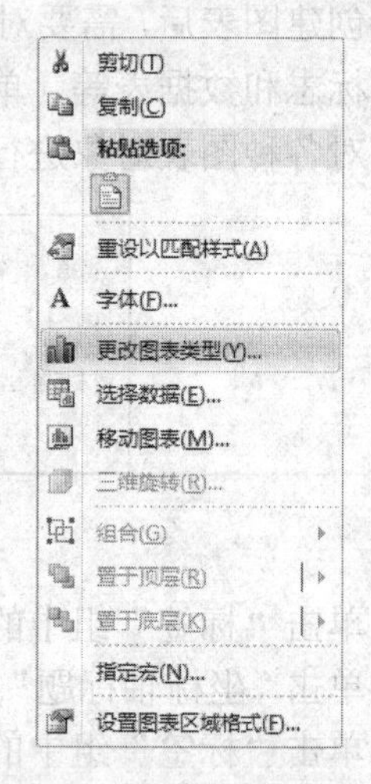

图 4-72 快捷菜单

操作步骤：

1）在图表区右击，在弹出的快捷菜单中选择“更改图表类型”命令，弹出“更改图表类型”对话框。

2）选择“柱形图”选项，在右侧“柱形图”列表中选择“三维簇状柱形图”选项，单击“确定”按钮。

子任务二　对数据进行排序

任务导入

小李在查看“学生资料册.xlsx”的学生成绩时，为了让数据看起来更有规律、次序，需要根据不同的查看需求，对学生成绩数据进行适当的排序。

为了完成对学生数据的排序，需要掌握进行数据排序的基本方法，简单排序、复杂排序和自定义序列排序的方法等。要求：

将“学生成绩”工作表的数据清单分别复制到 Sheet2 和 Sheet3 中；在工作表 Sheet2 中，按性别排序，性别相同再按总分降序排序；在 Sheet3 中，按照专业顺序（经济、金融、物流）排列。

任务实施

一、复制数据清单到 Sheet2、Sheet3 中

在 Excel 2010 中输入大量数据时，需要不断地在行和列之间转换，这样不仅浪费时间，而且容易出错。使用 Excel 2010 中的复制、粘贴功能，用户可以快速输入数据。

数据清单是满足下列条件的一个连续的单元格区域：

1）第一行必须为字段名，即列标题。

2）每行形成一条记录。

3）该区域中不能有空行。

4）同一列即同一字段中各单元格有相同的数据类型。

清单中的每行称为一条记录，每列称为一个字段。

在工作表中引入数据清单概念的主要目的是利用数据清单对数据进行分析处理。

操作步骤：

在“学生成绩”工作表中，选中单元格区域 A2:K31，单击“开始”选项卡“剪贴板”组中的“复制”按钮，如图 4-73 所示，或按快捷键 Ctrl+C，单击 Sheet2 标签，切换到 Sheet2 工作表，选中 A1 单元格，单击“开始”选项卡“剪贴板”组中的“粘贴”按钮，或按快捷键 Ctrl+V 即可。同样的方法，将数据清单复制到 Sheet3。

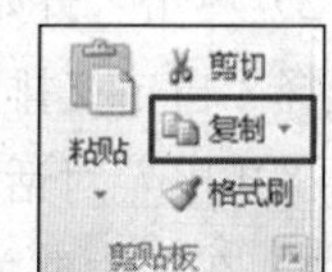

图 4-73　“复制”按钮

二、按性别、总分降序排序

对数据进行排序是数据分析不可缺少的组成部分。对数据进行排序有助于快速、直观地显示数据，并能使用户更好地理解数据，有助于组织、查找所需数据，以便做出更有效的

决策。

在 Excel 中，可以对一列或多列中的数据按文本、数字及日期和时间升序或降序排序，还可以按自定义序列（如大、中和小）或格式（包括单元格颜色、字体颜色或图标集）进行排序。大多数排序操作是按列排序的，也可以按行进行排序。

（一）简单排序

如果对排序的结果要求不是很高，则可以利用单字段排序功能来完成，方法如下：

在要排序的数据列中单击任一单元格，执行下列操作之一确定排序的方式。

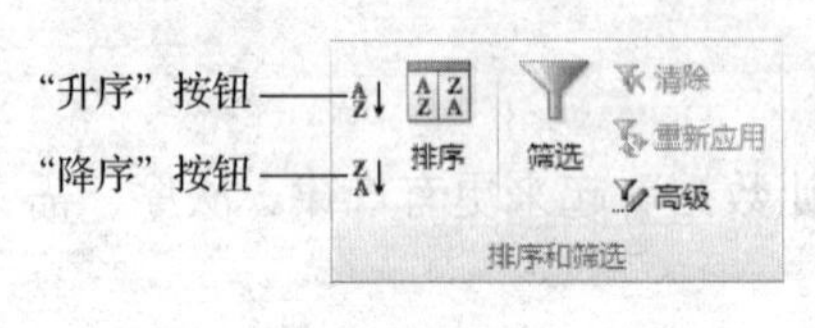

图 4-74 "排序和筛选"组

1）单击"数据"选项卡"排序和筛选"组（图 4-74）中的"升序"按钮，即可对该列中的数据按升序进行排序。

2）单击"数据"选项卡"排序和筛选"组中的"降序"按钮，即可对该列中的数据按降序进行排序。

（二）复杂排序

复杂排序，也就是对工作表中的数据按两个或两个以上的字段进行排序，此时需要在"排序"对话框中进行设置，为了获得最佳结果，要排序的单元格区域应包含列标题。

对多个关键字进行排序时，在主要关键字完全相同的情况下，会根据指定的次要关键字进行排序；在次要关键字完全相同的情况下，会根据指定的下一个次要关键字进行排序，依此类推。无论有多少排序关键字，数据都是按主要关键字排序的。

（三）按自定义序列排序

在某些情况下，已有的排序规则是不能满足用户要求的，这时用户可以自定义排序规则。用户除了可以使用 Excel 2010 内置的自定义序列进行排序外，还可以根据需要创建自定义序列，并按创建的自定义序列进行排序。

要按自定义序列进行排序，首先要创建自定义序列，创建方法参考项目四任务一中的"填充用户自定义序列数据"。

操作步骤：

1）选中工作表 Sheet2 数据区域中任意单元格。

2）单击"开始"选项卡"编辑"组中的"排序和筛选"下拉按钮，在弹出的下拉菜单中选择"自定义排序"命令，或单击"数据"选项卡"排序和筛选"组中的"排序"按钮，弹出"排序"对话框。

3）在"主要关键字"下拉列表框中选择"性别"选项，在"排序依据"下拉列表框中选择"数值"选项，在"次序"下拉列表框中选择"升序"选项；单击"添加条件"按钮，在"次要关键字"下拉列表框中选择"总分"选项，在"排序依据"下拉列表框中选择"数值"选项，在"次序"下拉列表框中选择"降序"选项，如图 4-75 所示。

4）单击"确定"按钮。

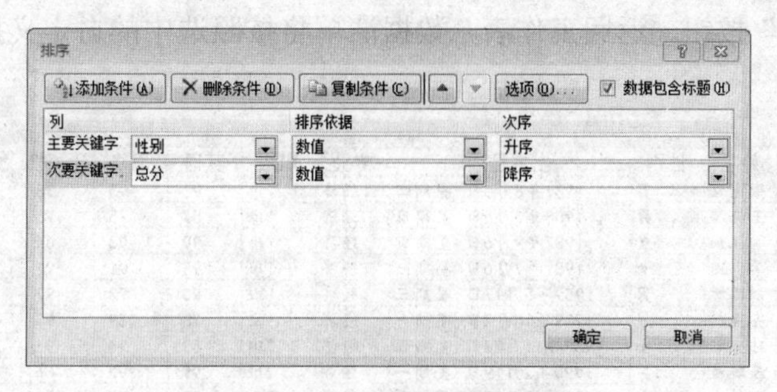

图 4-75　“排序”对话框

三、对数据列表按照专业顺序排序

操作步骤：

1）选中数据清单中任意一个单元格。

2）打开“排序”对话框。

3）在“主要关键字”下拉列表框中选择“专业”选项，在“次序”下拉列表框中选择“自定义”选项，如图 4-76 所示，弹出“自定义序列”对话框。

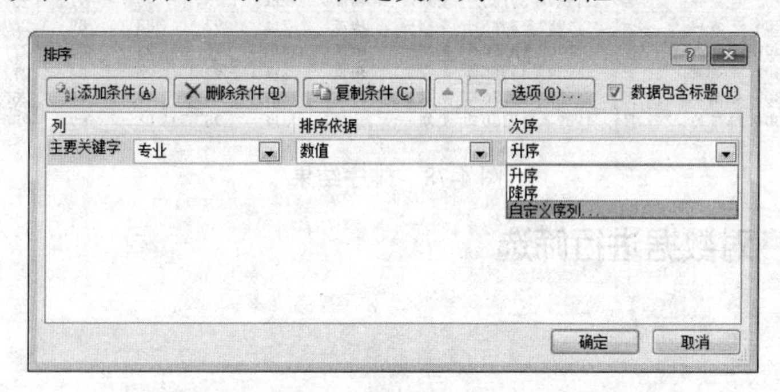

图 4-76　按照自定义序列排序

4）在“输入序列”文本框中输入“经济”“金融”“物流”序列，单击“添加”按钮，如图 4-77 所示。

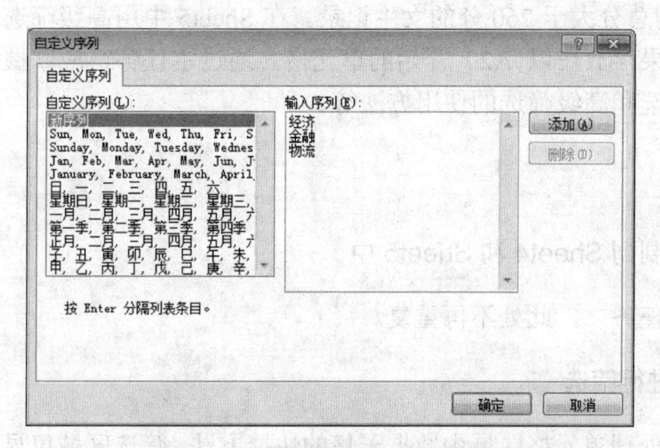

图 4-77　“自定义序列”对话框

5）单击“确定”按钮，返回“排序”对话框。

6）单击“确定”按钮，返回工作表，数据清单将按照选中的自定义排序次序进行排序，结果如图 4-78 所示。

	A	B	C	D	E	F	G	H	I	J	K
1	学号	姓名	性别	出生日期	专业	班级	英语	思修	计算机	总分	总评
2	074620101	张国强	男	1987年8月6日 星期四	经济	1班	91	95	78	264	合格
3	074620102	王海涛	男	1988年3月6日 星期日	经济	1班	87	75	93	255	合格
4	074620103	林如	女	1987年9月6日 星期日	经济	1班	90	93	84	267	合格
5	074620104	李丽丽	女	1987年7月6日 星期一	经济	1班	95	91	92	278	合格
6	074620105	刘鹏举	男	1989年5月17日 星期三	经济	1班	93	93	92	278	合格
7	074620106	齐飞扬	男	1989年10月2日 星期一	经济	1班	78	89	93	260	合格
8	074620201	孙玉敏	女	1989年11月24日 星期五	经济	2班	89	94	92	275	合格
9	074620202	苏解放	男	1990年2月19日 星期一	经济	2班	99	92	86	277	合格
10	074620203	符合	女	1988年12月23日 星期五	经济	2班	89	89	88	266	合格
11	074620204	曾令煊	女	1989年6月2日 星期五	经济	2班	78	92	93	263	合格
12	074610101	张华敏	女	1987年6月6日 星期六	金融	1班	65	86	74	225	不合格
13	074610102	刘国华	女	1987年12月6日 星期日	金融	1班	89	78	90	257	合格
14	074610103	郭婷婷	女	1987年5月6日 星期三	金融	1班	93	92	93	278	合格
15	074610104	刘康锋	男	1990年4月6日 星期五	金融	1班	93	90	86	269	合格
16	074610201	闫朝霞	女	1989年10月15日 星期日	金融	2班	95	93	95	283	合格
17	074610202	杜学江	男	1988年7月31日 星期日	金融	2班	94	99	90	283	合格
18	074610203	倪冬声	女	1989年2月1日 星期三	金融	2班	98	85	89	272	合格
19	074610204	谢如康	男	1990年1月5日 星期五	金融	2班	95	98	88	281	合格
20	074630101	祖克林	男	1988年1月6日 星期三	物流	1班	91	86	86	263	合格
21	074630102	周立	男	1988年2月6日 星期六	物流	1班	99	99	96	294	合格
22	074630103	赵文哲	男	1987年11月6日 星期五	物流	1班	86	73	92	251	合格
23	074630201	郭光宇	男	1987年10月6日 星期二	物流	2班	95	92	88	275	合格
24	074630202	王清华	男	1989年10月12日 星期四	物流	2班	83	65	88	236	不合格
25	074630203	包宏伟	男	1989年3月30日 星期四	物流	2班	73	95	91	259	合格
26	074630204	吉祥	女	1989年3月6日 星期一	物流	2班	92	88	89	269	合格
27	074630301	李北大	男	1989年5月8日 星期一	物流	3班	95	94	82	271	合格
28	074630302	李娜娜	女	1989年12月6日 星期三	物流	3班	92	96	84	272	合格
29	074630303	张桂花	男	1989年7月26日 星期三	物流	3班	85	99	98	282	合格
30	074630304	陈万地	男	1989年11月20日 星期一	物流	3班	95	86	99	280	合格

图 4-78　排序结果

子任务三　对数据进行筛选

任务导入

小李为了从学生成绩中找到一些满足条件的记录，通过 Excel 的筛选功能对记录进行筛选。以“学生资料册.xlsx”为例，要求：

将“学生成绩”工作表的数据清单分别复制到 Sheet4 和 Sheet5 中，在 Sheet4 中自动筛选出 1989 年出生的总分大于 260 分的女生记录。在 Sheet5 中用高级筛选出总分大于 265 分的女生记录，将结果存放在以 A20 开始的单元格。通过本任务，应掌握筛选的方法及使用范围，掌握自动筛选和高级筛选的使用方法等。

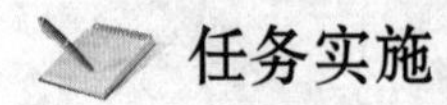

任务实施

一、将数据清单复制到 Sheet4 和 Sheet5 中

操作步骤同子任务二，此处不再重复。

二、在 Sheet4 中进行筛选

筛选是查找和处理单元格区域中数据子集的快捷方法。筛选区域仅显示满足条件的记录行，该条件由用户针对某列指定，用以限制查询或筛选的结果集中包含哪些记录的条件。筛选过的数据仅显示满足指定条件的行，并隐藏不希望显示的行。筛选数据之后，对于筛选过

的数据的子集，不需要重新排列或移动就可以复制、查找、编辑、设置格式、制作图表和打印。

Excel 2010 提供了如下两种筛选区域的命令：

1）自动筛选，包括按选中内容筛选，适用于简单条件。

2）高级筛选，适用于复杂条件。

（一）自动筛选

利用自动筛选功能，可以根据用户定义好的筛选条件快速筛选出所需的记录。

操作步骤：

1）选中要进行筛选操作的数据区域中的任一单元格或选中要进行筛选的数据区域。

2）单击“数据”选项卡“排序和筛选”组中的“筛选”按钮（图 4-79），此时在筛选区域列标签的右侧显示下拉按钮，如图 4-80 所示。

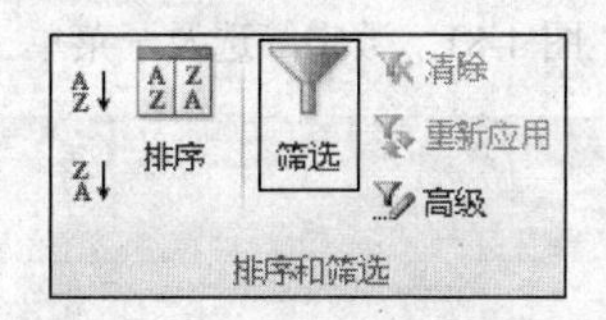

图 4-79 “筛选”按钮

	A	B	C	D	E	F	G	H	I	J	K
1	学号	姓名	性别	出生日期	专业	班级	英语	思修	计算机	总分	总评
2	074610101	张华敏	女	1987年6月6日 星期六	金融	1班	65	86	74	225	不合格
3	074610102	刘国华	女	1987年12月6日 星期日	金融	1班	89	78	90	257	合格
4	074610103	郭婷婷	女	1987年5月6日 星期三	金融	1班	93	92	93	278	合格
5	074610104	刘康锋	男	1990年4月6日 星期五	金融	1班	93	90	86	269	合格
6	074610201	闫朝霞	女	1989年10月15日 星期日	金融	2班	95	93	95	283	合格
7	074610202	杜学江	男	1988年7月31日 星期日	金融	2班	94	99	90	283	合格
8	074610203	倪冬声	女	1989年2月1日 星期三	金融	2班	98	85	89	272	合格
9	074610204	谢如康	男	1990年1月5日 星期五	金融	2班	95	98	88	281	合格
10	074620101	张国强	男	1987年8月6日 星期四	经济	1班	91	95	78	264	合格
11	074620102	王海涛	男	1988年3月6日 星期日	经济	1班	87	75	93	255	合格
12	074620103	林如	女	1987年9月6日 星期日	经济	1班	90	93	84	267	合格
13	074620104	李丽丽	女	1987年7月6日 星期一	经济	1班	95	91	92	278	合格
14	074620105	刘鹏举	男	1989年5月17日 星期三	经济	1班	93	93	92	278	合格
15	074620106	齐飞扬	男	1989年10月2日 星期一	经济	1班	78	89	93	260	合格
16	074620201	孙玉敏	女	1989年11月24日 星期五	经济	2班	89	94	92	275	合格
17	074620202	苏解放	男	1990年2月19日 星期一	经济	2班	99	92	86	277	合格
18	074620203	符合	女	1988年12月23日 星期五	经济	2班	89	89	88	266	合格
19	074620204	曾令煊	女	1989年6月2日 星期五	经济	2班	78	92	93	263	合格
20	074630101	祖克林	男	1988年1月6日 星期三	物流	1班	91	86	86	263	合格
21	074630102	周立	男	1988年2月6日 星期六	物流	1班	99	99	96	294	合格
22	074630103	赵文哲	男	1987年11月6日 星期五	物流	1班	86	73	92	251	合格
23	074630201	郭光宇	男	1987年10月6日 星期二	物流	2班	95	92	88	275	合格
24	074630202	王清华	男	1989年10月12日 星期四	物流	2班	83	65	88	236	不合格

图 4-80 自动筛选

3）设置筛选条件。单击作为筛选条件“总分”列标签右侧的下拉按钮，在弹出的下拉菜单中进行筛选条件设置，选择“数字筛选”→“大于”命令（图 4-81），弹出“自定义自动筛选方式”对话框。

4）在“总分”下拉列表框中选择“大于”选项，在其右侧的文本框中输入 260，如图 4-82 所示。

图 4-81　数字筛选及子菜单

图 4-82　“自定义自动筛选方式”对话框

5）单击“确定”按钮。

6）单击“性别”字段旁边的下拉按钮，在弹出的图 4-83 所示的下拉菜单中选中“女”复选框。

7）单击“确定”按钮。

8）单击“出生日期”字段旁边的下拉按钮，在弹出的图 4-84 所示的下拉菜单中选中“1989 年”复选框。若要选择月份，则单击年份左侧的加号按钮，以显示月份。

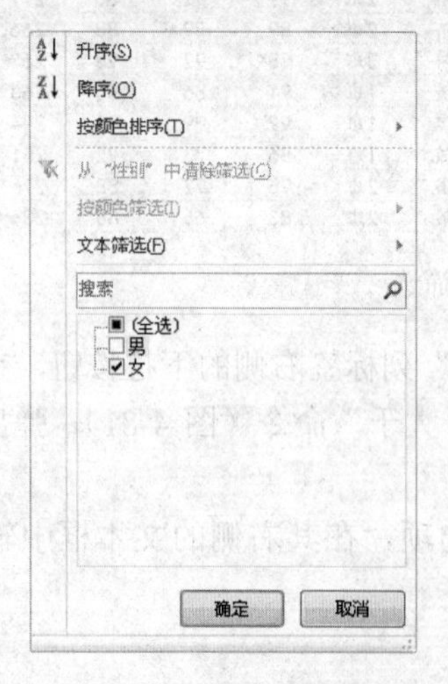

图 4-83　筛选女生记录

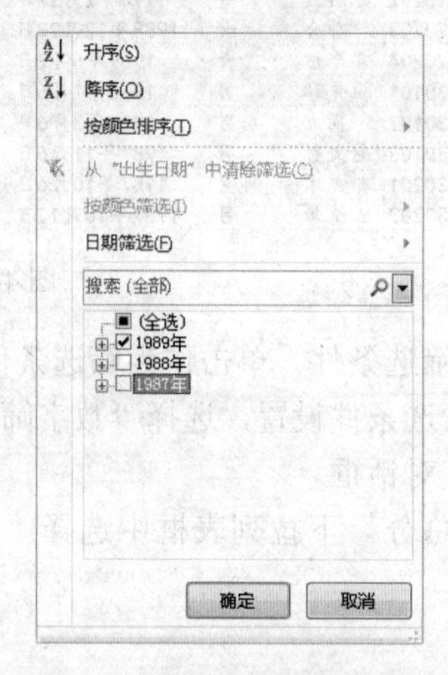

图 4-84　筛选 1989 年出生记录

9）单击“确定”按钮，完成筛选。

（二）高级筛选

“高级筛选”命令可完成复杂条件下的数据筛选操作，其通过在独立于数据区域的单元格区域内设置筛选条件对数据进行筛选。

操作步骤：

1）在 Sheet5 工作表的单元格 E33 和 F33 中输入字段名，即在 E33 中输入“总分”，在 F33 中输入“性别”。

2）根据“同行求与，隔行求或”原则，在相对于源数据的独立单元格区域内设置筛选条件。在单元格 E34 和 F34 中输入对应字段的筛选条件，即在 E34 中输入>265（英文输入状态下输入该项内容），在 F34 中输入“女”，如图 4-85 所示。

	A	B	C	D		E	F	G	H	I	J	K
22	074630103	赵文哲	男	1987年11月6日	星期五	物流	1班	86	73	92	251	合格
23	074630201	郭光宇	男	1987年10月6日	星期二	物流	2班	95	92	88	275	合格
24	074630202	王清华	男	1989年10月12日	星期四	物流	2班	83	65	88	236	不合格
25	074630203	包宏伟	男	1989年3月30日	星期四	物流	2班	73	95	91	259	合格
26	074630204	吉祥	女	1989年3月6日	星期一	物流	2班	92	88	89	269	合格
27	074630301	李北大	男	1989年5月8日	星期一	物流	3班	95	94	82	271	合格
28	074630302	李娜娜	女	1989年12月6日	星期三	物流	3班	92	96	84	272	合格
29	074630303	张桂花	男	1989年7月26日	星期三	物流	3班	85	99	98	282	合格
30	074630304	陈万地	男	1989年11月20日	星期一	物流	3班	95	86	99	280	合格
31												
32												
33						总分	性别					
34						>265	女					
35												

图 4-85　创建高级筛选条件区域

3）选中要进行筛选操作的数据源区域中任一单元格或选中筛选源数据区域 A2:K30。

4）单击“数据”选项卡“排序和筛选”组中的“高级”按钮，弹出“高级筛选”对话框。

5）选中“将筛选结果复制到其他位置”单选按钮，并单击“复制到”文本框右侧的折叠按钮，选中单元格 A40。

6）在“列表区域”文本框输入要筛选的数据区域。单击“列表区域”文本框右侧的折叠按钮，“高级筛选”对话框变为“高级筛选-列表区域:”对话框，如图 4-86 所示，将鼠标指针移到数据清单左上角的单元格 A1 上，拖动鼠标选中单元格区域 A1:K30，这时在“高级筛选-列表区域:”对话框中会显示所选择的区域，如图 4-86 所示，然后单击展开按钮，返回“高级筛选”对话框。

7）在“条件区域”文本框中输入含筛选条件的区域。使用同样的方法，在工作表中选中条件区域 E33:F34，如图 4-87 所示。

图 4-86　“高级筛选-列表区域:”对话框

图 4-87　“高级筛选”对话框

8）单击“确定”按钮，完成高级筛选操作，结果如图 4-88 所示。

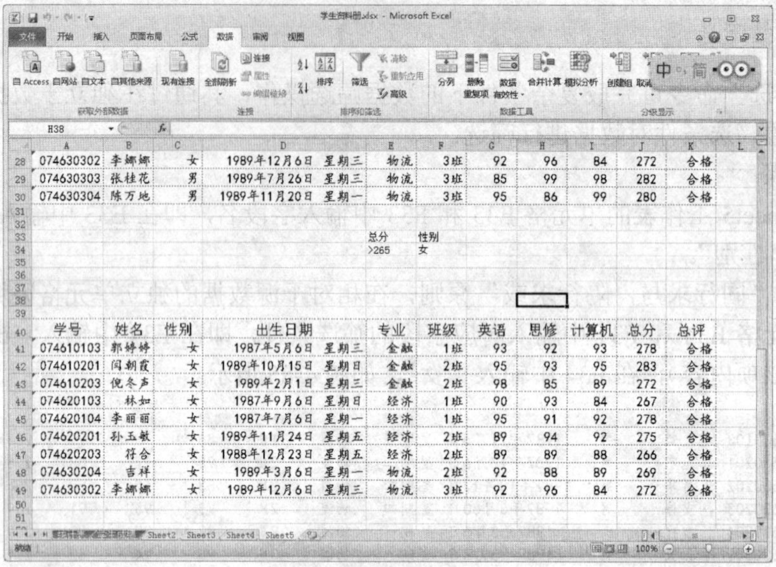

图 4-88　高级筛选结果

子任务四　对数据进行分类汇总

任务导入

小李通过筛选功能查找出一些满足条件的记录后，想要对学生成绩进行分析，以了解每个专业的人数及成绩的最高分。要求：

将数据清单复制到 Sheet6 中，统计出各专业学生的人数及每个专业学生总分的最大值。

通过本任务，可以对分类汇总进行了解，充分发挥分类汇总在数据统计中的作用，熟练掌握分类汇总及嵌套的分类汇总操作等。

任务实施

一、将数据清单复制到 Sheet6 中

操作步骤同子任务二，此处不再重复。

二、统计各专业学生的人数及总分的最大值

Excel 可以根据指定的字段自动对数据表中的数据进行分类汇总，统计各分类及整体的汇总字段，并按指定方式汇总计算。进行自动分类汇总时，Excel 分级显示列表，以便显示和隐藏每个分类汇总的明细数据行。

若要使用分类汇总功能，应先将源数据表按分类的关键字排序，以便将要进行分类汇总的数据行按排序关键字排列在一起（排序关键字相同视为一类），然后对指定的汇总字段按给定的方式进行分类汇总。

操作步骤：

1）将光标定位在“专业”字段，单击“数据”选项卡“排序和筛选”组中的“升序”

按钮或“降序”按钮。

2）选中源数据区域，再单击“数据”选项卡“分级显示”组中的“分类汇总”按钮，弹出“分类汇总”对话框。

3）在“分类字段”下拉列表框中选择“专业”选项，在“汇总方式”下拉列表框中选择“计数”选项，在“选定汇总项”列表框中选中“姓名”复选框。单击“确定”按钮，如图 4-89 所示。

4）单击“数据”选项卡“分级显示”组中的“分类汇总”按钮，弹出“分类汇总”对话框。

5）在“分类字段”下拉列表框中选择“专业”选项，在“汇总方式”下拉列表框中选择“最大值”选项，在“选定汇总项”列表框中选中“总分”复选框。取消选中“替换当前分类汇总”复选框，如图 4-90 所示。单击“确定”按钮，结果如图 4-91 所示。

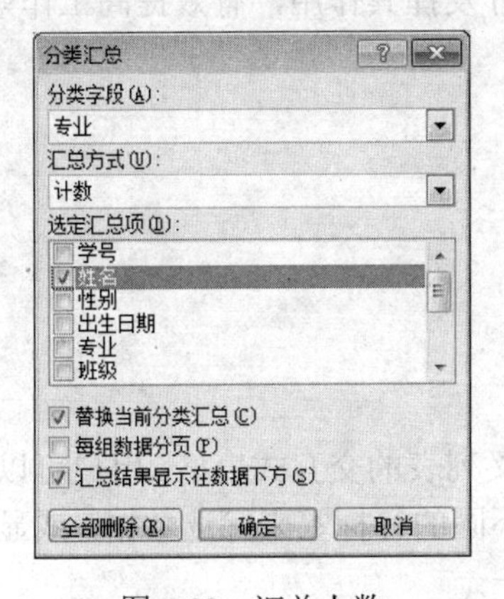

图 4-89　汇总人数

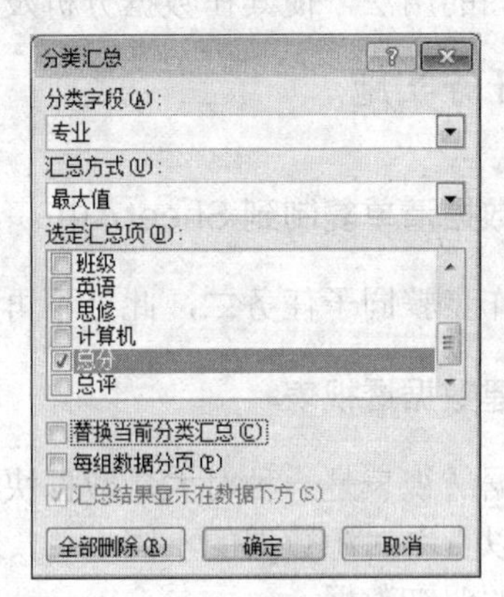

图 4-90　汇总总分最大值

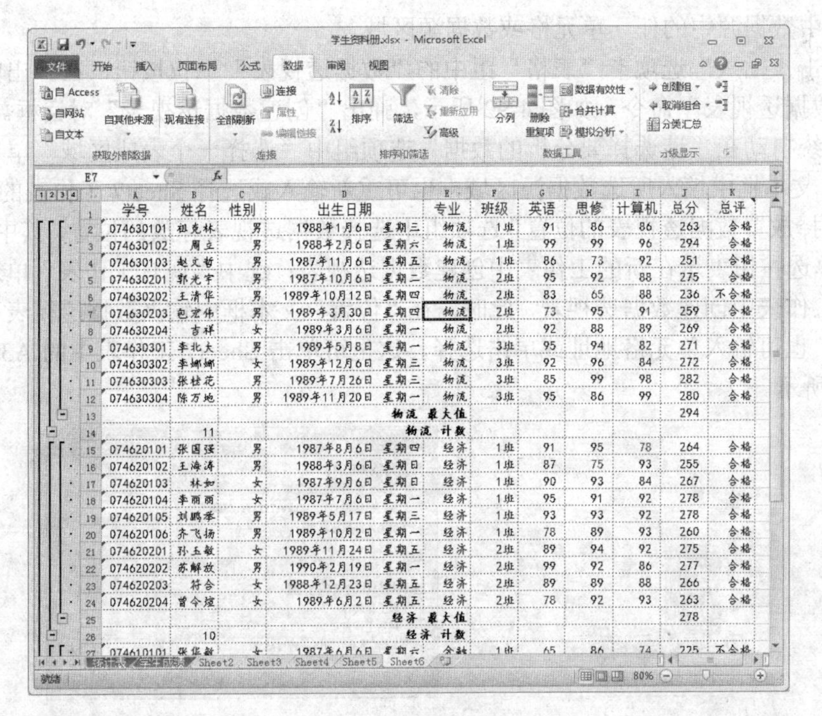

	学号	姓名	性别	出生日期		专业	班级	英语	思修	计算机	总分	总评
2	074630101	祖克林	男	1988年1月6日	星期三	物流	1班	91	86	86	263	合格
3	074630102	周立	男	1988年2月6日	星期六	物流	1班	99	99	96	294	合格
4	074630103	赵文哲	男	1987年11月6日	星期五	物流	1班	86	73	92	251	合格
5	074630201	郭光宇	男	1987年10月6日	星期二	物流	2班	95	92	88	275	合格
6	074630202	王清华	男	1989年10月12日	星期四	物流	2班	83	65	88	236	不合格
7	074630203	包宏伟	男	1989年3月30日	星期四	物流	2班	73	95	91	259	合格
8	074630204	吉祥	女	1989年3月6日	星期一	物流	2班	92	88	89	269	合格
9	074630301	李北大	男	1989年5月8日	星期一	物流	3班	95	94	82	271	合格
10	074630302	李娜娜	女	1989年12月6日	星期三	物流	3班	92	96	84	272	合格
11	074630303	张桂花	男	1989年7月26日	星期三	物流	3班	85	99	98	282	合格
12	074630304	陈万地	男	1989年11月20日	星期一	物流	3班	95	86	99	280	合格
13					物流 最大值						294	
14		11			物流 计数							
15	074620101	张国强	男	1987年8月6日	星期四	经济	1班	91	95	78	264	合格
16	074620102	王海涛	男	1988年3月6日	星期日	经济	1班	87	75	93	255	合格
17	074620103	林如	女	1987年9月6日	星期日	经济	1班	90	93	84	267	合格
18	074620104	李丽丽	女	1987年7月6日	星期一	经济	1班	95	91	92	278	合格
19	074620105	刘鹏举	男	1989年5月17日	星期三	经济	1班	93	93	92	278	合格
20	074620106	齐飞扬	男	1989年10月2日	星期一	经济	1班	78	89	93	260	合格
21	074620201	孙玉敏	女	1989年11月24日	星期五	经济	2班	89	94	92	275	合格
22	074620202	苏解放	男	1990年2月19日	星期一	经济	2班	99	92	86	277	合格
23	074620203	符合	女	1988年12月23日	星期五	经济	2班	89	89	88	266	合格
24	074620204	曾令煊	女	1989年6月2日	星期五	经济	2班	78	92	93	263	合格
25					经济 最大值						278	
26		10			经济 计数							

图 4-91　“分类汇总”结果

子任务五 插入数据透视表

任务导入

小李对学生成绩进行过分类汇总后，需要对学生成绩进行统计分析，以了解各专业、班级、男女生的成绩情况，为后期教学、管理提供数据支撑。因此，他决定对学生成绩通过数据透视表和数据透视图进行统计分析。要求：

将数据清单复制到 Sheet7 中，使用数据透视表统计出各专业、班级、男女生的各科平均值（平均分保留 1 位小数），并生成数据透视图，在数据透视图中显示经济学 1 班的学生成绩情况。

以“学生资料册.xlsx”为例，通过本任务，应了解数据透视表，并掌握数据透视表、数据透视图的用法，使其在数据分析及统计的工作中充分发挥其作用，有效提高工作效率等。

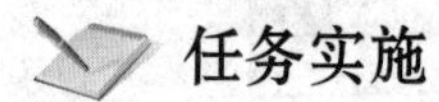

任务实施

一、将数据清单复制到 Sheet7 中

操作步骤同子任务二，此处不再重复。

二、创建数据透视表

数据透视表是一种对大量数据快速汇总和建立交叉列表的交互式表格。用户可以旋转其行或列以查看对源数据的不同汇总，还可以通过显示不同的行标签来筛选数据，或显示所关注区域的明细数据。

操作步骤：

1）选中数据源中的任一单元格或数据源区域。

2）单击“插入”选项卡“表格”组中的“数据透视表”下拉按钮，在弹出的下拉菜单中选择“数据透视表”命令，如图 4-92 所示，弹出“创建数据透视表”对话框。

3）系统自动在“请选择要分析的数据”选项组中“选择一个表或区域”单选按钮下的“表/区域”文本框中填入所选数据源区域，也可重新输入或选择 Sheet7 工作表的 A1:K30 区域。在“选择放置数据透视表的位置”选项组中选择数据透视表存放的位置。其中，选中“新工作表”单选按钮表示在新的工作表中创建数据透视表；选中“现有工作表”单选按钮表示在原数据工作表中创建数据透视表，此时需在“位置”文本框中输入数据透视表存放区域的首单元格，也可输入单元格地址或单击选择。这里可单击 Sheet7 工作表中的 A35 单元格，如图 4-93 所示。

图 4-92 插入数据透视表

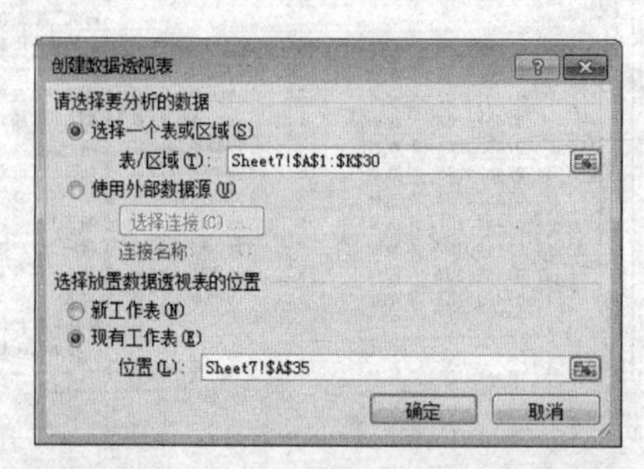

图 4-93 “创建数据透视表”对话框

4）向数据透视表添加字段。

在数据透视表的添加字段环境下，系统在功能区自动出现图 4-94 所示的“数据透视表工具-选项”和“数据透视表工具-设计”选项卡，并在工作表的左侧显示空数据透视表，在右侧出现图 4-95 所示的“数据透视表字段列表”任务窗格（其中包含数据表字段列表和透视表布局分区）。通常利用功能区中的命令和任务窗格进行数据透视表设计。可采用以下 3 种方法完成数据透视表字段的添加工作。

① 直接将字段拖到布局的所需区域（各区域间字段也可再拖动，以调整透视表），完成数据透视表字段列表布局，如图 4-96 所示。

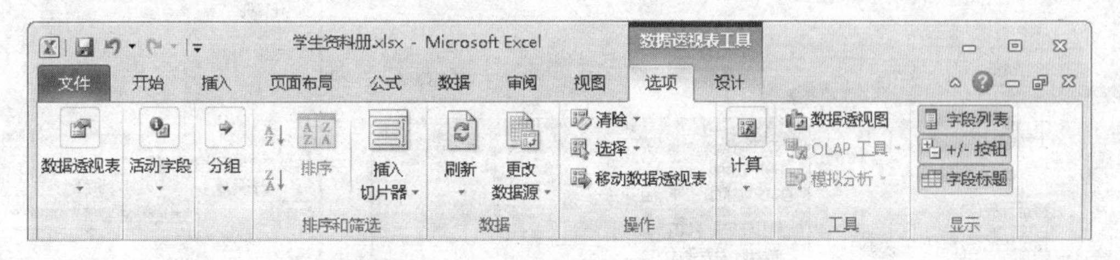

图 4-94　数据透视表工具“选项”选项卡

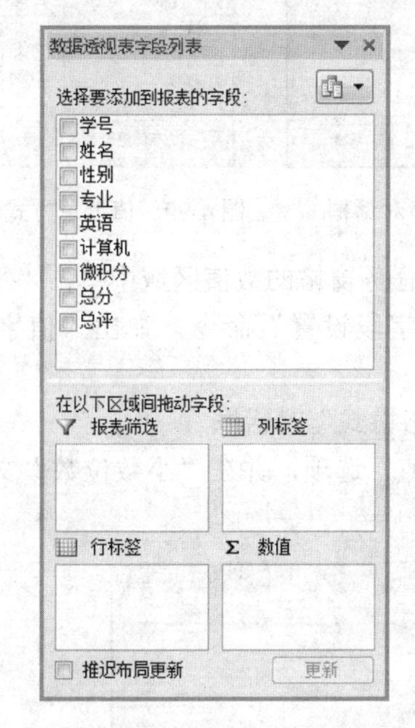

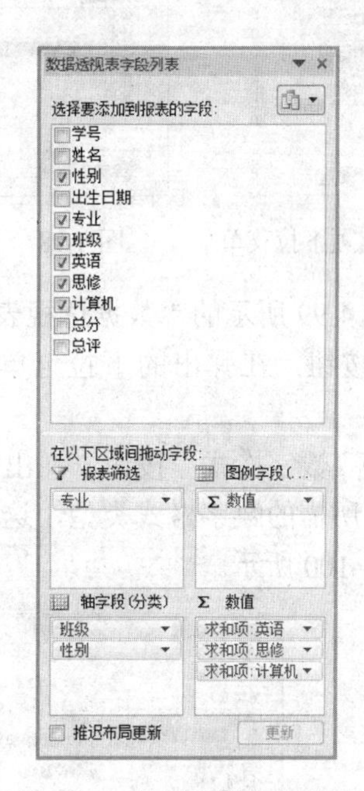

图 4-95　“数据透视表字段列表”任务窗格　　　　图 4-96　数据透视表布局图

② 选中字段名称复选框，可将选中的字段放置到布局部分的默认区域。默认情况下，非数值字段会添加到“行标签”区域；数值字段会添加到“数值”区域，而系统对类似日期和时间层级的分析对象则添加到“列标签”区域。

③ 右击字段，在弹出的快捷菜单中选择“添加到报表筛选”“添加到轴字段（分类）”“添加到图例字段（系列）”“添加到值”命令，可将字段添加到布局的特定区域。

5）单击“求和项：英语”下拉按钮，在弹出图 4-97 所示的下拉菜单中选择“值字段设置”命令，弹出图 4-98 所示的“值字段设置”对话框。在“值汇总方式”选项卡中选择所需的汇总方式，这里选择“平均值”选项，单击“确定”按钮。按照此方法，依次将“求和项：思修”“求和项：计算机”更改为“平均值项：思修”“平均值项：计算机”，效果如图 4-99 所示。

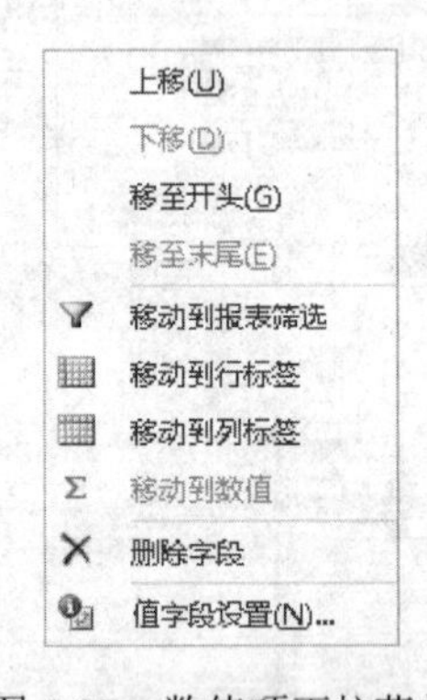

图 4-97 数值项下拉菜单

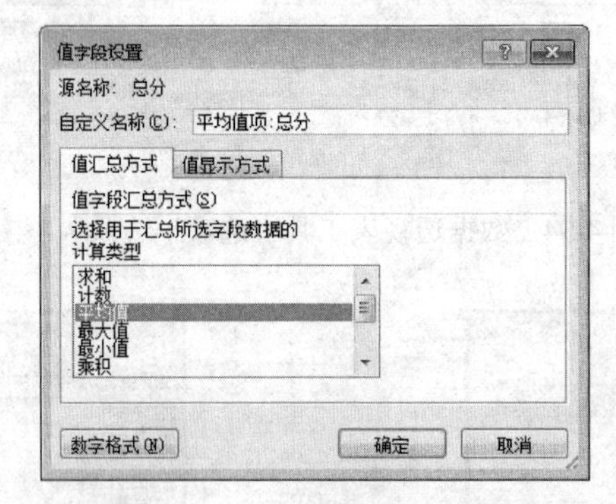

图 4-98 “值字段设置”对话框

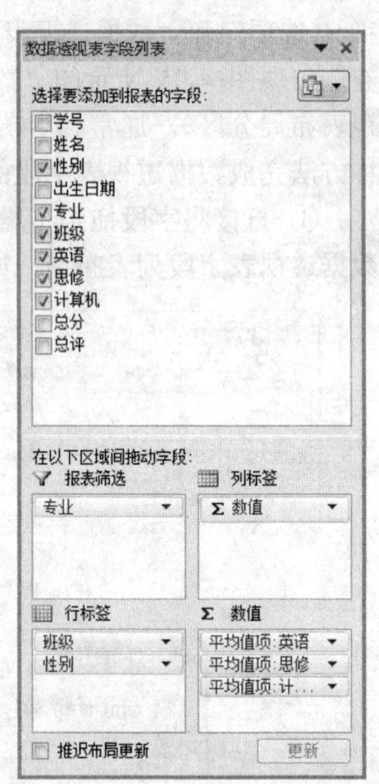

图 4-99 值汇总方式修改后效果

6）在图 4-99 所示的“数据透视表字段列表”任务窗格的数值区域中单击“平均值项：英语”下拉按钮，在弹出的下拉菜单中选择“值字段设置”命令，弹出“值字段设置”对话框。

7）单击“数字格式”按钮，弹出“设置单元格格式”对话框。

8）选择所需的数字格式类型，这里选择“数值”选项，并在“小数位数”文本框中输入 1，如图 4-100 所示。

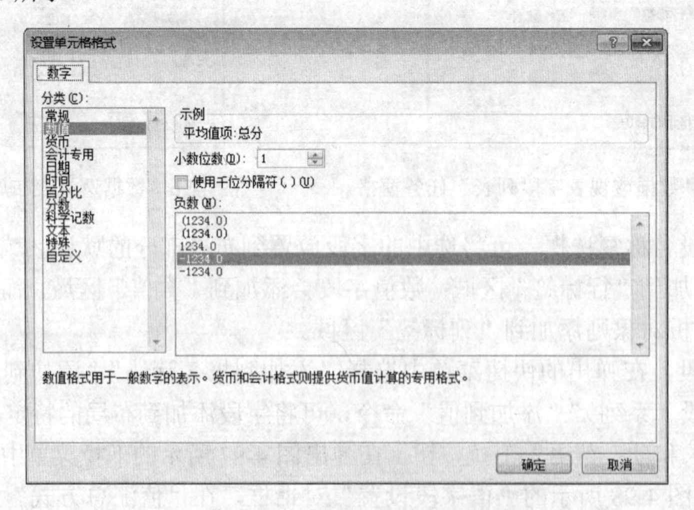

图 4-100 保留一位小数设置

9）重复步骤 6）～8），分别设置“平均值项：思修”“平均值项：计算机”的数字格式。结果如图 4-101 所示。

专业	（全部）		
行标签	平均值项:英语	平均值项:思修	平均值项:计算机
⊟1班	88.5	87.7	88.4
男	89.8	87.5	89.5
女	86.4	88.0	86.6
⊟2班	90.0	90.2	89.8
男	89.8	90.2	88.5
女	90.2	90.2	91.0
⊟3班	91.8	93.8	90.8
男	91.7	93.0	93.0
女	92.0	96.0	84.0
总计	89.6	89.6	89.3

图 4-101　最终结果

10）将光标定位在数据透视表中，单击“数据透视表工具-选项”选项卡“工具”组中的“数据透视图”按钮，弹出图 4-102 所示的“插入图表”对话框。

11）选择柱形图中的簇状柱形图，单击“确定”按钮，出现图 4-103 所示的数据透视图。

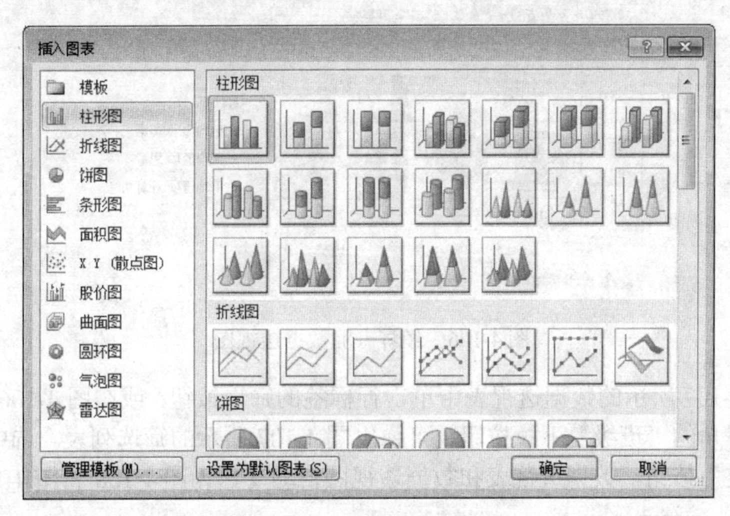

图 4-102　“插入图表”对话框

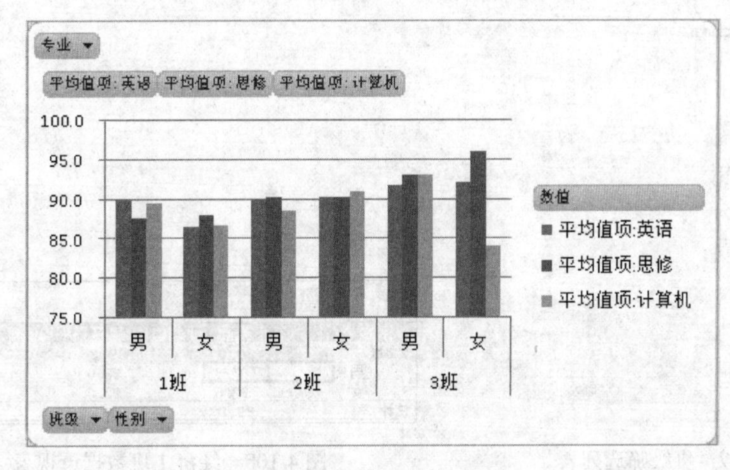

图 4-103　数据透视图

12）在数据透视图中单击左上角的“专业”下拉按钮，或在数据透视表中单击“专业”字段后的筛选按钮，均可弹出图 4-104 所示的筛选列表。选择“经济”后单击“确定”按钮，数据透视表和数据透视图自动变化为图 4-105 和图 4-106 所示效果。

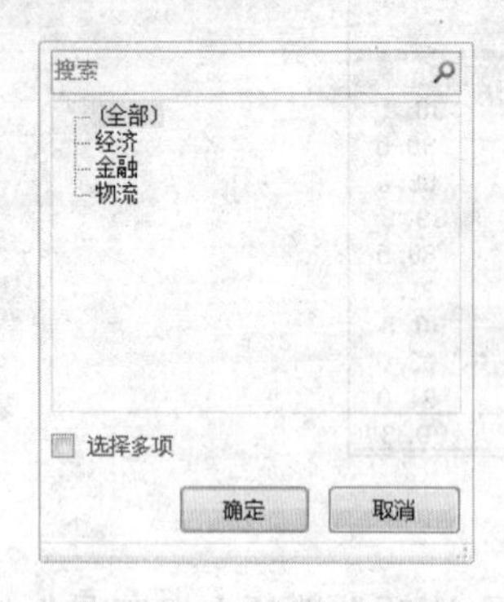

图 4-104　专业筛选列表

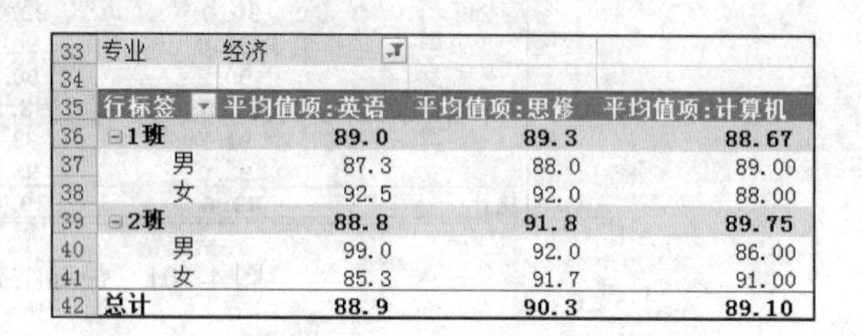

33	专业	经济		
34				
35	行标签	平均值项:英语	平均值项:思修	平均值项:计算机
36	⊟1班	89.0	89.3	88.67
37	男	87.3	88.0	89.00
38	女	92.5	92.0	88.00
39	⊟2班	88.8	91.8	89.75
40	男	99.0	92.0	86.00
41	女	85.3	91.7	91.00
42	总计	88.9	90.3	89.10

图 4-105　经济专业数据透视表

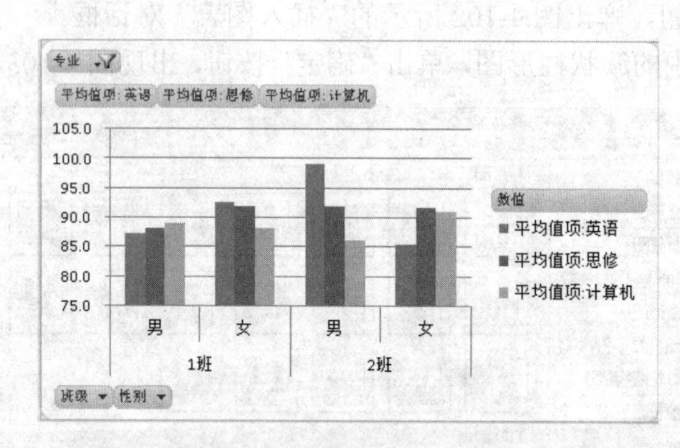

图 4-106　经济专业数据透视图

13）在图 4-107 所示的数据透视表中单击行标签的筛选按钮，或在图 4-106 所示的数据透视图中单击左下角的“班级”下拉按钮，可弹出图 4-107 所示的筛选列表。选中“1 班”复选框后单击“确定”按钮，数据透视表和数据透视图自动变化为图 4-108 和图 4-109 所示效果。

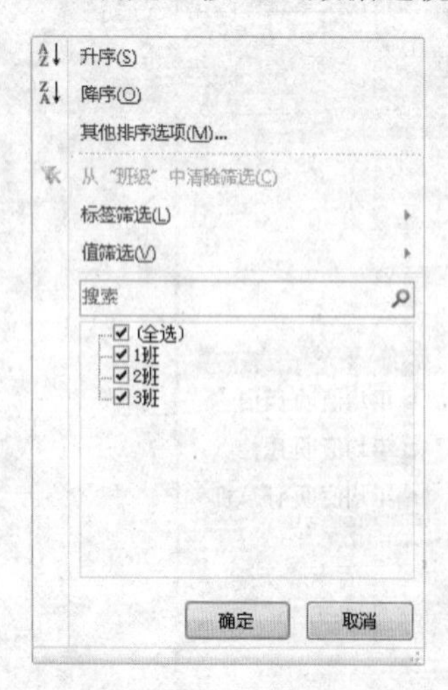

图 4-107　班级筛选列表

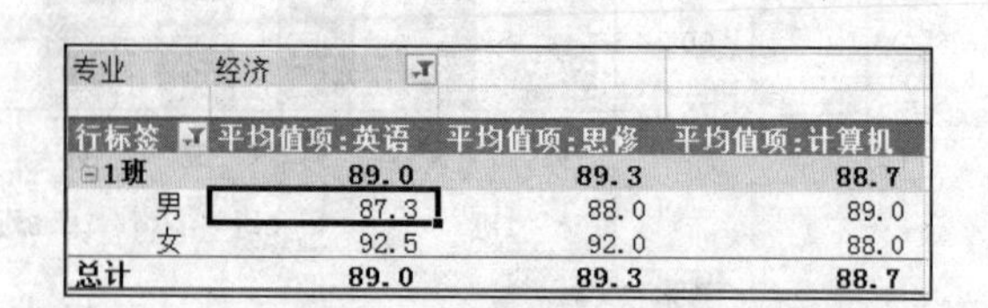

专业	经济		
行标签	平均值项:英语	平均值项:思修	平均值项:计算机
⊟1班	89.0	89.3	88.7
男	87.3	88.0	89.0
女	92.5	92.0	88.0
总计	89.0	89.3	88.7

图 4-108　经济 1 班数据透视表

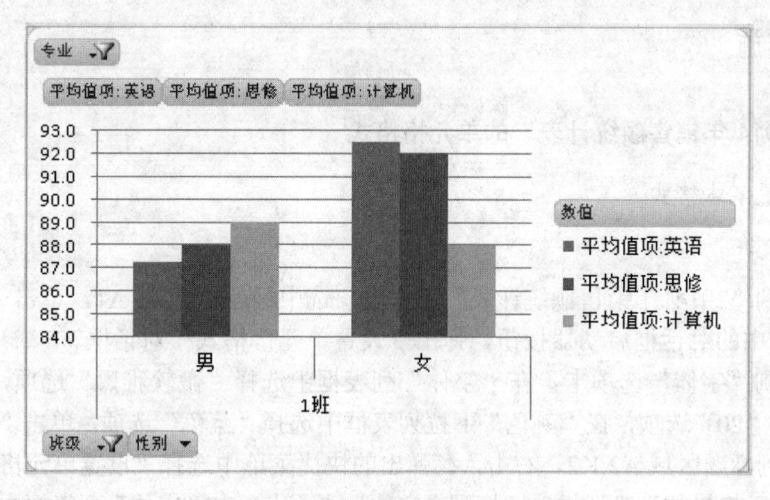

图 4-109　经济 1 班数据透视图

任务三　公司员工培训及销售数据管理

任务导入

某公司在建立了销售统计表之后，为了使之更加直观、易于理解，需要对它进行排版美化。美化工作表的操作主要包括设置单元格格式、设置工作表背景、设置样式、使用主题等。

营销部为了更好地了解员工个人销售情况，需要定期对每位员工的销售业绩进行计算和汇总，并制作较直观的图表，据此分析销售人员的工作能力。

公司为了有目的、高效地收集、处理、使用各种信息，通过数据管理与分析将数据隐含的信息提炼出来帮助管理者进行判断和决策，进而采取适当的策略与行动，需要对数据进行处理。要求：

1）设置“2014 年销售额统计表”中的单元格格式。

2）设置“2014 年销售额统计表”中的工作表背景与样式。

3）在“2014 年销售额统计表”中利用公式计算销售总额、排名及奖金。

4）在“培训成绩统计表”中计算每名员工的总成绩、平均成绩及名次。

5）在“1 月销售数据统计表”中参考“产品单价表”填写产品单价，并计算销售额。

6）在“2014 年销售额统计表”中创建趋势列的迷你图。

7）在“2014 年销售额统计表”中创建并格式化销售统计图表。

8）筛选“培训成绩统计表”。

9）建立员工培训情况的分类汇总。

10）建立 1 月份销售情况的数据透视表。

任务实施

一、设置“2014 年销售额统计表”的单元格格式

（一）设置字体格式

操作步骤：

1）切换到“2014 年销售额统计表”工作表，选中标题单元格 A1，单击“开始”选项卡“字体”组中的对话框启动器按钮，弹出“设置单元格格式”对话框。

2）切换到“字体”选项卡，在“字体”列表框中选择“微软雅黑”选项，在“字号”列表框中选择“20”选项，在“颜色”下拉列表框中选择“蓝色”选项，单击“确定”按钮。

3）选中列标题区域 A2:K2，右击，在弹出的快捷菜单中选择“设置单元格格式”命令，弹出“设置单元格格式”对话框。切换到“字体”选项卡，在“字体”列表框中选择“楷体”选项，在“字号”列表框中选择“14”选项，在“颜色”下拉列表框中选择“深红”选项，单击“确定”按钮。

4）选中单元格区域 A3:K15，切换到“开始”选项卡，在“字体”组中的字体下拉列表框内选择“黑体”选项。单击“字体颜色”按钮右侧的下拉按钮，在弹出的下拉菜单中选择“茶色，背景 2，深色 90%”选项。

5）将鼠标指针指向 C 列和 D 列之间的列标题分隔线，双击，此时 C 列自动调整到最合适的列宽。按照同样的方法调整其他列的列宽，结果如图 4-110 所示。

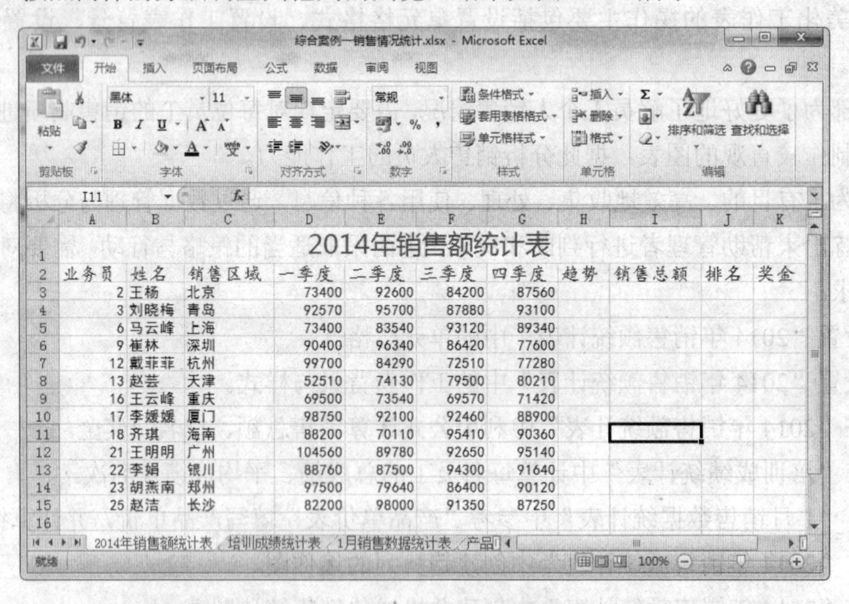

2014年销售额统计表

业务员	姓名	销售区域	一季度	二季度	三季度	四季度	趋势	销售总额	排名	奖金
2	王杨	北京	73400	92600	84200	87560				
3	刘晓梅	青岛	92570	95700	87880	93100				
6	马云峰	上海	73400	83540	93120	89340				
9	崔林	深圳	90400	96340	86420	77600				
12	戴菲菲	杭州	99700	84290	72510	77280				
13	赵芸	天津	52510	74130	79500	80210				
16	王云峰	重庆	69500	73540	69570	71420				
17	李媛媛	厦门	98750	92100	92460	88900				
18	齐琪	海南	88200	70110	95410	90360				
21	王明明	广州	104560	89780	92650	95140				
22	李娟	银川	88760	87500	94300	91640				
23	胡燕南	郑州	97500	79640	86400	90120				
25	赵洁	长沙	82200	98000	91350	87250				

图 4-110 设置单元格格式的效果

（二）设置数字格式

操作步骤：

1）选中单元格区域 A3:A15，切换到“开始”选项卡，打开“设置单元格格式”对话框。在“分类”列表框中选择“自定义”选项，在“类型”文本框中输入 000，如图 4-111 所示，

单击“确定”按钮。

2）先选中单元格区域 D3:G15，按住 Ctrl 键后选中单元格区域 I3:I15 和 K3:K15，切换到“开始”选项卡，在“数字”组中的“数字格式”下拉列表框中选择“货币”选项，效果如图 4-112 所示。

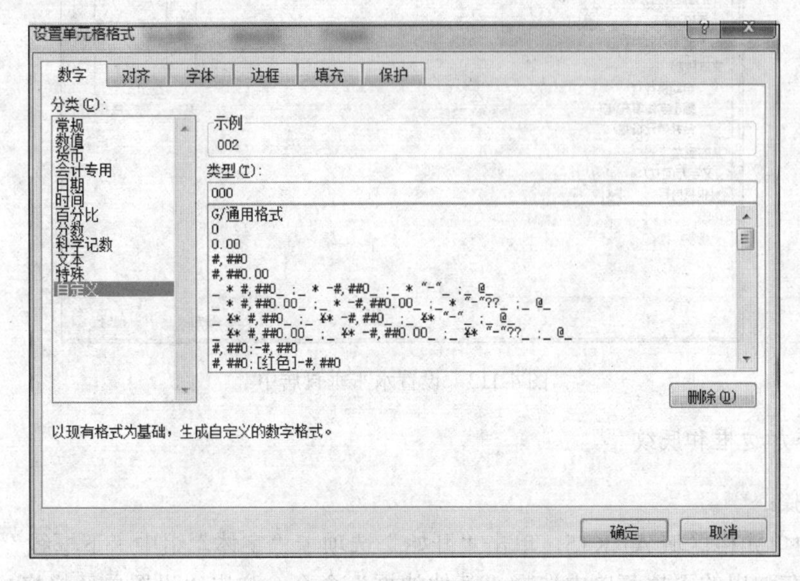

图 4-111　设置业务员编号格式

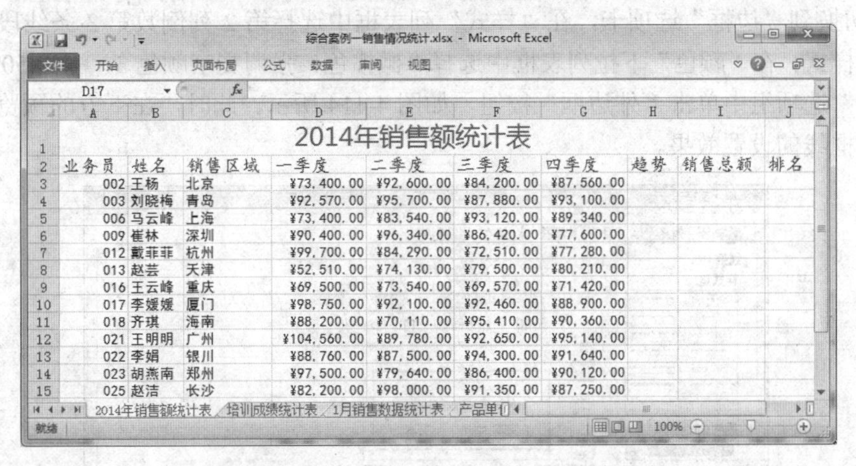

图 4-112　设置数字格式后的效果

（三）设置单元格对齐格式

操作步骤：

1）选中单元格区域 A2:K2，单击“开始”选项卡“对齐方式”组中的“居中”按钮。

2）选中单元格区域 A3:K15，右击，在弹出的快捷菜单中选择“设置单元格格式”命令，弹出“设置单元格格式”对话框。切换到“对齐”选项卡，在“水平对齐”和“垂直对齐”下拉列表框中选择“居中”选项，如图 4-113 所示，单击“确定”按钮，返回工作界面。

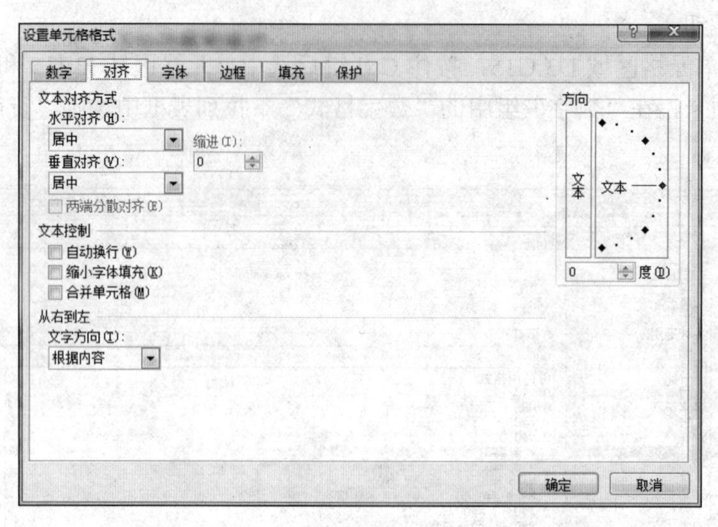

图 4-113　设置水平垂直居中

（四）添加边框和底纹

操作步骤：

1）选中单元格区域 A1:K15，单击“开始”选项卡“字体”组中“下框线”按钮右侧的下拉按钮，在弹出的下拉菜单中选择“其他边框”命令，弹出“设置单元格格式”对话框。

2）切换到“边框”选项卡，在“样式”列表框中选择第 2 列倒数第 3 条线段作为外框线的线条样式，在“颜色”下拉列表框中选择“橄榄色，强调文字颜色 3，深色 50%”选项，在“预置”选项组中单击“外边框”按钮，如图 4-114 所示。此时，在下方的预览框中即可预览到外框线的设置效果。

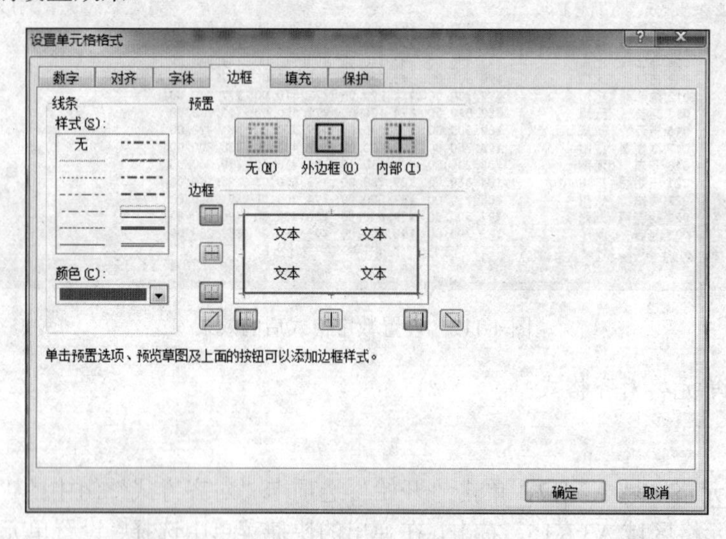

图 4-114　设置外边框

3）在“样式”列表框中选择第 1 列第 2 条线段作为内框线的线条样式，在“颜色”下拉列表框中选择“水绿色，强调文字颜色 5，深色 50%”选项，在“预置”选项组中单击“内部”按钮，如图 4-115 所示。单击“确定”按钮。

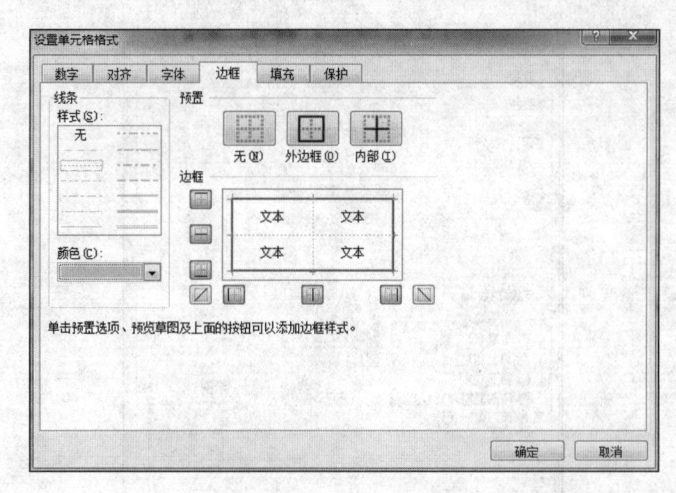

图 4-115　设置内部框

4）选中单元格区域 A1:K15，单击“开始”选项卡“字体”组中的“填充颜色”按钮右侧的下拉按钮，在弹出的下拉菜单中选择“水绿色，强调文字颜色 5，淡色 80%”选项，为其填充底纹。

5）选中单元格区域 A2:K2，打开“设置单元格格式”对话框，切换到“填充”选项卡，在“颜色”列表框中选择“浅蓝”选项，在“图案颜色”下拉列表框中选择“黄色”选项，在“图案样式”下拉列表框中选择“6.25%，灰色”选项，如图 4-116 所示。单击“确定”按钮，返回工作界面。

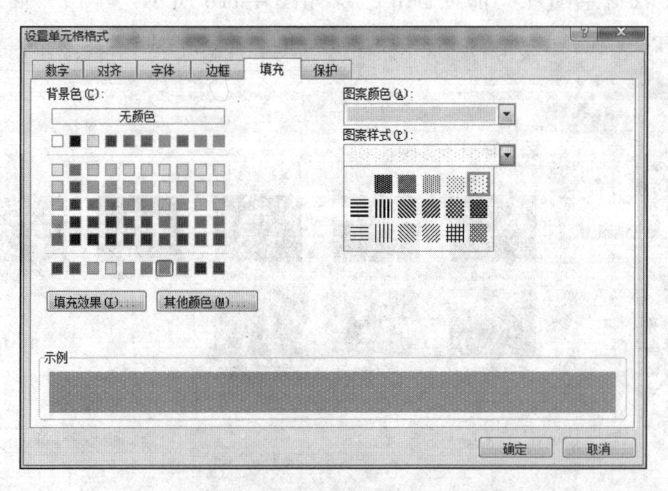

图 4-116　设置列标题填充色

6）选中 A1 单元格，打开“设置单元格格式”对话框，切换到“填充”选项卡，单击“填充效果”按钮，弹出“填充效果”对话框，在“颜色 2”下拉列表框中选择“浅绿”选项，在“底纹样式”选项组中选中“中心辐射”单选按钮，如图 4-117 所示。依次单击“确定”按钮。

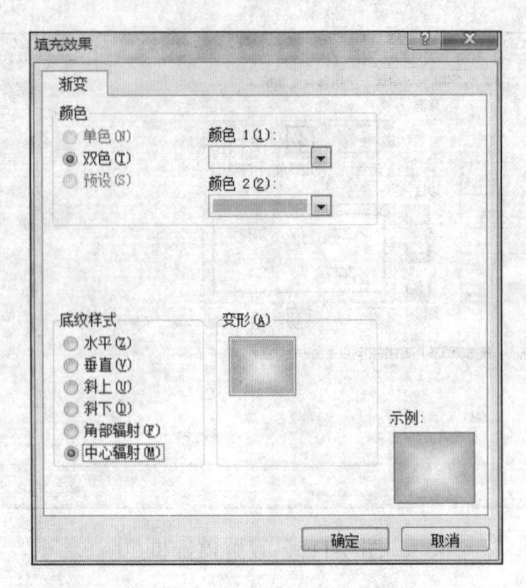

图 4-117　设置标题单元格填充色

二、设置“2014 年销售额统计表”中的工作表背景与样式

（一）设置背景

操作步骤：

单击“页面布局”选项卡“页面设置”组中的“背景”按钮，在弹出的“工作表背景”对话框中选择工作表背景图片“郁金香.jpg”，如图 4-118 所示，单击“插入”按钮。

图 4-118　设置工作表背景

（二）设置条件格式

操作步骤：

1）选中单元格区域 D3:D15，单击“开始”选项卡“样式”组中的“条件格式”下拉按钮，在弹出的下拉菜单中选择“突出显示单元格规则”→“小于”命令，弹出“小于”对话框。在“为小于以下值的单元格设置格式”文本框中输入 70000，在“设置为”下拉列表框

中选择“浅红填充色深红色文本”选项，如图 4-119 所示。单击“确定”按钮，即可看到数值小于 70000 的单元格被填充为浅红色。

2）选中单元格区域 E3:E15，单击“开始”选项卡“样式”组中的“条件格式”下拉按钮，在弹出的下拉菜单中选择“突出显示单元格规则”→“高于平均值”命令，弹出“高于平均值”对话框。在“针对选定区域，设置为”下拉列表框中选择“绿填充色深绿色文本”选项，如图 4-120 所示。单击“确定”按钮，返回工作界面。

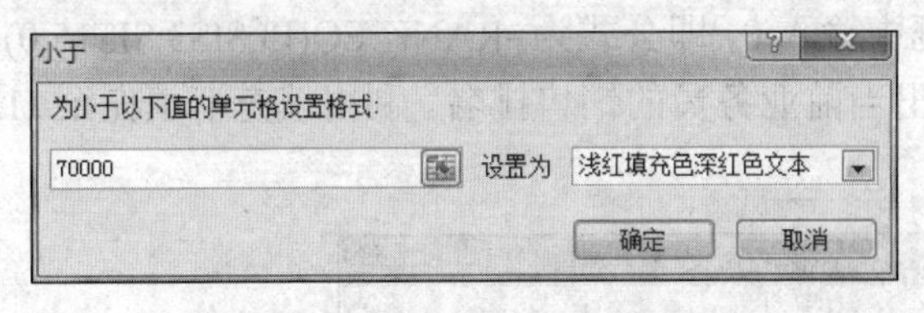

图 4-119　设置 D3:D15 区域条件格式

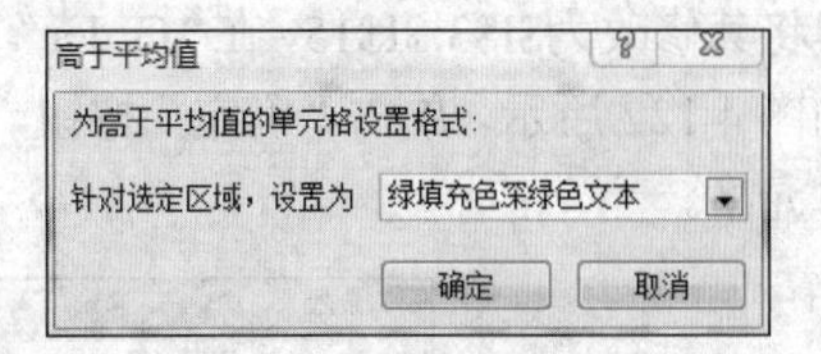

图 4-120　设置 E3:E15 区域条件格式

3）选中单元格区域 F3:F15，单击“开始”选项卡“样式”组中的“条件格式”下拉按钮，在弹出的下拉菜单中选择“数据条”→“红色数据条”命令。

4）选中单元格区域 G3:G15，单击“开始”选项卡“样式”组中的“条件格式”下拉按钮，在弹出的下拉菜单中选择“色阶”→“红-白-绿色阶”命令。设置条件格式后的效果如图 4-121 所示。

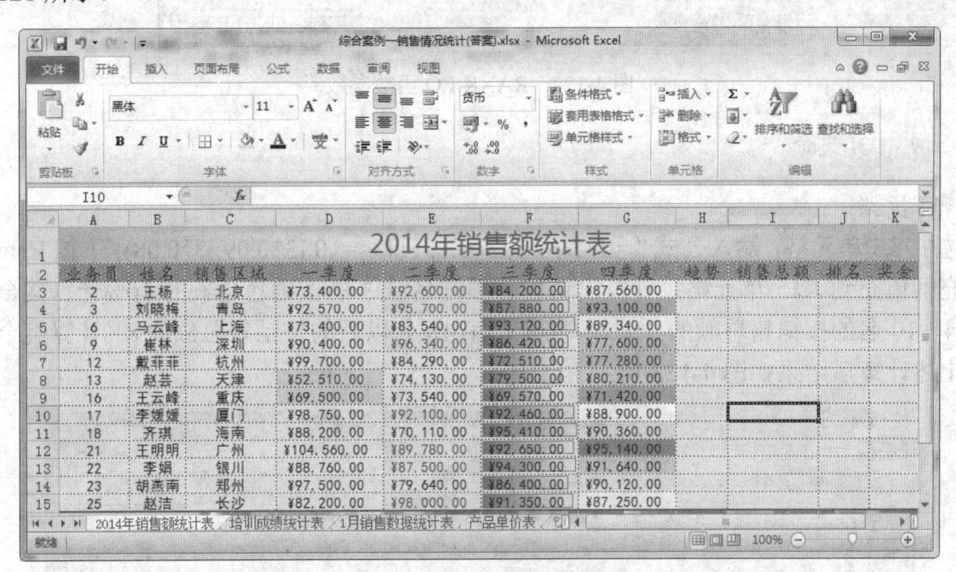

2014年销售额统计表

业务员	姓名	销售区域	一季度	二季度	三季度	四季度	趋势	销售总额	排名	奖金
2	王杨	北京	¥73,400.00	¥92,600.00	¥84,200.00	¥87,560.00				
3	刘晓梅	青岛	¥92,570.00	¥95,700.00	¥87,880.00	¥93,100.00				
6	马云峰	上海	¥73,400.00	¥83,540.00	¥93,120.00	¥89,340.00				
9	崔林	深圳	¥90,400.00	¥96,340.00	¥86,420.00	¥77,600.00				
12	戴菲菲	杭州	¥99,700.00	¥84,290.00	¥72,510.00	¥77,280.00				
13	赵芸	天津	¥52,510.00	¥74,130.00	¥79,500.00	¥80,210.00				
16	王云峰	重庆	¥69,500.00	¥73,540.00	¥69,570.00	¥71,420.00				
17	李媛媛	厦门	¥98,750.00	¥92,100.00	¥92,460.00	¥88,900.00				
18	齐琪	海南	¥88,200.00	¥70,110.00	¥95,410.00	¥90,360.00				
21	王明明	广州	¥104,560.00	¥89,780.00	¥92,650.00	¥95,140.00				
22	李娟	银川	¥88,760.00	¥87,500.00	¥94,300.00	¥91,640.00				
23	胡燕南	郑州	¥97,500.00	¥79,640.00	¥86,400.00	¥90,120.00				
25	赵洁	长沙	¥82,200.00	¥98,000.00	¥91,350.00	¥87,250.00				

图 4-121　设置条件格式后的效果

三、在“2014 年销售额统计表”中利用公式计算销售总额、排名及奖金

（一）计算销售总额

操作步骤：

切换到“2014 年销售额统计表”工作表，选中 I3 单元格，在单元格中输入公式“=SUM(D3:G3)”，按 Enter 键，用填充柄填充到 I15 单元格。

（二）计算排名

操作步骤：

选中 J3 单元格，单击“公式”选项卡“函数库”组中的“插入函数”按钮，弹出“插入函数”对话框，选择 RANK.EQ 函数，弹出“函数参数”对话框。将光标置于“Number”文本框中，并选中 I3 单元格，再将光标移至“Ref”文本框并选中单元格区域 I3:I15，按 F4 键将其修改为$I$3:$I$15，在“Order”文本框中输入 0，即公式为=RANK.EQ(I3,$I$3:$I$15,0)，如图 4-122 所示，单击“确定”按钮，计算出当前业务员的销售排名。利用填充柄填充至 J15 单元格。

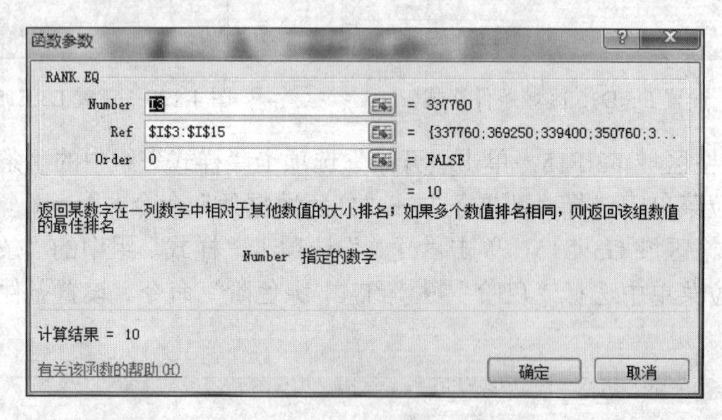

图 4-122 RANK.EQ 函数参数

（三）计算奖金

操作步骤：

选中 K3 单元格，输入公式“=IF(J3<=3,I3*0.1,IF(J3<=10,I3*0.09,I3*0.08))”，按 Enter 键。用填充柄填充到 K15 单元格。计算出销售总额排名前 3 的按销售总额的 10%计算奖金，排名第 4～10 名的按销售总额的 9%计算奖金，第 10 名以后的按销售总额的 8%计算奖金。进行过上述计算后结果如图 4-123 所示。

2014年销售额统计表

姓名	销售区域	一季度	二季度	三季度	四季度	趋势	销售总额	排名	奖金
王杨	北京	¥73,400.00	¥92,600.00	¥84,200.00	¥87,560.00		¥337,760.00	10	¥30,398.40
刘晓梅	青岛	¥92,570.00	¥95,700.00	¥87,880.00	¥93,100.00		¥369,250.00	3	¥36,925.00
马云峰	上海	¥73,400.00	¥83,540.00	¥93,120.00	¥89,340.00		¥339,400.00	9	¥30,546.00
崔林	深圳	¥90,400.00	¥96,340.00	¥86,420.00	¥77,600.00		¥350,760.00	7	¥31,568.40
戴菲菲	杭州	¥99,700.00	¥84,290.00	¥72,510.00	¥77,280.00		¥333,780.00	11	¥26,702.40
赵芸	天津	¥52,510.00	¥74,130.00	¥79,500.00	¥80,210.00		¥286,350.00	12	¥22,908.00
王云峰	重庆	¥69,500.00	¥73,540.00	¥69,570.00	¥71,420.00		¥284,030.00	13	¥22,722.40
李媛媛	厦门	¥98,750.00	¥92,100.00	¥92,460.00	¥88,900.00		¥372,210.00	2	¥37,221.00
齐琪	海南	¥88,200.00	¥70,110.00	¥95,410.00	¥90,360.00		¥344,080.00	8	¥30,967.20
王明明	广州	¥104,560.00	¥89,780.00	¥92,650.00	¥95,140.00		¥382,130.00	1	¥38,213.00
李娟	银川	¥88,760.00	¥87,500.00	¥94,300.00	¥91,640.00		¥362,200.00	4	¥32,598.00
胡燕南	郑州	¥97,500.00	¥79,640.00	¥86,400.00	¥90,120.00		¥353,660.00	6	¥31,829.40
赵洁	长沙	¥82,200.00	¥98,000.00	¥91,350.00	¥87,250.00		¥358,800.00	5	¥32,292.00

图 4-123 计算后的销售额统计表

四、在“培训成绩统计表”中计算每名员工的总成绩、平均成绩及名次

（一）计算员工总成绩

操作步骤：

切换到“培训成绩统计表”工作表，选中 K3 单元格，输入公式“=SUM(D3:J3)”，按 Enter 键。然后用填充柄填充到 K24 单元格。

（二）计算员工平均成绩

操作步骤：

选中 L3 单元格，输入公式“=AVERAGE(D3:J3)”，按 Enter 键。然后用填充柄填充到 L24 单元格。

（三）计算员工名次

操作步骤：

选中 M3 单元格，输入公式“=RANK.EQ(K3,$K$3:$K$24,0)”，按 Enter 键。然后用填充柄填充到 M24 单元格。进行过上述计算后结果如图 4-124 所示。

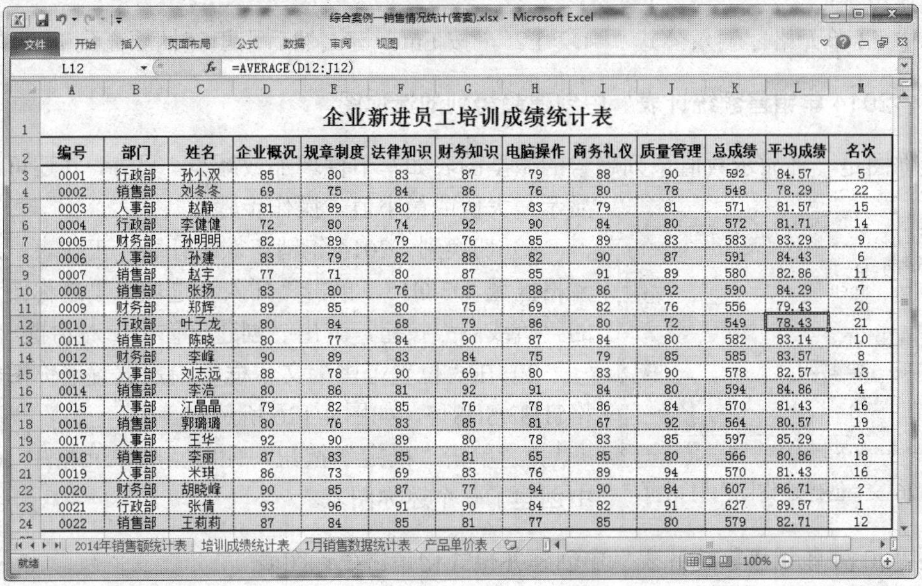

综合案例—销售情况统计(答案).xlsx - Microsoft Excel

L12 =AVERAGE(D12:J12)

企业新进员工培训成绩统计表

编号	部门	姓名	企业概况	规章制度	法律知识	财务知识	电脑操作	商务礼仪	质量管理	总成绩	平均成绩	名次
0001	行政部	孙小双	85	80	83	87	79	88	90	592	84.57	5
0002	销售部	刘冬冬	69	75	84	86	76	80	78	548	78.29	22
0003	人事部	赵静	81	89	80	78	83	79	81	571	81.57	15
0004	行政部	李健健	72	80	74	92	90	84	80	572	81.71	14
0005	财务部	孙明明	82	89	79	76	85	89	83	583	83.29	9
0006	人事部	孙建	83	79	82	88	82	90	87	591	84.43	6
0007	销售部	赵宇	77	71	80	87	85	91	89	580	82.86	11
0008	销售部	张扬	83	80	76	85	88	86	92	590	84.29	7
0009	财务部	郑辉	89	85	80	75	69	82	76	556	79.43	20
0010	行政部	叶子龙	80	84	68	79	86	80	72	549	78.43	21
0011	销售部	陈晓	80	77	84	90	87	84	80	582	83.14	10
0012	财务部	李峰	90	89	83	84	75	79	85	585	83.57	8
0013	人事部	刘志远	88	78	90	69	80	83	90	578	82.57	13
0014	销售部	李浩	80	86	81	92	91	84	80	594	84.86	4
0015	人事部	江晶晶	79	82	85	76	78	86	84	570	81.43	16
0016	销售部	郭璐璐	80	76	83	85	81	67	92	564	80.57	19
0017	人事部	王华	92	90	89	80	78	83	85	597	85.29	3
0018	销售部	李丽	87	83	85	81	65	85	80	566	80.86	18
0019	人事部	米琪	86	73	69	83	76	89	94	570	81.43	16
0020	财务部	胡晓峰	90	85	87	77	94	90	84	607	86.71	2
0021	行政部	张倩	93	96	91	90	84	82	91	627	89.57	1
0022	销售部	王莉莉	87	84	85	81	77	85	80	579	82.71	12

2014年销售额统计表 培训成绩统计表 1月销售数据统计表 产品单价表

图 4-124 计算后的“培训成绩统计表”

五、在“1 月销售数据统计表”中填写产品单价、计算销售额

（一）填写产品单价

操作步骤：

切换到“1 月销售数据统计表”工作表，选中 E2 单元格，单击“公式”选项卡“函数库”中的“查找与引用”下拉按钮，在弹出的下拉菜单中选择“VLOOKUP”函数，弹出“函数参数”对话框，在“Lookup_value”文本框中输入 B2，在“Table_array”文本框中输入“产

品单价表!$A$2:$B$7”（需注意的是，此处单元格的引用方式为绝对引用），在“Col_index_num”文本框中输入 2，在“Range_lookup”文本框中输入 0，如图 4-125 所示，单击“确定”按钮，返回工作表。利用填充柄将公式填充到 E32。

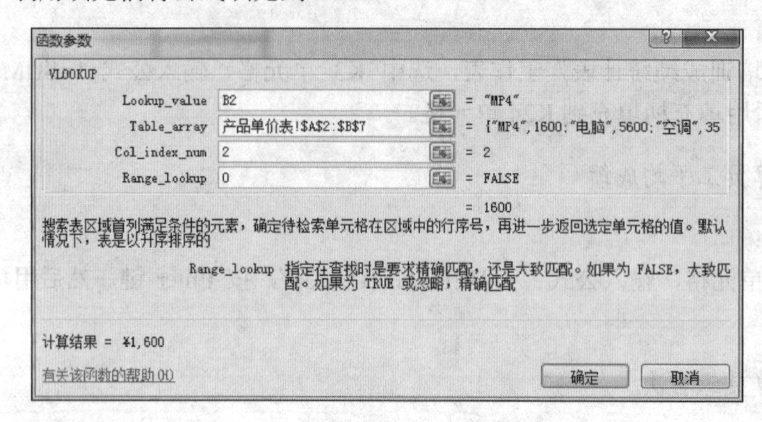

图 4-125 VLOOKUP 函数参数对话框

（二）计算销售额

操作步骤：

选中 F2 单元格，输入公式“=D2*E2”，按 Enter 键。然后用填充柄填充到 F32 单元格。

六、在“2014 年销售额统计表”中创建趋势列的迷你图

迷你图是一种显示数值系列趋势的微型图表如季节性增加或减少。另外，其还可以突出显示最大值或最小值。操作步骤：

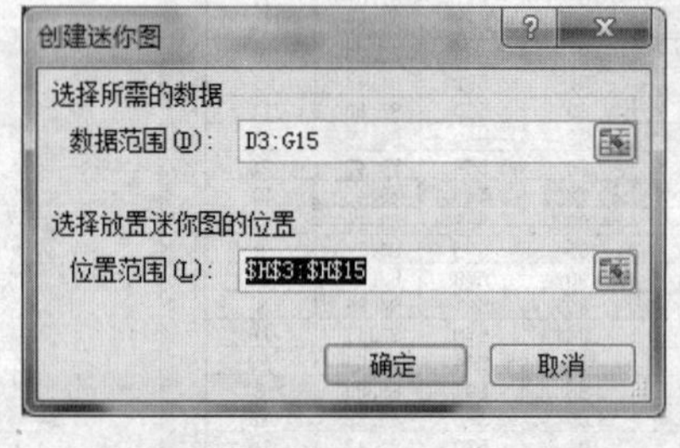

图 4-126 “创建迷你图”对话框

1）切换到“2014 年销售额统计表”工作表，选中单元格区域 D3:G15，单击“插入”选项卡“迷你图”组中的“折线图”按钮，弹出“创建迷你图”对话框。

2）在“位置范围”文本框中指定放置迷你图的单元格$H$3:$H$15，如图 4-126 所示。

3）单击“确定”按钮。此时，在单元格中 H3:H15 中创建了一个迷你图表。

七、在“2014 年销售额统计表”中创建并格式化销售统计图表

（一）创建销售统计图表

操作步骤：

1）切换到“2014 年销售额统计表”工作表，选中单元格区域 B2:B15，按 Ctrl 键选中单元格区域 I2:I15。单击“插入”选项卡“图表”组中的“柱形图”下拉按钮，在弹出的下拉菜单中选择“簇状柱形图”选项。此时，工作表中插入了一个簇状柱形图，如图 4-127 所示。

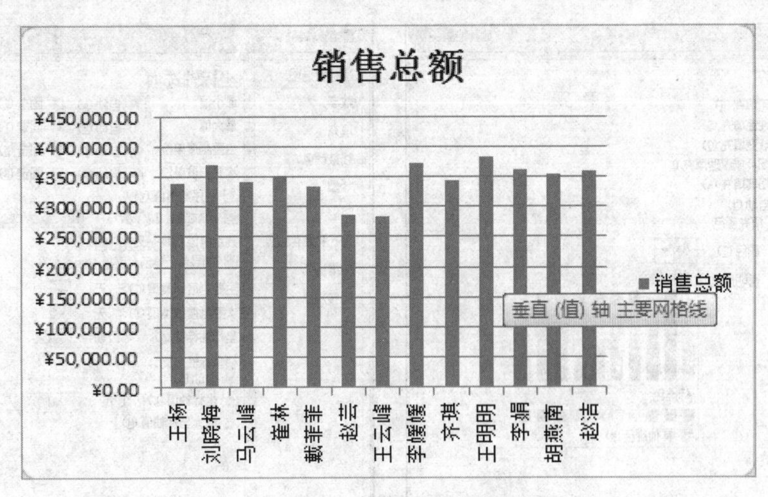

图 4-127 插入簇状柱形图

2）选中图表，将鼠标指针移动到图表的右下角，当指针变成斜向箭头时，按住鼠标左键并向右下角拖动鼠标，到达合适的位置后释放鼠标，将图表调整到适当的大小。

3）将鼠标指针移动到图表上，当指针变成四向箭头时，按住鼠标左键并拖动鼠标，将图表调整到合适的位置后释放鼠标。

4）选中图表，单击“图表工具-设计”选项卡“图表布局”组中的“其他”下拉按钮，在弹出的下拉列表中选择“布局 3”选项。单击“图表样式”组中的“其他”下拉按钮，在弹出的下拉列表中选择“样式 25”选项。

（二）格式化销售统计图表

操作步骤：

1）选中图表标题，切换到“开始”选项卡在“字体”组的“字体”下拉列表框中选择“黑体”选项，在“字号”下拉列表框中选择“20”选项。

2）选中图表，单击“图表工具-布局”选项卡“标签”组中的“图例”下拉按钮，在弹出的下拉菜单中选择“无”选项，将图例隐藏。

3）选中图表区，右击，在弹出的快捷菜单中选择“设置图表区格式”命令，弹出“设置图表区格式”对话框。切换到“填充”选项卡，选中“填充”选项组中的“纯色填充”单选按钮，在“颜色”下拉列表框中选择“橄榄色，强调文字颜色 3，淡色 40%”选项，如图 4-128 所示。

4）选中纵向坐标轴，右击，在弹出的快捷菜单中选择“设置坐标轴格式”命令，弹出“设置坐标轴格式”对话框。切换到“坐标轴选项”选项卡，选中“最大值”右侧的“固定”单选按钮，将数据调整为 400000，如图 4-129 所示，单击“关闭”按钮。

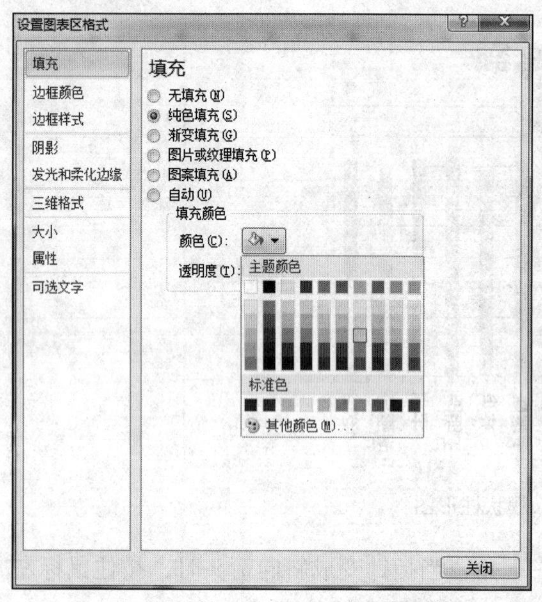

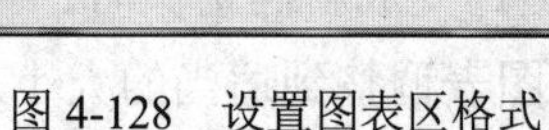

图 4-128 设置图表区格式

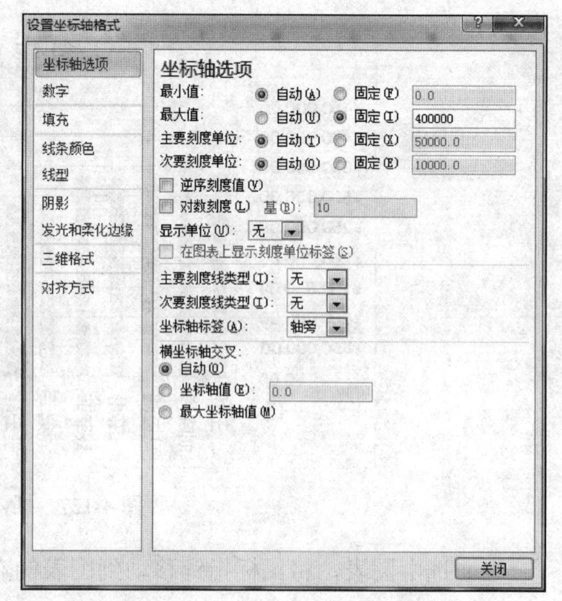

图 4-129 “设置坐标轴格式”对话框

八、筛选“培训成绩统计表”

（一）筛选“销售部”和“人事部”的员工成绩明细

操作步骤：

1）切换到“培训成绩统计表”工作表，将光标定位于数据区域，单击“数据”选项卡“排序和筛选”组中的“筛选”按钮。

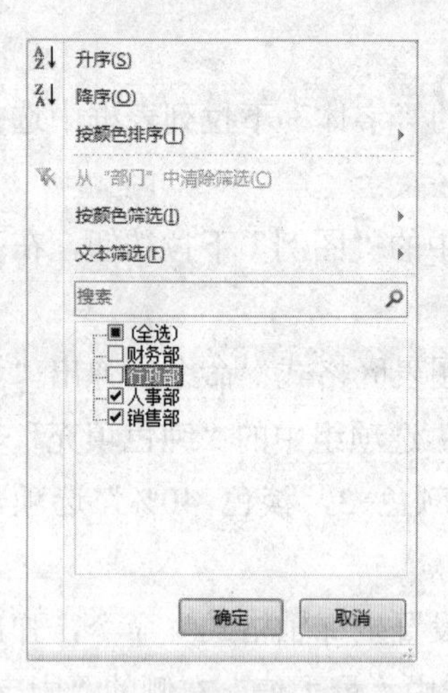

图 4-130 自动筛选“人事部”和“销售部”员工

2）单击“部门”字段右侧的下拉按钮，在筛选列表中取消“财务部”和“行政部”复选框的选中，如图 4-130 所示，单击“确定”按钮。此时获得部门为“销售部”和“人事部”的员工成绩明细数据。

（二）筛选总成绩排名后 5 位的员工培训成绩

操作步骤：

1）单击“数据”选项卡“排序和筛选”组中的“筛选”按钮，撤销之前的筛选。

2）再次单击“筛选”按钮，重新进入筛选状态。单击“总成绩”字段右侧的下拉按钮，在筛选列表中选择“数字筛选”→“10 个最大的值”命令，弹出“自动筛选前 10 个”对话框。

3）将最左侧的下拉列表框设置为“最小”选项，将中间的数值框设置为 5，如图 4-131 所示，单击“确定”按钮，获得“总成绩”排在后 5 位的员工培训成绩。

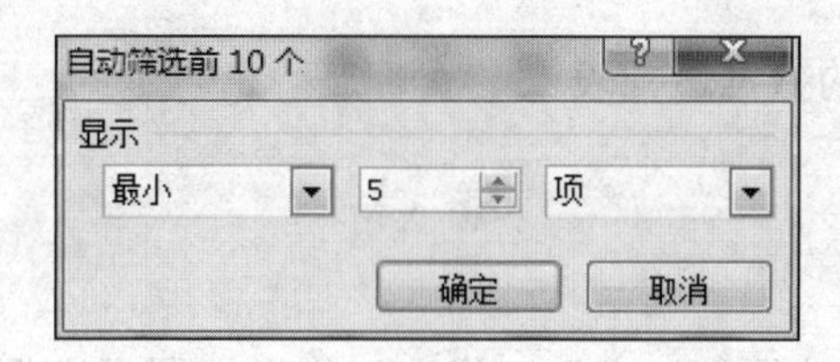

图 4-131　“自动筛选前 10 个”对话框

九、建立员工培训情况的分类汇总

（一）对数据进行排序

操作步骤：

1）将光标定位于数据区域，单击“数据”选项卡“排序和筛选”组中的“排序”按钮，弹出“排序”对话框。

2）在“主要关键字”下拉列表框中选择“部门”选项，在“次序”下拉列表框中选择“升序”选项。单击“确定”按钮，完成排序。

（二）分类汇总出各部门总成绩的平均值

操作步骤：

1）将光标定位于数据区域，单击“数据”选项卡“分级显示”组中的“分类汇总”按钮，弹出“分类汇总”对话框。

2）在“分类字段”下拉列表框中选择“部门”选项，在“汇总方式”下拉列表框中选择“平均值”选项，在“选定汇总项”列表框中选中“总成绩”复选框，如图 4-132 所示。单击“确定”按钮，完成按部门对总成绩的分类汇总，结果如图 4-133 所示。

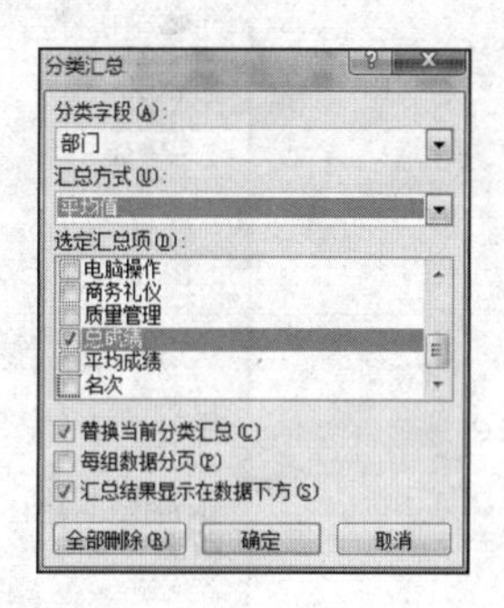

图 4-132　“分类汇总”对话框

企业新进员工培训成绩统计表

	编号	部门	姓名	企业概况	规章制度	法律知识	财务知识	电脑操作	商务礼仪	质量管理	总成绩	平均成绩	名次
3	0005	财务部	孙明明	82	89	79	76	85	89	83	583	83.29	10
4	0009	财务部	郑辉	89	85	80	75	69	82	76	556	79.43	23
5	0012	财务部	李峰	90	89	83	84	75	79	85	585	83.57	8
6	0020	财务部	胡晓峰	90	85	87	77	94	90	84	607	86.71	2
7		财务部 平均值									582.75		
8	0001	行政部	孙小双	85	80	83	87	79	88	90	592	84.57	5
9	0004	行政部	李健健	72	80	74	92	90	84	80	572	81.71	17
10	0010	行政部	叶子龙	80	84	68	79	86	80	72	549	78.43	24
11	0021	行政部	张倩	93	96	91	90	84	82	91	627	89.57	1
12		行政部 平均值									585		
13	0003	人事部	赵静	81	89	80	78	83	79	81	571	81.57	18
14	0006	人事部	孙建	83	79	82	88	82	90	87	591	84.43	6
15	0013	人事部	刘志远	88	78	90	69	80	83	90	578	82.57	16
16	0015	人事部	江晶晶	79	82	85	76	78	86	84	570	81.43	19
17	0017	人事部	王华	92	90	89	80	78	83	85	597	85.29	3
18	0019	人事部	米琪	86	73	69	83	76	89	94	570	81.43	19
19		人事部 平均值									579.5		
20	0002	销售部	刘冬冬	69	75	84	86	76	80	78	548	78.29	25
21	0007	销售部	赵宇	77	71	80	87	85	91	89	580	82.86	13
22	0008	销售部	张扬	83	80	76	85	88	86	92	590	84.29	7
23	0011	销售部	陈晓	80	77	84	90	87	84	80	582	83.14	12
24	0014	销售部	李浩	80	86	81	92	91	84	80	594	84.86	4
25	0016	销售部	郭璐璐	80	76	83	85	81	67	92	564	80.57	22
26	0018	销售部	李丽	87	83	85	81	65	85	80	566	80.86	21
27	0022	销售部	王莉莉	87	84	85	81	77	85	80	579	82.71	15
28		销售部 平均值									575.375		
29		总计平均值									579.591		

图 4-133　分类汇总结果

十、创建 1 月份销售情况的数据透视表

(一) 创建数据透视表

操作步骤：

1）切换到“1 月销售数据统计表”工作表，将光标置于数据区域，单击“插入”选项卡“表格”组中的“数据透视表”下拉按钮，在弹出的下拉菜单中选择“数据透视表”命令，弹出“创建数据透视表”对话框。保持其中的默认选项，单击“确定”按钮，进入透视表设计界面。将工作表重命名为“销售情况数据透视表”。

2）在“数据透视表字段列表”任务窗格的“选择要添加到报表的字段”列表框中选择报表字段，将“产品名称”字段拖动到“报表筛选”列表框中，将“销售区域”字段拖动到“行标签”列表框中，将“销售额”字段拖动到“数值”列表框中，如图 4-134 所示。结果如图 4-135 所示。

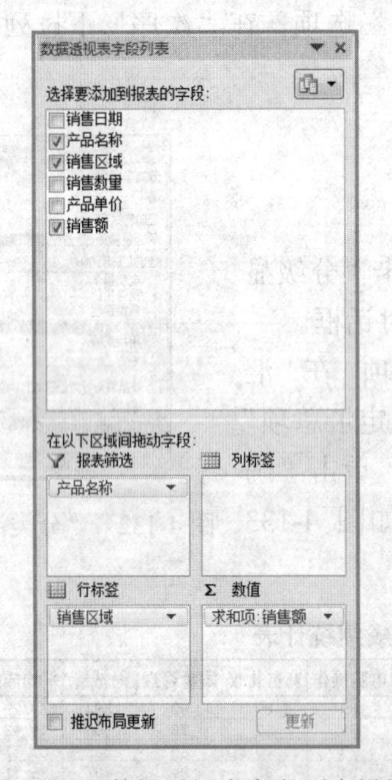

图 4-134 数据透视表字段列表设置

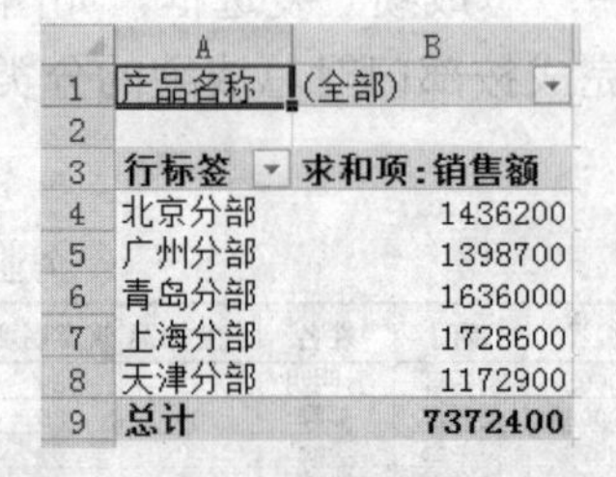

	A	B
1	产品名称	(全部)
2		
3	行标签	求和项:销售额
4	北京分部	1436200
5	广州分部	1398700
6	青岛分部	1636000
7	上海分部	1728600
8	天津分部	1172900
9	总计	7372400

图 4-135 数据透视表结果

(二) 设置数据透视表字段

操作步骤：

1）选中单元格“全部”（B1 单元格）右侧的下拉按钮，在弹出的下拉菜单中选择“手机”选项，单击“确定”按钮，即可显示手机在各区域的销售情况。

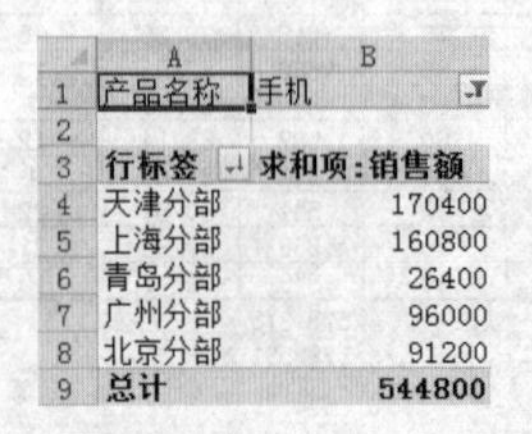

	A	B
1	产品名称	手机
2		
3	行标签	求和项:销售额
4	天津分部	170400
5	上海分部	160800
6	青岛分部	26400
7	广州分部	96000
8	北京分部	91200
9	总计	544800

图 4-136 数据透视表设置字段结果

2）选中单元格“行标签”（A3 单元格）右侧的下拉按钮，在弹出的下拉菜单中选择“降序”选项，此时即可按照销售区域的拼音降序进行排列显示，结果如图 4-136 所示。

任务四　公司员工档案管理

任务导入

以“某公司员工档案.xlsx”为例，通过单元格格式设置及调整行高列宽的操作，掌握基本数据格式的设置方法。通过完成出生日期、工龄、工资及相关数据的统计，掌握文本函数、日期函数、数学函数等的应用方法。要求：

1）将所有工资列设为保留两位小数的数值，适当加大行高、列宽。

2）根据身份证号码，在“员工档案表”工作表的“出生日期”列中使用 MID()函数提取员工生日，单元格格式类型为 yyyy"年"m"月"d"日"。

3）根据入职时间，在“员工档案表”工作表的“工龄”列中使用 TODAY()函数和 INT()函数计算员工的工龄（工作满一年才计入工龄）。

4）引用“工龄工资”工作表中的数据计算“员工档案表”工作表员工的工龄工资，在“基础工资”列计算每个人的基础工资。（基础工资=基本工资+工龄工资）

5）根据“员工档案表”工作表中的工资数据，统计所有人的基础工资总额，并将其填写在“统计报告”工作表的 B2 单元格中。

6）根据“员工档案表”工作表中的工资数据，统计职务为项目经理的基本工资总额，并将其填写在“统计报告”工作表的 B3 单元格中。

7）根据“员工档案表”工作表中的数据，统计该公司本科生平均基本工资，并将其填写在“统计报告”工作表的 B4 单元格中。

任务实施

一、设置工资列数值，调整行高、列宽

（一）工资列保留两位小数

操作步骤：

选中所有工资列单元格 K3:M37，单击“开始”选项卡“单元格”组中的“格式”下拉按钮，在弹出的下拉菜单中选择“设置单元格格式”命令，弹出“设置单元格格式”对话框，在“数字”选项卡的“分类”列表框中选择“数值”选项，在“小数位数”数值框中设置小数位数为 2，单击“确定”按钮。

（二）设置行高列宽

操作步骤：

1）选中所有单元格，单击“开始”选项卡“单元格”组中的“格式”下拉按钮，在弹出的下拉菜单中选择“行高”命令，弹出“行高”对话框，设置行高为 17，如图 4-137 所示，单击“确定”按钮。

2）选中所有单元格，单击“开始”选项卡“单元格”组中的“格式”下拉按钮，在弹出的下拉菜单中选择“列宽”命令，弹出“列宽”对话框，设置列宽为 10，如图 4-138 所示，

单击“确定”按钮。

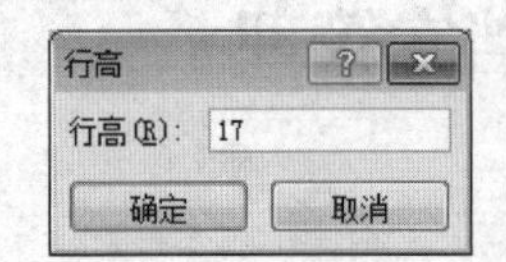

图 4-137 “行高”对话框

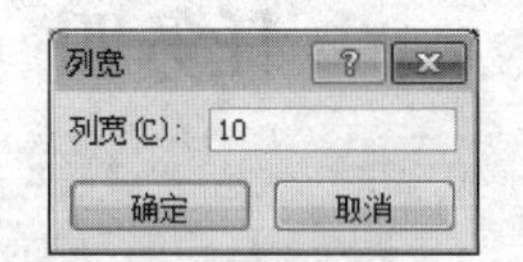

图 4-138 “列宽”对话框

二、根据身份证号码提取出生年月

操作步骤：

在“员工档案表”工作表的 G3 单元格中输入“=MID(F3,7,4)&"年"&MID(F3,11,2)&"月"&MID(F3,13,2)&"日"”，如图 4-139 所示，按 Enter 键确认，然后向下填充公式到最后一条记录。

G3 fx =MID(F3,7,4)&"年"&MID(F3,11,2)&"月"&MID(F3,13,2)&"日"

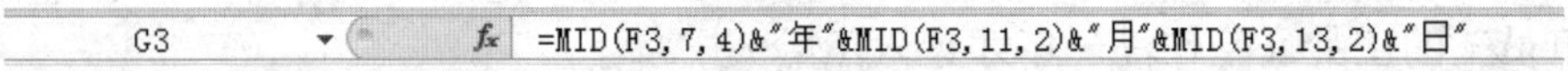

图 4-139 G3 公式（一）

也可以采用下面的方法，即在“员工档案表”工作表的 G3 单元格中输入“=TEXT(MID(F3,7,8),"0-00-00")”，如图 4-140 所示，按 Enter 键确认，在“开始”选项卡“数字”组中的下拉列表中选择“长日期”选项即可。

G3 fx =TEXT(MID(F3,7,8),"0-00-00")

图 4-140 G3 公式（二）

三、计算工龄

（1）向下取整函数 INT()

功能：将数字向下舍入到最接近的整数。

语法：INT(number)

其中：number 必需，需要进行向下舍入取整的实数。

（2）四舍五入函数 ROUND()

功能：ROUND()函数可将某个数字四舍五入为指定的位数。

语法：ROUND(number,num_digits)

其中：number 必需，需要四舍五入的数字。

num_digits 必需，表示位数，按此位数对 number 参数进行四舍五入。

说明：如果 num_digits 大于 0，则将数字四舍五入到指定的小数位。

如果 num_digits 等于 0，则将数字四舍五入到最接近的整数。

如果 num_digits 小于 0，则在小数点左侧进行四舍五入。

相关函数有 ROUNDUP()、ROUNDDOWN()、MROUND()，详细可参阅 Excel 帮助。

操作步骤：

在“员工档案表”工作表的 J3 单元格中输入“=INT((TODAY()-I3)/365)”，表示当前日期减去入职时间的余额除以 365 天后再向下取整，按 Enter 键确认，然后向下填充公式到最后一条记录。

四、计算工龄工资和基础工资

操作步骤：

在“员工档案表”的 L3 单元格中输入“=J3*工龄工资!$B$3”，按 Enter 键确认，然后向下填充公式到最后一条记录。

在 M3 单元格中输入“=K3+L3”，按 Enter 键确认，然后向下填充公式到最后一条记录。

五、统计基础工资总额

操作步骤：

在“统计报告”工作表中的 B2 单元格中输入“=SUM(员工档案!M3:M37)”，按 Enter 键确认。

六、统计职务为项目经理的基本工资总额

操作步骤：

在“统计报告”工作表中的 B3 单元格中输入“=SUMIF(员工档案!E3:E37,"项目经理",员工档案!K3:K37)”，按 Enter 键确认。

七、统计本科生平均基本工资

在“统计报告”工作表 B4 单元格中输入“=AVERAGEIF(员工档案!H3:H37,"本科",员工档案!K3:K37)”，按 Enter 键确认。

项目五　用 PowerPoint 2010 制作演示文稿

随着计算机的不断普及，PowerPoint 在行业办公方面应用越来越广。它是制作公司介绍、会议报告、产品说明、培训计划和教学课件等演示文稿的首选软件，深受广大用户的青睐。

【学习目标】

1. 掌握在 PowerPoint 2010 中创建、保存幻灯片，以及设置母版幻灯片版式的方法。
2. 掌握设置幻灯片的大小、方向、背景颜色、字体等内容的方法。
3. 掌握通过动画和视频提高幻灯片的整体视觉效果的方法。

任务一　PowerPoint 2010 使用基础

任务导入

利用 PowerPoint 做出来的文件称为演示文稿，演示文稿中的每一页称为一张幻灯片，它们是包含与被包含的关系。在具体制作演示文稿的内容前，需要先创建演示文稿。在 PowerPoint 2010 中，我们可以创建空白演示文稿，也可以使用模板或主题来创建演示文稿。

在“文件”选项卡的“新建”页面中提供了一系列创建演示文稿的方法。在此介绍创建空演示文稿，以及利用“样本模板”和“主题”创建演示文稿的方法。其中，“样本模板”和“主题”带有预先设计好的标题、注释、文稿格式和背景颜色等。用户可以根据演示文稿的需要，选择合适的模板。

相关知识

一、熟悉 PowerPoint 2010 的工作界面

要使用 PowerPoint 2010 制作演示文稿，首先要熟悉其工作界面和视图模式，这样可以方便在制作过程中进行操作。

PowerPoint 2010 软件和其他软件程序一样，启动后才能在其中进行操作，完成相应的工作。启动 PowerPoint 2010 的常用方法如下：

1）通过“开始”菜单中的“Microsoft PowerPoint 2010”命令。

2）若桌面上有图 5-1 所示的快捷方式图标，可双击该快捷方式图标。

3）打开已有的 PowerPoint 演示文稿文件。

图 5-1　PowerPoint 2010 快捷方式图标

PowerPoint 2010 的工作界面如图 5-2 所示，可看到其工作界面与 Word 2010 类似，功能相近的组成部分此处不再重复。下面重点介绍“幻灯片/大纲”窗格、幻灯片编辑区、备注窗格和状态栏。

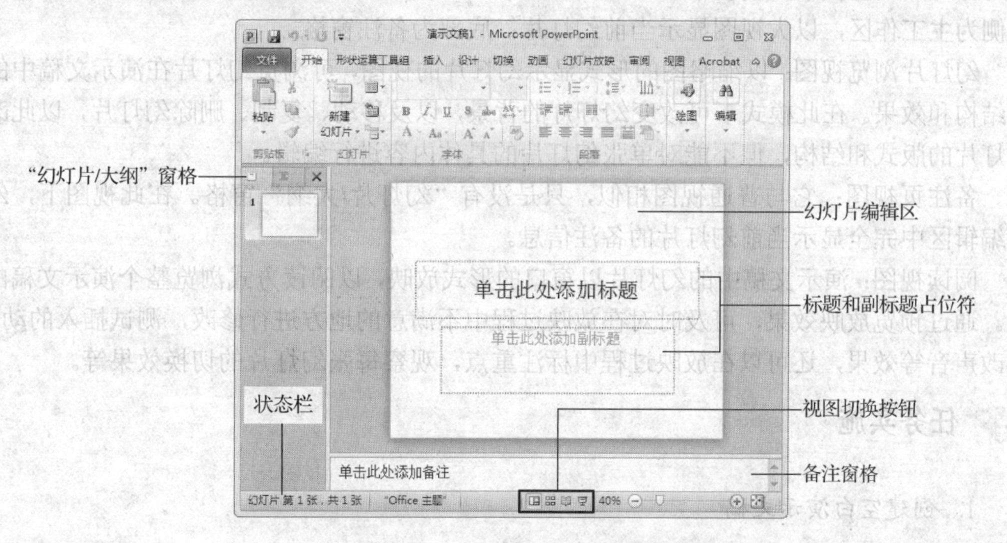

图 5-2　PowerPoint 2010 的工作界面

“幻灯片/大纲”窗格：方便用户掌握整个演示文稿的结构。在“幻灯片”窗格中显示幻灯片的编号、缩略图及数量；在“大纲”窗格中列出了当前演示文稿中各张幻灯片中的文本内容。

幻灯片编辑区：用于显示和编辑幻灯片，是使用 PowerPoint 制作演示文稿的操作平台，是整个工作界面的核心区域。

备注窗格：位于幻灯片编辑区的下方，制作者可为指定的幻灯片添加说明和注释，观众无法看到。

状态栏：位于工作界面的最下方，用于显示演示文稿中当前所选的幻灯片及幻灯片的总张数、幻灯片采用的模板类型、视图切换按钮、页面显示比例等。

提示：幻灯片编辑区有一些带有虚线边框的编辑框称为占位符，用于指示可在其中输入标题文本（标题占位符，单击可输入文本）、正文文本（文本占位符），或插入图表、表格和图片（内容占位符）等对象。幻灯片版式不同，占位符的类型和位置也不同。

二、了解 PowerPoint 2010 的视图模式

为满足用户不同的需求，PowerPoint 2010 提供了普通视图、幻灯片浏览视图、备注页视图和阅读视图 4 种视图模式来编辑、查看幻灯片。用户可以从这些视图中选择一种作为 PowerPoint 的默认视图，如图 5-3 所示。

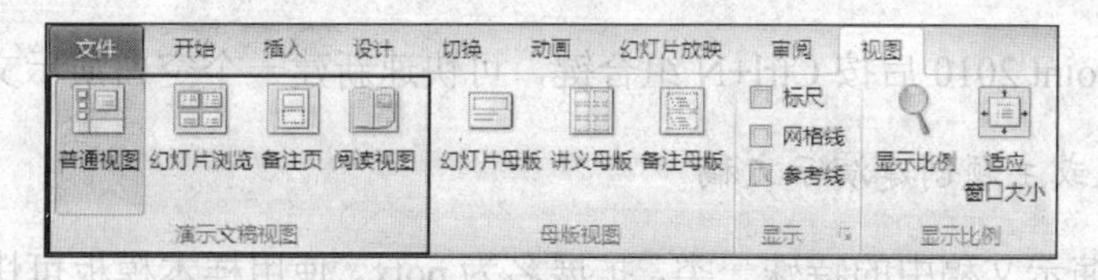

图 5-3　演示文稿的 4 种不同视图

各视图含义如下。

普通视图：PowerPoint 2010 的默认视图模式，是主要的编辑视图，常用于撰写或设计单张幻灯片，调整演示文稿的结构。该视图有 3 个工作区域，左侧是“幻灯片/大纲”窗格；右侧为主工作区，以大视图显示当前幻灯片；底部为备注窗格。

幻灯片浏览视图：以缩略图的形式显示幻灯片的视图，可浏览幻灯片在演示文稿中的整体结构和效果。在此模式下可改变幻灯片的背景，以及移动、复制、删除幻灯片，以此改变幻灯片的版式和结构，但不能对单张幻灯片的具体内容进行编辑。

备注页视图：它与普通视图相似，只是没有“幻灯片/大纲”窗格。在此视图下，幻灯片编辑区中完全显示当前幻灯片的备注信息。

阅读视图：演示文稿中的幻灯片以窗口的形式放映，以阅读方式浏览整个演示文稿的播放。通过预览放映效果，可及时对在放映过程中不满意的地方进行修改，测试插入的动画、更改声音等效果，还可以在放映过程中标注重点，观察每张幻灯片的切换效果等。

任务实施

1. 创建空白演示文稿

启动 PowerPoint 2010 后，系统会自动创建一个空白演示文稿。除此之外，用户还可通过如下方法创建空白演示文稿。

启动 PowerPoint 2010 后，选择“文件”→“新建”命令，在“可用的模板和主题”列表中选择“空白演示文稿”选项，单击“创建”按钮，如图 5-4 所示，或双击“空白演示文稿”选项，即可创建一个空白演示文稿。

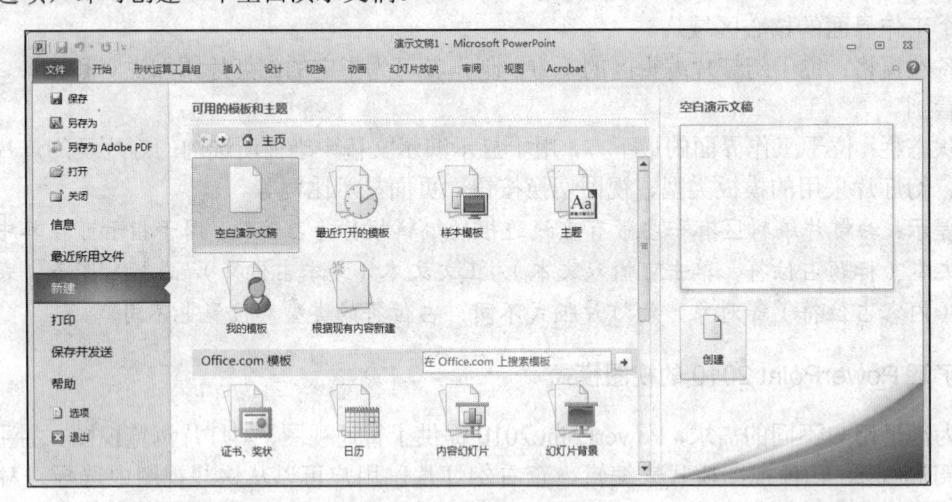

图 5-4 创建空白演示文稿

启动 PowerPoint 2010 后按 Ctrl+N 组合键，可快速新建一个空白演示文稿。

2. 利用模板或主题创建演示文稿

样本模板是演示文稿中的特殊一类，扩展名为.potx。使用样本模板可快速生成风格统一的演示文稿。样本模板能提供演示文稿的格式、配色方案、母版样式及产生特效的字体样式等。它是控制演示文稿统一外观最快捷的方式。系统提供的模板各个对象的搭配比较协调，配色方案比较醒目，因此能够满足大多数用户的需要。用户既可以在建立演示文稿之前预先选中文稿所用的模板，又可以在演示文稿的编辑过程中更改模板。

PowerPoint 2010 提供了 9 种标准演示文稿类型，如“PowerPoint 2010 简介”“都市相册”“古典型相册”“宽屏演示文稿”“培训”等。

操作步骤：

1）要根据主题创建演示文稿，可启动 PowerPoint 2010，选择“文件”→“新建”命令，打开“新建”页面。

2）在“可用的模板和主题”列表中选择“主题”选项，在列表中选择所需主题，单击“创建”按钮。

3）返回 PowerPoint 2010 的工作界面，即可看到根据主题新建的演示文稿。其中，幻灯片的背景样式、颜色和文字效果已进行了各种搭配设置。

4）若要根据模板创建演示文稿，可在“可用的模板和主题”列表中选择“样本模板”选项，在列表中选择模板类型，然后单击“创建”按钮。

5）返回 PowerPoint 2010 的工作界面，即可看到根据模板新建的演示文稿。其中，文稿、图形和背景等对象都已经形成，用户仅仅需要做一些修改和补充即可。

提示：如果希望从网上下载更多、更精彩的演示文稿模板，可在“新建”页面的“Office.com 模板”列表中选择某个分类，系统会从网上搜索有关该项目的所有模板。搜索完毕，选择所需模板，然后单击“下载”按钮，即可下载该模板并利用它创建演示文稿。

此外，也可以从某些网站下载演示文稿模板，使用时只需使用 PowerPoint 打开该模板并将其保存，然后进行编辑操作即可。

3. 制作幻灯片内容

幻灯片可以通过文字、图片、图形、声音和视频等对象，清晰、快速地呈现出制作者想展示的内容。

在幻灯片中插入与编辑文本框、图片、图形、艺术字的方法与 Word 类似。插入图表的方法与 Excel 类似。相关知识学生可参考 Word、Excel 中的内容。

（1）插入文本框

文本框是存储文本和图形对象的容器。当幻灯片内默认生成的文本框不足时，需要手动插入文本框对象。在 PowerPoint 中，要在幻灯片中添加文本，方法有两种：一种是在占位符中直接输入，另一种是利用文本框进行添加。添加文本后，可对文本框及其中的文本进行格式设置。

（2）插入图片

为了增强演示文稿的可视性，可以向演示文稿中添加图片。图片可以是 Office 自带的剪贴画或外部图片，如用户自行拍摄的图片等。在 PowerPoint 中，可对插入的图片进行格式设置。

（3）绘制形状图形

根据制作演示文稿的需要，经常要在其中绘制一些特殊形状的图形对象。PowerPoint 中内置的形状有线条、基本形状、箭头汇总、公式形状、流程图、星与旗帜、标注和动作按钮 8 种类型，用户可根据需要插入形状并对其进行调整和格式设置。

（4）插入艺术字

Office 的多个组件中都有艺术字功能，通过在演示文稿中插入艺术字可以大大改善演示文稿的放映效果。

（5）插入图表

利用图表，可以更加直观地演示数据的变化情况。单击“插入”选项卡“插图”组中的“图表”按钮，在弹出的“插入图表”对话框中选择图表类型后自动进入 Excel，然后可进行数据的编辑。编辑的数据效果立即在图表中反映出来，同时也可以对该图表中的 Excel 数据进行存储。

提示：双击图表即可再次进入 Excel，然后可对图表数据进行编辑、修改处理。

（6）插入 Excel 表格

要在 PowerPoint 中插入表格，可参考以下操作步骤：

1）单击“插入”选项卡“文本”组中的“对象”按钮，弹出图 5-5 所示的“插入对象”对话框。

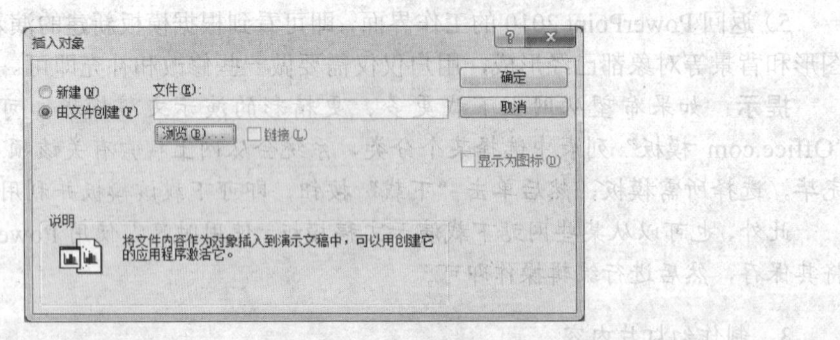

图 5-5 “插入对象”对话框

2）选中“由文件创建”单选按钮，单击“浏览”按钮，在弹出的“浏览”对话框中选择需插入的 Excel 文件，最后单击“打开”按钮。

3）将插入的表格调整大小，并将其定位在合适的位置。

（7）插入声音

为演示文稿配上声音，可以大大增强演示文稿的播放效果，如插入背景音乐或演示解说等。用户可在 PowerPoint 中插入.mp3、.midi、.wav 等格式的声音文件。

操作步骤：

1）单击“插入”选项卡“媒体”组中的“插入音频”按钮，弹出图 5-6 所示的“插入音频”对话框。

2）查找并选择音频文件后单击“插入”按钮，将其插入幻灯片中。

3）音频测试。插入音频后，在幻灯片中出现音频标记，可以通过拖动调整其位置。当鼠标指针移至其上或选中标记时，出现播放控件，可对音频进行测试调整；在演示文稿的播放画面中，当鼠标指针移至音频标记时，自动出现播放控件，可对演示文稿中的音频进行播放控制，如图 5-7 所示。

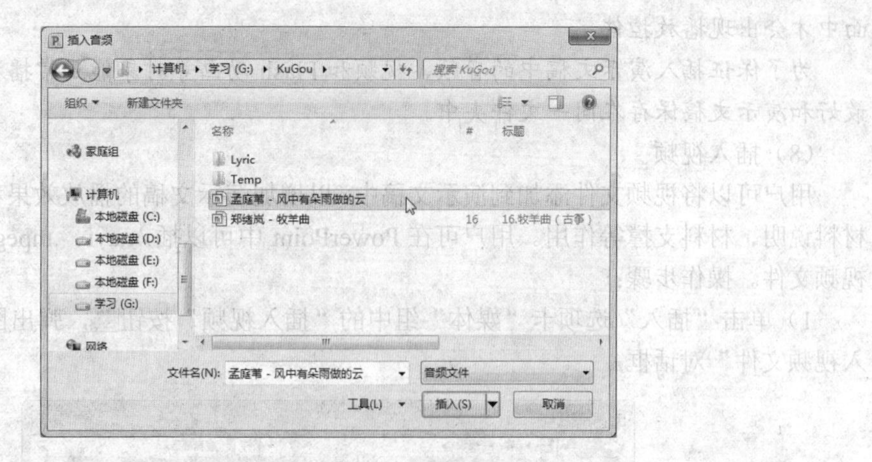

图 5-6　“插入音频”对话框

（a）幻灯片设计过程中的音频测试播放控件

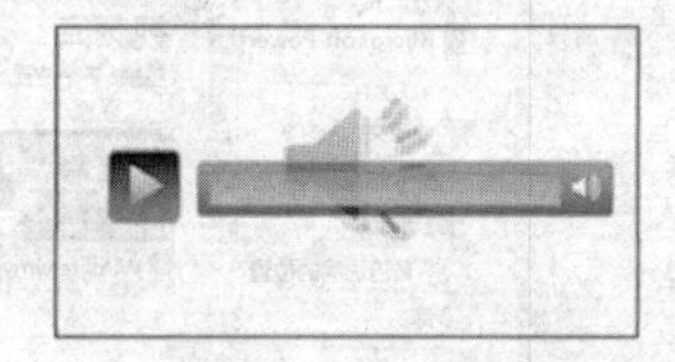

（b）幻灯片演示过程中的音频播放控件

图 5-7　音频播放控制工具栏

在幻灯片中选中音频标记时，出现“音频工具-格式”“音频工具-播放”选项卡。通过“音频工具-格式”选项中的功能按钮，可以对该标记进行格式设计；通过“音频工具-播放”选项卡中的功能按钮，可以对音频播放进行控制，如图 5-8 所示。

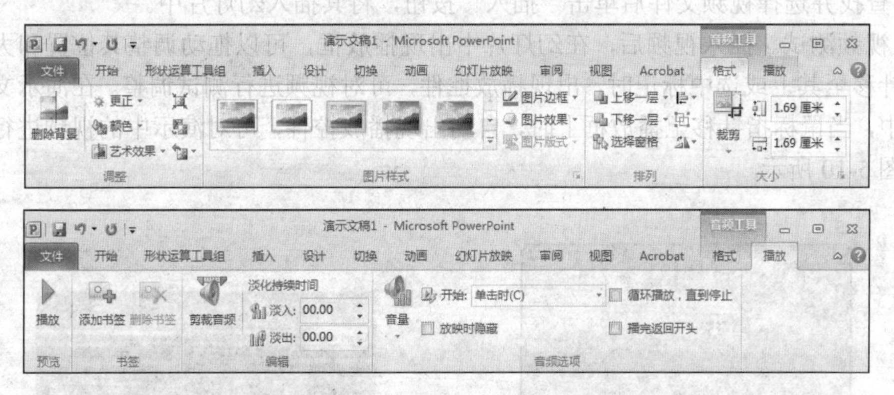

图 5-8　“音频工具-格式”选项卡和“音频工具-播放”选项卡

提示：默认情况下，插入的音频只在当前幻灯片播放，当需要将音频跨幻灯片播放时，可在“音频工具-播放”选项卡“音频选项”组的“开始”下拉列表框中选择“跨幻灯片播放”选项。

在放映幻灯片时，通常会在画面中显示音频标记，为了不影响播放效果，通常将该图标移到幻灯片的边缘处；若选中“放映时隐藏”复选框，则不显示标记，但在播放中不便于进行播放控制。

只有在“幻灯片放映”选项卡的“设置”组选中“显示媒体控件”复选框时，在演示画面中才会出现播放控件。

为了保证插入演示文稿中的音频、视频和 Flash 动画等对象能正常播放，这些插入对象最好和演示文稿保存在同一文件夹中。

（8）插入视频

用户可以将视频文件添加到演示文稿中，以增加演示文稿的播放效果和对演示内容起到材料说明、材料支撑等作用。用户可在 PowerPoint 中可以插入.avi、.mpeg、.wmv 等格式的视频文件。操作步骤：

1）单击“插入”选项卡“媒体”组中的“插入视频”按钮，弹出图 5-9 所示的“插入视频文件”对话框。

图 5-9 “插入视频文件”对话框

2）查找并选择视频文件后单击“插入”按钮，将其插入幻灯片中。

3）视频测试。插入视频后，在幻灯片中出现播放框，可以拖动调整其位置和大小。当鼠标指针移至其上或选中标记时，出现播放控件，可对视频进行测试调整。在演示文稿的播放画面中，当鼠标指针移至播放框上时，自动出现播放控件，可对演示中的视频进行播放控制，如图 5-10 所示。

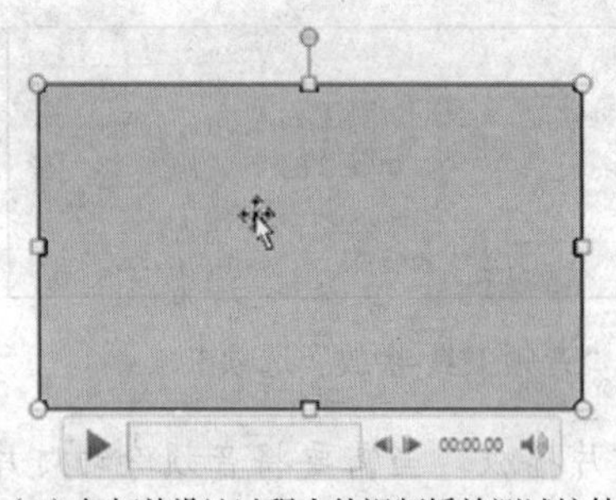

（a）幻灯片设计过程中的视频播放测试控件

（b）幻灯片演示过程中的视频播放控件

图 5-10 视频播放控制工具栏

在幻灯片中选中视频播放框时，系统出现“视频工具-格式”选项卡和“视频工具-播放”选项卡。通过“视频工具-格式”选项卡中的功能按钮，可以对播放框进行格式设计；通过“视频工具-播放”选项卡中的功能按钮，可以对视频播放进行控制。

提示： 插入演示文稿中的视频在放映时才可看到播放效果。

【例 5-1】 新建“生日快乐”演示文稿并制作第 1 张幻灯片，为标题和副标题文本应用艺术字效果，在其中插入跨幻灯片播放的声音文件，效果如图 5-11 所示。

操作步骤：

1）新建空白演示文稿，将其保存为“生日快乐”。

2）分别在标题和副标题占位符中输入文本，设置标题的字符格式为汉仪娃娃篆简、88 磅，副标题的字符格式为 Script MT Bold、48 磅。

3）分别选中标题和副标题占位符，单击“绘图工具-格式”选项卡“艺术字样式”组中的“其他”下拉按钮，在弹出的下拉菜单中选择图 5-12 所示的艺术字样式。

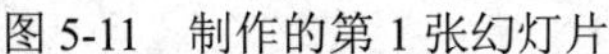

图 5-11　制作的第 1 张幻灯片

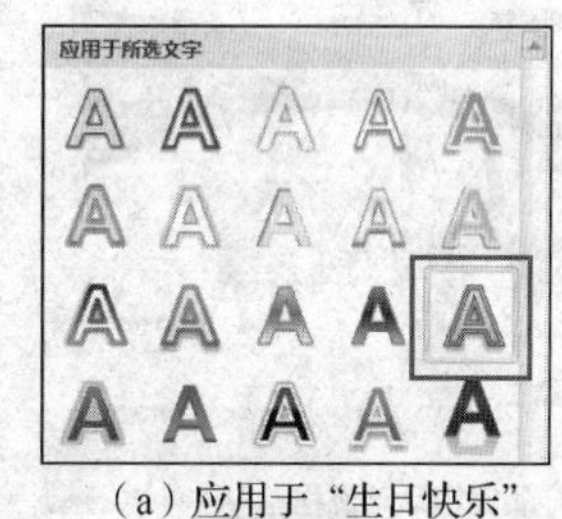

（a）应用于“生日快乐”

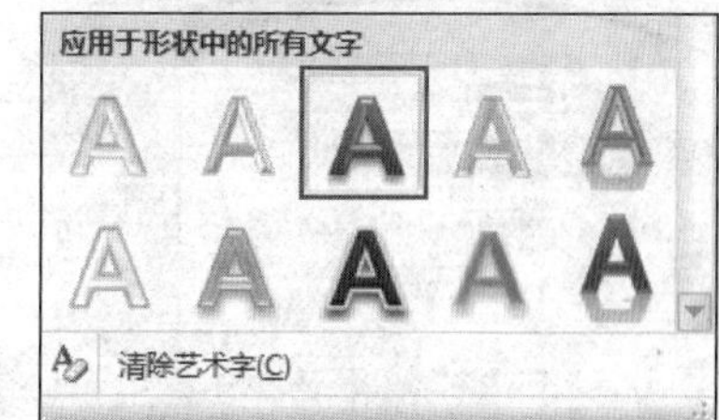

（b）应用于“Happy Birthday”

图 5-12　选择艺术字样式

4）单击“插入”选项卡“媒体”组中的“音频”按钮，在弹出的“插入音频”对话框中选择“生日快乐.mp3”文件，单击“插入”按钮，将其插入幻灯片中。

5）将音频标记移到幻灯片的右下方，然后在“音频工具-播放”选项卡中设置其开始播放方式为跨幻灯片播放，并选中“放映时隐藏”复选框，如图 5-13 所示。至此，第 1 张幻灯片制作完成。

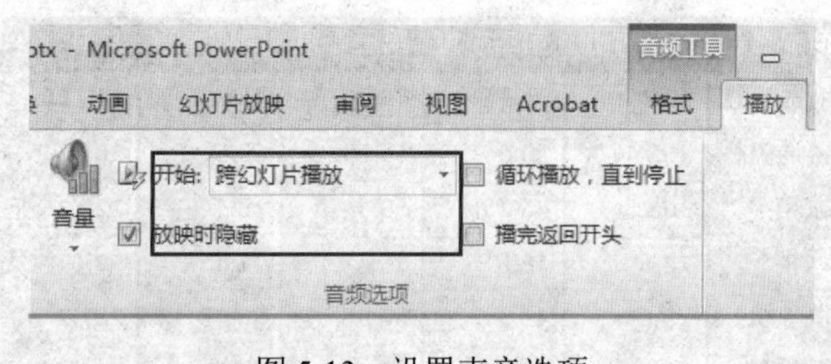

图 5-13　设置声音选项

任务二　编辑幻灯片

子任务一　制作演示文稿

任务导入

制作一个菲儿超市电器部 2011 年度销售总结演示文稿，其中包括会销售情况、销售情况统计，以及产品促销活动流程和总结。效果如图 5-14 所示。

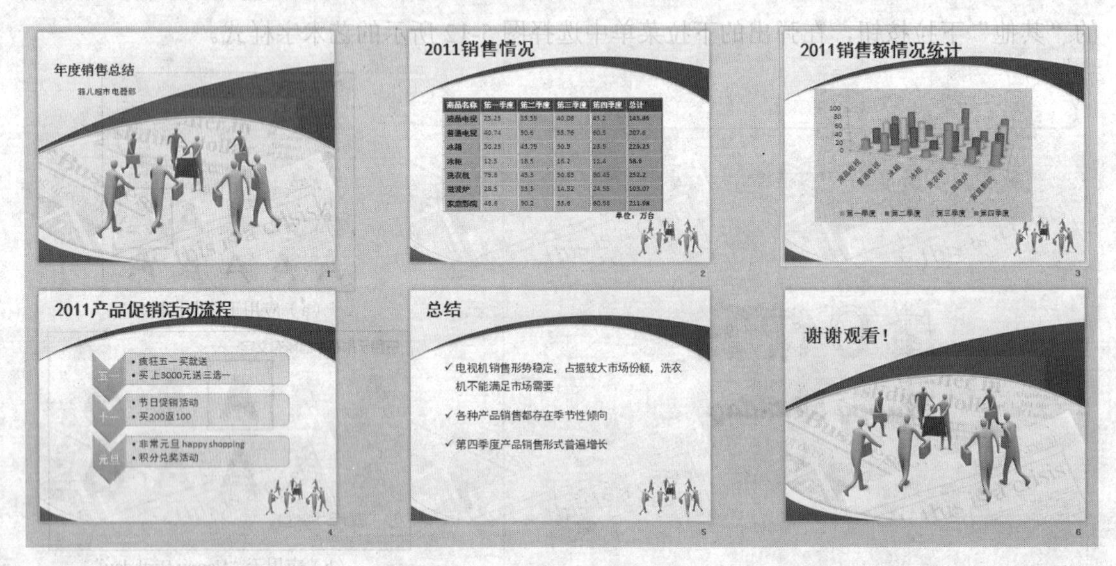

图 5-14　年度销售总结效果

利用幻灯片模版建立具有 6 张幻灯片的演示文稿，以“年度销售总结.pptx”为文件名保存，要求：

1）第 1 张幻灯片采用“标题幻灯片”版式，标题中输入“年度销售总结”，副标题中输入“菲儿超市电器部”，自行设置字体效果。

2）第 2 张幻灯片采用“标题与内容”版式，标题中输入“2011 销售情况”，下方插入表格，效果如图 5-15 所示。

商品名称	第一季度	第二季度	第三季度	第四季度	总计
液晶电视	23.25	35.35	40.06	45.2	**143.86**
普通电视	40.74	50.6	55.76	60.5	**207.6**
冰箱	30.25	45.75	50.5	28.5	**229.25**
冰柜	12.5	18.5	16.2	11.4	**58.6**
洗衣机	75.6	45.3	50.85	80.45	**252.2**
微波炉	28.5	35.5	14.52	24.55	**103.07**
家庭影院	45.6	50.2	55.6	60.58	**211.98**

图 5-15　各季度销售情况表

3）第 3 张幻灯片采用“标题与内容”版式，标题中输入“2011 销售情况统计”，下方插入图表，效果如图 5-16 所示。

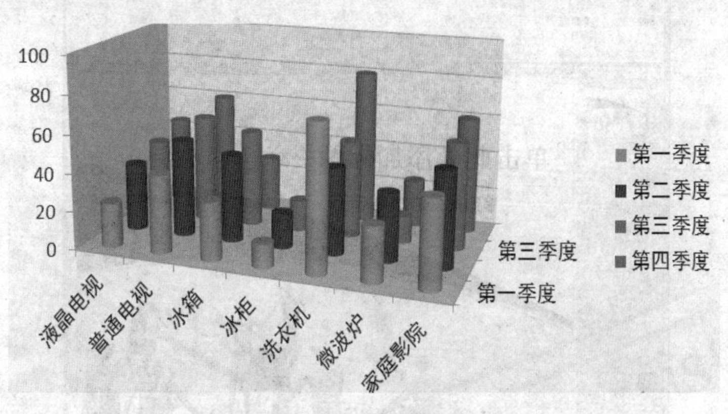

图 5-16　各季度销售情况图表

4）第 4 张幻灯片采用“标题与内容”版式，标题中输入“2011 产品促销活动流程”，用 SmartArt 图绘制活动方案，效果如图 5-17 所示。

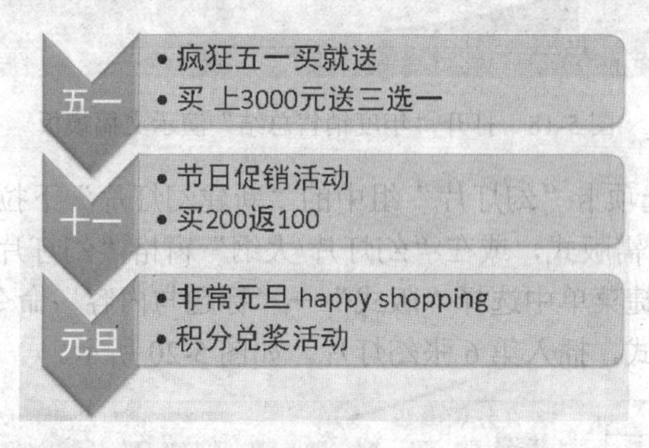

图 5-17　产品促销活动流程图

5）第 5 张幻灯片采用“标题与内容”版式，标题中输入“总结”，内容中输入以下文字。

① 电视机销售形势稳定，占据较大市场份额，洗衣机不能满足市场需要。

② 各种产品销售都存在季节性倾向。

③ 第四季度产品销售形式普遍增长。

6）第 6 张采用“空白”版式，幻灯片中插入一个艺术字“谢谢观看！”。

任务实施

1）利用主题建立演示文稿。

启动 PowerPoint 2010 软件后，选择“文件”→“打开”命令，弹出“打开”对话框，打开“年度销售总结模板素材”演示文稿模板，保存为“年度销售总结.pptx”，如图 5-18 所示。在标题中输入“年度销售总结”，设置为方正粗倩简体，32 号、加粗，设置副标题中输入“菲儿超市电器部”，黑体、20 号。

图 5-18　打开“年度销售总结”演示文稿模板

2）单击“开始”选项卡“幻灯片”组中的“新建幻灯片”下拉按钮，在弹出的下拉菜单（图 5-19）中选择所需版式，或在“幻灯片/大纲”窗格“幻灯片”选项卡中的某张幻灯片上右击，在弹出的快捷菜单中选择“版式”→“标题与内容”命令，插入第 2～5 张幻灯片。选择“仅标题”版式，插入第 6 张幻灯片，如图 5-20 所示。

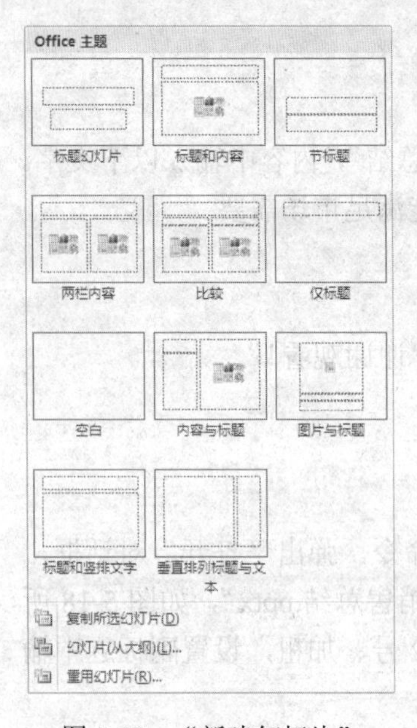

图 5-19　“新建幻灯片”下拉菜单

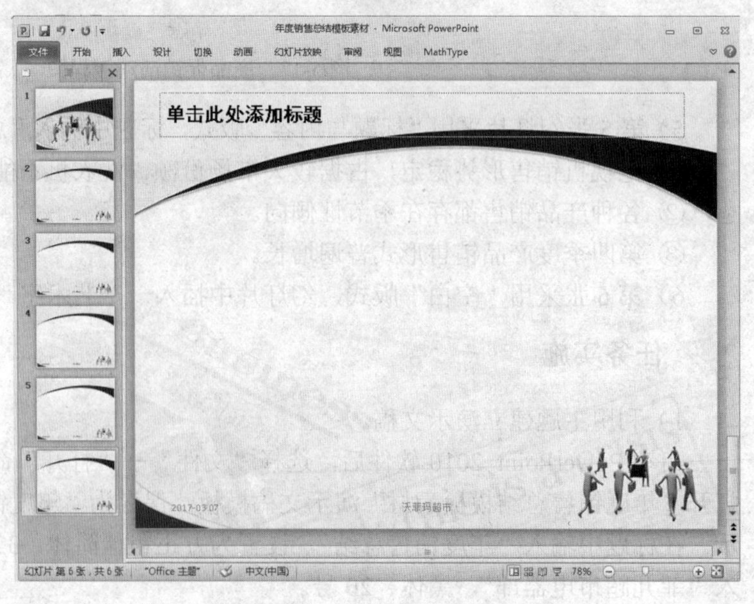

图 5-20　6 张幻灯片示意图

3）选中第 2 张幻灯片，输入标题“2011 销售情况”，单击占位符中的“插入表格”按钮，弹出“插入表格”对话框，在“列数”和“行数”数值框中分别输入 6 和 8，单击“确定”按钮。在插入的表格中输入相应的文本，将鼠标指针移动到表格控制点上，拖动鼠标调整表格的大小和位置，按照每张幻灯片的内容要求，输入相应的内容。在“表格工具-设计”选项卡中的“表格样式”下拉列表框中选择“浅色样式 2-强调 6”选项，表格中的各列填充不同的颜色，单元格凹凸效果设置为棱台，如图 5-21 所示。

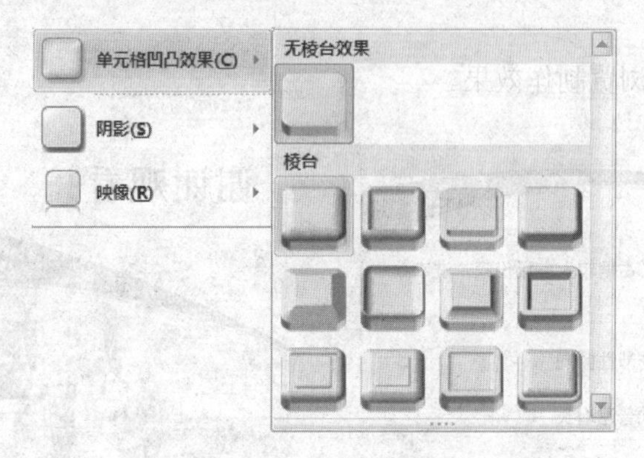

图 5-21　设置棱台效果

4）选中第 3 张幻灯片，输入标题“2011 销售额情况统计”，单击占位符中的“插入图表”按钮，弹出“插入图表”对话框，选择“柱状图”选项卡，选择“三维圆柱图”选项。在弹出的 Excel 表格中输入相应的数据，如图 5-22 所示，第 3 张幻灯片中生成相应的图表，设置背景为花束纹理填充，改变每个数据系列的填充颜色，效果如图 5-16 所示。

	A	B	C	D	E	F
1		第一季度	第二季度	第三季度	第四季度	总计
2	液晶电视	23.25	35.35	40.06	45.2	143.86
3	普通电视	40.74	50.6	55.76	60.5	207.6
4	冰箱	30.25	45.75	50.5	28.5	229.25
5	冰柜	12.5	18.5	16.2	11.4	58.6
6	洗衣机	75.6	45.3	50.85	80.45	252.2
7	微波炉	28.5	35.5	14.52	24.55	103.07
8	家庭影院	45.6	50.2	55.6	60.58	211.98
9						
10						
11		若要调整图表数据区域的大小，请拖拽区域的右下角。				

图 5-22　填充表格内容

5）选中第 4 张幻灯片，输入标题“2011 产品促销流程”，单击占位符中的“插入 SmartArt 图形”按钮，弹出“选择 SmartArt 图形”对话框，选择“流程”选项卡中的“垂直 V 形列表”选项，在文本框中分别输入活动内容，效果如图 5-17 所示。在“SmartArt 样式”组中，将图形设置为“优雅”效果，如图 5-23 所示。

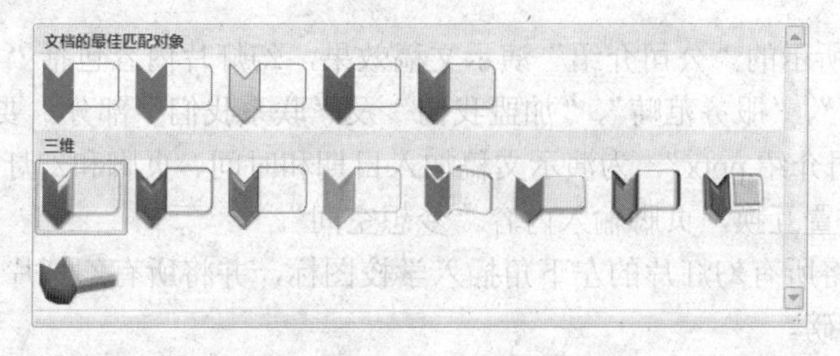

图 5-23　设置 SmartArt 图形效果

6）选中第5张幻灯片，输入标题“总结”，在下方文本框中分别输入相应内容，将项目符号修改为 ✓，字体设置黑体、26号，左对齐，文本之前缩进0.95厘米，段前间距12磅，段后间距12磅，行距1.4倍，悬挂缩进0.95厘米，效果如图5-24所示。

7）选中第6张幻灯片，输入艺术字“谢谢观看!”，设置艺术字样式为“渐变填充-深红，强调文字颜色6，内部阴影”，文本颜色填充为“白色，背景1，深色25%”，效果如图5-25所示。

8）保存幻灯片，浏览制作效果。

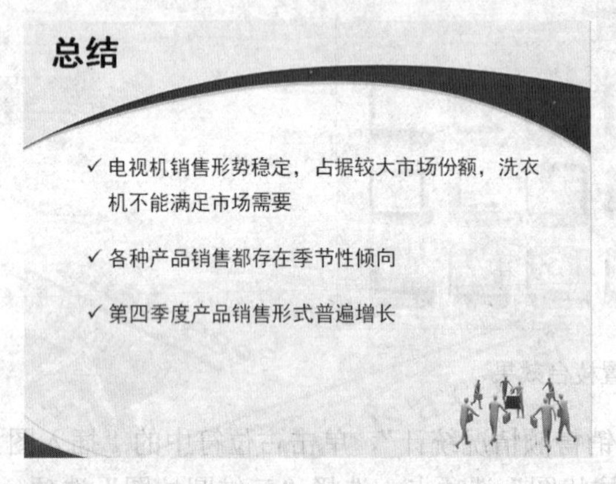

图5-24 文本效果

图5-25 第6张幻灯片效果

提示：移动和复制幻灯片。方法一为通过右键菜单移动和复制幻灯片。在“幻灯片/大纲”窗格“幻灯片”选项卡中的某张幻灯片上右击，在弹出的快捷菜单中选择“剪切”（或复制）命令，在另一张幻灯片上右击，在弹出的快捷菜单中选择“粘贴”命令即可。方法二为通过拖动鼠标移动和复制幻灯片。在“幻灯片/大纲”窗格“幻灯片”选项卡中的某张幻灯片上按住鼠标左键并拖动鼠标，此时将出现一条蓝色的横线，当横线显示到需要的位置后释放鼠标即可实现幻灯片的移动，而在拖动过程中按住Ctrl键则可实现幻灯片的复制操作。

删除幻灯片。方法一为利用鼠标右键删除。在“幻灯片/大纲”窗格的“幻灯片”选项卡或“大纲”选项卡中需删除的幻灯片上右击，在弹出的快捷菜单中选择“删除幻灯片”命令。方法二为利用快捷键删除。在“幻灯片/大纲”窗格的“幻灯片”选项卡或“大纲”选项卡中选中需删除的幻灯片，直接按Delete键删除。

子任务二 多媒体、超链接和母版的使用

任务导入

丰富图5-26所示的“公司介绍”演示文稿效果，幻灯片内容包括“公司简介”、“关于我们”、“公司动态”、“服务范畴”、“加盟我们”及“联系我们”部分。要求：

1）打开“公司介绍.pptx”，为演示文稿加入日期和时间、页脚和幻灯片编号，并将日期与时间和编号的位置互换，页脚输入内容“梦想空间”。

2）利用母版将所有幻灯片的左下角插入学校图标，并将所有幻灯片中段落间距设置为段前5磅、段后5磅。

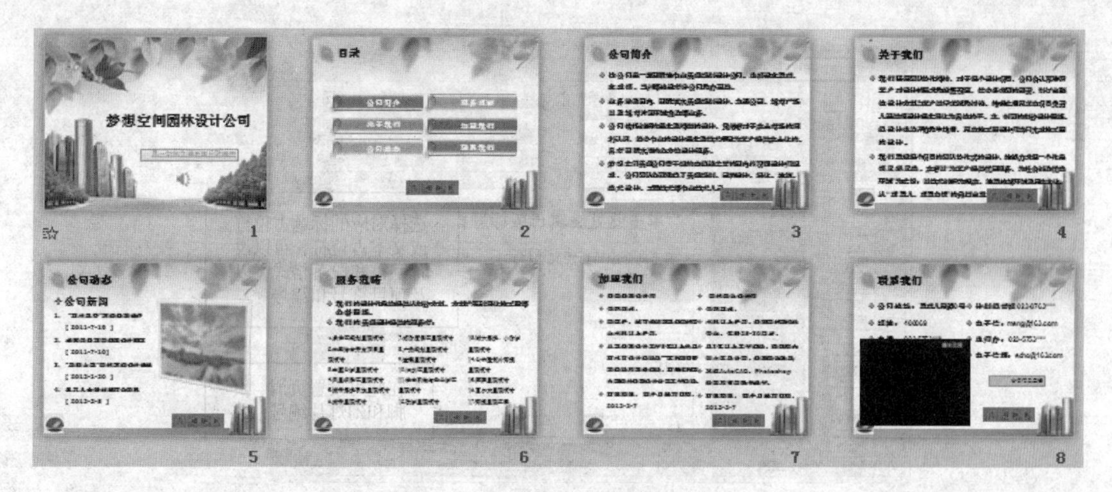

图 5-26　“公司介绍”演示文稿

3）将第 1 张幻灯片中的“尽一切努力满足客户的需要”文本链接到第 4 张幻灯片。在第 2 张幻灯片中插入 4 个动作按钮，分别是“动作按钮：第 1 张”“动作按钮：后退或前一项”“动作按钮：前进或下一项”“动作按钮：结束”，将动作按钮设置为“中等效果-蓝色，强调颜色 1”效果，在其他幻灯片中粘贴这 4 个动作按钮。

4）在幻灯片中插入背景音乐“Telephone，电话”，设置声音标记播放时隐藏效果，并设置音乐循环播放，直到幻灯片停止。

5）将第 5 张幻灯片中插入一张关于建筑的图片，设置图片大小为宽 12 厘米，高 9 厘米。

6）在最后一张幻灯片中插入宣传公司的视频，并进行剪辑。

7）在最后一张幻灯片中插入一个矩形框，在其中输入文字“公司信息反馈”，设置为“细微效果-海螺，强调颜色 5”效果。

相关知识

1. 使用幻灯片母版

幻灯片母版是幻灯片层次结构中的顶层幻灯片，用于存储演示文稿主题和幻灯片版式的信息，包括背景、颜色、字体、效果、占位符大小和位置。每个演示文稿至少包含一个幻灯片母版。修改和使用幻灯片母版的主要优点是，可以对演示文稿中的每张幻灯片进行统一的样式更改而不必一张一张地去修改。

由于幻灯片母版影响整个演示文稿的外观，因此在创建和编辑幻灯片母版或相应版式时，用户将在幻灯片母版视图下操作。单击“视图”选项卡“母版视图”组中的“幻灯片母版”按钮，进入母版编辑环境，同时出现“幻灯片母版”选项卡（图 5-27）。母版修改结束后单击“幻灯片母版”选项卡“关闭”组中的“关闭母版视图”按钮，退出母版视图。

一般情况下，一个幻灯片母版下有几个版式与其相关联，在修改幻灯片母版下的一个或多个版式时，实质上是在修改该幻灯片母版。虽然每个幻灯片的版式设置可能不同，但都与给定幻灯片母版关联有相同的主题（配色方案、字体和效果等）。

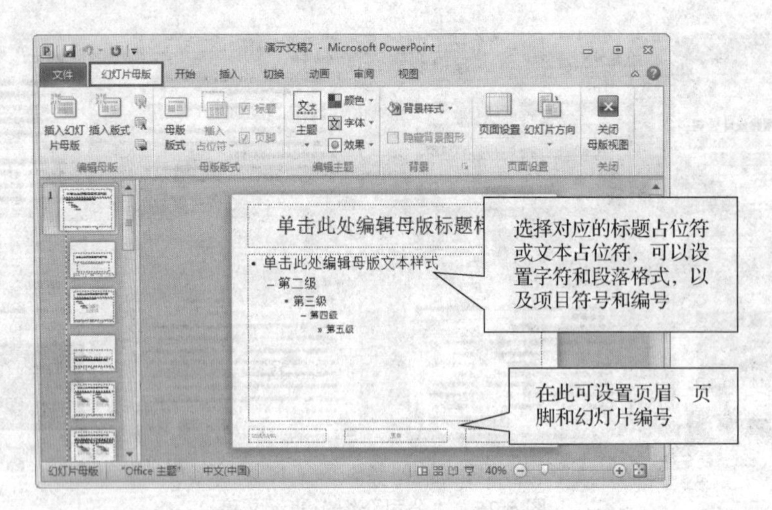

图 5-27 幻灯片母版视图

提示：对幻灯片母版的修改会应用到每一张不同版式的幻灯片上，但在母版下的子版中进行的修改只能应用到该版式的幻灯片上。

例如，在幻灯片母版视图中更改“生日快乐”演示文稿的背景，即插入两张位于底层的素材图片进行修饰，再修改标题的文本格式为 Arial Black、48、白色。

操作步骤：

1）进入幻灯片母版视图。

2）单击“插入”选项卡“图像”组中的“图片”按钮，在弹出的“插入图片”对话框中选择“背景”和“背景 1”图片，将其插入幻灯片母版中，在“图片工具-格式”选项卡设置其排列方式为置于底层，并按图 5-28 所示放置图片。

3）选中标题母版样式占位符，在“开始”选项卡的“字体”组中设置其字符格式为 Arial Black、48、白色。退出幻灯片母版视图，即可看到修改效果，如图 5-29 所示。

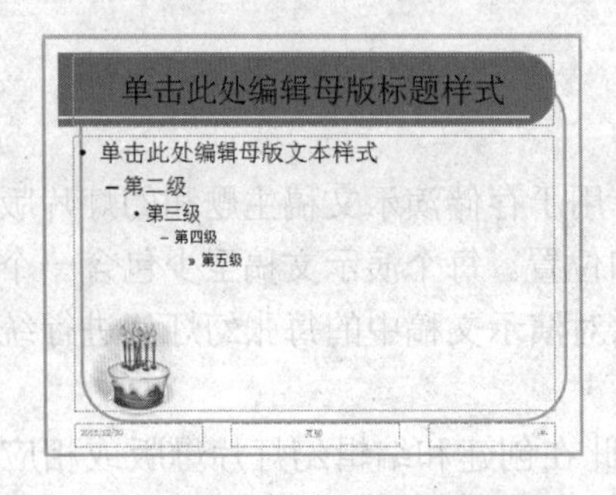

图 5-28 在幻灯片母版中插入图片

图 5-29 修改标题样式

2. 演示文稿的交互

制作演示文稿时，除了可以通过插入声音和视频来丰富演示文稿内容，满足用户的设计需要外，还可以为幻灯片中的对象创建超链接，以及为幻灯片创建动作按钮，方便在播放演示文稿时单击相应的对象或按钮，切换到链接的幻灯片、网页或文件等。

（1）添加超链接

超链接是一个对象跳转到另一个对象的快捷途径。幻灯片中的任何对象，包括文本、图片、图形和图表等都可以设置超链接。在播放演示文稿时，通过单击设置超链接的对象，可快速开启相应内容，激活超链接。

若对文本设置了超链接，其下会添加下划线，并且显示为系统配色方案中指定的颜色；若对图片等对象设置了超链接，在放映幻灯片的过程中，鼠标经过时会变成手形。要为幻灯片中的对象设置超链接，方法如下：

1）在幻灯片视图中选中要设置超链接的文本或其他对象。

2）单击“插入”选项卡“链接”组中的“超链接”按钮，弹出“插入超链接”对话框，如图 5-30 所示。

图 5-30 打开“插入超链接”对话框

3）在其中通过设置可以实现各种链接。“链接到”列表框中各选项的含义如下：

选择“现有文件或网页”选项：可将所选对象链接到网页或存储在计算机的某个文件中。其中，如果要链接到网页，可直接在“地址”文本框中输入要链接到的网页地址。

选择“本文档中的位置”选项：在“请选择文档中的位置”列表框中可选择要链接到的幻灯片。

选择“新建文档”选项：可新建一个演示文稿文档并将所选对象链接到该文档。

选择“电子邮件地址”选项：可将所选对象链接到一个电子邮件地址。

（2）创建动作按钮

PowerPoint 2010 提供了预设功能的动作按钮，用户只需将其添加到幻灯片中即可使用。这样，在放映演示文稿时，单击相应的按钮，就可以切换到指定的幻灯片或启动其他应用程序。添加动作按钮的操作方法如下：

1）选中要插入动作按钮的幻灯片，单击“插入”选项卡“插图”组中的“形状”下拉按钮，在弹出的下拉菜单中选择“动作按钮”列表［图 5-31（a）］中的相应命令，当鼠标指针变成十字形状时，在幻灯片中要绘制动作按钮的位置按下鼠标左键并拖动，即可绘制动作按钮，释放鼠标，自动弹出“动作设置”对话框，如图 5-31（b）所示。其中，“鼠标移过”选项卡中设置的超链接是在鼠标指针移过动作按钮时跳转的，一般鼠标移过方式适用于提示、播放声音或影片。

2）保持“超链接到”单选按钮的选中状态，再单击其下方下拉列表框右侧的下拉按钮，在弹出的下拉列表中选择要链接到的目的地，可以是当前演示文稿中的其他幻灯片，也可以是其他演示文稿或其他文件，或是一个 URL 地址，最后单击“确定”按钮。

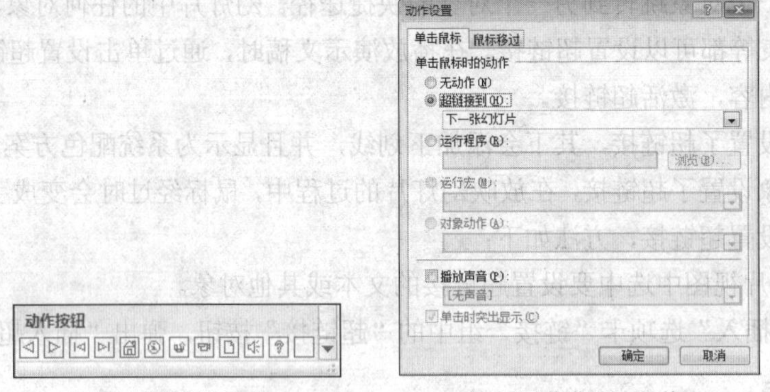

（a）“动作按钮”列表　　　　（b）“动作设置”对话框

图 5-31　“动作按钮”列表和“动作设置”对话框

选中“运行程序”单选按钮，单击“浏览”按钮，在弹出的“选择一个要运行的程序”对话框中选择安装在计算机中的程序，这样在放映幻灯片时，单击该动作按钮即可打开该程序。

选中“播放声音”复选框，然后在其下的下拉列表框中选择一个声音效果，这样在放映幻灯片时，单击该动作按钮将播放选择的声音效果。

3）对于绘制的按钮，可以利用“绘图工具-格式”选项卡中的按钮设置其外观，如调整按钮的大小、排列、分布和位置，方法与设置形状相同，还可将绘制的按钮复制到其他幻灯片中。

例如，为“生日快乐”演示文稿第 2 张幻灯片中的图片设置网页超链接，将其链接到中国儿童网，在第 2 张～第 3 张幻灯片的右下方绘制大小为 1.6 厘米和 1.8 厘米的“后退或前一项”和“前进或下一项”动作按钮，并为其套用内置的形状样式。

操作步骤：

1）在“幻灯片/大纲”窗格的“幻灯片”选项卡中选中第 2 张幻灯片，单击其中的图片。

2）单击“插入”选项卡“链接”组中的“超链接”按钮，在弹出的“插入超链接”对话框中选择“现有文件或网页”选项，在“地址”文本框中输入中国儿童网的网址 http://www.zget.org/，如图 5-32 所示，单击“确定”按钮。

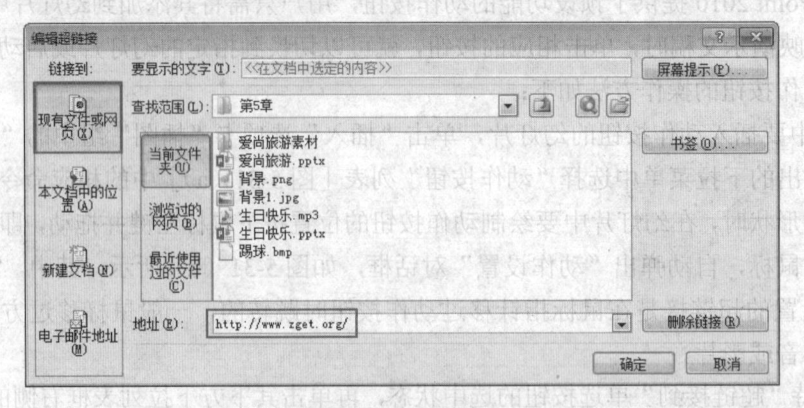

图 5-32　输入链接的网址

3）在“插入”选项卡的“形状”下拉菜单中选择“动作按钮”列表中的“动作按钮：后退或前一项”选项◁，在幻灯片的右下方按住鼠标左键并拖动，绘制动作按钮，释放鼠标，弹出“动作设置”对话框，保持默认设置不变，单击“确定”按钮。

4）用同样的方法在已绘按钮的右侧绘制“动作按钮：前进或下一项”▷。

5）选中绘制的两个按钮［图 5-33（a)］，在“绘图工具-格式”选项卡的“形状样式”列表中选择图 5-33 所示的样式。

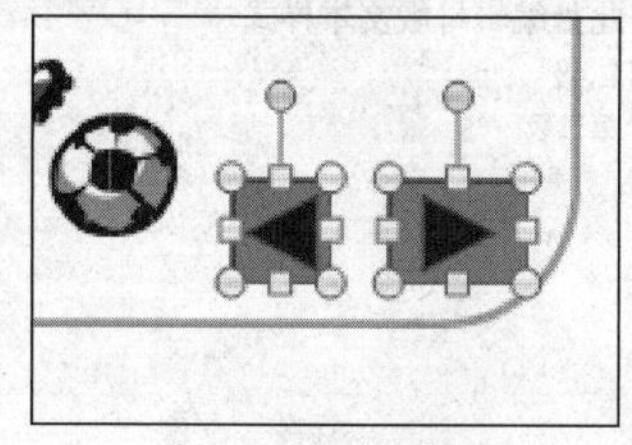

（a）选中两个按钮

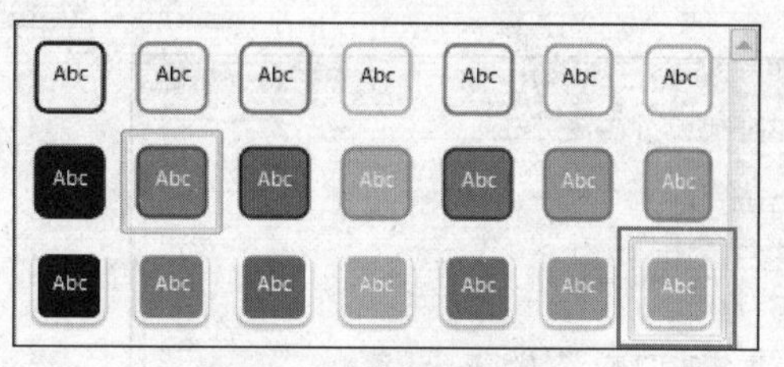

（b）选择样式

图 5-33　选择形状样式

6）保持按钮的选中，在“绘图工具-格式”选项卡的“大小”组中设置按钮的高度和宽度分别为 1.6 厘米和 1.8 厘米；再在“排列”组的“对齐”下拉菜单中选择“顶端对齐”命令。最后将绘制的两个按钮复制到第 3 张幻灯片中。

任务实施

操作步骤：

1）普通视图下，单击“插入”选项卡“文本”选项组中的“页眉和页脚”按钮，弹出“页眉和页脚”对话框，选中“日期和时间”“幻灯片编号”“页脚”复选框，页脚内容输入“梦想空间”，单击“全部应用”按钮，如图 5-34 所示。

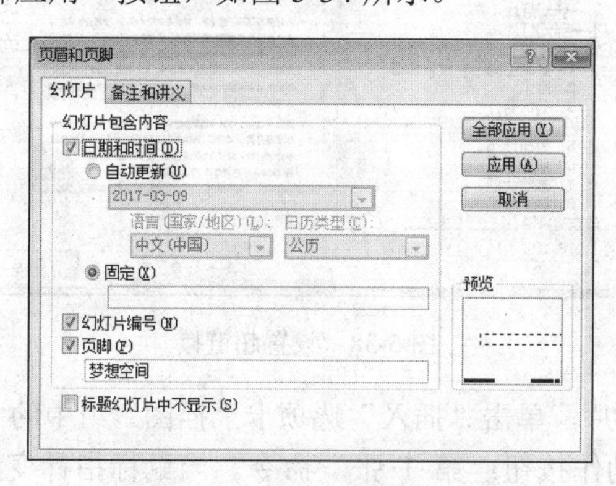

图 5-34　设置页眉和页脚

如果想改变三者的位置，可以通过单击“视图”选项卡“母版视图”选项组中的“幻灯片母版”按钮，进行改变，如图 5-35 所示。

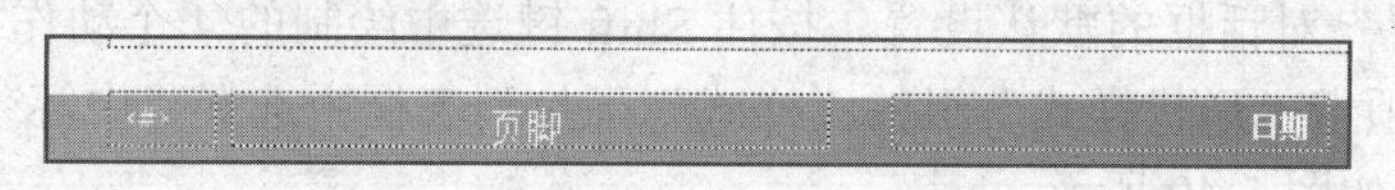

图 5-35　交换日期和页码位置效果

2）单击“视图”选项卡“母版视图”组中的“幻灯片母版”按钮，进入母版编辑状态，在幻灯片编辑区中拖动鼠标选择标题下方文本框中内容，按照 Word 设置段落的方法，将段前、段后间距均设置为 5 磅，如图 5-36 所示，在左下角插入学校的图标，如图 5-37 所示，关闭幻灯片母版。

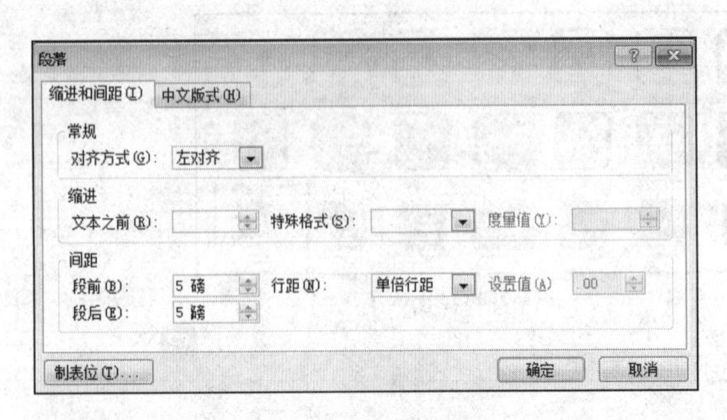

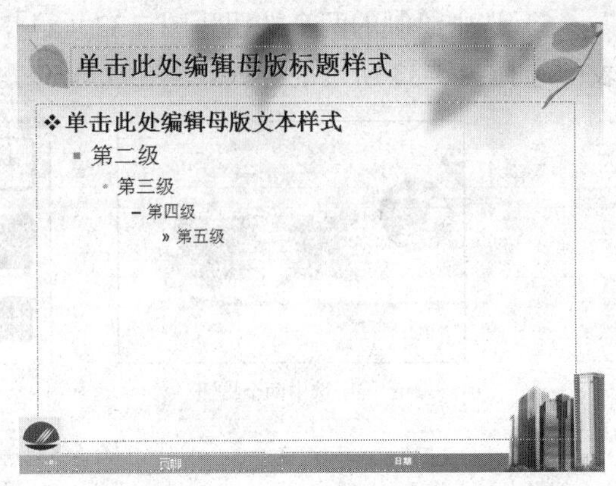

图 5-36 在视图中设置段落　　　　图 5-37 添加学校图标

3）选中第 1 张幻灯片中的“尽一切努力满足客户的需要”文本，再单击“插入”选项卡中的“超链接”按钮，在弹出的“插入超链接”对话框中选择“本文档的位置”选项，在“请选择文档中的位置”列表框中选择“4 关于我们”选项，单击“确定”按钮，如图 5-38 所示。

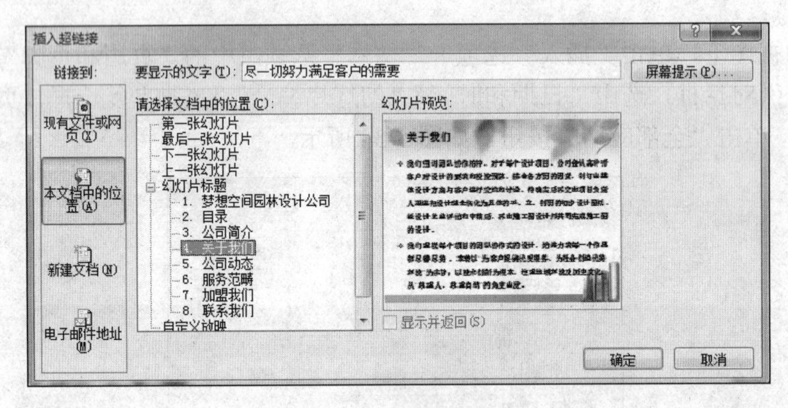

图 5-38 设置超链接

4）选中第 2 张幻灯片，单击“插入”选项卡“插图”组中的“形状”下拉按钮，在弹出的下拉菜单中选择“动作按钮：第 1 张”命令。当鼠标指针变成+形状时，使用鼠标在幻灯片左下角绘制动作按钮。绘制完成自动弹出“动作设置”对话框，保持默认设置，单击“确定”按钮，如图 5-39 所示。使用同样的方法，在幻灯片左下角绘制“动作按钮：后退或前一项”按钮、“动作按钮：前进或下一项”按钮和“动作按钮：结束”按钮，并保持“动作设置”对话框的默认设置。按住 Shift 键选中绘制的 4 个动作按钮，在“绘图工具-格式”选项卡“形状样式”组的“样式”下拉列表框中选择“中等效果-蓝色，强调颜色 1”选项，如图 5-40 所示。

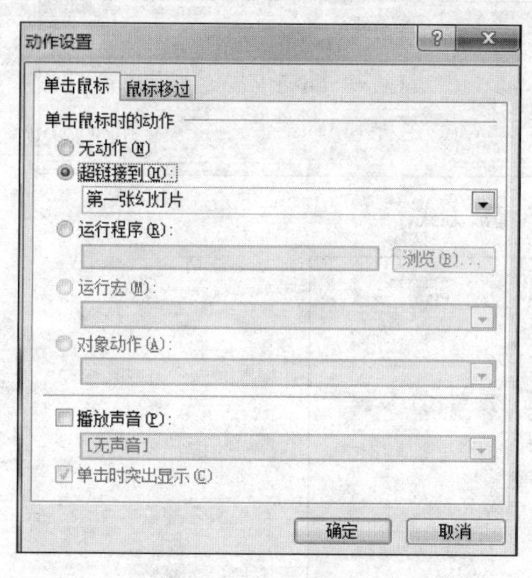

图 5-39　添加动作按钮

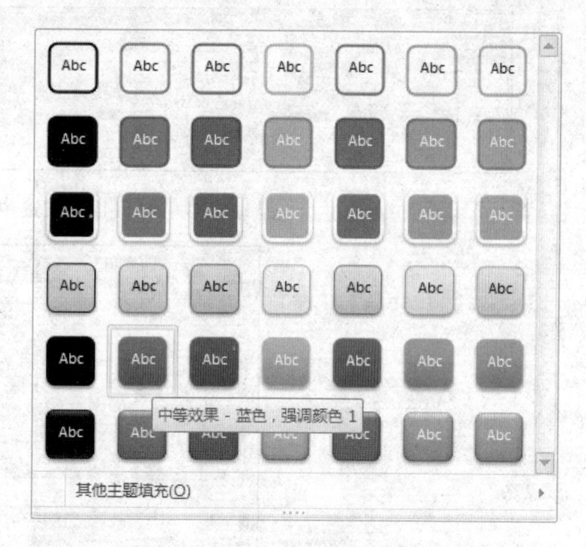

图 5-40　选择样式

5）选中第 1 张幻灯片，单击“插入”选项卡“媒体”组中的“音频”下拉按钮，在弹出的下拉菜单中选择“剪贴画音频”命令。打开“剪贴画”任务窗格，选择需插入的声音文件，右击，在弹出的快捷菜单中选择“插入”命令，如图 5-41 所示。插入声音后，幻灯片中显示的声音标记将呈选中状态，将鼠标指针移动到声音标记上，保持声音标记的选中状态，在“音频工具-播放”选项卡“音频选项”组中，选中“放映时隐藏”复选框和“循环播放，直到停止”复选框。在“开始”下拉列表框中选择“跨幻灯片播放”选项，如图 5-42 所示。在“音频工具-格式”选项卡的“调整”组中单击“颜色”下拉按钮，在弹出的下拉菜单中选择“重新着色”列表中的“蓝色，强调颜色 1 深色”选项，如图 5-43 所示。

图 5-41　插入声音

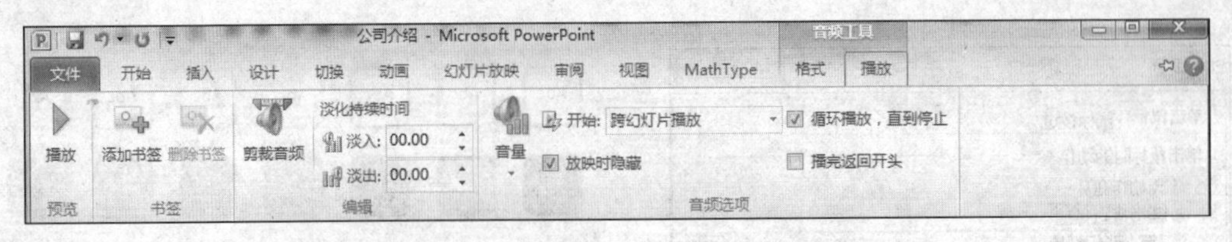

图 5-42 设置声音播放方式

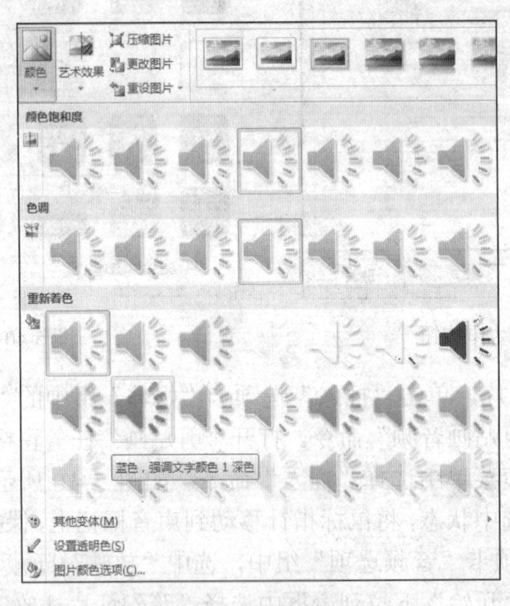

图 5-43 设置声音标记颜色

6）选中第 5 张幻灯片，单击“插入”选项卡中的“图片”按钮，弹出“插入图片”对话框，选择要插入的图片，单击“确定”按钮。右击插入的图片，在弹出的快捷菜单中选择“设置图片格式”命令，在“设置图片格式”对话框中设置高度为 9 厘米，宽度为 12 厘米，取消“锁定纵横比”和“相对于图片原始尺寸”复选框的选中，如图 5-44 所示。选择“图片样式”选项卡，将图片设置为“棱台左透视，白色”效果，如图 5-45 所示。

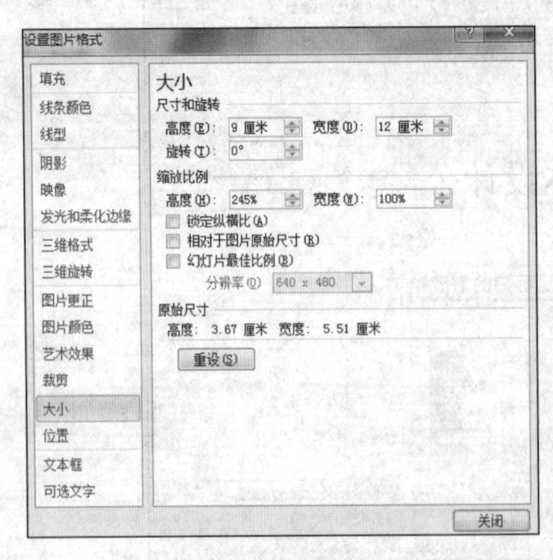

图 5-44 设置图片格式

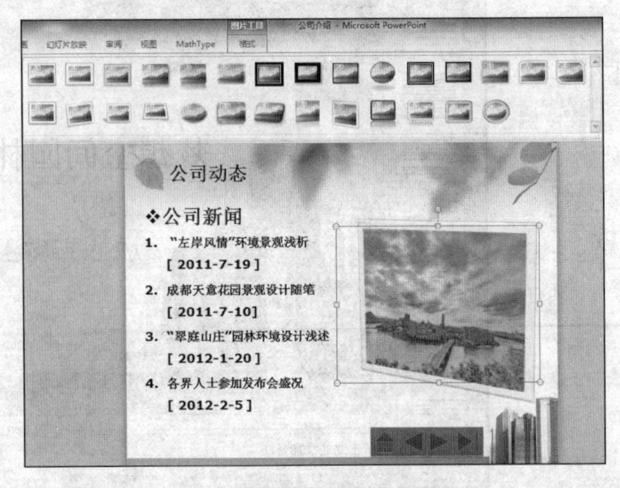

图 5-45 设置图片效果

7）选中第 8 张幻灯片，单击“插入”选项卡“媒体”组中的“视频”下拉按钮，在弹出的下拉菜单中选择需要插入的视频，将选中的视频插入当前幻灯片中。选中该视频，单击“视频工具-播放”选项卡“编辑”组中的“剪辑视频”按钮，弹出“剪辑视频”对话框，在“开始时间”数值框中输入 00:08，在“结束时间”数值框中输入 00:37，单击“确定”按钮，如图 5-46 所示。

8）选中第 8 张幻灯片，在其中绘制矩形框。选中矩形框，右击，在弹出的快捷菜单中选择“编辑文字”命令，输入“公司信息反馈”，设置为“细微效果-海螺，强调颜色 5”效果，如图 5-47 所示。

图 5-46 剪辑视频

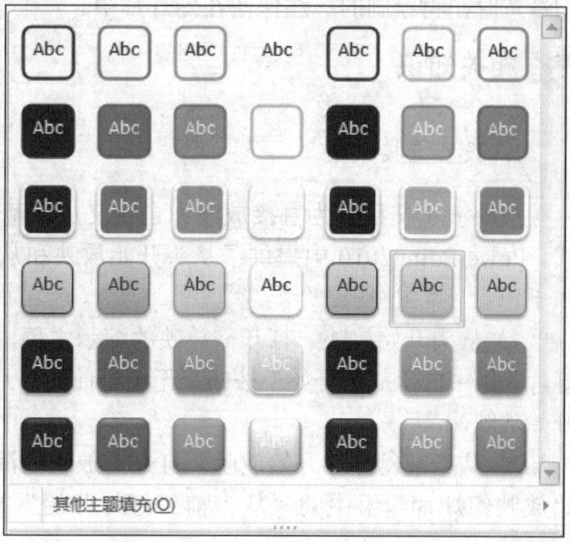

图 5-47 设置矩形框效果

知识拓展

在创建空白幻灯片时，可以先为幻灯片设置一个合适的背景，再根据背景进行调整与设计。如果是根据模板创建的幻灯片，当其不适合新建主题时，也可以改变其背景。

单击“设计”选项卡“背景”组中的“背景样式”下拉按钮，在弹出的下拉菜单中选择“设置背景格式”命令。

在弹出的“设置背景格式”对话框中选中“图片或纹理填充”单选按钮。在“插入自”选项组中单击“文件”按钮，弹出“插入图片”对话框。选择图片的保存位置，并选择需要插入的图片，单击“插入”按钮，插入图片。

返回“设置背景格式”对话框，单击“全部应用”按钮，单击“关闭”按钮，返回幻灯片编辑窗口。

子任务三 演示文稿的放映设置

任务导入

制作幻灯片的最终目的就是要将制作的演示文稿展示给观众观赏，即放映演示文稿。因此，应掌握排练计时、隐藏/显示幻灯片、为重要内容加批注等操作的方法。

下面在“年度销售报告.pptx”演示文稿中自定义放映幻灯片，要求：

1）进入放映排练状态，打开“录制”工具栏为该幻灯片计时，并在幻灯片浏览视图中查看播放时间。

2）自定义放映第 1、3、5、6 张幻灯片，名称为“工程信息”，并查看放映状态。

3）将第 3 张幻灯片隐藏，在播放第 2 张幻灯片时显示隐藏的幻灯片。

4）将幻灯片分辨率设置为使用当前分辨率。

5）放映到第 2 张幻灯片时，选择橙色荧光笔，在幻灯片表格中的各行绘制标注，退出幻灯片时，将绘制的标注保留在幻灯片中。

相关知识

1. 设置直接放映

放映演示文稿分为直接放映和自定义放映两种。直接放映是演示文稿最常用的放映方式。PowerPoint 2010 中提供了从头开始放映和从当前幻灯片开始放映两种方式，操作方法如下：

1）从头开始放映。打开需放映的演示文稿，单击“幻灯片放映”选项卡“开始放映幻灯片”组中的“从头开始”按钮，无论当前幻灯片在何位置，都从演示文稿的第 1 张幻灯片开始放映。

2）从当前幻灯片开始放映。打开需放映的演示文稿，单击“幻灯片放映”选项卡“开始放映幻灯片”组中的“从当前幻灯片开始”按钮，将从当前选择的幻灯片开始依次往后放映。

2. 自定义放映

在放映演示文稿时，用户可以根据需要只放映演示文稿的部分幻灯片，自定义放映主要应用于大型演示文稿的放映。

任务实施

1. 排练计时步骤

操作步骤：

1）打开“年度销售报告.pptx”演示文稿，单击“幻灯片放映”选项卡“设置”组中的“排练计时”按钮。

2）进入放映排练状态，同时打开“录制”工具栏并自动为该幻灯片计时，如图 5-48 所示。通过单击或按 Enter 键控制幻灯片下一个动画或下一张幻灯片出现的时间。切换到下一张幻灯片时，“录制”工具栏中的时间将重新开始为该张幻灯片的放映计时。

3）放映结束时，弹出提示对话框，提示排练计时时间，并询问是否保留幻灯片的排练时间，单击“是”按钮进行保存。

4）进入幻灯片浏览视图，在每张幻灯片的左下角显示幻灯片播放时需要的时间，如图 5-49 所示。

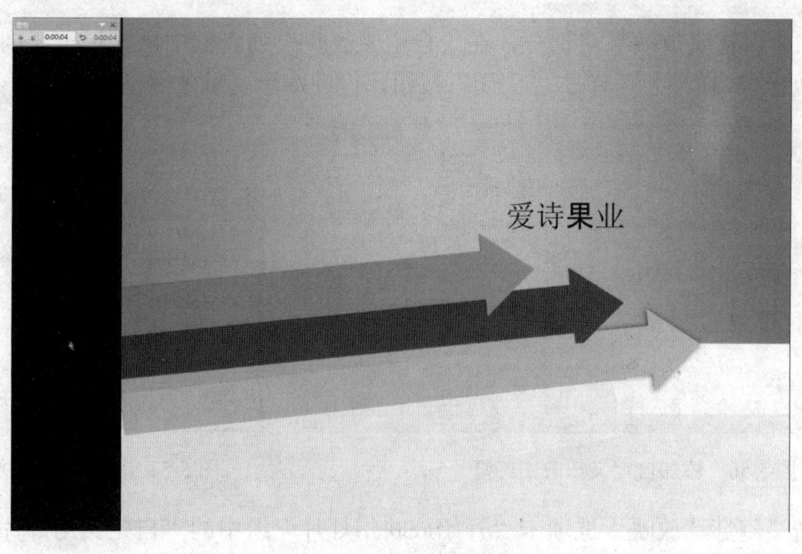

图 5-48 播放录制界面

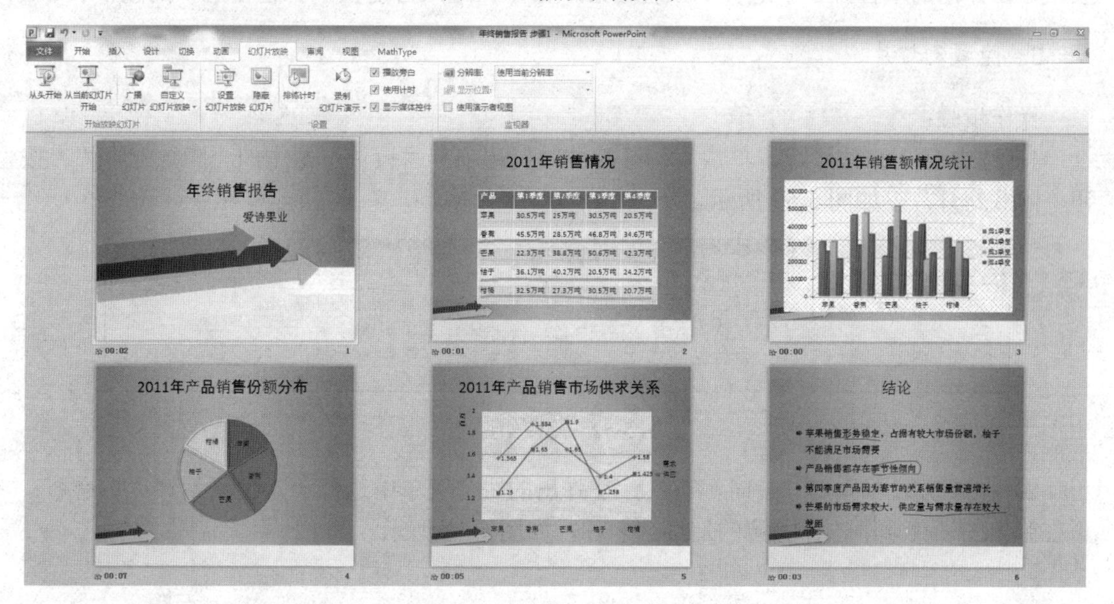

图 5-49 幻灯片浏览视图

2. 自定义放映幻灯片

操作步骤：

1）单击“幻灯片放映”选项卡“开始放映幻灯片”组中的“自定义幻灯片放映”下拉按钮，在弹出的下拉菜单中选择“自定义放映”命令，弹出“自定义放映”对话框。

2）单击“新建”按钮，弹出“定义自定义放映”对话框，在“幻灯片放映名称”文本框中输入文字“工程信息”。

3）在“幻灯片文稿的幻灯片”列表框中，按住 Ctrl 键选中第 1、3、5、6 张幻灯片，单击“添加”按钮，将幻灯片添加到“在自定义放映中的幻灯片”列表框中，单击“确定”按钮，如图 5-50 所示。

4）返回“自定义放映”对话框，在“自定义放映”列表框中已显示出新创建的自定义放映名称，如图5-51所示，单击“关闭”按钮，返回演示文稿的普通视图。

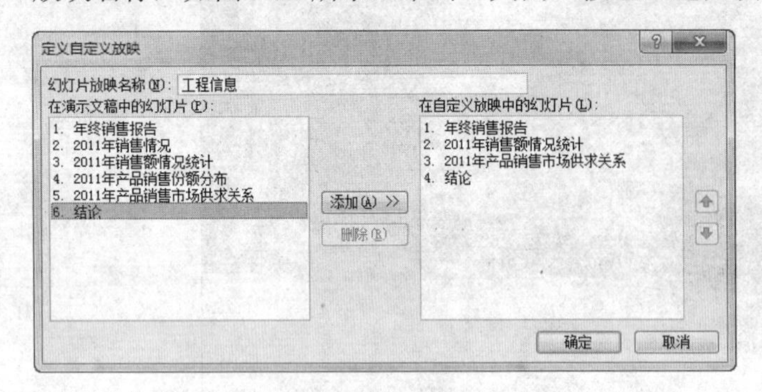

图5-50 添加自定义放映的幻灯片

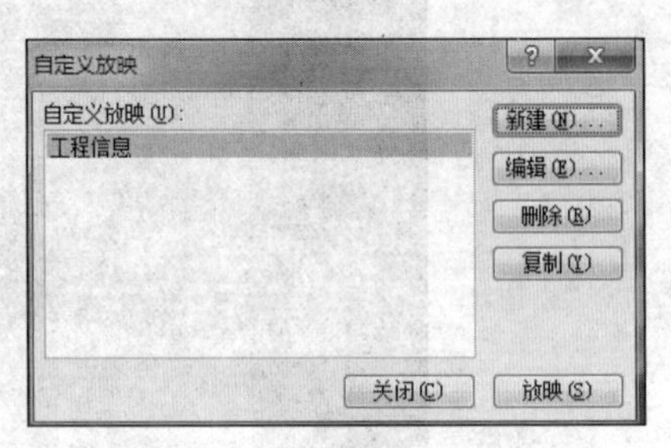

图5-51 显示自定义放映方式

5）单击“幻灯片放映”选项卡“开始放映幻灯片”组中的“自定义幻灯片放映”下拉按钮，在弹出的下拉菜单中选择“工程信息”命令，进入自定义“工程信息”的放映状态。

3. 隐藏幻灯片

操作步骤：

1）选中第3张幻灯片，单击“幻灯片放映”选项卡“设置”组中的“隐藏幻灯片”按钮，隐藏幻灯片，如图5-52所示。

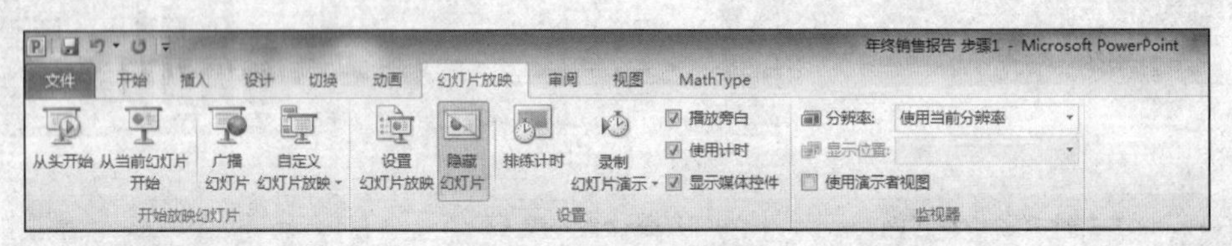

图5-52 隐藏幻灯片

2）在放映第2张幻灯片时，右击，在弹出的快捷菜单中选择“定位到幻灯片”命令，再在弹出的子菜单中选择隐藏的幻灯片名称，如图5-53所示。

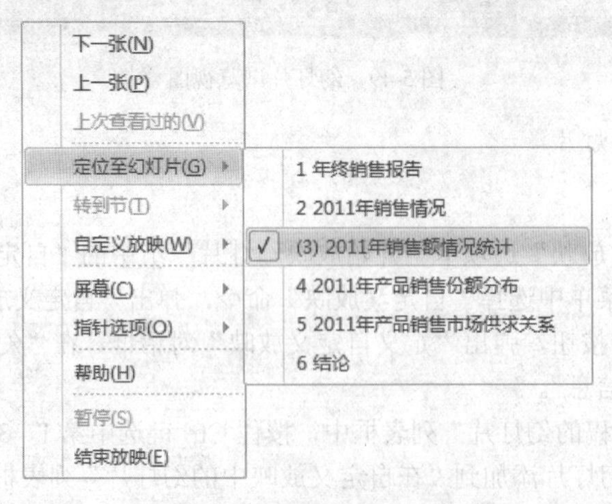

图5-53 选择隐藏的幻灯片名称

4. 设置分辨率

操作步骤：

单击“幻灯片放映”选项卡“监视器”组中的“分辨率”下拉列表框右侧的下拉按钮，在弹出的下拉列表中选择“使用当前分辨率”选项。

5. 设置幻灯片标注

操作步骤：

1）单击“幻灯片放映”选项卡“开始放映幻灯片”组中的“从头开始”按钮，进入演示文稿的放映视图。

2）放映到第 2 张幻灯片时，右击，在弹出的快捷菜单中选择“指针选项”→“荧光笔”命令，再次右击，在弹出的快捷菜单中选择“指针选项”→“墨迹颜色”命令，在弹出的子菜单中选择“标准色”列表中的“橙色”选项。

3）为幻灯片表格的第 2 行绘制标注。

4）继续放映其他幻灯片，在准备退出幻灯片放映视图时按 Esc 键，在弹出的提示对话框中单击“保留”按钮，将绘制的标注保留在幻灯片中。

知识拓展

设置幻灯片的放映方式包括设置幻灯片的放映类型、放映选项、放映幻灯片的范围及换片方式和性能。用户根据当前的实际环境和需要进行相应的设置。单击“幻灯片放映”选项卡“设置”组中的“设置幻灯片放映”按钮，弹出“设置放映方式”对话框，如图 5-54 所示。在“放映类型”选项组中根据需要选择不同的放映类型，还可设置放映幻灯片的范围、幻灯片的切换方式及其他放映选项等。

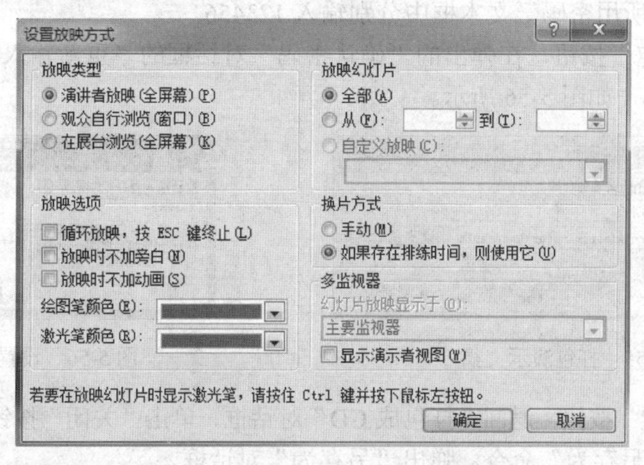

图 5-54 “设置放映方式”对话框

演讲者放映（全屏幕）：默认的放映类型，该类型将以全屏幕的状态放映演示文稿，在演示文稿放映过程中，演讲者具有完全的控制权，可手动切换幻灯片的动画效果，也可以将演讲者文稿暂停，添加会议细节等；还可以在放映过程中录制旁白。

观众自行浏览（窗口）：该类型将以窗口形式放映演示文稿，在放映过程中可利用滚动条、Page Down 键、Page Up 键来对放映的幻灯片进行切换，但不能通过单击放映。

在展台放映（全屏幕）：这是放映类型中最简单的一种，不需要人工控制，系统将自动全屏循环放映演示文稿。使用这种类型时，不能单击切换幻灯片，但可以通过单击幻灯片中的超链接和动作按钮来进行切换，按 Esc 键可结束放映。

子任务四 演示文稿的打包和打印

任务导入

要求：打开“高尔夫商业计划书.pptx”，将演示文稿打包成文件夹，命名为“商业计划书”，并设置密码为 123456，再将“商业计划书”保存成图片格式，并查看效果。

通过学习，应掌握将演示文稿打包成 CD 和文件夹，以及演示文稿的输出和打印的方法。

任务实施

操作步骤：

1）打开“高尔夫商业计划书.pptx”演示文稿，选择“文件”→“保存并发送”命令，在“文件类型”选项组中选择“将演示文稿打包成 CD”选项，单击“打包成 CD”按钮，弹出“打包成 CD”对话框。

2）在“将 CD 命名为”文本框中输入“商业计划书”，单击“复制到文件夹”按钮，弹出“复制到文件夹”对话框。

3）在“文件夹名称”文本框中输入“商业计划书”，单击“浏览”按钮，如图 5-55 所示，在弹出的“选择位置”对话框中选择文件保存的位置。

4）单击“确定”按钮，返回“打包成 CD”对话框，单击“选项”按钮，在弹出的“选项”对话框的“增强安全性和隐私保护”选项组中的“打开每个演示文稿时所用密码”和“修改每个演示文稿时所用密码”文本框中分别输入 123456。

5）单击“确定”按钮，在弹出的“确认密码”对话框的“重新输入打开权限密码”文本框中输入 123456，如图 5-56 所示。

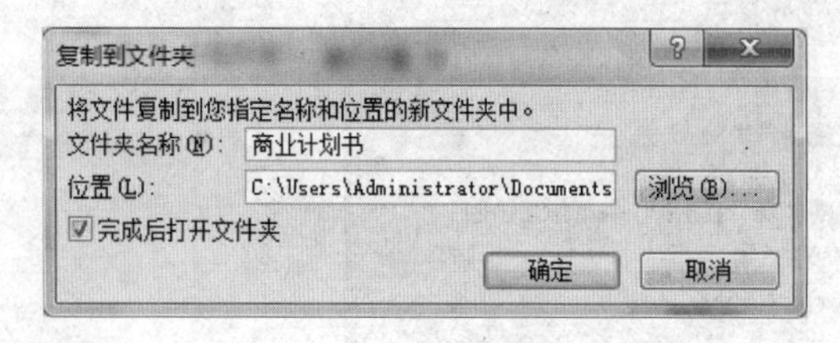

图 5-55 打包演示文稿

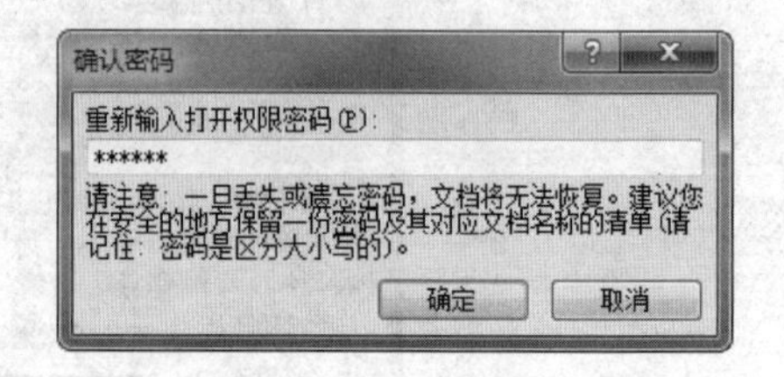

图 5-56 设置保护密码

6）单击“确定”按钮，返回“打包成 CD”对话框，单击“关闭”按钮返回演示文稿中，选择“文件”→“另存为”命令，弹出“另存为”对话框。

7）在“保存范围”下拉列表框中选择保存的位置，在“文件名”文本框中输入“商业计划书图片文件”，在“保存类型”下拉列表框中选择“JPEG 文件交换格式”选项，单击“保存”按钮。

8）在弹出的提示对话框（图 5-57）中单击“每张幻灯片”按钮，再在弹出的提示对话框中单击“确定”按钮。

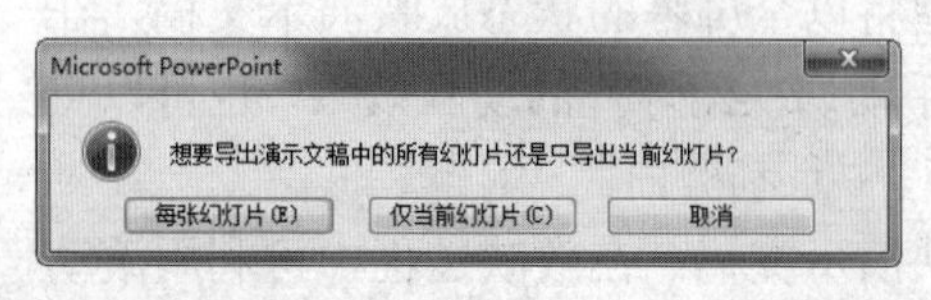

图 5-57 提示对话框

9）完成演示文稿的输出，在保存位置找到“商业计划书图片文件”，双击该文件夹打开查看效果，如图 5-58 所示。

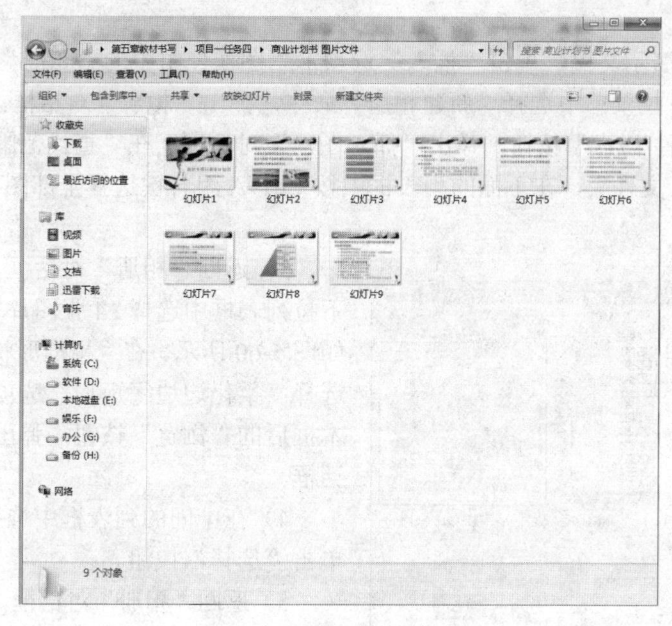

图 5-58　查看输出的结果

任务三　修饰演示文稿

子任务一　制作相册

任务导入

随着数码技术的快速发展，越来越多的用户喜欢动手制作颇具个性的电子相册。设计一组产品相册，效果如图 5-59 所示。要求：

插入一组图片，对相册版式进行设计，选择演示文稿对应的主题，对相册进行编辑，并对图片进行调整、预览等，对相册设置分节，要求第 1 张幻灯片和后面 4 张幻灯片所在的节不同。

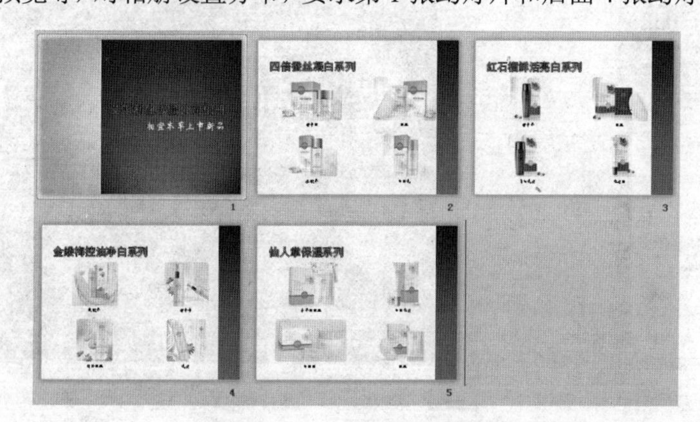

图 5-59　产品相册效果

任务实施

操作步骤：

1）新建一个演示文稿，单击“插入”选项卡“图像”组中的“相册”按钮下方的下拉按钮，在弹出的下拉菜单中选择“新建相册”命令，弹出“相册”对话框。

2）单击“文件/磁盘”按钮，弹出“插入图片”对话框，在“查找范围”下拉列表框中选择“产品汇总”文件夹，在下面的列表框中按 Ctrl+A 组合键选择全部图片，单击“确定”按钮。

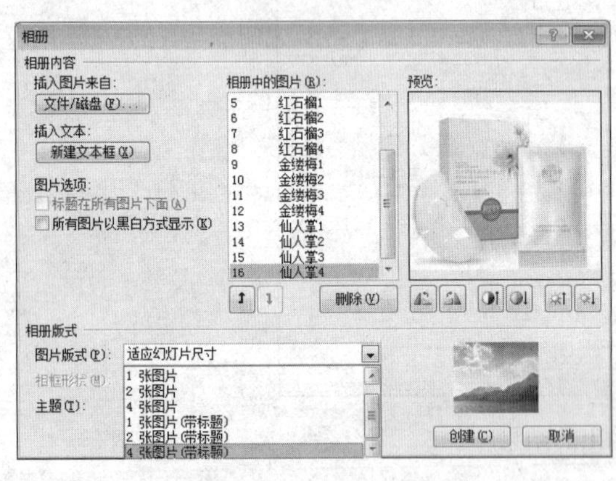

图 5-60 “相册”对话框

3）返回“相册”对话框，在“图片版式”下拉列表框中选择“4 张图片（带标题）”选项，如图 5-60 所示。在“相框形状”下拉列表框中选择“柔化边边缘矩形”选项，单击主题”文本框后的“浏览”按钮，弹出“选择主题”对话框。

4）在中间的列表框中选择 Opulent 主题，单击“选择”按钮。

5）返回“相册”对话框，单击“创建”按钮，返回幻灯片编辑区，即可查看创建的相册效果。

6）在每张幻灯片顶部插入相应的标题行。

7）在普通视图模式下，选中第 1 张幻灯片，单击“开始”选项卡“幻灯片”组中的“节”下拉按钮，在弹出的下拉菜单中选择“新增节”命令，选中第 2 张幻灯片，用同样的方法新增节，效果如图 5-61 所示。

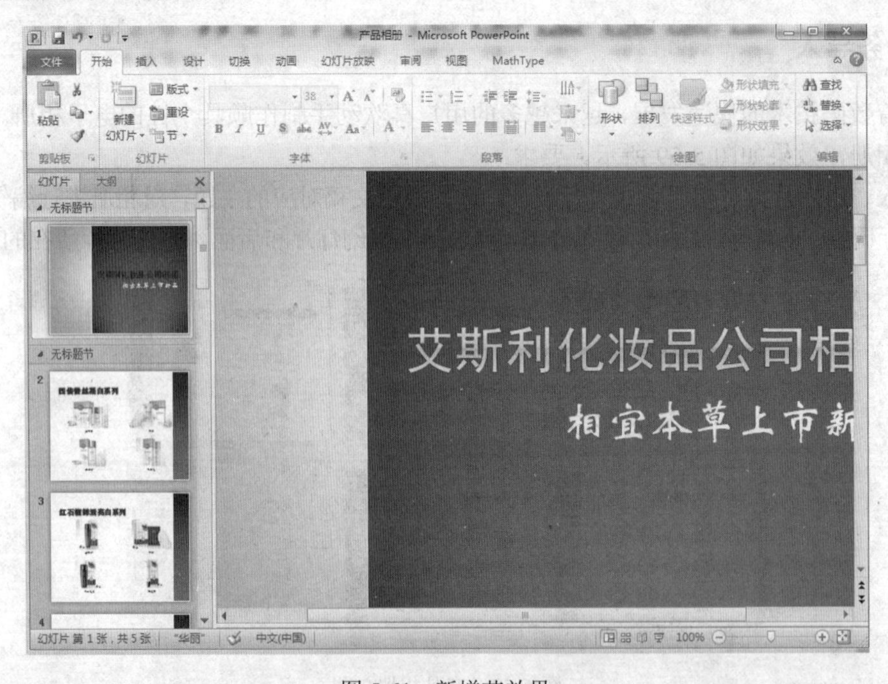

图 5-61 新增节效果

8）在第一个节标题上右击，在弹出的快捷菜单中选择“重命名节”命令，将名称修改为“第 1 节”，将第二个节标题重命名为“第 2 节”，依此类推。

知识拓展

在 PowerPoint 2010 中，不仅可以为幻灯片分节，还可以对节进行操作，包括重命名节、删除节、展开和折叠节等。节的常用操作方法如下：

1）重命名节。新增的节名称都是“无标题节”，需要用户自行进行命名。右击“无标题节”文本，在弹出的快捷菜单中选择“重命名”命令，在弹出的“重命名节”对话框的“节名称”文本框中输入节的名称，单击“重命名”按钮。

2）删除节。对多余的节或无用的节可进行删除，右击节名称，在弹出的快捷菜单中选择“删除节”命令，可删除选择的节；选择“删除所有节”命令，可删除演示文稿中的所有节。

3）展开或折叠节：在演示文稿中，既可以将节展开，又可以将节折叠起来。双击节名称可将其折叠，再次双击可将其展开。还可以右击节名称，在弹出的快捷菜单中选择“全部折叠”或“全部展开”命令，将其折叠或展开。

子任务二　设置演示文稿的切换效果

任务导入

以“总结报告.pptx”为例，为演示文稿设置切换效果。要求：设置“总结报告.pptx”文件的所有幻灯片之间切换效果为水平百叶窗。

任务实施

操作步骤：

选中要设置切换的幻灯片，选择“切换”选项卡“切换到此幻灯片”组中“华丽型”列表中的“百叶窗”选项，如图 5-62 所示。在“效果选项”下拉菜单中选择“水平”命令，如图 5-63 所示。

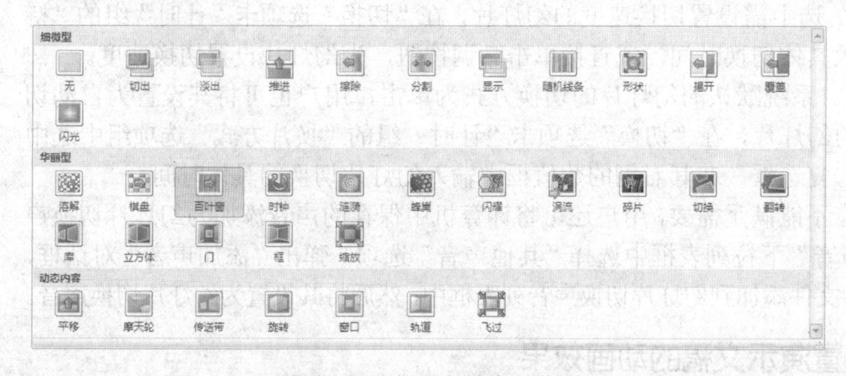

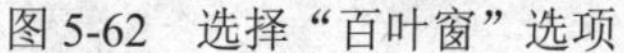
图 5-62　选择“百叶窗”选项

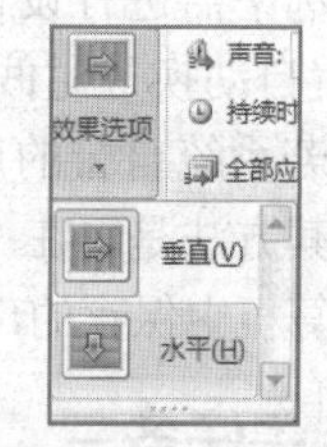

图 5-63　设置水平效果

完成后，在“计时”组中单击“全部应用”按钮，即可将此效果应用到所有幻灯片。也可以修改切换效果，包括速度、声音、换片方式等。

提示：当选中多张幻灯片时，可同时对其设置相同的切换方式。

为幻灯片设置某种切换效果后，单击“效果选项”下拉按钮，在弹出的下拉菜单中可以对当前切换方式进行效果设置，不同的切换方式效果选项不一定相同。

幻灯片切换的其他设置。

全部应用：将演示文稿中所有幻灯片的切换效果设置为当前幻灯片的切换效果。

声音：爆炸：选择当前幻灯片的切换声音。

持续时间：01.00：设置幻灯片切换的时长。

单击鼠标时：选中此项，表示单击时进行幻灯片的切换。

设置自动换片时间：00:00.00：选中此项并设置切换片时间，幻灯片进行自动切换。

知识拓展

1. 添加切换动画效果

PowerPoint 2010 中提供了多种预设的幻灯片切换动画效果。在默认的情况下，上一张幻灯片和下一张幻灯片之间没有设置切换动画效果，但在制作演讲文稿的过程中，用户可根据需要在幻灯片之间添加切换动画，这样可提升演示文稿的吸引力。方法：选中需要设置切换效果的幻灯片，在“切换”选项卡的“切换到此幻灯片”组中，在切换方案下拉列表框中选择所需的切换效果即可。

2. 设置切换效果

为幻灯片添加切换效果后，还可对所选的切换效果进行设置，包括设置切换效果选项、声音、速度及换片方式等，以增加幻灯片切换的灵活性。切换效果的设置方法分别介绍如下：

1）设置切换效果。选中添加切换动画效果的幻灯片，单击“切换”选项卡“切换到此幻灯片”组中“效果选项”下拉按钮，在弹出的下拉菜单中选择所需的效果即可。

2）设置切换声音。添加的切换动画效果默认都没有声音，可根据需要为切换动画效果添加声音。其方法是，在“切换”选项卡“计时”组的“声音”下拉列表框中选择相应的选项，为幻灯片之间添加切换声音。

3）设置切换速度。选中需设置切换速度的幻灯片，在“切换”选项卡“计时”组的“持续时间”数值框中输入具体切换时间，或直接单击微调按钮，为幻灯片设置切换速度。

4）设置换片方式。系统默认的幻灯片的切换方式为单击，用户也可将其设置为自动切换。选中需进行设置的幻灯片，在“切换”选项卡“计时”组的“换片方式”选项组中选中“设置自动换片时间：”复选框，在其右侧的数值框中输入幻灯片切换的具体时间。

若系统自带的声音不能满足需要，用户还可将计算机中保存的声音添加为幻灯片切换声音。其方法是，在“声音”下拉列表框中选择“其他声音”选项，弹出“添加声音”对话框，将计算机中保存的声音文件添加到幻灯片切换声音列表框中，然后将其设置为幻灯片切换声音。

子任务三 设置演示文稿的动画效果

任务导入

在设置演示文稿的播放效果时，一般会设置动画效果，以增强演示文稿的灵动性。下面为“生日快乐”演示文稿添加效果。要求：

为“生日快乐”演示文稿中的所有幻灯片设置 10 秒的“框”切换效果，并为第 2 张幻灯片中的对象设置从“上一动画之后”的动画效果。其中，标题的持续时间为 2 秒、从幻灯片中心消失的缩放进入效果；文本框为按段落出现的菱形形状进入动画；图片为持续时间 1 秒、重复 2 次的回旋进入动画效果。

相关知识

1. 添加动画效果

要为幻灯片内的对象添加动画，可参考如下步骤：

1）选中要设置动画的对象。

2）单击“动画”选项卡“动画”组内置动画右侧的“其他”下拉按钮，打开内置的动画分类及其常用的动画效果，如图 5-64 所示。选择一种效果，可立即应用到当前选择的对象。

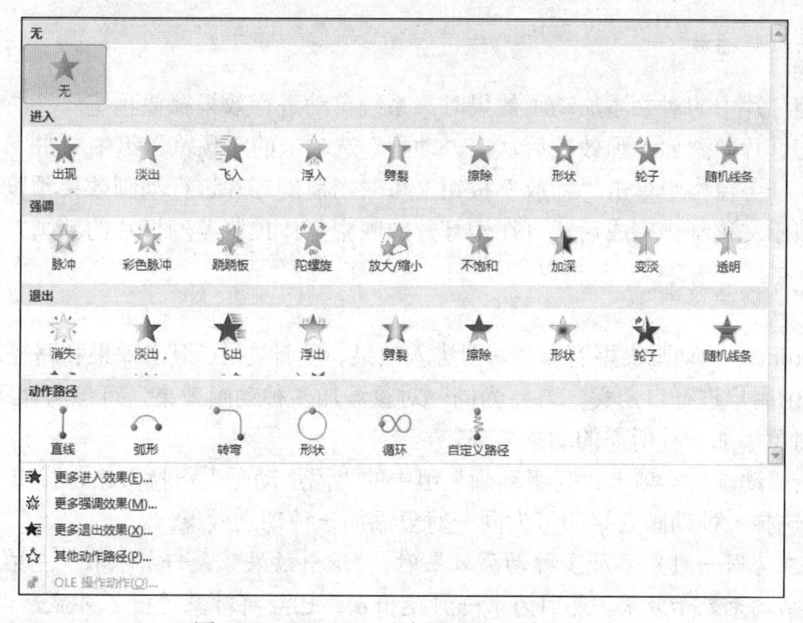

图 5-64 PowerPoint 内置动画及效果选项

提示： 如果在图 5-64 所示的动画列表中没找到所需的进入、退出、强调或动作路径动画效果，则选择“更多进入效果”“更多强调效果”“更多退出效果”“其他动作路径”命令，在弹出的对话框中进行查找，如图 5-65 所示。

由于内置动画的添加对象是有条件要求的，因此在添加动画效果时系统会自动检查，不能添加到当前选择对象的动画效果以“灰色”显示。

当对对象添加动画效果后，有的动画效果还可通过单击“效果选项”下拉按钮，在弹出的下拉菜单中进一步进行动画效果的选择、更改，如图 5-66 所示。不同的动画效果支持的效果选项可能不一样。

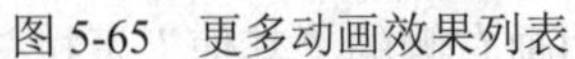

图 5-65 更多动画效果列表

图 5-66 “效果选项”下拉菜单

2. 动画预览播放

1）为幻灯片中的对象添加动画效果时，系统自动进行效果播放预览。

2）在幻灯片中添加动画效果后，在“动画”选项卡的“预览”组中单击按钮，或在“动画窗格”任务窗格中单击“播放”按钮，可对当前幻灯片进行动画效果预览。

3）在演示文稿制作完成后，可在幻灯片放映中整体预览各幻灯片的动画效果。

3. 添加多动画效果

PowerPoint 中的动画类型有 4 种，即进入效果、强调效果、退出效果和路径动画，其中，路径动画可由用户进行自定义。若要为同一对象添加多种动画效果，可参考如下方法：

1）为对象添加一种所需的动画效果。

2）单击“动画”选项卡“高级动画”组中的“添加动画”下拉按钮，弹出“添加动画”下拉菜单，选择一种动画效果即可为同一对象添加一种动画效果。

提示： 在为同一对象添加多种动画效果时，“退出效果”最好加一种。若在第一种退出动画后的动画均无显示效果，是因为第一种退出动画已经将对象退出不再显示，后面的动画自然不显示动画效果，但要占用所设置的动画持续时间。

4. 设置动画播放次序与播放方式

当为幻灯片中的多个对象或同一对象添加多种动画效果后，放映时根据添加的先后顺序进行播放。通过以下的设置方法，可以重调幻灯片动画效果的播放次序（含同一对象的多种动画效果次序和各对象间的播放次序）。

1）单击“动画”选项卡“高级动画”组中的“动画窗格”按钮，打开“动画窗格”任务窗格（默认位于屏幕右侧，可拖动调整其位置）。

2）调整动画播放的次序。

为幻灯片中的对象添加动画后，系统自动对各种动画按添加的先后顺序进行编号（图 5-67）。设计者在幻灯片中单击编号或在“动画窗格”任务窗格的动画列表中选择动画效果后，可以使用以下方法调整动画播放的次序。

① 可直接上下拖动调整该动画效果播放的先后次序。

② 单击“动画窗格”任务窗格下方“重新排序”中的上下箭头按钮，调整该动画效果播放的先后次序。图 5-68 为调整动画 5 的播放次序后效果。

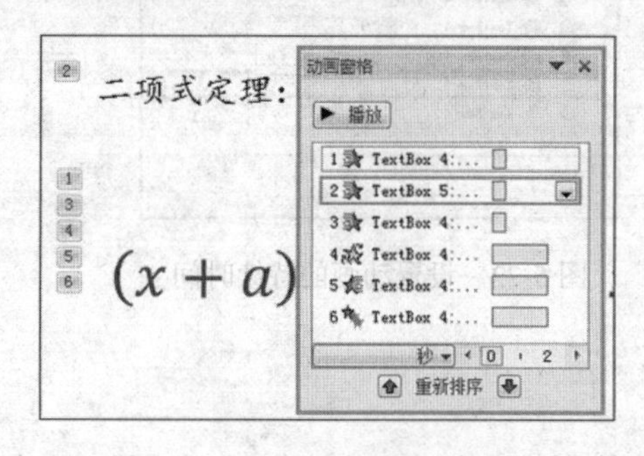

图 5-67　动画编号

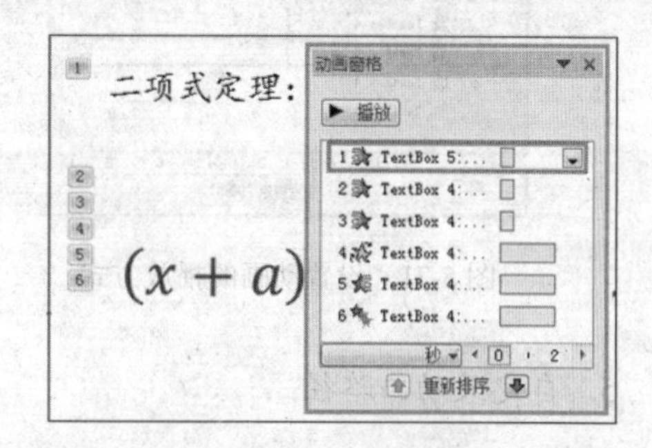

图 5-68　调整动画 5 的播放次序后效果

③ 单击“动画”选项卡“计时”组的“对动画重新排序”中的“▲ 向前移动”或“▼ 向后移动”按钮。

3）设置动画效果的播放方式。

PowerPoint 中默认的动画播放方式为手动播放，即上一动画播放结束，根据设计者设定的控制方式播放下一动画。根据需要，用户可以将各动画效果设置为承前自动播放。

在“动画窗格”任务窗格中右击动画效果或单击动画效果右侧的下拉按钮，弹出图 5-69 所示的下拉菜单，可从中选择播放方式；双击动画，弹出图 5-70 所示的动画效果对话框，在“计时”选项卡单击“开始”下拉列表框右侧的下拉按钮，在弹出的下拉列表中可选择播放方式。动画播放设置下拉菜单中各命令的含义如下：

单击开始(C)：表示单击时开始播放动画效果。

从上一项开始(W)：表示动画效果开始播放的时间与列表中上一个动画效果的时间相同，形成同一时间组合多个效果。

从上一项之后开始(A)：表示在列表中的上一个动画效果完成播放后立即自动开始播放本项动画效果（图 5-71）。

持续时间：设置动画将要运行的持续时间，即动画期间，可设置数值或拖动调整（图 5-72），单位为秒。

延迟：设置动画开始前的延时时间，单位为秒。

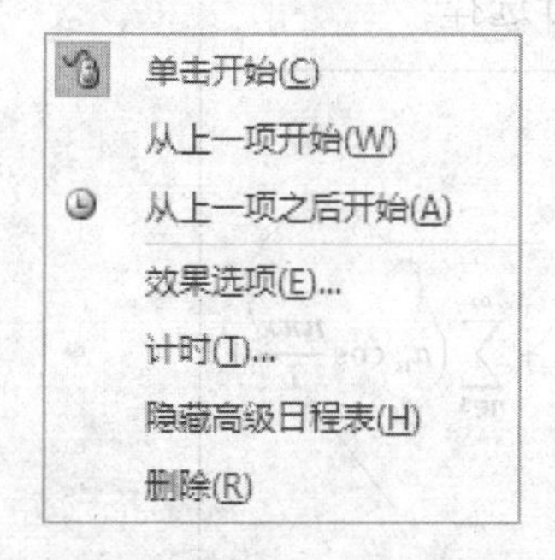

图 5-69　动画播放设置下拉菜单

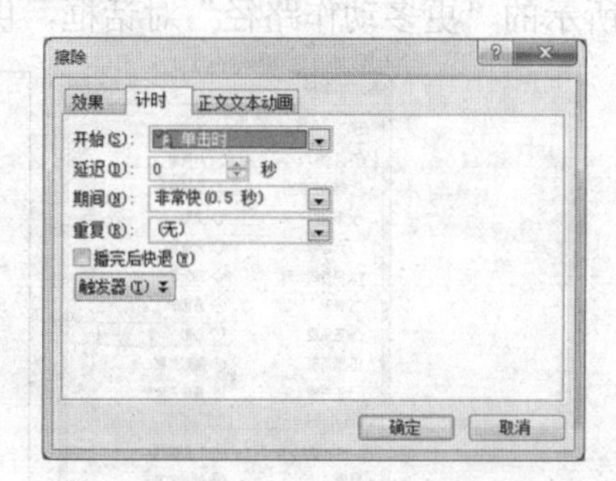

图 5-70　动画播放方式设置

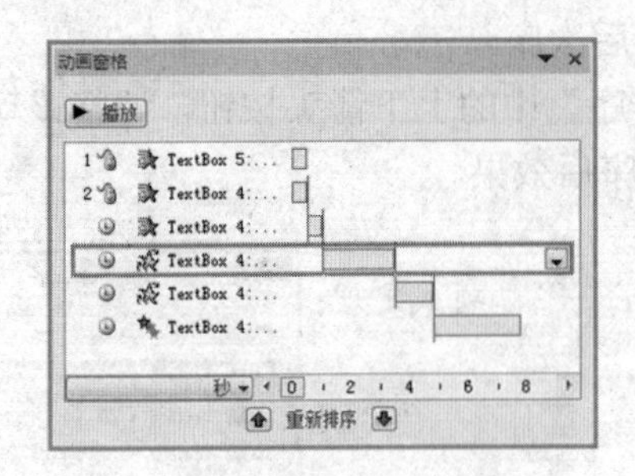

图 5-71 设置动画的播放方式

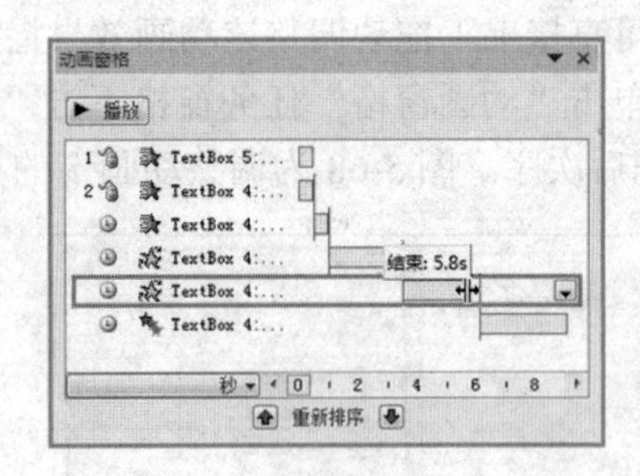

图 5-72 设置动画的持续时间

5. 自定义动画路径

如果 PowerPoint 内置的动画路径达不到所需要求，设计者可以自定义动画路径。选中要添加路径动画的对象，在“动画”选项卡内置动画的“动作路径”列表中选择所需动作路径，如图 5-73 所示；若选择“自定义路径”选项，则需用户用鼠标自行绘制动作路径，如图 5-74 所示。

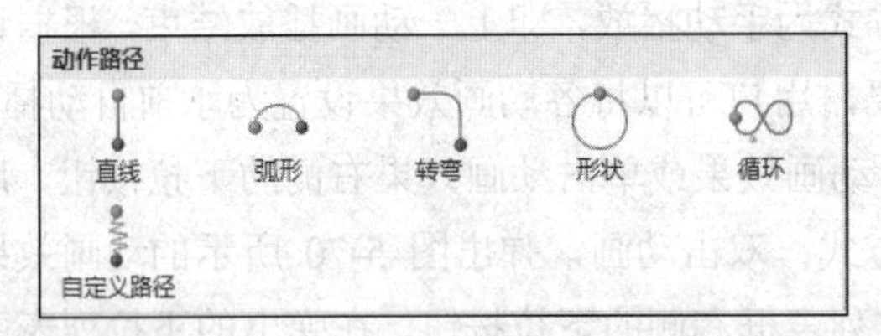

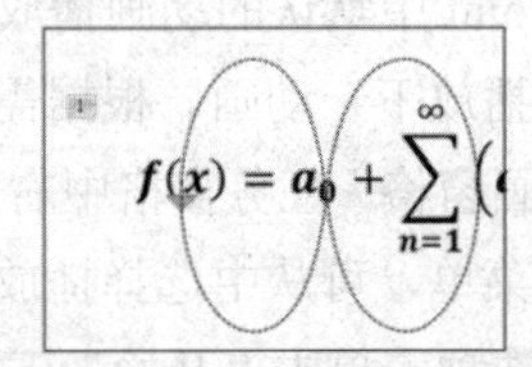

图 5-73 选择内置动作路径动画示例

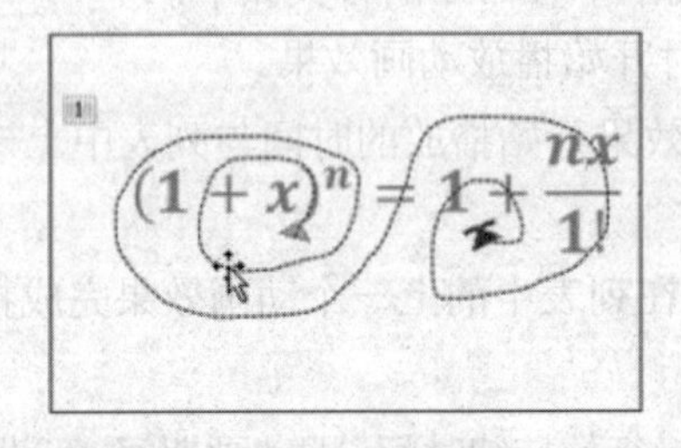

图 5-74 自定义动作路径动画

在“动画”选项卡“动画”组的内置动画列表中选择“其他动作路径”命令，弹出图 5-75 所示的“更多动作路径”对话框，供用户进行选择。

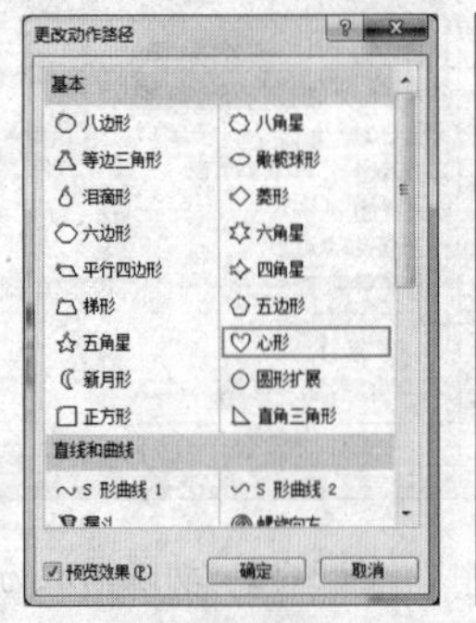

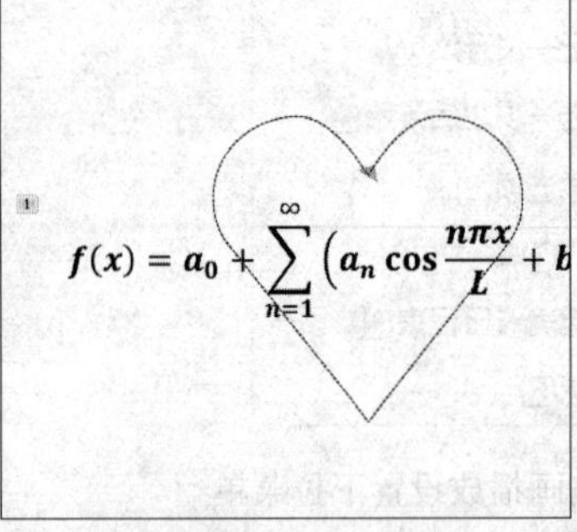

图 5-75 “更多动作路径”对话框

提示：在 PowerPoint 2010 中，利用动画刷工具允许用户把现有动画效果复制到其他对象中，使用方法类似于格式刷：选择带有动画效果的幻灯片元素，单击“动画”选项卡“高级动画”组中的“动画刷”按钮，此时鼠标指针变成带有小刷子的形状，找到需要复制动画效果的元素并单击，即可复制动画效果。

任务实施

操作步骤：

1）在演示文稿中单击任意幻灯片，然后在“切换”选项卡“切换到此幻灯片”组中选择“框”效果，再设置自动切换时间为 10 秒，单击“全部应用”按钮即可，如图 5-76 所示。

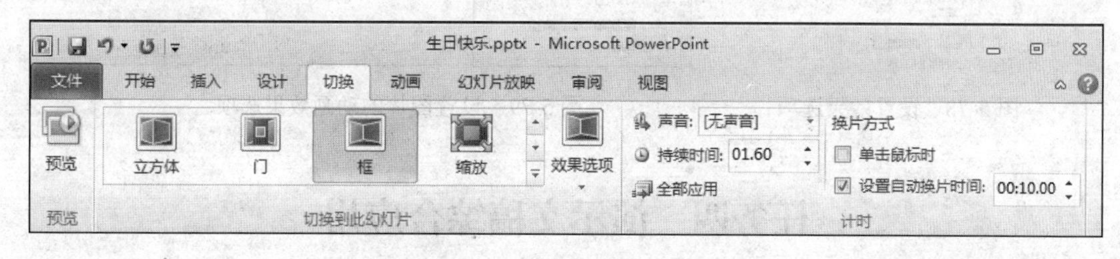

图 5-76　设置幻灯片的切换效果

2）选中第 2 张幻灯片中的标题占位符，在“动画”组中选择“缩放”进入效果，单击“效果选项”下拉按钮，在弹出的下拉菜单中选择“幻灯片中心”命令，设置动画的开始播放方式为“上一动画之后”，持续时间为 2 秒，如图 5-77 所示。

图 5-77　设置标题的动画效果

3）选中幻灯片中的文本框，在“动画”组中选择“形状”进入效果，开始播放方式为“上一动画之后”，在“效果选项”下拉菜单中选择“菱形”和“按段落”选项，如图 5-78 所示。

4）选中图片，在“动画”组中选择“回旋”进入效果，单击“动画窗格”按钮，在显示的“动画窗格”任务窗格中单击图片动画右侧的下拉按钮，在弹出的下拉菜单中选择“效果选项”命令，弹出动画效果对话框，在“计时”选项卡中设置开始播放方式为“上一动画之后”，持续时间为 1 秒，重复次数为 2，如图 5-79 所示。

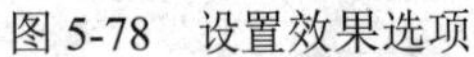

图 5-78 设置效果选项

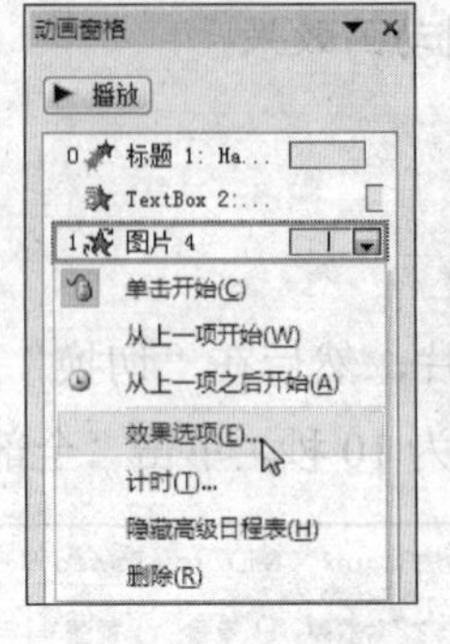

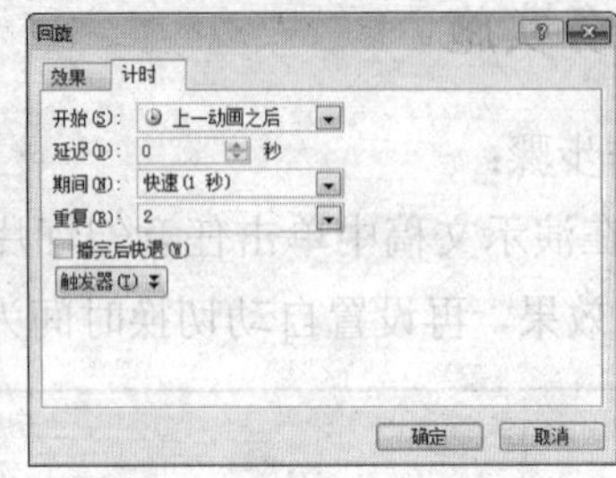

图 5-79 设置图片的动画效果选项

任务四 演示文稿综合应用

任务导入

通过制作“爱尚旅游”演示文稿，效果如图 5-80 所示，巩固前面所学的知识。

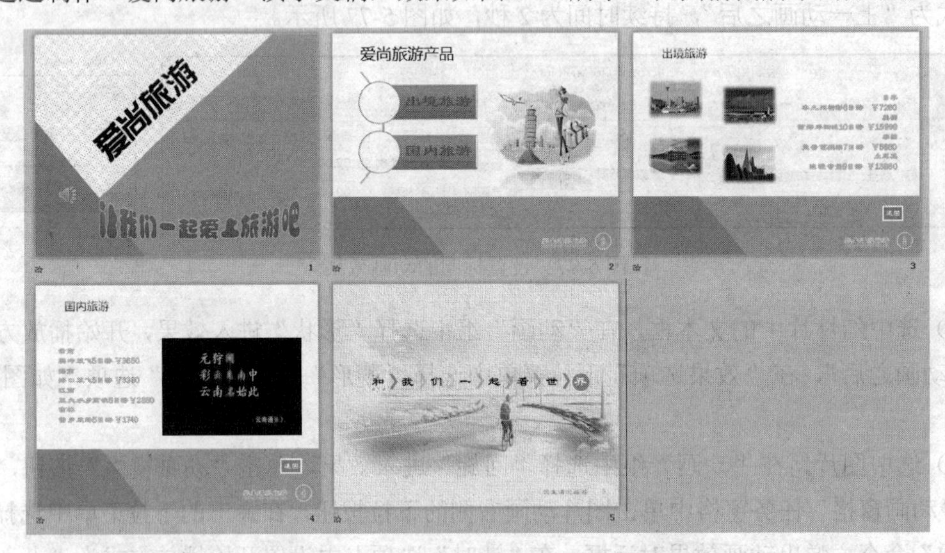

图 5-80 制作的“爱尚旅游”演示文稿

任务实施

1. 制作演示文稿的第 1 张幻灯片

操作步骤：

1）利用“角度”主题新建“爱尚旅游”演示文稿。

2）在第 1 张幻灯片的标题占位符中单击，输入标题文本“爱尚旅游”，再在占位符中选中输入的文本，利用“开始”选项卡的“字体”组设置标题的字体为方正综艺简体，字号为 80，居中显示，如图 5-81 所示。

图 5-81　输入标题文本并设置格式

3）在副标题占位符中输入“让我们一起爱上旅游吧”文本，并设置其字体为方正胖头鱼简体（或其他字体），字号为 44，居中显示。

4）切换到“绘图工具-格式”选项卡，在“艺术字样式”组中为副标题占位符中的文字选择一种艺术字样式，如图 5-82 所示。

5）在“文本效果”下拉菜单中选择“转换”→“槽形”命令，如图 5-83 所示，然后旋转并调整占位符的位置。至此，第 1 张幻灯片制作完成。

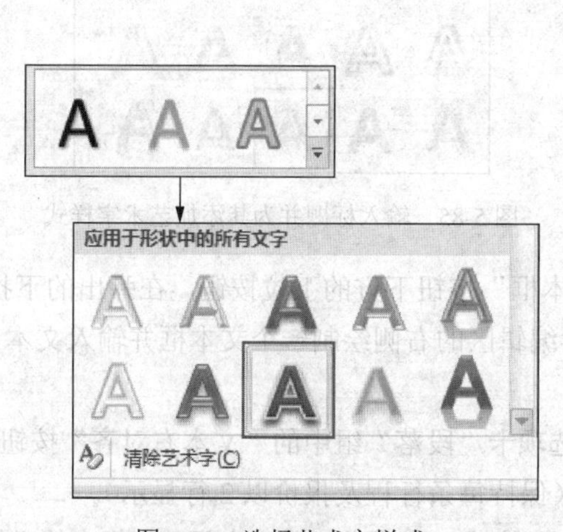

图 5-82　选择艺术字样式

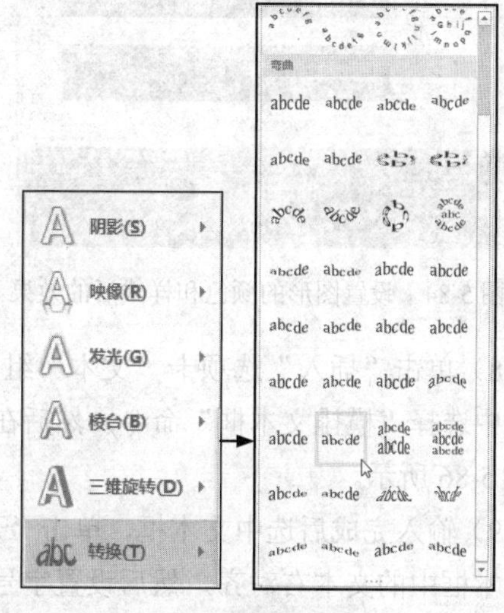

图 5-83　设置艺术字效果

2. 制作其他幻灯片

操作步骤：

1）单击“开始”选项卡“幻灯片”组中的“新建幻灯片”按钮，新建一张幻灯片，并设置其版式为“内容和标题”。

2）在第 2 张幻灯片的标题占位符中输入文本“爱尚旅游产品”，选中文本并设置字号为 40。在文本占位符中输入“出境旅游”和“国内旅游”文本，再选中文本内容，右击，在弹出的快捷菜单中选择“转换为 SmartArt”→“其他 SmartArt 图形”→“列表”→“垂直曲形列表”命令。

3）将转换后的 SmartArt 图形的颜色更改为“彩色范围-强调文字颜色 3 至 4”，样式为“嵌入”，然后将 SmartArt 图形的宽度缩小，效果如图 5-84 所示。

4）打开“插入图片”对话框，在网上选取 4 张旅行的图片，然后单击“插入”按钮，在幻灯片的右侧插入一张图片。

5）保持图片的选中状态，然后单击“图片工具-格式”选项卡的“图片样式”组中“其他”下拉按钮，在弹出的下拉列表中选择“映像圆角矩形”选项。然后缩小图片，至此，第 2 张幻灯片制作完成。

6）单击“开始”选项卡“幻灯片”组中“新建幻灯片”按钮下方的下拉按钮，在弹出的下拉菜单中选择“仅标题”版式，在第 2 张幻灯片后添加一张幻灯片。

7）在新幻灯片中输入标题“出境旅游”，然后选中输入的文本，单击“绘图工具-格式”选项卡“艺术字样式”组中的“其他”下拉按钮，在弹出的下拉菜单中选择图 5-85 所示的艺术字样式。

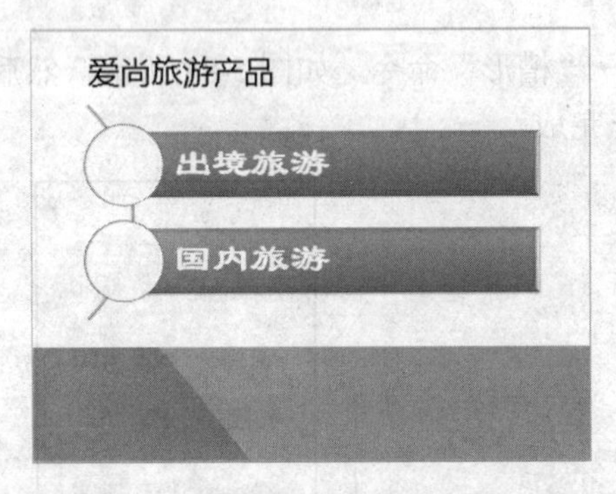

图 5-84 设置图形的颜色和样式后的效果

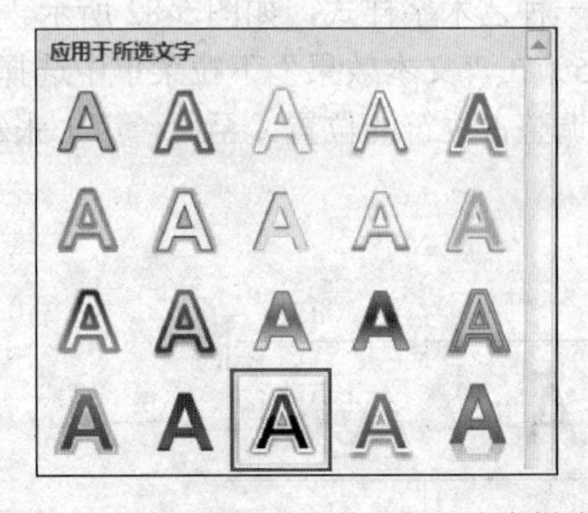

图 5-85 输入标题并为其添加艺术字样式

8）单击“插入”选项卡“文本”组中“文本框”按钮下方的下拉按钮，在弹出的下拉菜单中选择“横排文本框”命令，然后在幻灯片编辑区的右侧绘制一个文本框并输入文本，如图 5-86 所示。

9）输入完成后选中文本框，单击“开始”选项卡“段落”组中的“文本右对齐”按钮，使文本框中的文本右对齐，然后设置字号为 24（保持每条行程及报价以 2 行显示）。

10）保持文本框的选中状态，单击“绘图工具-格式”选项卡“艺术字样式”组中的“其他”下拉按钮，在弹出的下拉菜单中选择图 5-87 所示的艺术字样式。

11）在“文本填充”下拉菜单中选择黄色，为文本设置填充颜色。

12）在幻灯片中插入与旅游行程相关的 4 张图片。

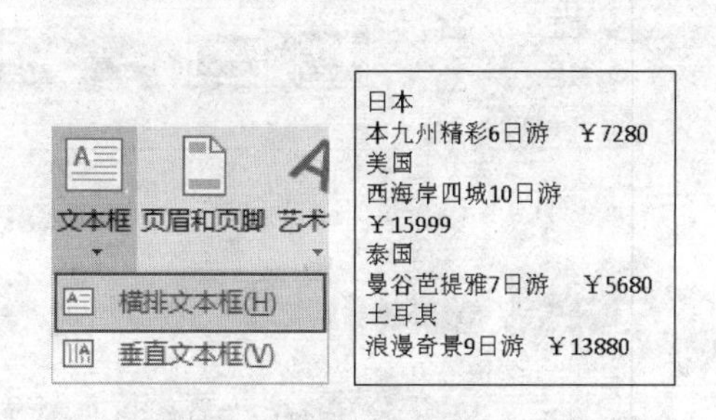

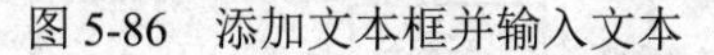
图 5-86　添加文本框并输入文本

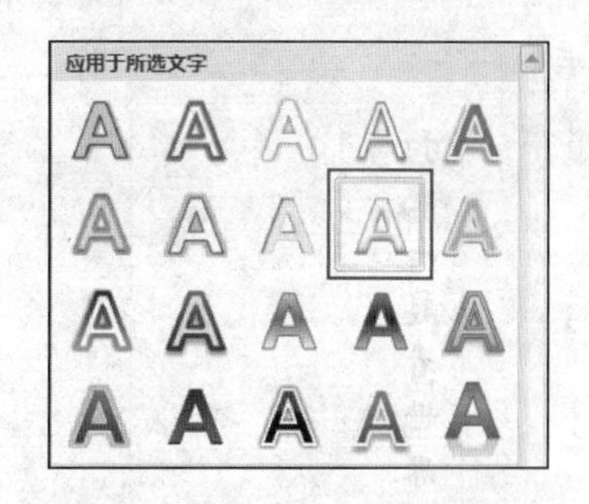

图 5-87　为文本添加艺术字样式

13）保持图片的选中状态，然后在“图片工具-格式”选项卡的“图片样式”下拉列表框中选择“柔化边缘矩形”选项，再将 4 张图片的高度调整为 3.5 厘米，宽度调整为 5 厘米，并将图片移动到幻灯片的左侧并进行适当的摆放，效果如图 5-88 所示。

14）参考前面的操作制作第 4 张幻灯片上的文字。

15）单击“插入”选项卡“媒体”组“视频”按钮下方的下拉按钮，在弹出的下拉菜单中选择“文件中的视频”命令，插入一段自行下载的旅行视频，然后将其放在幻灯片的右侧，并对其大小进行调整，效果如图 5-89 所示。

图 5-88　对图片应用样式并调整大小和位置

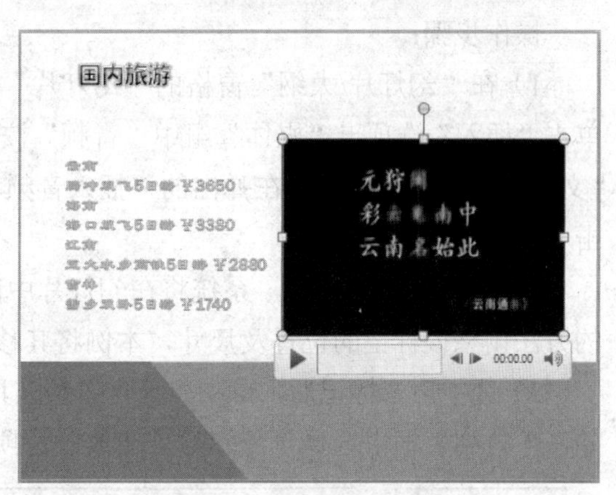

图 5-89　第 4 张幻灯片效果

16）选择“视频工具-播放”选项卡，设置“开始”播放方式为自动。

17）在第 5 张幻灯片后添加一张“空白”版式的幻灯片，在幻灯片编辑区绘制一个文本框，输入所需文本。选中文本内容后右击，在弹出的快捷菜单中选择“转换为 SmartArt”→“其他 SmartArt 图形”→“流程”→“随机至结果流程”命令，在“SmartArt 工具-设计”选项卡的“更改颜色”下拉菜单中选择“彩色范围-强调文字颜色 2 至 3”选项，并设置文本的字号为 32，如图 5-90 所示。

18）将一张旅行照片插入第 6 张幻灯片中。将图片的宽度调整为与幻灯片同等宽，然后设置图片的艺术效果为“纹理化”，如图 5-91 所示，并将图片置于底层。至此，第 5 张幻灯片制作完成。

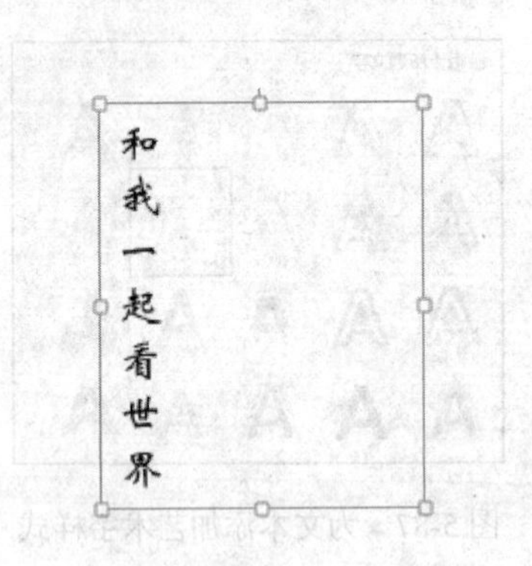

图 5-90　输入文本并转换成 SmartArt

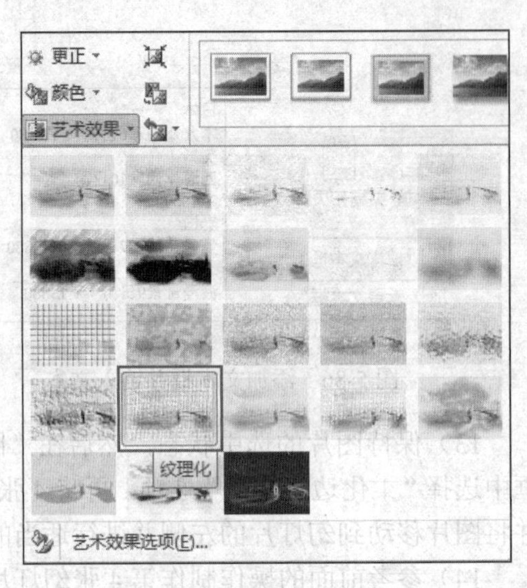

图 5-91　设置图片的艺术效果

3. 在第 1 张幻灯片中插入音乐并更改其背景

操作步骤：

1）在“幻灯片/大纲”窗格的“幻灯片”选项卡中单击第 1 张幻灯片切换到该幻灯片，单击“插入”选项卡“媒体”组中“音频”按钮下方的下拉按钮，在弹出的下拉菜单中选择“文件中的音频”命令，在弹出的“插入音频”对话框中选择一段自行下载的背景音乐，单击“插入”按钮。

2）插入声音文件后，系统将在幻灯片中间位置添加一个声音标记。用户可用操作图片的方法调整该标记的位置及尺寸，本例将其移到幻灯片的左下位置。

3）选中声音标记后，自动出现“音频工具-播放”选项卡，设置如图 5-92 所示。在“开始”下拉列表框中选择“跨幻灯片播放”选项，并选中“放映时隐藏”复选框。

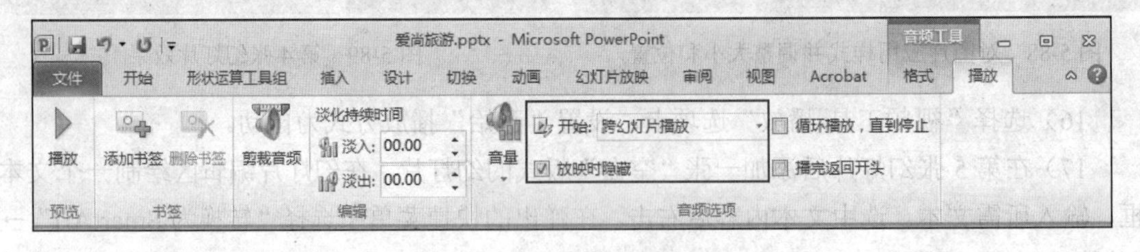

图 5-92　“音频工具-播放”选项卡

4）选中第 1 张幻灯片，单击“设计”选项卡“背景”组中的“背景样式”下拉按钮，在弹出的下拉菜单中选择“设置背景格式”命令，弹出“设置背景格式”对话框。选中“图案填充”单选按钮，设置前景色为橙色，图案样式为小纸屑，单击“关闭”按钮，如图 5-93 所示。

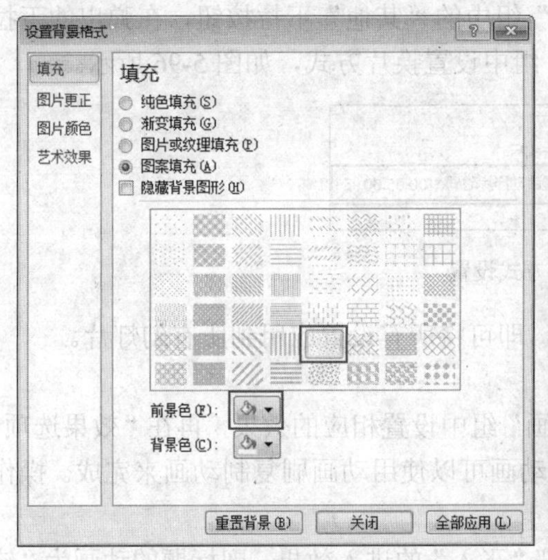

图 5-93　第 1 张幻灯片设置

4. 利用幻灯片母版在 2～5 张幻灯片上加旅行社宣传口号及编号

操作步骤：

1）进入幻灯片母版视图，在“幻灯片/大纲”窗格“幻灯片”选项卡中单击最上方的“幻灯片母版”，然后单击“插入”选项卡“文本”组中的“页眉和页脚”按钮，弹出“页眉和页脚”对话框，选中“幻灯片编号”复选框，选中“页脚”复选框，在其下文本框中输入“爱生活爱旅游”文本，设置标题幻灯片中不显示，如图 5-94 所示。

2）在母版编辑窗口中，将页脚文字的字号设为 18，艺术字样式设为“填充-橙色，强调文字颜色 2，粗糙棱台”，文本效果设为“半映像，接触”，幻灯片编号也进行同样的设置，效果如图 5-95 所示。最后退出幻灯片母版编辑视图。

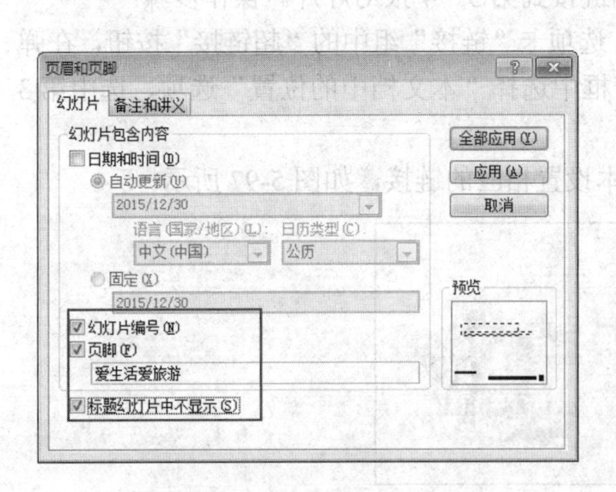

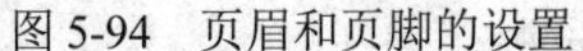

图 5-94　页眉和页脚的设置　　　　图 5-95　幻灯片母版编辑

5. 设置幻灯片的动画效果

（1）设置幻灯片的切换效果

设置所有幻灯片的切换效果为“库”，换片方式为间隔 5 秒自动换片。操作步骤：

1）单击“切换”选项卡“切换到此幻灯片”组中的“其他”下拉按钮，在弹出的下拉菜单中选择华丽型中的“库”效果，在“计时”组中设置换片方式，如图 5-96 所示。

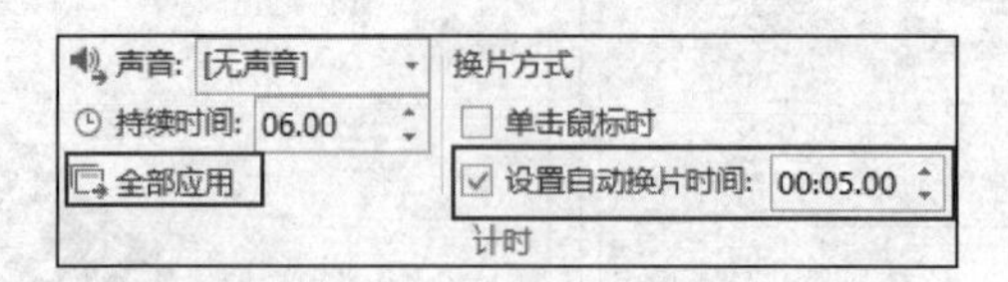

图 5-96 换片方式设置

2）单击“计时”组中的“全部应用”按钮，即可将所有设置应用到所有幻灯片。

（2）设置幻灯片的动画效果

选中相应的对象，在“动画”选项卡的“动画”组中设置相应的效果，再在“效果选项”和“计时”组中进行相应设置即可。相同设置的动画可以使用动画刷复制动画来完成。操作步骤：

1）第 1 张幻灯片：设置标题的动画为自顶部“飞入”的进入效果，副标题的动画为“轮子”效果，效果选项为“2 轮辐图案”，“开始”设为“与上一动画同时”。

2）第 2 张幻灯片：设置标题的动画为中“浮入”的进入效果，SmartArt 图形动画为强调“脉冲”效果，图片动画为“六角星”路径动画，“开始”设为“与上一动画同时”。

3）第 3～4 张幻灯片：设置标题的动画为进入中的“弹跳”效果，文字动画为强调“字体颜色”，图片动画为“随机线条”，“开始”都设为“与上一动画同时”。

4）第 5 张幻灯片：设置 SmartArt 图形动画为逐个“补色”的强调效果，“开始”设为“与上一动画同时”。

6. 设置超链接和动作按钮

（1）设置超链接

设置第 2 张幻灯片中文本的超链接，分别链接到第 3、4 张幻灯片。操作步骤：

1）选中“出境旅游”文本，单击“插入”选项卡“链接”组中的“超链接”按钮，在弹出的“插入超链接”对话框的“链接到”列表框中选择“本文档中的位置”选项，选中第 3 张幻灯片，为文本添加超链接。

2）利用相同的方法，为“国内旅游”文本设置相应的链接，如图 5-97 所示。

图 5-97 为第 2 张幻灯片设置超链接

（2）添加动作按钮

为第 3、4 张幻灯片添加返回第 2 张幻灯片的动作按钮。操作步骤：

1）切换到第 3 张幻灯片，单击“插入”选项卡“插图”组中的“形状”下拉按钮，在弹出的下拉菜单中选择“动作按钮：自定义”命令。

2）在幻灯片的右下方拖动鼠标绘制一个按钮，此时会弹出“操作设置”对话框，设置超链接到第 2 张幻灯片。

3）右击按钮，在弹出的快捷菜单中选择“添加文字”命令，输入“返回”，然后设置按钮的形状样式为“浅色 1 轮廓，彩色填充-橙色，强调文字颜色 2”，如图 5-98 所示。

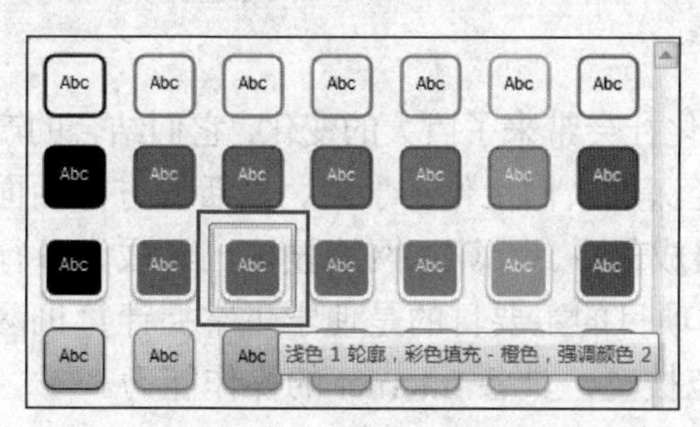

图 5-98　设置动作按钮的样式

4）将绘制的按钮复制到第 4 张幻灯片中。

项目六　认识和使用计算机网络

计算机和通信技术的飞速发展给现代信息化社会带来了巨大的变化，它们结合的产物——计算机网络因其浩瀚的资源、广泛的服务已经深入人们工作、学习、生活的方方面面，越来越受到人们的青睐，成为信息化社会重要的组成部分。计算机网络技术已经成为各行各业人士、各学科、各专业学生学习的必修课程。本项目的主要目的是使学生掌握计算机网络的基础知识，以及计算机网络病毒和网络安全防范技巧，具备 Internet 的操作能力。

【学习目标】

1. 熟练掌握计算机网络的分类，以及常见的网络硬件设备、网络拓扑结构、IP 地址分类与设置、域名与域名服务器、资源下载、电子邮箱使用、计算机病毒的基本知识。
2. 掌握小型网络连接的方法，会进行资源共享设置，能理解并应用网络测试命令。
3. 了解计算机网络的发展史，以及计算机网络的发展趋势。

任务一　认识计算机网络

子任务一　了解计算机网络的定义和功能

任务导入

随着计算机网络技术的发展，计算机网络的功能不断得到发展，其应用范围越来越广泛。计算机网络影响着人们日常生活、工作、学习和思维的方式。在认识计算机网络之前，首先需要了解计算机网络的定义和功能。

相关知识

1. 计算机网络的定义

关于计算机网络这一概念的描述，从不同的角度出发，可以给出不同的定义。简单地说，计算机网络就是由通信线路互相连接的许多独立工作的计算机构成的集合体。

从用户角度来讲，计算机网络是这样定义的：存在一个能为用户自动管理的网络操作系统。由它调用完成用户所调用的资源，而整个网络像一个大的计算机系统一样，对用户是透明的。

从应用的角度来讲，只要将具有独立功能的多台计算机连接起来，就能够实现各计算机之间信息的互相交换，并可以共享计算机资源的系统就是计算机网络。

从资源共享的角度来讲，计算机网络就是一组具有独立功能的计算机和其他设备，以允许用户相互通信和共享计算资源的方式互连在一起的系统。

从技术角度来讲，计算机网络就是由特定类型的传输介质（如双绞线、同轴电缆和光纤等）和网络适配器互连在一起的计算机，并受网络操作系统监控的网络系统。

将以上角度概括起来，计算机网络的定义包括 3 个方面的含义：

1）必须有两台或两台以上、具有独立功能的计算机系统相互连接起来，以达到资源共享的目的。

2）计算机互相通信交换信息，必须有一条通道。这条通道的连接是物理的，由物理介质来实现（如铜线、光纤、微波、卫星等）。

3）计算机系统之间的信息交换，必须要遵守某种约定和规则。

这 3 个方面概括了计算机网络的基本内涵。因此，我们可以将计算机网络这一概念系统定义如下：计算机网络是将分布在不同地点，并且具有独立功能的多个计算机系统通过通信设备和线路连接起来，在功能完善的网络软件和协议的管理下，以实现网络资源共享为目标的系统。图 6-1 给出了一个典型的计算机网络示意图。

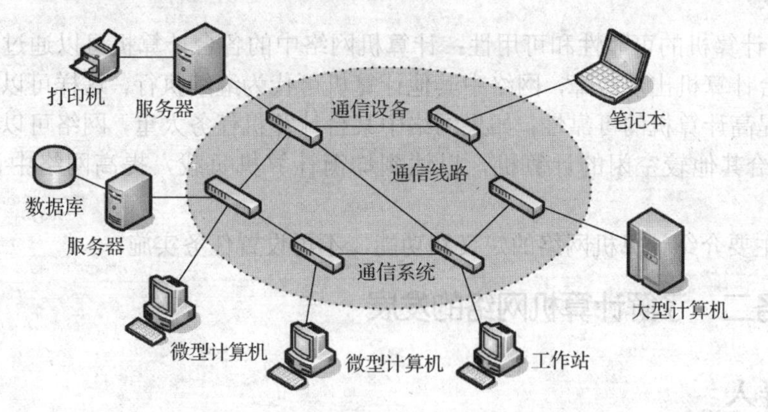

图 6-1 一个典型的计算机网络示意图

2. 计算机网络的功能

一般来说，计算机网络具有以下主要功能。

1）资源共享：这是计算机网络的主要功能，也被认为是最具有吸引力的一个功能。共享是指网络中各种资源可以相互通用，用户能在自己的位置上部分和全部地使用网络中的软件、硬件和数据。例如，将某一系统软件装在网内的某一台计算机中，就可以供其他用户调用，或处理其他用户送来的数据，然后将处理结果送回给用户。海量存储设备、绘图仪、激光打印机一类的高级外设通过网络也可以向网络用户开放，从而大大提高资源利用率，加强数据处理能力，还能节约开销，如图 6-2 所示。

2）数据传输：计算机网络可以实现各计算机之间的数据传输，使分散在不同地点的业务部门和生产部门的信息得到统一、集中的控制和管理。例如，电子邮件可以为有关部门快速传递票据、账单、信函、公文甚至语音、图像等多媒体信息。由此可以为大型企业提供决策信息，为各种用户提供及时的邮件服务，还可以为召开远距离电子会议所进行的会议文件往来等提供服务。

3）分布式处理：分布式处理是计算机网络研究的重点课题，它把一项复杂的任务划分成若干部分，由网络上各计算机分别承担其中一部分任务，同时运作，共同完成，从而使整个系统的效能大为提高。

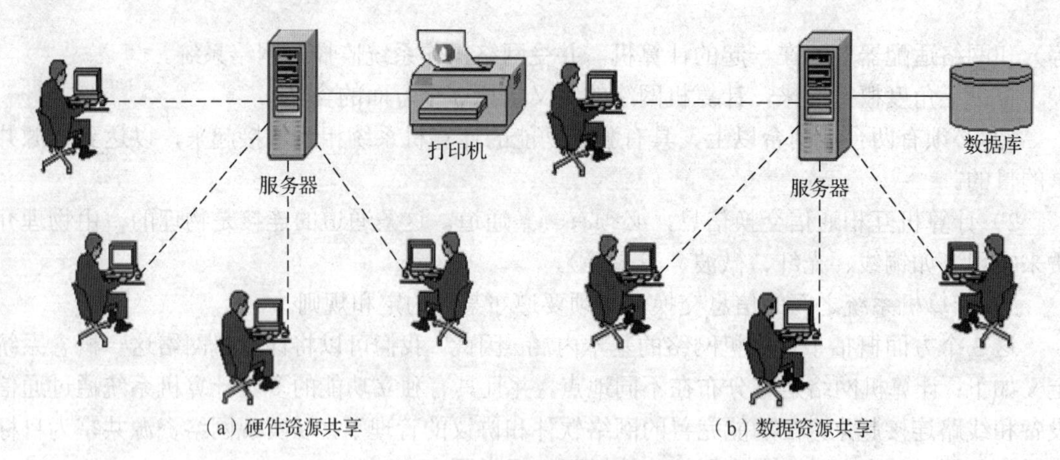

图 6-2 资源共享

4）提高计算机的可靠性和可用性：计算机网络中的各台计算机可以通过网络互为后备机，一旦某台计算机出现故障，网络中其他计算机可代为继续执行，这样可以避免整个系统瘫痪，从而提高计算机的可靠性；如果网络中某台计算机任务太重，网络可以将该机上的部分任务转交给其他较空闲的计算机，以达到均衡计算机负载，提高网络中计算机可用性的目的。

本任务主要介绍计算机网络的定义和功能，不再设置任务实施。

子任务二 了解计算机网络的发展

任务导入

计算机网络最初是什么样的？为什么要了解计算机网络的发展过程？从现代计算机网络的形态出发，追溯历史，将有助于加深人们对计算机网络的理解。在了解计算机网络的定义之后，下面介绍计算机网络的形成和发展。

相关知识

1. 计算机网络的形成

自从有了计算机，计算机技术和通信技术就开始结合。1968 年，美国国防部高级计划局（Advance Research Projects Agency，ARPA）提出研制 APRANET 的计划，并在 1969 年建成该网络，用以帮助美军研究人员进行信息交流。APRANET 是网络的雏形，是现在 Internet 的前身。

20 世纪 80 年代中期，美国国家科学基金会（National Science Foundation，NSF）为鼓励各大学校与研究机构共享主机资源，在 APRANET 基础上建立了国家科学基金网即 NSFNET。

NSFNET 与 APRANET 构成了美国的两个主干网，形成了初具规模的网络。随着社会的进步和各行各业对资源共享和信息交流的需要，Internet 很快遍布全球，成为一个全球性的计算机网络。

2. 计算机网络的发展

随着计算机网络技术的蓬勃发展，计算机网络的发展大致可划分为 4 个阶段。

（1）计算机技术与通信技术相结合（诞生阶段）

20 世纪 60 年代末是计算机网络发展的萌芽阶段。这一阶段的计算机网络为面向终端的计算机网络。这种网络是早期计算机网络的主要形式。它是将一台计算机经通信线路与若干终端直接相连的网络。终端是一台计算机的外设包括显示器和键盘，无 CPU 和内存。其主要特征是，为了增加系统的计算能力和资源共享，将小型计算机连成实验性的网络。

（2）具有通信功能的计算机网络（形成阶段）

第二代计算机网络以多个主机通过通信线路互连起来，为用户提供服务，主机之间不是直接用线路相连，而是由接口报文处理机（interface message processor，IMP）转接后互连的。IMP 和它们之间互连的通信线路一起负责主机间的通信任务，构成了通信子网。与通信子网互连的主机负责运行程序，提供资源共享，组成了资源子网。这一时期，网络概念为“以能够相互共享资源为目的互连起来的具有独立功能的计算机之集合体”，形成了计算机网络的基本概念。

两个主机间通信时对传输信息内容的理解、信息表示形式及各种情况下的应答信号都必须遵守一个共同的约定，称为协议。

（3）计算机网络互连标准化（互连互通阶段）

计算机网络互连标准化是指具有统一的网络体系结构并遵循国际标准的开放式和标准化的网络。ARPANET 兴起后，计算机网络发展迅速，各大计算机公司相继推出自己的网络体系结构及实现这些结构的软、硬件产品。由于没有统一的标准，不同厂商的产品之间互连很困难，人们迫切需要一种开放性的标准化实用网络环境，两种国际通用的重要的体系结构，即 TCP/IP 体系结构和国际标准化组织的 OSI 体系结构应运而生。

（4）计算机网络高速和智能化发展（高速网络技术阶段）

20 世纪 90 年代初至今是计算机网络飞速发展的阶段，其主要特征：计算机网络化，协同计算能力发展及全球互连网络的盛行。目前，计算机网络已经真正进入社会各行各业。另外，虚拟网络、光纤分布式数据接口（fiber distributed data interface，FDDI）及异步传输模式（asynchronous transfer mode，ATM）技术的应用，使网络技术蓬勃发展并迅速走向市场，走进平民百姓的生活。

本任务主要介绍计算机网络的发展历程，不再设置任务实施。

子任务三 了解计算机网络的分类

任务导入

计算机网络可以从不同的角度进行分类，常见的分类方法是按地理范围来分类。地理范围是网络分类的一个非常重要的度量参数，因为不同规模的网络将采用不同的技术。在了解计算机的定义和发展之后，再来了解计算机网络的分类。

相关知识

计算机网络的分类方法对于网络本身并无实质的意义，只是便于人们从不同角度讨论问题。按照网络覆盖地理范围的大小，可以将计算机网络进行如下分类。

1）局域网（local area network，LAN）：局域网是局部范围内的网络。它是将较小地理区域内的计算机或数据通信设备连接在一起，实现资源共享和数据通信的网络。局域网覆盖的地理范围比较小，一般在几十米到几千米。它常用于组建一个办公室、一间机房、一栋楼、一个学校或一个企业的计算机网络。应该指出的是，当前局域网的功能非常强大，应用广泛。

2）城域网（metropolitan area network，MAN）：城域网较之局域网要大一些，是介于局域网和广域网之间的高速网络。最初的城域网是指将城市的终端连接起来形成的网络，因此城域网可以说是一种大型的局域网，它的覆盖范围一般为几千米到几十千米，通常为一个城市，如覆盖北京市的城域网。城域网主要采用光纤或微波作为网络的主要通道。

3）广域网（wide area network，WAN）：广域网是覆盖广阔地理区域的网络。它的通信线路大多借用公用通信网络，数据传输速率比较低。广域网能够实现远距离计算机之间的数据传输和信息共享。广域网可以覆盖一个国家、几个国家甚至全球。我们常说的 Internet 就是世界上最大的广域网。

广域网、城域网和局域网的连接关系如图 6-3 所示。

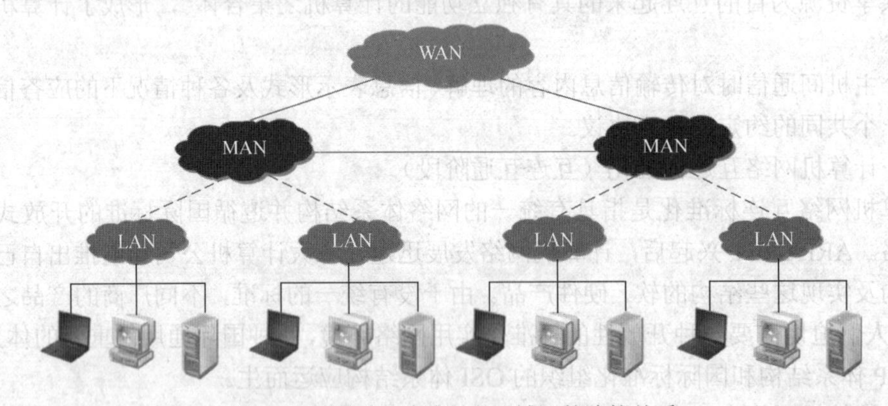

图 6-3 广域网、城域网和局域网的连接关系

计算机网络也可以按服务模式进行划分，分为对等网模式和客户端/服务器模式。

1）对等网模式［图 6-4（a）］：在计算机网络中，如果每台计算机的地位平等，都可以平等地使用其他计算机内部的资源，每台计算机磁盘上的空间和文件都为公共资源，这种网络就称为对等局域网，简称对等网。对等网的这种计算机资源共享方式会导致计算机的速度比平时慢，但其非常适合小型的、任务少的局域网，如普通办公室和家庭等。

2）客户端/服务器模式［图 6-4（b）］：如果网络所连接计算机较多，一般大于 10 台，且共享资源较多，此时就需要考虑专门设立一个计算机来存储和管理需要共享的资源。这台计算机称为文件服务器，其他计算机称为客户机，客户机中磁盘的资源不必与人共享。如果想与他人共享一份文件，就必须先将文件从客户机复制到文件服务器，或直接将文件下载在文件服务器上，这样其他客户机上的用户才能访问到这份文件。这种网络模式称为客户端/服务器模式。

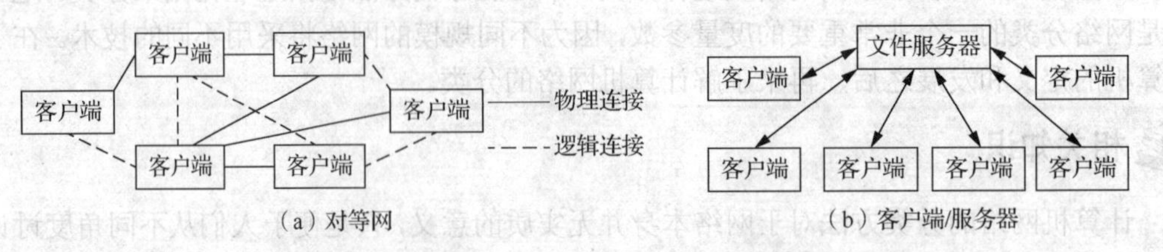

图 6-4 对等网模式和客户端/服务器模式

子任务四 了解计算机网络体系结构

任务导入

什么是计算机网络体系结构呢？简单地说，计算机网络体系结构就是计算机网络中所采用的网络协议是如何设计的，即网络协议是如何分层及每层完成的功能。由此可见，要想理解计算机网络体系结构，必须先了解网络协议。网络体系结构和网络协议是计算机网络技术中两个基本的概念，也是初学者比较难理解的两个概念。

相关知识

1. 网络协议

网络协议是指在计算机网络中，通信双方为了实现通信而设计的规则。例如，网络中一个微型计算机用户和一个大型主机的操作员进行通信，由于这两个数据终端所用字符集不同，因此操作员所输入的命令彼此不认识。为了能进行通信，规定每个终端都要将各自字符集中的字符变换为标准字符集的字符后，才进入网络传输，到达目的终端之后，再变换为该终端字符集的字符。当然，对于不相容终端，除了需变换字符集字符外还需转换其他特性，如显示格式、行长、行数、屏幕滚动方式等。

网络协议是由以下 3 个要素组成的。

1）语法：通信时双方交换数据和控制信息的格式，如哪一部分表示数据，哪一部分表示接收方的地址等。语法解决通信双方“如何讲”的问题。

2）语义：语义解释控制信息每个部分所代表的含义。它规定了需要发出何种控制信息，以及完成的动作与做出的响应。语义解决通信双方“讲什么”的问题。

3）时序：时序详细说明事件是如何实现的。例如，通信如何发起；在收到一个数据后，下一步要做什么。时序确定通信双方“讲”的步骤。

可以说，没有网络协议就不可能有计算机网络，只有配置相同网络协议的计算机网络才可以进行通信，而且网络协议的优劣直接影响计算机网络的性能。

2. 计算机网络体系结构

计算机网络由多个互连的结点组成，结点之间不断地交换数据和控制信息，要做到有条不紊地交换数据，每个结点就必须有一整套合理而严谨的结构化管理体系。计算机网络就是按照高度结构化设计方法，采用功能分层原理来实现的。

通常所说的计算机网络体系结构，即在世界范围内的统一协议，其制定软件标准和硬件标准，并将计算机网络及其部件所应完成的功能精确定义，从而使不同计算机能够在相同功能中进行信息对接。简单来说，计算机网络体系结构为不同的计算机之间互连和互操作提供相应的规范和标准。

计算机网络体系结构可以定义为网络协议的层次划分与各层协议的集合，同一层中的协议根据该层所要实现的功能来确定。各对等层之间的协议功能由相应的底层提供服务。

层次化网络体系的优点在于，每层实现相对独立的功能，层与层之间通过接口来提供服务，每一层都对上层屏蔽实现协议的具体细节，使网络体系结构做到与具体物理实现无关。层次结构允许连接到网络的主机和终端型号、性能不同，只要遵守相同的协议即可以实现互操作。高层用户可以从具有相同功能的协议层开始进行互连，使网络成为开放式系统。这里“开放”指按照相同协议任意两系统之间可以进行通信。因此，层次结构便于系统的实现维护。

对于不同系统实体间互连、互操作这样一个复杂的工程设计问题，如果不采用分层次分解处理的方法，则会产生由于任何错误或性能修改而影响整体设计的弊端。

相邻协议层之间的接口包括两相邻协议层之间所有调用和服务的集合。其中，服务是指第 i 层向相邻高层提供服务，调用是指相邻高层通过原语或过程调用相邻低层的服务。

对等层之间进行通信时，数据传输方式并不是由第 i 层发送方直接发送到第 i 层接收方，而是每一层都将数据和控制信息组成的报文分组传输到它的相邻低层，直到物理传输介质。接收时，则是每一层从它的相邻低层接收相应的分组数据，在去掉与本层有关的控制信息后，将有效数据传输给其相邻上层。

3. 常见计算机网络体系结构

网络协议可以通过硬件或软件来实现。不同的计算机网络采用不同的网络协议，它们的网络体系结构也不同。世界上著名的网络体系结构有开放系统互连参考模型（open system interconnection/reference model，OSI/RM）和国际标准传输控制协议/网际协议（transmission control protocol/Internet protocol，TCP/IP）体系结构。

（1）OSI/RM

OSI/RM 又称 OSI 参考模型，是国际标准化组织在 1984 年发布的网络互连模型，并推荐所有公司使用这个规范来控制网络。提供各种网络服务功能的计算机网络系统是非常复杂的，根据分而治之的原则，国际标准化组织将整个通信功能划分为 7 个层次（物理层、数据链路层、网络层、传输层、会话层、表示层和应用层），划分原则如下：

1）网络中各结点都有相同的层次。

2）不同结点的同等层具有相同的功能。

3）同一结点内相邻层之间通过接口通信。

4）每一层使用下层提供的服务，并向其上层提供服务。

5）不同结点的同等层按照协议实现对等层之间的通信。

6）根据功能需要进行分层，每层应当实现定义明确的功能。

7）向应用程序提供服务。

该体系结构标准定义了网络互连的 7 层框架，如图 6-5 所示。在这一框架下进一步详细规定了每一层的功能，以实现开放系统环境中的互连性、互操作性和应用的可移植性。

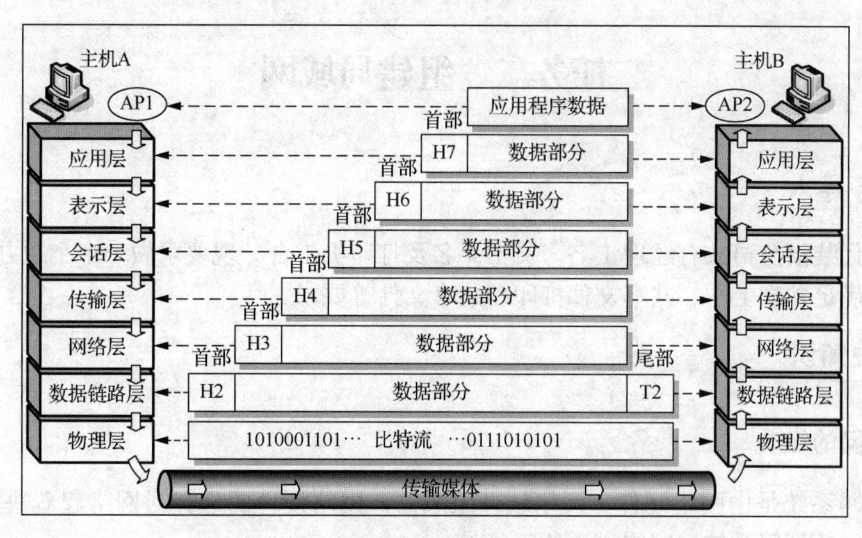

图 6-5 参考模型

（2）TCP/IP 体系结构

OSI 参考模型概念清楚，理论较完整，但它既复杂又不实用；TCP/IP 体系结构虽然简单，但是得到了广泛应用。因此，TCP/IP 体系结构已经成为当前公认的最流行的国际标准。

TCP/IP 是一组用于实现网络互连的通信协议。Internet 网络体系结构以 TCP/IP 为核心。与 OSI 参考模型的 7 层体系结构不同的是，TCP/IP 采用 4 层体系结构，从下到上依次为网络接口层、网络层、传输层（主机到主机）和应用层。TCP/IP 体系结构与 OSI 参考模型的对照关系如图 6-6 所示。

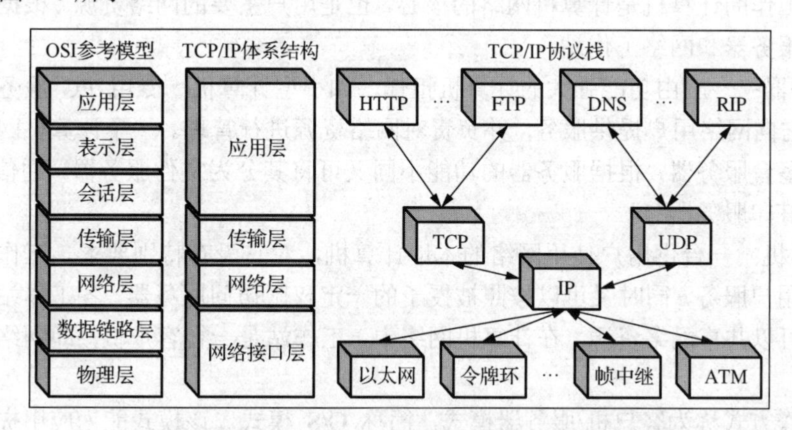

图 6-6 TCP/IP 体系结构与 OSI 参考模型的对照关系

TCP/IP 协议栈中有 100 多个网络协议，其中主要的是传输控制协议（TCP）和互联网协议（IP），因此这种体系结构以这两个协议命名。通俗而言，TCP 负责发现传输的问题，一旦有问题就发出信号，要求重新传输，直到所有数据安全、正确地传输到目的地。而 IP 的功能是给 Internet 的每一台联网设备分配一个地址。

本任务主要介绍计算机网络体系结构的内容，不再设置任务实施。

任务二　组建局域网

任务导入

新时代装潢公司共有经理 1 名，员工 4 名及打印机 1 台。现要求做一个小型办公网络，要求能够满足共享上网、共享文件打印和共享文件等要求。

相关知识

一、局域网的组成

局域网系统是由网络硬件和网络软件组成的，网络硬件的选择对网络起着决定性的作用，而网络软件则是挖掘网络潜力的工具。

（一）硬件

计算机网络硬件是计算机网络的物质基础，一个计算机网络通过网络设备和通信线路将不同地点的计算机及其外设在物理上实现连接。因此，网络硬件主要由可独立工作的计算机、网络设备和传输介质等组成，它是网络连接的基础。

1. 计算机设备

可独立工作的计算机是计算机网络的核心，也是用户主要的网络资源。根据用途的不同可将其分为服务器和网络工作站。

1）服务器：一般由功能强大的计算机担任，如小型计算机、专用 PC 服务器或高档微型计算机。它向网络用户提供服务，并负责对网络资源进行管理。一个计算机网络系统至少要有一台或多台服务器，根据服务器的功能不同又可将其分为文件服务器、通信服务器、备份服务器和打印服务器等。

2）客户机：一台供用户使用网络的本地计算机，对它没有特别要求。工作站作为独立的计算机为用户服务，同时又可以按照被授予的一定权限访问服务器。各工作站之间可以相互通信，也可以共享网络资源。在计算机网络中，工作站是一台客户机，即网络服务的一个用户。

这种工作方式称为客户机/服务器模式，简称 C/S 模式。该模式能为应用提供服务（如文件服务、打印服务、复制服务、图像服务、通信管理服务等）的计算机或处理器，当其被请求服务时就成为服务器。一台计算机可能提供多种服务，一个服务也可能要由多台计算机组合完成。与服务器相对，提出服务请求的计算机或处理器在当时就是客户机。从客户应用角度看，这个应用的一部分工作在客户机上完成，其他部分的工作则在（一个或多个）服务器上完成。

2. 网络接口设备

网络适配器又称网卡或网络接口卡（network interface card，NIC），是使计算机联网的设备。平常所说的网卡就是将 PC 和局域网连接的网络适配器。网卡插在计算机主板插槽中，负责将用户要传递的数据转换为网络上其他设备能够识别的格式，通过网络介质传输。

3. 网络传输媒体

传输媒体是通信网络中发送方和接收方之间的物理通路。计算机网络中采用的传输媒体可分为有线和无线两大类。双绞线、同轴电缆和光纤是常用的 3 种有线传输媒体。卫星通信、无线通信、红外通信、激光通信及微波通信的信息载体都属于无线传输媒体。

（1）同轴电缆

同轴电缆（coaxial cable）可分为两类：粗缆和细缆。这种电缆在实际应用中很广，如有线电视网，就是使用的同轴电缆。无论是粗缆还是细缆，其中央都有一根铜线，外面包有绝缘层。同轴电缆由电缆铜芯、绝缘层、金属屏蔽网和护套组成，如图 6-7 所示。这种结构的金属屏蔽网可防止中心导体向外辐射电磁场，也可用来防止外界电磁场干扰中心导体的信号。

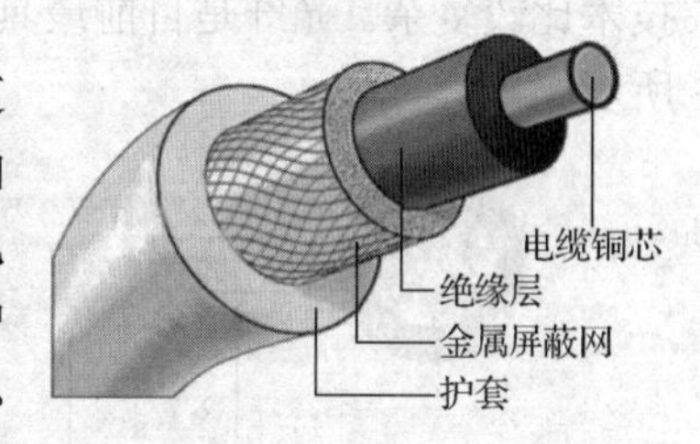

图 6-7　同轴电缆示意图

（2）双绞线

双绞线（twisted pair）是布线工程中常用的一种传输介质。双绞线是由相互按一定扭矩绞合在一起的类似于电话线的传输媒体，每根线加绝缘层并有色标标记。成对线的扭绞旨在将电磁辐射和外部电磁干扰减到最低。目前，双绞线可分为非屏蔽双绞线（unshielded twisted pair，UTP）和屏蔽双绞线（shielded twisted pair，STP），如图 6-8 所示。人们平时接触比较多的就是非屏蔽双绞线。

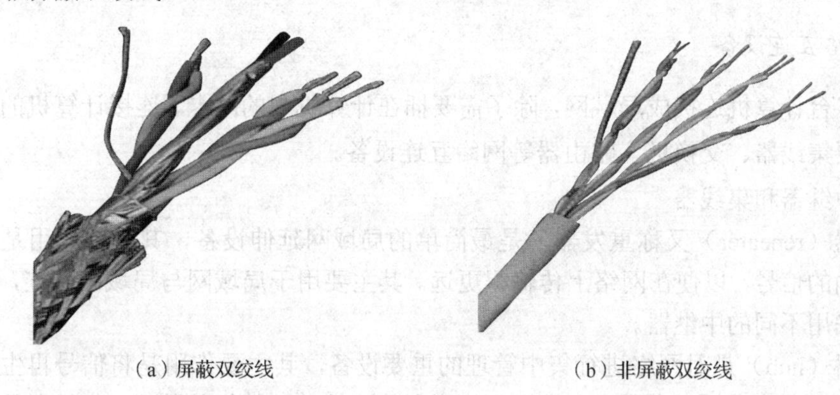

（a）屏蔽双绞线　（b）非屏蔽双绞线

图 6-8　屏蔽双绞线 STP

使用双绞线组网时，双绞线和其他网络设备（如网卡）连接必须使用 RJ-45 接头（又称水晶头），如图 6-9 和图 6-10 所示。

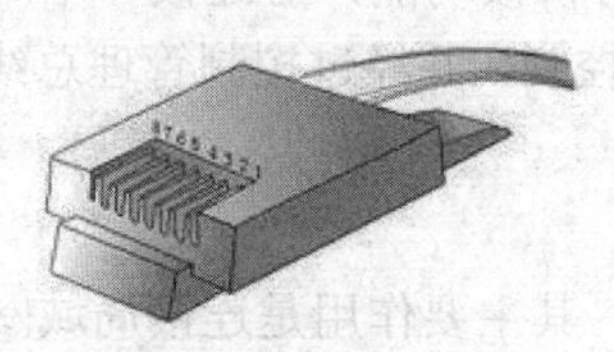

图 6-9　RJ-45 示意图

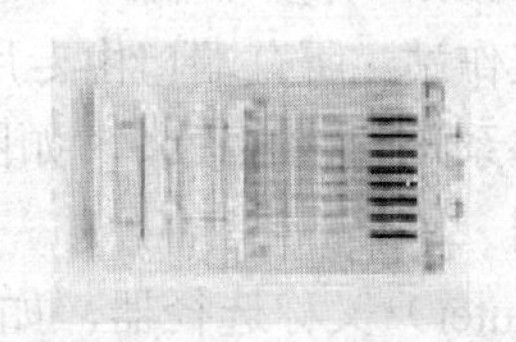

图 6-10　RJ-45 实物图

（3）光纤

光纤（fiber）是光导纤维的简称，其芯线由光导纤维制成，用于传输光脉冲数字信号，如图 6-11 所示。根据性能的不同，光纤有多模光纤和单模光纤之分。其中，多模光纤由发光二极管产生用于传输的光脉冲，通过内部的多次反射沿芯线传输，可以存在多条不同入射角的光线在一条光纤中传输。单模光纤使用激光产生用于传输的光脉冲，光线与芯轴平行，损耗小、传输距离远、具有很高的带宽，但价格更高。

光纤的优点是损耗小、带宽大，且不受电磁干扰等。其缺点是单向传输、成本高、连接技术比较复杂。光纤是目前最具竞争力的传输媒体。用光纤制成的电缆称为光缆，如图 6-12 所示。

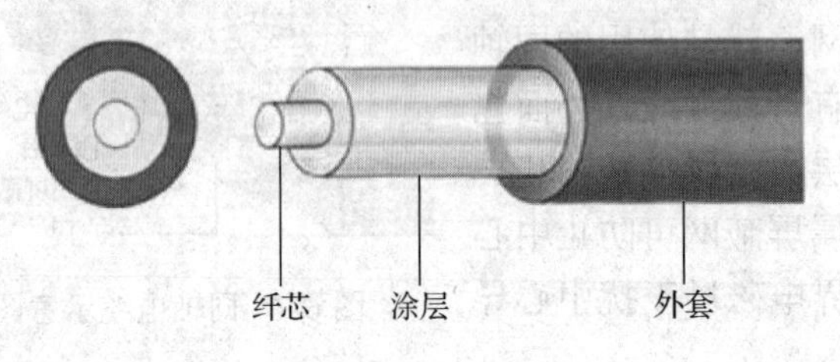

图 6-11　光纤结构

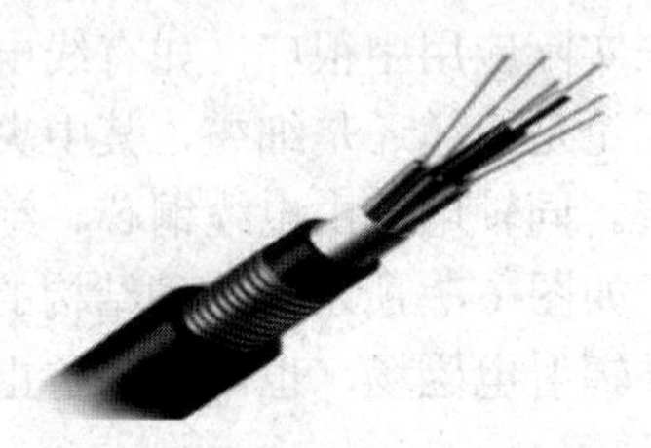

图 6-12　光缆

（4）无线介质

无线介质不使用电子或光学导体。大多数情况下，地球的大气便是数据的物理性通路。从理论上讲，无线介质最好应用于难以布线的场合或远程通信。常用的无线介质有无线电、微波、红外线、激光和卫星。无线介质的带宽最多可以达到几十 Gb/s。红外线主要用于室内短距离的通信，如两台笔记本计算机之间的数据交换。

4. 网络互连设备

要将多台计算机连接成局域网，除了需要插在计算机中的网卡、连接计算机的传输媒体外，还需要集线器、交换机、路由器等网络互连设备。

（1）中继器和集线器

中继器（repeater）又称重发器，是最简单的局域网延伸设备，其主要作用是放大传输介质上传输的信号，以便在网络上传输得更远。其主要用于局域网与局域网互连，不同类型的局域网采用不同的中继器。

集线器（hub）是对网络进行集中管理的重要设备，其主要作用是将信号再生转发。接口数是集线器的一个重要参数，它是指集线器所能连接的计算机的数目。集线器是一个共享设备，其实质是一个中继器，如图 6-13 所示。

（2）交换机

交换机（switch）有多个端口，每个端口都具有桥接功能，可连接一个局域网或一台高性能服务器或工作站。所有端口由专用处理器进行控制，并经过控制管理总线转发信息。交换机是组成网络系统的核心设备，如图 6-14 所示。

（3）路由器

路由器（router）又称选径器，如图 6-15 所示。其主要作用是连接局域网和广域网，且具有判断网络地址和选择路径的功能。其主要工作是为经过路由器的报文寻找一条最佳路径，并将数据传输到目的站点。

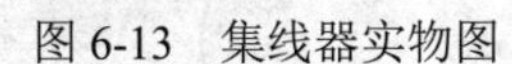

图 6-13　集线器实物图

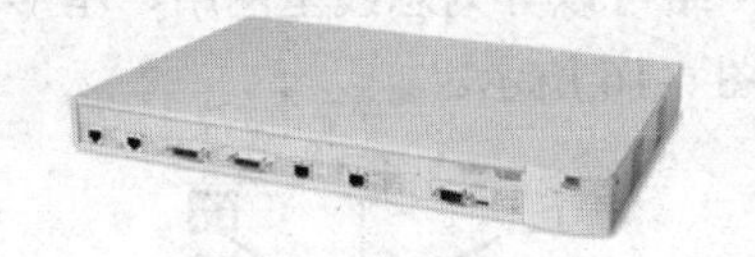

图 6-14　交换机实物图

图 6-15　路由器实物图

（4）网关

网关（gateway）不仅具有路由功能，还能实现不同网络协议之间的转换，并将数据重新分组后传输。

（二）软件

局域网中所用到的网络软件主要有以下几类。

1. 网络协议软件

网络协议是网络之间沟通、交流的桥梁，只有使用相同网络协议的计算机才能进行信息的沟通与交流。目前，在局域网上常用的网络协议是 TCP/IP。

2. 网络操作系统

网络操作系统是在网络环境下实现对网络资源的管理和控制的操作系统，是用户与网络资源之间的接口。网络操作系统与通常操作系统有所不同，它除了具有通常操作系统应具有的处理机管理、存储器管理、设备管理和文件管理功能外，还应具有以下两大功能：

1）提供高效、可靠的网络通信能力。

2）提供多种网络服务功能，如远程作业输入并进行处理的服务功能、文件转输服务功能、电子邮件服务功能、远程打印服务功能。

目前，常用的网络操作系统有 Windows 类、NetWare 类、UNIX 系统和 Linux 系统。

3. 网络应用软件

网络应用软件是指能够为网络用户提供各种服务的软件，用于提供或获取网络上的共享资源。例如，浏览软件、传输软件、远程登录软件、电子邮件等。

二、局域网关键技术

决定局域网特性的关键技术主要有 3 个：设备互连的网络拓扑结构、数据通信的传输介质和解决信道共享的介质访问控制方法。

（一）网络拓扑结构

在计算机网络中，人们将主机、终端和交换机等网络单元抽象为点，将网络中的电缆等通信介质抽象为线，这样从拓扑学的观点看计算机网络系统，就形成了点和线组成的几何图形，从而抽象出了计算机的网络结构。这种采用拓扑学方法抽象出的网络结构称为计算机网络拓扑结构。拓扑结构影响着整个网络的设计、功能、可靠性和通信费用等许多方面，是决定局域网性能优劣的重要因素之一。

按网络拓扑划分，计算机网络可以分为总线型网络、星形网络、环形网络、树形网络、网状网络和混合型网络等，如图 6-16 所示。

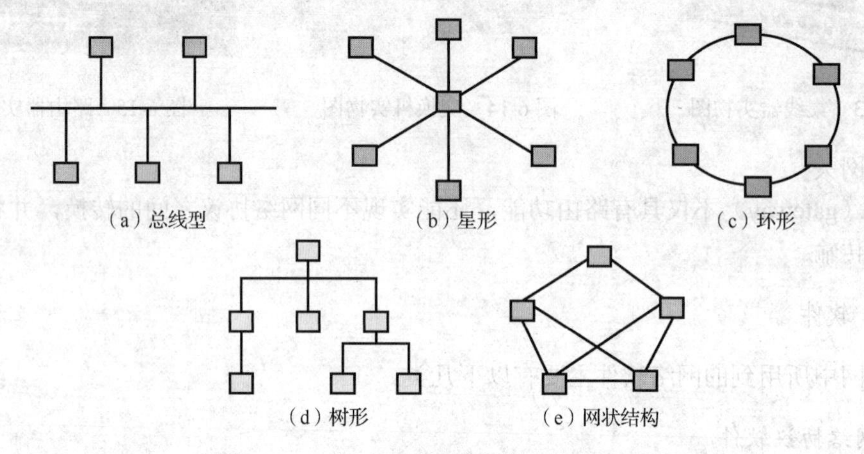

图 6-16　网络拓扑

1）总线型拓扑结构。这种结构采用单根传输线路作为公共传输线路，可以双向传输。优点：结构简单、布线容易、可靠性高、易于扩充、结点的故障不会影响整个系统，是局域网常用的拓扑结构。缺点：出现故障后诊断困难，结点不宜过多。

2）星形拓扑结构。它以中心结点为中心，将若干外围结点连接起来形成辐射式互连结构，这种连接方式以双绞线或同轴电缆作为连接线路。优点：结构简单、容易实现、便于管理，现在常以交换机作为中心结点，便于维护和管理。缺点：中心结点是全网络的可靠性瓶颈，中心结点出现故障会导致网络瘫痪。

3）环形拓扑结构。它是指环状网各个结点通过通信线路组成的闭合回路，环中只能沿一个单方向传输。信息在每台设备上的延迟时间是固定的，特别适合实时控制和局域网系统。优点：结构简单、控制简便、结构对称性好、传输速率高。缺点：任意结点出现故障都会造成网络瘫痪。

4）树形拓扑结构。树形拓扑由总线型拓扑演变而来，其结构图看上去像一棵倒挂的树。树最上面的结点称为根结点，一个结点发送信息时，根结点接收该信息并向全树广播。树形拓扑易于扩展与故障隔离，但对根结点依赖性太大。

5）网状拓扑结构。网状拓扑结构又称分布式结构，该结构中所有结点之间的连接是任意的，没有规律。实际存在与使用的广域网基本上采用网状拓扑结构。该结构具有较高的可靠性，但需要路由选择和流控制功能，网络控制软件复杂，硬件成本较高。

6）混合型拓扑结构。混合型拓扑结构是由星形结构的网络和总线型结构的网络结合在一起形成的网络结构，这样的拓扑结构更能满足较大网络的拓展需求，解决了星形网络在传输距离上的局限性，同时又解决了总线型网络在连接用户数量的限制，具有星形网络与总线型网络的优点。

局域网常用的以太网是典型的总线型拓扑结构。连入网络的各计算机称为主机（host）或结点（node）。

（二）介质访问控制方法

介质访问控制（media access control，MAC），又称媒体访问控制，用于解决当局域网中共用信道的使用产生竞争时，如何分配信道的使用权问题。计算机局域网一般采用共享介质，这样可以节约局域网的造价。对于共享介质，关键问题是当多个站点要同时访问介质时，如何进行控制，这就涉及局域网的介质访问控制协议。网络中有众多服务器和计算机，每台设备随时都有发送数据的需求，这就需要使用某些方法来控制对传输媒体的访问，以便两个特定的设备在需要时可以交换数据。传输媒体的访问控制方式与局域网的拓扑结构、工作过程有密切关系。目前，计算机局域网常用的访问控制方式有 3 种，分别是载波侦听多路访问/冲突检测（carrier sense multiple access with collision detection，CSMA/CD）、令牌环（token ring）访问控制法和令牌总线（token bus）访问控制法。其中，CSMA/CD 是局域网常用的控制方法。在此，简要介绍 CSMA/CD。

CSMA/CD 应用在 OSI 参考模型的第二层，即数据链路层。它的工作原理为发送数据前先侦听信道是否空闲，若空闲，则立即发送数据。若信道忙碌，则等待一段时间至信道中的信息传输结束后再发送数据；若在上一段信息发送结束后，同时有两个或两个以上的结点提出发送请求，则判定为冲突。若侦听到冲突，则立即停止发送数据，等待一段随机时间，再重新尝试。其原理可简单总结为“先听后发，边发边听，冲突停发，随机延迟后重发”。

有人将 CSMA/CD 的工作过程形象地比喻为很多人在一间黑屋子中举行讨论会，参加会议的人只能听到其他人的声音。每个人在说话前必须先倾听，只有等会场安静下来后，他才能够发言。人们将发言前监听以确定是否已有人在发言的动作称为载波监听；将在会场安静的情况下每人都有平等的讲话机会称为多路访问；如果有两人或两人以上同时说话，大家就无法听清其中任何一人的发言，这种情况称为发生冲突。发言人在发言过程中要及时发现是否发生冲突，这个动作称为冲突检测。如果发言人发现冲突已经发生，这时他需要停止讲话，然后随机后退延迟，再次重复上述过程，直至讲话成功。如果失败次数太多，他也许就放弃这次发言的想法。CSMA/CD 通常在尝试 16 次后放弃。

三、常用局域网

常见的局域网类型包括以太网、令牌环网和无线局域网等，它们在拓扑结构、传输介质、传输速率、数据格式等方面都有不同之处。下面主要介绍以太网和令牌环网。要了解常见的局域网，首先要了解局域网标准（IEEE 802）。

（一）局域网标准（IEEE 802）

IEEE 是 Institute of Electrical and Electronics Engineers 的简称，其中文译名是电气和电子工程师协会。该协会的总部设在美国，主要开发数据通信标准及其他标准。

IEEE 802 委员会成立于 1980 年初，专门从事局域网标准的制定工作。目前，常用的局域网标准 IEEE 802.3（以太网）标准和 IEEE 802.11（无线局域网）标准。

IEEE 802 标准定义了网卡不仅如何访问传输介质（如光缆、双绞线等），以及如何在传输介质上传输数据，还定义了传输信息的网络设备之间连接建立、维护和拆除的途径等。遵循 IEEE 802 标准的产品包括网卡、路由器及其他用来建立局域网的组件。

局域网内任意两台设备之间要实现通信，每台设备必须要有唯一的地址。IEEE 802 标准为局域网内的每一台设备都规定了一个物理地址，简称 MAC 地址。

局域网中的某台计算机要发送数据时，数据中必须包含本机及接收计算机的 MAC 地址，接收数据时，计算机网卡需要检测该数据中的目的 MAC 地址，以判断是否接收该数据。用户可在“开始”菜单的搜索框中输入“cmd”，按 Enter 键，打开命令提示符窗口，在命令行中输入 ipconfig/all，按 Enter 键，即得到 IP 的具体配置信息。图 6-17 为某台计算机的配置信息。

```
管理员: C:\Windows\system32\cmd.exe
Microsoft Windows [版本 6.1.7600]
版权所有 (c) 2009 Microsoft Corporation。保留所有权利。

C:\Users\Administrator>ipconfig/all

Windows IP 配置

   主机名 . . . . . . . . . . . . . : c503-73
   主 DNS 后缀 . . . . . . . . . . . :
   节点类型 . . . . . . . . . . . . : 混合
   IP 路由已启用 . . . . . . . . . . : 否
   WINS 代理已启用 . . . . . . . . . : 否

以太网适配器 本地连接:

   连接特定的 DNS 后缀 . . . . . . . :
   描述. . . . . . . . . . . . . . . : Realtek PCIe GBE Family Controller
   物理地址. . . . . . . . . . . . . : 74-27-EA-C1-40-96
   DHCP 已启用 . . . . . . . . . . . : 否
   自动配置已启用. . . . . . . . . . : 是
   本地链接 IPv6 地址. . . . . . . . : fe80::9c0b:6d97:24d6:96df%11(首选)
   IPv4 地址 . . . . . . . . . . . . : 202.197.215.73(首选)
   子网掩码 . . . . . . . . . . . . : 255.255.255.0
   默认网关. . . . . . . . . . . . . : 202.197.215.254
   DHCPv6 IAID . . . . . . . . . . . : 259270634
   DHCPv6 客户端 DUID . . . . . . . : 00-01-00-01-19-C2-D3-A2-74-27-EA-C2-82-68

   DNS 服务器 . . . . . . . . . . . : 202.197.208.1
                                       202.197.208.2
   TCPIP 上的 NetBIOS . . . . . . . : 已启用

隧道适配器 Teredo Tunneling Pseudo-Interface:

   连接特定的 DNS 后缀 . . . . . . . :
   描述. . . . . . . . . . . . . . . : Teredo Tunneling Pseudo-Interface
   物理地址. . . . . . . . . . . . . : 00-00-00-00-00-00-00-E0
   DHCP 已启用 . . . . . . . . . . . : 否
   自动配置已启用. . . . . . . . . . : 是
   IPv6 地址 . . . . . . . . . . . . : 2001:0:9d38:953c:1c76:2cb2:353a:28b6(首选
)
   本地链接 IPv6 地址. . . . . . . . : fe80::1c76:2cb2:353a:28b6%14(首选)
   默认网关. . . . . . . . . . . . . :
   TCPIP 上的 NetBIOS . . . . . . . : 已禁用

隧道适配器 6TO4 Adapter:

   连接特定的 DNS 后缀 . . . . . . . :
   描述. . . . . . . . . . . . . . . : Microsoft 6to4 Adapter
   物理地址. . . . . . . . . . . . . : 00-00-00-00-00-00-00-E0
   DHCP 已启用 . . . . . . . . . . . : 否
   自动配置已启用. . . . . . . . . . : 是
```

图 6-17　某台计算机的配置信息

（二）以太网

采用 IEEE 802.3 标准或 DIX Ethernet V2 标准建立的局域网称为以太网（Ethernet）。以太网最早由美国的 Xerox 公司创建，于 1980 年由 DEC、Intel 和 Xerox 3 家公司联合开发成为一个标准。以太网是应用广泛的局域网，到目前为止推出了 4 代产品。

标准以太网：1975 年推出，网络中的数据传输速率为 10Mb/s。

快速以太网：1995 年出现，网络中的数据传输速率为 100Mb/s。

千兆以太网：1998 年推出，网络中的数据传输速率为 1000Mb/s。

万兆以太网：2002 年推出，网络中的数据传输速率为 10000Mb/s，即 10Gb/s。

以太网技术成熟、应用广泛，目前组建的局域网大部分采用以太网技术。经过近几十年的飞速发展，以太网的连网方式有了很大变化，由最初的使用同轴电缆的总线结构，发展到如今的光纤网状结构，连接和管理上有了质的飞跃。

（三）无线局域网

采用 IEEE 802.11 标准建立的局域网称为无线局域网（wireless LAN，WLAN），也可定义为工作于 2.5 GHz 或 5 GHz 频段，以无线方式构成的计算机网络。

对于有线局域网，网络管理的主要工作就是检查电缆是否断线，这种工作不仅耗时，还不容易在短时间内找出断线所在。另外，由于企业及应用环境不断更新与发展，原有的企业网络必须进行重新布局，需要重新安装网络线路。虽然电缆本身并不贵，但是请技术人员进行配线的成本很高，尤其是老旧的大楼，配线工程费用就更高了。因此，架设无线局域网络就成为最佳解决方案。

架设无线局域网需要的网络设备主要有如下几种。

1）无线网卡：计算机接入无线网络设备。

2）无线访问接入点（access point，AP）：AP 相当于传统有线网络中的集线器，也是组建小型无线局域网时常用的设备。AP 是一个连接有线网和无线网的桥梁，其主要作用是将各个无线网络客户端连接到一起，并将无线网络接入以太网。

AP 的室内覆盖范围一般是 30～300m，不少厂商的 AP 产品可以互连，以增加无线局域网的覆盖面积。每个 AP 的覆盖范围都有一定的限制，正如手机可以在基站之间漫游一样，无线局域网客户端也可以在 AP 之间漫游。

3）无线路由器：带有无线覆盖功能的路由器，它主要应用于用户上网和无线覆盖。无线路由器可以看作一个转发器，将公司发出的宽带网络信号通过天线转发给附近的无线网络设备（笔记本计算机、支持 Wi-Fi 的手机等）。

无线局域网的优点如下：

1）灵活性和移动性。在有线网络中，网络设备的安放位置受网络位置的限制，而无线局域网在无线信号覆盖区域内的任何一个位置都可以接入网络。无线局域网的另一个优点在于其移动性，连接到无线局域网的用户可以移动且能同时与网络保持连接。

2）安装便捷。无线局域网可以免去或最大限度上减少网络布线的工作量，一般只要安装一个或多个接入点设备，就可建立覆盖整个区域的局域网络。

3）易于进行网络规划和调整。对于有线网络来说，办公地点或网络拓扑的改变通常意味着重新建网。重新布线是一个昂贵、费时和琐碎的过程，无线局域网可以避免或减少以上情况的发生。

4）故障定位容易。有线网络一旦出现物理故障，尤其是由于线路连接不良而造成的网络中断，往往很难查明，而且检修线路需要付出很大的代价。无线网络则很容易定位故障，只需更换故障设备即可恢复网络连接。

任务实施

根据任务介绍，再考虑成本接受程度及实现难易等综合因素，将 5 台计算机和一台普通打印机组成一个星形拓扑结构的简单局域网，如图 6-18 所示。

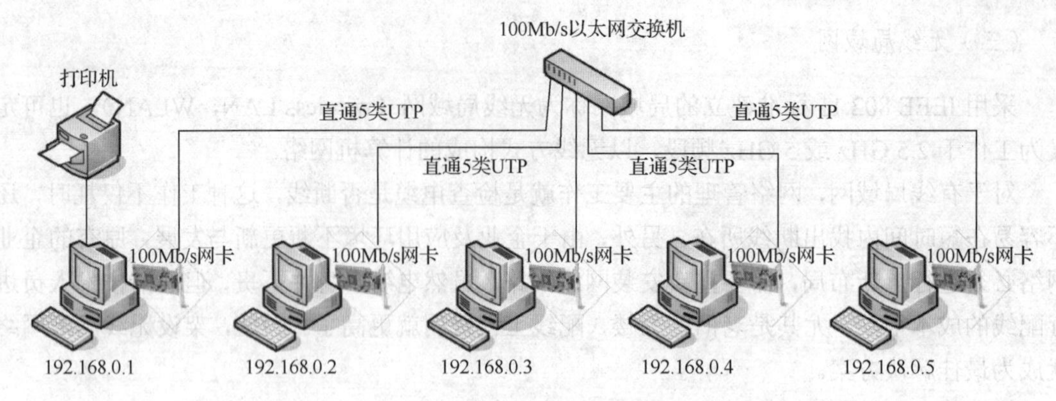

图 6-18 小型办公网络

一、硬件及安装

本例需要的网络硬件包括一台 100Mb/s 的 8 端口交换机、为每台计算机配置一块 100Mb/s 网卡和一根有 RJ-45 接头的 5 类非屏蔽双绞线（线缆上有 CAT5 标志）。这些网络设备的作用如下：

1）网卡，用于将计算机接入局域网。

2）交换机，用于连接多台计算机，实现计算机间的通信。

3）双绞线，用于连接计算机和交换机。

1. 安装网卡及驱动程序

目前，市面计算机普遍装有网卡，若组建局域网的计算机已安装网卡，此过程可忽略。

1）计算机关机，并拔掉计算机电源插座，拆开计算机主机机箱。

提示：最好触摸一下金属外壳，这样可以消除静电，或使用防静电手腕带也行。有时可以防止一些不必要的麻烦。

2）找到主板上的以太网网卡插槽，并将网卡对好插槽接口按下，直到听到卡入位的声音，并确定网卡不会松动（第一次安装用户可参考网卡安装说明）后可继续下面的操作。

3）拧紧以太网网卡和计算机机箱上的螺钉。

4）接好计算机电源插座，并将计算机开机。

5）开机后，Windows 系统会提示找到新硬件。通常来说，常见的网卡驱动程序都已经在计算机上安装好了。如果打开设备管理器之后发现网卡未安装好，可使用网卡驱动光盘或驱动精灵一类的软件更新驱动。

6）安装完之后一般会提示计算机需要重新启动，重新启动后，网卡即可安装完成。

2. 双绞线的制作

双绞线做法有两种国际标准，即 EIA/TIA568A 和 EIA/TIA568B，而双绞线的连接方法也主要有两种，即直通线缆和交叉线缆。直通线缆的水晶头两端都遵循 EIA/TIA568A 或 EIA/TIA568B 标准，双绞线的每组线在两端是一一对应的，颜色相同的线在水晶头两端的相应槽中保持一致。它主要用于交换机（或集线器）Uplink 口连接交换机（或集线器）普通端口，或交换机普通端口连接计算机网卡。而交叉线缆的水晶头一端遵循 EIA/TIA568A 标准，而另一端遵循 EIA/TIA568B 标准，即 A 水晶头的 1、2 对应 B 水晶头的 3、6，而 A 水晶头的 3、6 对应 B 水晶头的 1、2。它主要用于交换机（或集线器）普通端口连接到交换机（或集线器）普通端口，或网卡连接网卡。

EIA/TIA568A 标准：绿白—1，绿—2，橙白—3，蓝—4，蓝白—5，橙—6，棕白—7，棕—8。

EIA/TIA568B 标准：橙白—1，橙—2，绿白—3，蓝—4，蓝白—5，绿—6，棕白—7，棕—8。

为了保证最佳兼容性，普遍选用 EIA/TIA568B 标准来制作网线。

网线制作工具和原料：

1）双绞线。

2）RJ-45 水晶头。

3）压线钳。

4）双绞线测试仪。

网线制作步骤：

1）剪断。利用压线钳的剪线刀口剪取适当长度的网线。

2）剥皮。用压线钳的剪线刀口将线头剪齐，再将线头放入剥线刀口，让线头触及挡板，稍微握紧压线钳慢慢旋转，让刀口划开双绞线的保护胶皮，拔下胶皮。（应注意，剥皮长度与大拇指长度基本相同即可）。

3）排序：剥除外包皮后即可见到双绞线网线的 4 对 8 条芯线，并且可以看到每对芯线的颜色都不同。每对缠绕的两根芯线由一种染有相应颜色的芯线加上一条相应颜色和白色相间的芯线组成。4 条全色芯线的颜色为棕色、橙色、绿色、蓝色。每对线都是相互缠绕在一起的，制作网线时必须将 4 个线对的 8 条细导线一一拆开、理顺、捋直，然后按照规定的线序排列整齐。

排列水晶头 8 根针脚：将水晶头有塑料弹簧片的一面向下，有针脚的一方向上，使有针脚的一端指向远离自己的方向，有方形孔的一端对着自己，此时，最左边的是第 1 脚，最右边的是第 8 脚，其余依次顺序排列。

4）剪齐：将线尽量抻直（不要缠绕）、压平（不要重叠）、挤紧理顺（朝一个方向紧靠），用压线钳将线头剪平齐。这样，在双绞线插入水晶头后，每条线都能良好接触水晶头中的插针，避免接触不良。如果之前剥皮过长，可以将过长的细线剪短，保留约 14mm 的去掉外层绝缘皮的部分即可。这个长度正好能将各细导线插入相应的线槽。如果该段留得过长，一来会由于线对不再互绞而增加串扰；二来会由于水晶头不能压住护套而可能导致电缆从水晶头中脱出，造成线路的接触不良甚至中断。

5）插入：一手以拇指和中指捏住水晶头，使有塑料弹片的一侧向下，针脚一方朝向远离自己的方向，并用食指抵住；另一手捏住双绞线外面的胶皮，缓缓用力将 8 条导线同时沿 RJ-45 水晶头内的 8 个线槽插入，直到线槽的顶端。

6）压制：确认所有导线到位，并透过水晶头检查一遍线序无误后，就可以用压线钳压制 RJ-45 水晶头了。将 RJ-45 水晶头从无牙的一侧推入压线钳夹槽后，用力握紧线钳（如果力气不够大，可以使用双手一起压），将突出在外面的针脚全部压入水晶头内。

7）测试：用同样方法制作网线另一端。将网线的两端分别插到双绞线测试仪上，打开测试仪开关测试指示灯亮。如果网线正常，则两排的指示灯是同步亮的；如果有指示灯没有同步亮，则说明该线芯连接有问题，应重新制作。

3. 设备连接

1）计算机的连接：将前面做好的双绞线的一头，插入计算机网卡 RJ-45 接口中。

2）交换机的连接：在 100Mb/s 交换机上选择一个 RJ-45 接口，将双绞线的另一头插入此 RJ-45 接口中。

3）所有设备连接：用上述两步骤，完成其余计算机和交换机的连接。

最后形成图 6-7 所示的局域网。应注意的是，网卡的速率应与所接交换机端口的速率相匹配，且双绞线插入交换机接口的次序没有限制。

二、协议安装与配置

当网卡安装完毕并且重新启动后，计算机会自动安装网卡驱动程序，然后自动安装 TCP/IP 协议，最后自动创建一个网络连接，如图 6-19 所示（连接名称默认为“本地连接”），此时可设置 TCP/IP 协议。

本地连接
已连接上
D-Link DFE-530TX...

图 6-19 已创建的局域网连接

IP 地址的配置步骤：

1）打开“Internet 协议版本 4（TCP/IPv4）属性”对话框。

打开“网络和共享中心”窗口，单击“本地连接”链接，弹出“本地连接 状态”对话框，单击“属性”按钮，弹出“本地连接 属性”对话框，双击“Internet 协议版本 4（TCP/IP）”，弹出“Internet 协议版本 4（TCP/IPv4）属性”对话框，如图 6-20 所示。也可运行网络安装向导，该向导会自动配置计算机使其加入网络中。

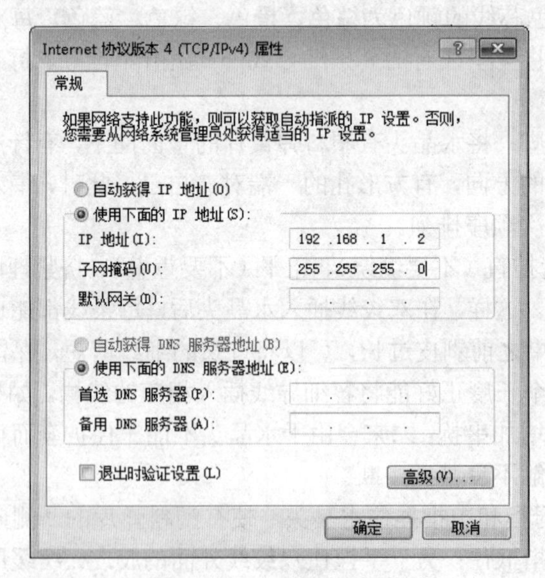

图 6-20 设置协议参数

2）配置 IP 参数。

在“Internet 协议版本 4（TCP/IPv4）属性”对话框中，选中“使用下面的 IP 地址”单选按钮，并在“IP 地址”文本框中输入 IP 地址，如 192.168.1.2，但是，同时也要求网络中的其他计算机使用同一网段，即 IP 地址必须是 192.168.1.×（其中×是除 2 以外，从 1～255

的数字，且不能重复）。

提示：局域网通常采用保留IP地址段来指定计算机的IP地址，这个保留IP地址范围为192.168.0.0 ~ 192.168.255.255，子网掩码默认为255.255.255.0。

三、设置网络标志

计算机的网络标志是计算机在网络中的唯一定位依据，它通常由计算机名和工作组名组成。用户可以根据需求重新命名计算机的网络标志。“计算机名”指的是用户为正在使用的计算机取的唯一名称。工作组是为了便于管理网络中的计算机，而将多台同类的计算机或同一区域的计算机划分成组的形式，从而使组中的各台计算机组成一个相互共享资源的小团体。

网络标志配置步骤：在桌面上右击“计算机”图标，在弹出的快捷菜单中选择“属性”命令，打开“系统”窗口，单击“更改设置”链接，弹出“系统属性”对话框，如图6-21所示。

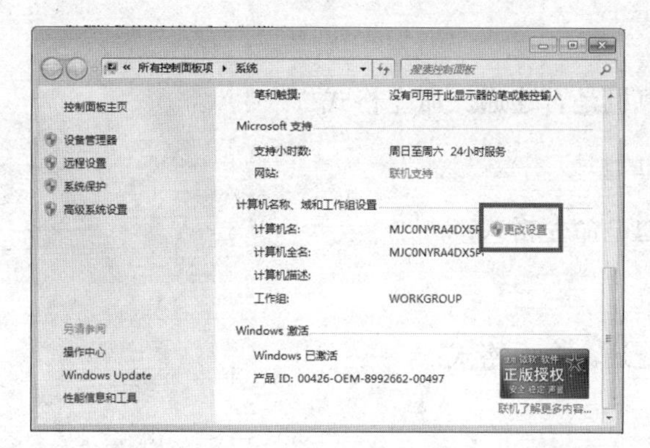

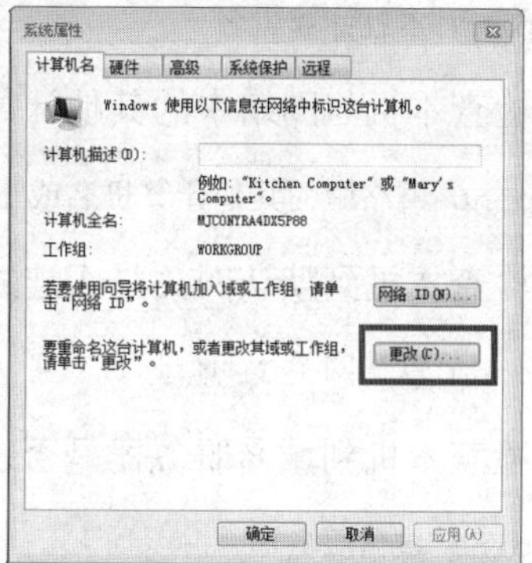

图6-21 网络标志设置

单击“更改”按钮，弹出“计算机名/域更改”对话框，在“计算机名”文本框中输入用户的计算机名，如k1；在“工作组”单选按钮下的文本框中输入计算机所在的小组名称，如108，如图6-22所示。单击“确定”按钮保存更改。

图6-22 更改计算机名

四、网络的连通性测试

网络配置好后，测试它是否通畅是十分必要的。一个简单的方法是通过“网络”的网络任务“查看工作组计算机”，在当前的计算机上能查找到其他计算机，则表示网络是通畅的。

也可以使用 Windows 系统中的 ping 命令检查网络。ping 命令既可以用来检查网络是否连通，又可以测试本机与目的计算机之间的连接速度。其命令格式如下：

```
ping 目标计算机的 IP 地址或计算机名
```

常用的测试方法有如下几种。

1）检查本机的网络设置是否正常，没有设置 IP 地址或网络中有 IP 地址冲突时，此测试结果不正常。此测试有 4 种方法：

```
ping 127.0.0.1
ping localhoat
ping 本机 IP 地址
ping 本机计算机名
```

2）检查本机与网络中的其他计算机是否连通。命令格式：

```
ping 网络中的其他计算机名或 IP 地址
```

3）检查本机到默认网关是否连通。命令格式：

```
ping 默认网关 IP 地址
```

4）检查本机到域名服务器是否连通。命令格式：

```
ping 域名服务器
```

5）检查本机到 Internet 是否连通。命令格式：

```
ping Internet 上某台服务器的 IP 地址或域名
```

例如，要检查计算机 192.168.0.10 与计算机 192.168.0.24 的连接是否正常，可以使用 ping 命令测试，连接正常时，显示结果如下：

```
C:\WINDOWS>ping 192.168.0.24
Pinging 192.168.0.24 with 32 bytes of data:
Reply from 192.168.0.24: bytes=32 time=27ms TTL=244
Reply from 192.168.0.24: bytes=32 time=26ms TTL=244
Reply from 192.168.0.24: bytes=32 time=27ms TTL=244
Reply from 192.168.0.24: bytes=32 time=26ms TTL=244
Ping statistics for 192.168.0.24:
Packets: Sent = 4, Received = 4, Lost = 0 (0% loss),
Approximate round trip times in milli-seconds:
Minimum = 26ms, Maximum = 27ms, Average = 26ms
```

当数据包超过 1s 不能返回时，认为数据包丢失，返回信息为“Request timed out.”。

当本机 TCP/IP 协议配置不正确，如网卡工作不正常、未安装 TCP/IP 协议、未设置 IP 地址等，返回的信息为“Destination host unreachable.”。

在测试结果的最后，显示出测试的统计结果，有发出和回收的数据包数目，数据包返回所使用的最大时间值、最小时间值、平均时间值。

根据数据包返回的时间值可大致估计出网络速度，根据数据包丢失情况可以看出网络连接质量。

由于 ping 命令向网络中发送大量数据包，容易被用来作为攻击其他计算机的手段，因此，有些网络主机使用防火墙拒绝 ping 命令的数据包，此时也可能不能返回正常结果。

五、设置网络共享资源

在办公室如果多台计算机需要组网共享资源或联机办公，并且这几台计算机上安装的都是 Windows 7 系统，可以非常简单地将本地计算机上的文档和资源指定为可被网络上其他用户访问的共享资源。因为 Windows 7 中提供了一项名为“家庭组”的家庭网络辅助功能，通过该功能可以轻松地实现计算机互连，在计算机之间直接共享文档、照片、音乐等各种资源，也可以直接进行局域网联机，还可以对打印机进行共享。

1. 创建家庭组

（1）开启家庭组服务

打开“开始”菜单，在搜索框中输入“services.msc”，启动“服务”窗口，在“HomeGroup Listener”服务上右击，在弹出的快捷菜单中选择“属性”命令，弹出“HomeGroup Listener 的属性（本地计算机）”对话框，单击“启动”按钮，启动该服务，如图 6-23 所示，单击“应用”按钮，再单击“确定”按钮；然后在“服务”窗口中找到“HomeGroup Provider”，启动服务。

（2）设置网络位置

使用家庭组功能时，计算机的网络位置必须设置为“家庭网络”。打开“网络和共享中心”窗口，确保“查看活动网络”选项组中网络为“家庭网络”，如图 6-24 所示。

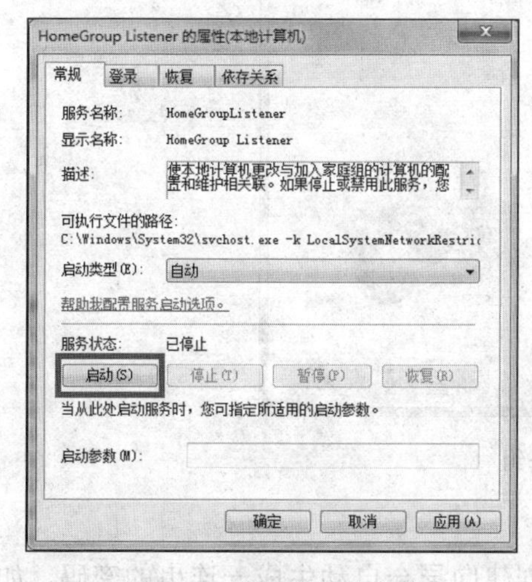

图 6-23　家庭组服务启动

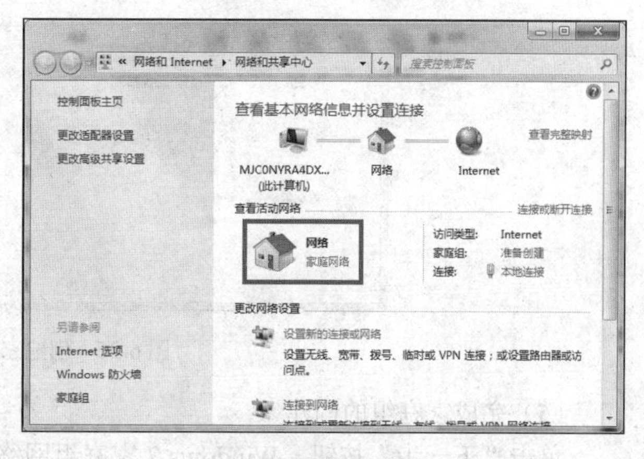

图 6-24　家庭组网络配置

（3）创建家庭组

在 Windows 7 系统中打开“控制面板”窗口，打开“网络和 Internet”窗口，单击“家庭组”链接，就可以在打开的“家庭组”窗口中看到家庭组的设置区域，如图 6-25 所示。如果当前使用的网络中没有其他人已经建立的家庭组，则会看到 Windows 7 提示用户创建家庭组进行文件共享。此时，单击“创建家庭组”按钮，就可以开始创建一个全新的家庭组网络，即局域网。

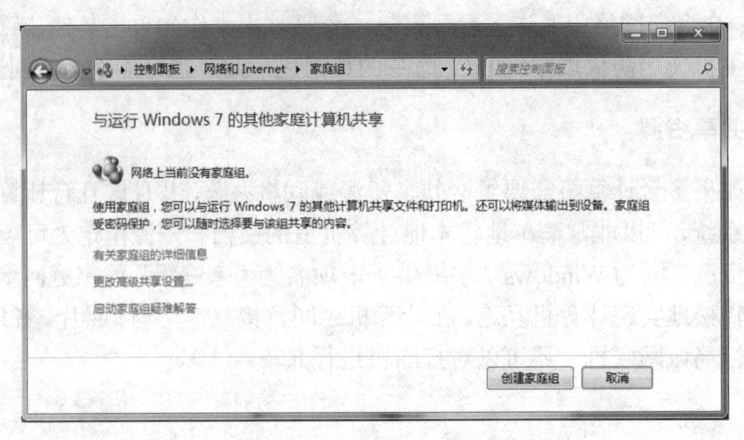

图 6-25 “家庭组”窗口

（4）选择共享内容

打开“创建家庭组”窗口，选择要与家庭网络共享的文件类型，默认可以共享的内容是图片、音乐、视频、文档和打印机（图 6-26），除了打印机以外，其他 4 个分别对应系统中默认存在的几个共享文件。选中“文档”复选框，即可共享文档类文件。

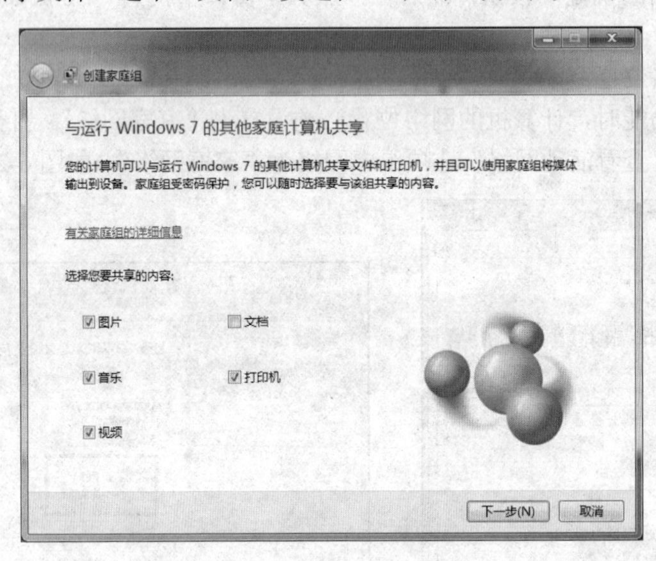

图 6-26 创建家庭组

（5）完成家庭组的创建

单击“下一步”按钮，Windows 7 家庭组网络创建向导会自动生成一连串的密码，如图 6-27 所示。此时，需要将该密码复制发给其他计算机用户，当其他计算机通过 Windows 7 家庭网连接进来时必须输入此密码串，虽然密码是自动生成的，但也可以在后面的设置中修改成自己熟悉的密码。单击“完成”按钮，完成家庭网络的创建。

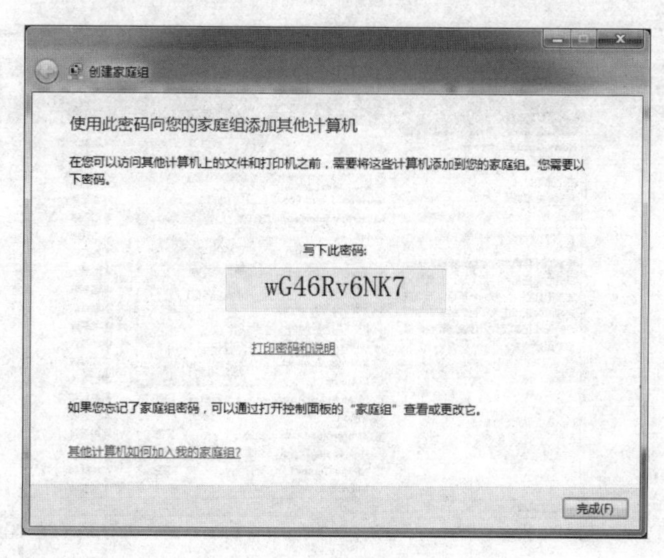

图 6-27　家庭组创建完成

（6）参数更改

返回家庭网络，在"家庭组"窗口中可以进行一系列相关设置，单击"更改高级共享设置"链接，打开"高级共享设置"窗口，保证"启用网络发现"单选按钮处于选中状态，其他计算机才可以加入此家庭组，如图 6-28 所示。

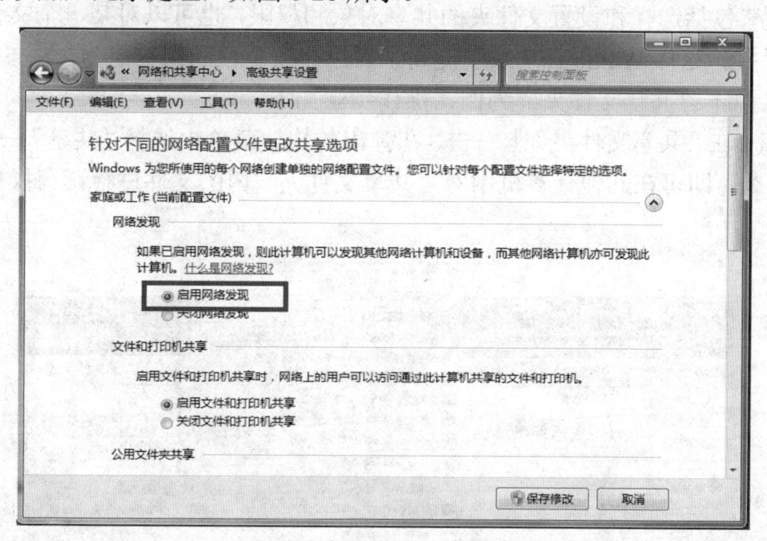

图 6-28　启用网络发现

（7）关闭家庭组

当要关闭这个 Windows 7 家庭网时，在家庭网络设置中选择退出已加入的家庭组。打开"控制面板"窗口，打开"管理工具"窗口，双击"服务"，打开"服务"窗口，在右侧窗格的列表中找到"HomeGroup Listener"和"HomeGroup Provider"，右击，在弹出的快捷菜单中选择"停止"命令，如图 6-29 所示，即可将这个 Windows 7 家庭组网完全关闭，这样计算机就找不到这个家庭网了。

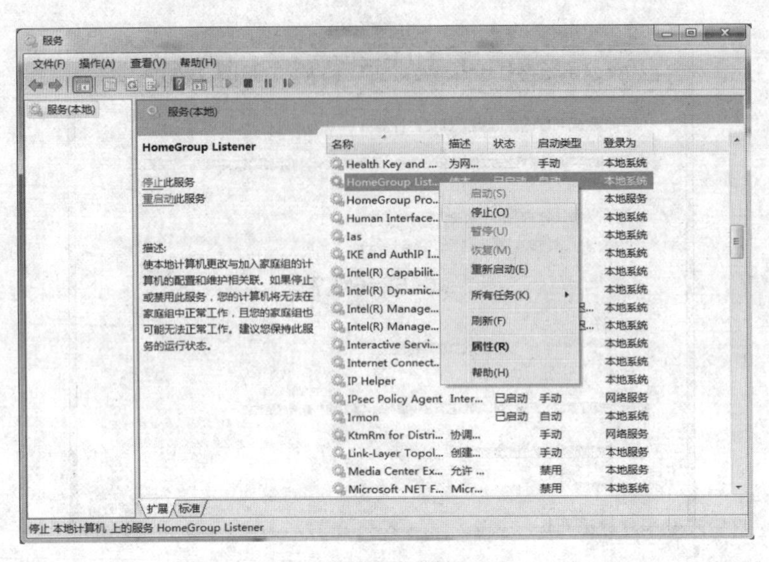

图 6-29　家庭组服务停用

2. 设置共享

在 Windows 7 系统中设置好文件共享之后，可以在“共享文件夹”上右击，在弹出快捷菜单中选择“属性”命令，弹出“共享文件夹 属性”对话框。选择“共享”选项卡，可以修改共享设置，包括选择和设置文件夹的共享对象和权限，也可以对某一个文件夹的访问进行密码保护设置。这样 Windows 7 系统提高了对用户安全性的保护能力。

以系统 E 盘下“共享文件夹”为例，操作步骤如下：

打开 E 盘，在“共享文件夹”上右击，在弹出的快捷菜单中选择“共享”→“家庭组（读取/写入）”命令，即可在其他计算机中对“共享文件夹”内的文件进行读写操作，如图 6-30 所示。

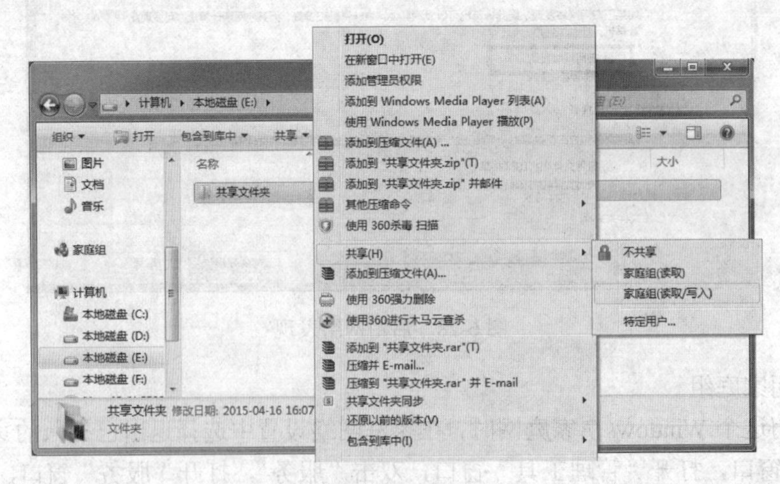

图 6-30　设置资源共享

3. 访问资源

在同一局域网另一台安装 Windows 7 系统的计算机上，访问共享资源“共享文件夹”中的文件。以计算机名为k2的计算机访问k1中的共享文件夹为例，操作步骤如下：

1）保证k1计算机正常运行。

2）设置k2家庭组服务和网络位置。具体可参照创建家庭组步骤1和步骤2。

3）将k2加入家庭组。

在k2中打开“控制面板”窗口，单击“选择家庭组和共享选项”链接，打开“家庭组”窗口，其中显示计算机名为k1的计算机已在网络中创建家庭组，如图6-31所示。如果希望加入这个家庭组，即可单击“立即加入”按钮，打开“加入家庭组”窗口，如图6-32所示，选择共享文件类型后，单击“下一步”按钮。

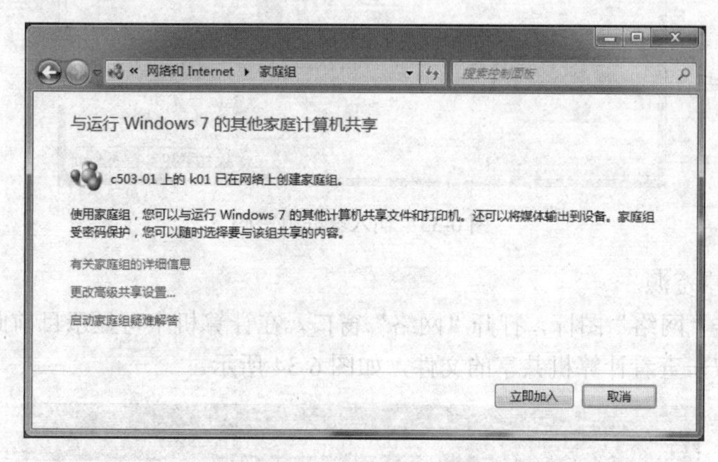

图6-31 “家庭组”窗口

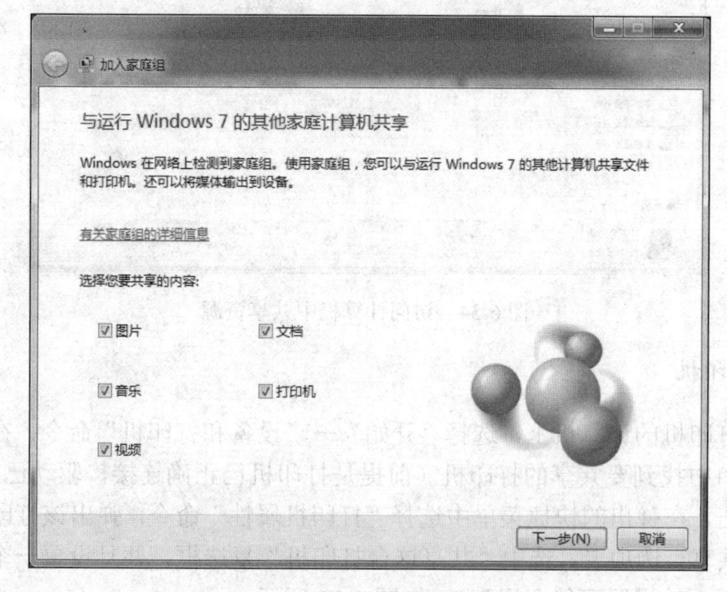

图6-32 “加入家庭组”窗口

4）输入家庭组密码。

打开“家庭组”窗口后显示需要输入密码，将k1计算机中设置家庭组的密码输入“键入密码:”文本框（查看k1家庭组密码，可在k1计算机中打开“家庭组”窗口，单击“查看或打印家庭组密码”按钮即可获得），如图6-33所示，按提示完成即可。

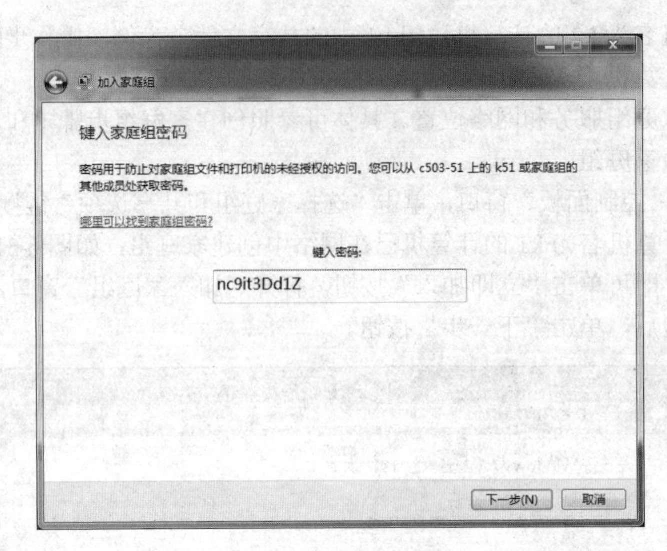

图 6-33　输入家庭组密码

5）查看共享资源。

在桌面双击“网络”图标，打开“网络”窗口，在计算机中可显示目前此局域网中运行的计算机，并双击查看计算机共享的文件，如图 6-34 所示。

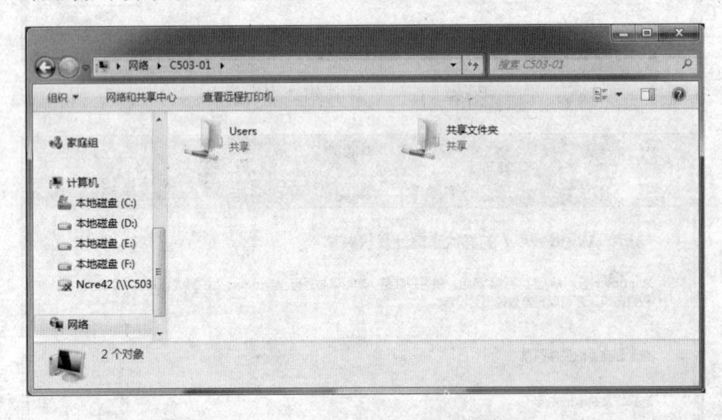

图 6-34　访问计算机中共享资源

4. 共享打印机

在连接了打印机的计算机上，选择“开始”→“设备和打印机”命令，在打开的“设备和打印机”窗口中找到要共享的打印机（前提是打印机已正确连接，驱动已正确安装），在该打印机上右击，在弹出的快捷菜单中选择“打印机属性”命令，弹出该打印机的属性对话框。切换到“共享”选项卡，选中“共享这台打印机”复选框，并且设置一个共享名（请记住该共享名，后面的设置可能会用到），如图 6-35 所示。

网络中的其他计算机要使用共享打印机，必须通过添加打印机操作将网络打印机添加到该计算机的打印机列表中，添加的方法有多种，无论使用哪种方法，都应先进入“控制面板”窗口，打开“设备和打印机”窗口，并单击“添加打印机”按钮，如图 6-36 所示。应注意的是，添加打印机必须要知道共享打印机的 IP 地址或共享名。

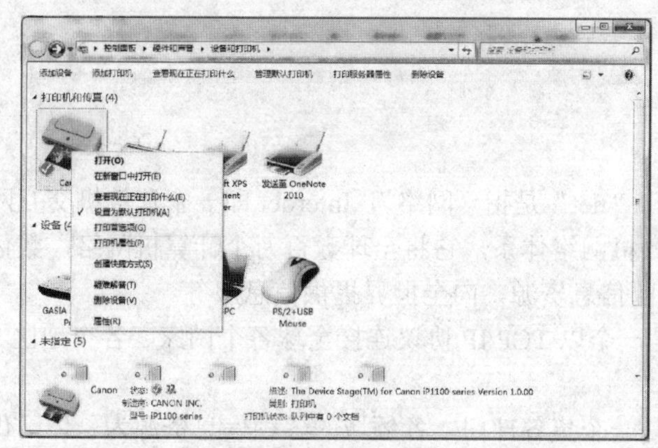

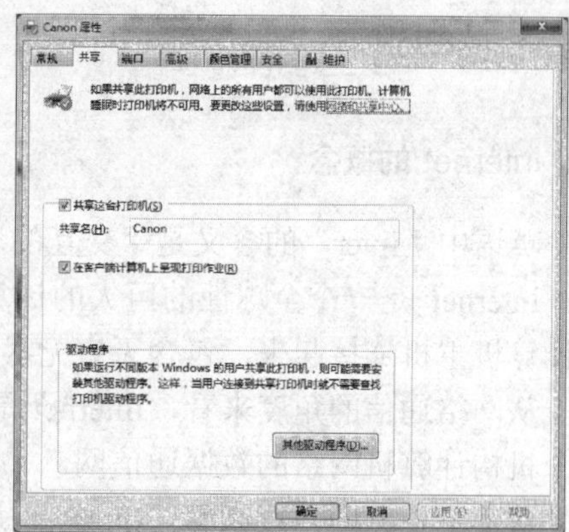

（a）选择“打印机属性”命令　　（b）设置共享名

图 6-35　共享打印机属性设置

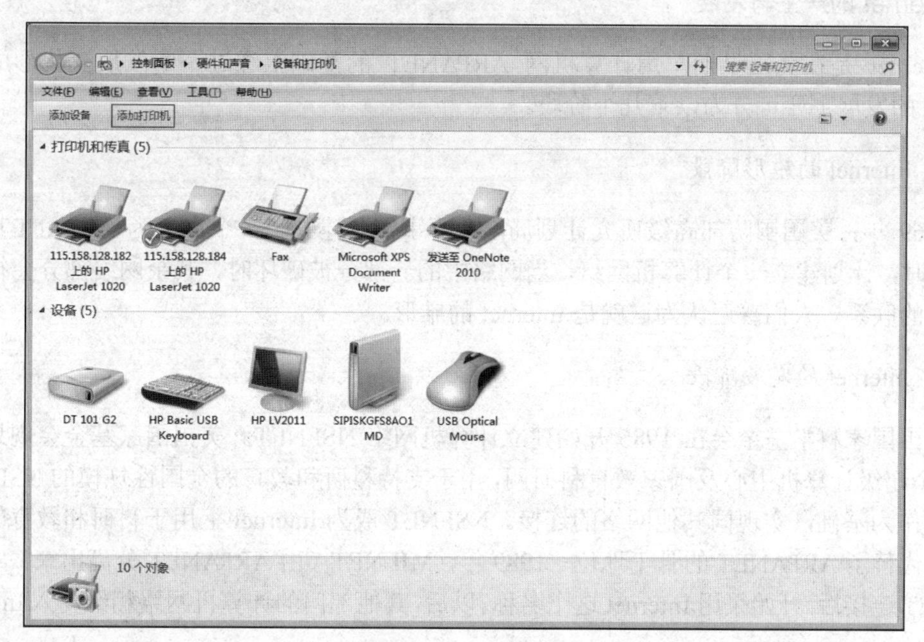

图 6-36　添加打印机

任务三　了解 Internet 基础知识

子任务一　Internet 概述

任务导入

Internet 的中文译名为因特网，它是由使用公用语言互相通信的计算机连接而成的全球网络。一旦用户连接到它的任何一个结点上，就意味着该用户的计算机已经连入 Internet 了。目前，Internet 的用户已经遍及全球，有数亿人在使用 Internet，并且它的用户数还在以等比级数上升。下面介绍 Internet 的概念及其产生与发展。

相关知识

一、Internet 的概念

英语中“Inter”的含义是“交互的”，“net”是指“网络”，Internet 即一个计算机交互网络。Internet 是一个全球性的巨大的计算机网络体系，它将全球数百万个计算机网络，数亿台计算机主机连接起来，包含无穷无尽的信息资源，向全世界提供信息服务。

从网络通信的角度来看，Internet 是一个以 TCP/IP 协议连接全球各个国家、各个地区、各个机构计算机网络的数据通信网。

从信息资源的角度来看，Internet 是一个集各部门、各领域的各种信息资源为一体，供网上用户共享的信息资源网。

二、Internet 的产生与发展

Internet 是在美国早期军用计算机网 ARPANET 的基础上经过不断发展变化形成的。Internet 的发展主要可分为以下几个阶段。

1. Internet 的雏形阶段

1969 年，美国国防部高级研究计划局出于军事需要建立了一个命名为 ARPANET 的网络。当时，计划建立一个计算机网络，当网络中的一部分被破坏时，其余网络部分会很快建立起新的联系。人们普遍认为这就是 Internet 的雏形。

2. Internet 的发展阶段

美国国家科学基金会在 1985 开始建立计算机网络 NSFNET。美国国家基金会规划建立了 15 个超级计算机中心及国家教育科研网，用于支持科研和教育的全国性规模的 NSFNET，并以此作为基础，实现同其他网络的连接。NSFNET 成为 Internet 上用于科研和教育的主干部分，代替了 ARPANET 的骨干地位。1989 年，MILNET（由 ARPANET 分离出来）实现和 NSFNET 连接后，开始采用 Internet 这个名称。以后，其他部门的计算机网络相继并入 Internet。

3. Internet 的商业化阶段

20 世纪 90 年代初，商业机构开始进入 Internet，使 Internet 开始了商业化的新进程。1995 年，NSFNET 停止运作，Internet 彻底商业化。

我国接入 Internet 的时间较短。1987 年，中国科学院高能物理研究所开始通过国际网络线路使用 Internet。1994 年 3 月，我国正式加入 Internet。

本任务主要介绍 Internet 的概念、产生与发展，不再设置任务实施。

子任务二 Internet 接入技术

任务导入

网络连接技术（Internet 接入技术）是用户与互联网间连接方式和结构的总称。任何需要使用互联网的计算机必须通过某种方式与互联网进行连接。互联网接入技术的发展非常迅

速，带宽由最初的14.4Kb/s发展到100Mb/s甚至1Gb/s；接入方式也由单一的电话拨号方式，发展成现在多样的有线和无线接入方式；接入终端也开始向移动设备发展，并且更新更快的接入方式仍在继续被研究和开发。根据接入后数据传输的速度，Internet的接入方式可分为宽带接入和窄频接入。下面介绍Internet宽带接入和窄频接入。

相关知识

一、常用宽带接入

1. ADSL接入

ADSL（asymmetrical digital subscriber loop，非对称数字用户线路）是运行在普通电话线上的一种高速上网技术，下载速度可以达到12Mb/s，上传速度可以达到1Mb/s，是较流行的宽带上网方式。ADSL宽带上网具有以下特点：

1）可直接利用现有用户电话线，节省投资。

2）可享受超高速的网络服务，为用户提供上下行不对称的传输宽带。

3）节省费用、上网同时可以打电话，互不影响，而且上网不需要另交电话费。

4）安装简单，不需要另外申请增添附加线路，只需在普通电话线上加装ADSL Modem，在计算机中装上网卡即可。

2. VDSL接入

VDSL（very high bit-rate DSL，超高速数字用户线路），是一种非对称DSL，较HDSL（高速数字用户线路）快。VDSL允许用户端利用现有铜线获得高带宽服务而不必采用光纤。VDSL和ADSL一样，是以铜线传输的xDSL宽带解决方案家族成员，下载速度可以达到55Mb/s，上传速度可以达到19Mb/s。与ADSL距离固网机房约4km的限制相比较，VDSL有效传输距离只有600m，是“光纤到户”时代前最后一里的宽带上网解决方案。

VDSL的缺点是传输速度与传输距离成反比，配线品质需相当好。

3. 光纤接入

光纤接入是指服务器端与用户之间完全以光纤作为传输媒体，主要技术是光波传输技术，目的是满足高速宽带业务及双向宽带业务的需要。光纤接入是指服务器端与用户之间完全以光纤作为传输媒体。光纤接入网又可划分为无源光网络和有源光网络，其中无源光网络发展较快。在实现宽带接入的各种技术手段中，光纤接入网是最能适应未来发展的解决方案，特别是ATM无源光网络（ATM-PON），是综合宽带接入的一种经济有效的方式。在国外，美国南方贝尔、法国电信、英国电信、CNET、日本NTT、德国电信、KPN、SwissCom、SBC、TelecomItalia/CSELT等国际机构在全业务接入网的研究方面已经取得了阶段性成果，均已做出基于ITU-TG.983建议的系统级APON实验或商用产品，光纤工作频率在10～10Hz。

4. 无线接入

只要所在的地点处于无线电波的覆盖区域，有一张兼容的无线网卡，就可以轻松地通过这些无线电波将计算机连接到互联网上。无线上网是一种新兴的网络接连技术，一般用于将笔记本计算机连入Internet。图6-37所示为无线网卡。

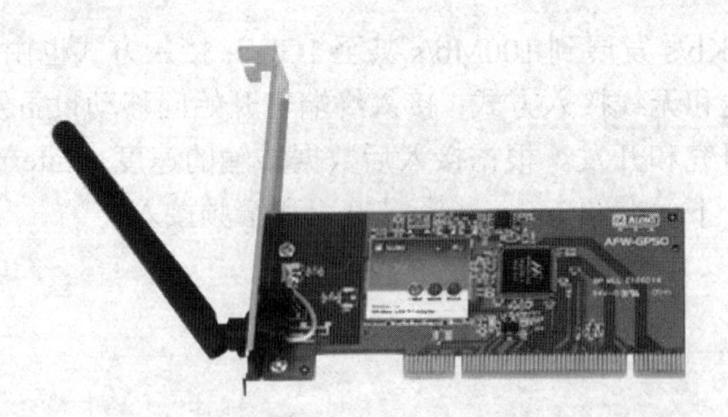

图 6-37 无线网卡

目前，我国常见的无线通信网络主要有 CDMA、GPRS、CDPD 等类型。用户应根据选择的网络类型选择不同的无线网卡。

5. 电力线通信接入

电力宽带上网（power line communication，PLC），即电力线通信。该技术利用电线传递高频信号，在不需要重新布线的基础上实现上网、打电话和有线电视等多种应用。主干速度可以达到数百兆，最终用户速度可以达到 11Mb/s。

利用传输电流的电力线作为通信载体具有极大的便捷性，只要在房间任何有电源插座的地方，通过 PLC Modem 进行连接，就立即可享受高速的网络接入。

6. 有线电视上网

电缆调制解调器又称线缆调制解调器（cable modem，CM），它是近几年随着网络应用的扩大而发展起来的，主要用于有线电视网进行数据传输。它是 xDSL 技术最大的竞争对手，广播电视部门在有线电视网上开发的宽带接入技术已经成熟并进入市场。电缆调制解调器与普通 Modem 在原理上都是将数据进行调制后在电缆的一个频率范围内传输，接收时进行解调，且传输机理与普通 Modem 相同。二者的不同之处在于，它是通过有线电视的某个传输频带进行调制解调的。有线电视公司一般从频率为 42MHz～750MHz 的电视频道中分离出一条 6MHz 的信道用于下行传输数据。通常下行数据采用 64QAM（正交调幅）调制方式，最高速率可达 27Mb/s，如果采用 256QAM，最高速率可达 36Mb/s。上行数据一般通过频率为 5MHz～42MHz 的一段频谱进行传输，为了有效抑制上行噪声积累，一般选用 QPSK 调制，QPSK 比 64QAM 更适合噪声环境，但速率较低。上行速率最高可达 10Mb/s。

7. 人造卫星宽带接入

各国在大力建设和发展地面有线通信网的同时，也在研究如何利用高空运行的卫星配合陆地通信。尤其是人口不密集的地区，利用卫星来配合陆地通信，能取得良好效果。在这些地区散布着范围较广但不密集的用户，可以利用卫星作为用户连至固定有线网的接入设施。在陆地通信网已经构成宽带多媒体通信网的环境下，利用卫星建成宽带卫星接入（broadband satellite access，BSA）系统被认为是较好而切合实际的方案，既经济又可靠。

为了让地面上的众多用户能够共同使用卫星通信，每一用户终端（user terminal，UT）各自设置小型的地面站，并安装对准卫星方向的天线。若用户要与同一卫星所属的远地对方用户互相通信，则在发信时可以通过用户终端和地面站连往高空的卫星，构成上行线路以发送通信信号。卫星发射连往对方用户地区的射线，可以将始发用户的通信信号传给对方用户，构成下行线路，使对方的用户终端接收。对方用户回发的信号，则经过同一卫星由相反方向到达原来用户，实现双方互通的会话通信。

陆地固定通信网经营者设置地面站，向卫星发送和从卫星接收各用户的通信信号。但这些地面站内有网关（gateway）设备连接通信网经营者，或经过 Internet 连接通信网经营者。另外，每一个这样的卫星网应该有主控制站（master control station，MCS），它与高空卫星有直接联系。

任一用户发信时，他的信息信号从其地面站射向卫星，属于上行通路。卫星内部设置适当的交换设备，可按发信人的意图，选一个通路从卫星传向对方用户的地面站，属于下行通路。这样，任一地上用户每次使用通信，只需要一个上行的卫星通路和一个下行的卫星通路，但要求卫星内部设置适当的交换处理设备，称为星上处理（on-board processing，OBP）。星上设备主要作用是变换频率和相应放大，其没有调制解调作用。

二、常用窄频接入

1. 电话拨号接入

电话拨号上网对于 PC 用户来说，无论在何地，只要能接通电话，就可以利用 Modem 和电话线拨号连通 Internet，接入带宽为 9600b/s～56Kb/s（V.92 标准）。拨号连接的优点是投资小、操作方便、实现容易，其缺点是拨号上网的费用一般累积在电话费中，单时费用较高，且网速较低，适合于上网次数少的用户。拨号连接的另一个缺点是，只有当电话接通时，网络才能开通。

2. 窄频 ISDN 接入

综合业务数字网（integrated services digital network，ISDN）是一个数字电话网络国际标准，是一种典型的电路交换网络系统，接入带宽为 64～128Kb/s。它通过普通的铜缆以更高的速率和质量传输语音和数据。ISDN 是欧洲普及的电话网络形式。GSM 移动电话标准也可以基于 ISDN 传输数据。

因为 ISDN 是全部数字化的电路，所以它能够提供稳定的数据服务和连接速度，不像模拟线路那样对干扰比较敏感。在数字线路上更容易开展更多的模拟线路无法或较难保证质量的数字信息业务。例如，除了基本的打电话功能之外，还能提供视频、图像、远距教学与数据服务。ISDN 需要一条全数字化的网络用来承载数字信号（只有 0 和 1 这两种状态），这是其与普通模拟电话最大的区别。

3. GPRS 手机上网

通用分组无线服务技术（general packet radio service，GPRS）是 GSM 移动电话用户可用的一种移动数据业务。它经常被描述成 2.5G，即这项技术位于第二代（2G）和第三代（3G）移动通信技术之间，接入带宽最大 53Kb/s。

4. UMTS 手机上网

通用移动通信系统（universal mobile telecommunications system，UMTS）是当前广泛采用的一种第三代（3G）移动电话技术，接入带宽最大 384Kb/s。UMTS 又称 3GSM，强调其结合了 3G 技术而且是 GSM 标准的后续标准。UMTS 分组交换系统是由 GPRS 系统所演进而来，故二者系统的架构很相像。

5. CDMA 手机上网

码分多址（code division multiple access，CDMA）是一种多址接入的无线通信技术。CDMA 最早用于军用通信，但现在已广泛应用于全球不同的民用通信中。CDMA 移动通信将话音频号转换为数字信号，给每组数据话音分组增加一个地址，进行扰码处理，并且将它发射到空中。CDMA 最大的优点就是相同的带宽下可以容纳更多的呼叫，而且它可以随话音传输数据信息。

CDMA 技术背后的理念集中体现了由克劳德・香农描述的通信“宽且弱”的哲学。在对信息理论的研究中，香农发现了两个利用传输媒介的基本方法：一种是通过非常窄的信道发送强信号，另一种是通过很宽的信道发送弱信号。强信号不允许其他信号占用太多的空间（信道频率），弱信号则相反。因此，在理论上，宽且弱的 CDMA 技术远远优于使用多个相同的媒介单独进行通信。

6. 3G

3G 是第三代移动通信技术（3rd-generation）的缩写，即 IMT-2000（international mobile telecommunications-2000），是指支持高速数据传输的蜂窝移动通信技术。3G 服务能够同时传输声音（通话）及信息（电子邮件、实时通信等）。3G 的代表特征是提供高速数据业务，速率一般在几百 Kb/s 以上。

第一代通信是指模拟信号手机；第二代通信是指数字信号手机，如常见的 GSM 和 cdmaOne，提供低速率数据服务；2.5G 是指在第二代手机上提供中等速率的数据服务，传输率一般在几十至一百多 Kb/s。

3G 是能将无线通信与 Internet 等多媒体通信结合的新一代移动通信系统，其最大的优点即是高速的数据下载能力。相对于 2.5G（GPRS/CDMA1x）100Kb/s 左右的速度，3G 随使用环境的不同约有 300Kb/s～2Mb/s 的速度。

4G 集 3G 与 WLAN 于一体，并能够快速传输数据、高质量、音频、视频和图像等。4G 能够以 100Mb/s 以上的速度下载数据，比目前的家用宽带 ADSL（4 兆）快 25 倍，并能够满足绝大多数用户对于无线服务的要求。

本任务主要介绍 Internet 接入技术，不再设置任务实施。

子任务三 认识 IP 地址与域名

任务导入

Internet 的每一台服务器或主机都有单一的 IP 网间协议地址号，简称 IP 地址，以便

Internet 上其他计算机可以找到它。下面介绍 IP 地址格式及分类。

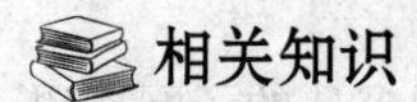

相关知识

一、IP 地址

1. IP 地址的格式

IP 地址由网络号和主机号组成。网络号用于识别网络，主机号用于识别该网络中的主机。

在 Internet 中，一个主机可以拥有一个或多个 IP 地址，但是不能将同一个 IP 地址分配给多个主机，否则会出现通信错误。

IP 地址采用 4 字节（1 字节为 8 位二进制数）共 32 位，可用 4 组十进制数表示，每组数字取值范围为 0～255，组与组数字之间用圆点“.”分隔，这样的表示称为点分十进制表示。例如，某台机器的 IP 地址为 11001010 011100010 01000000 00000010，则写成点分十进制表示形式是 202.114.64.2。

2. IP 地址的类型

IP 地址通常分为 A、B、C 3 类，这种分类与 IP 地址中字节的使用方法相关。在实际应用中，可以根据具体情况选择使用 IP 地址的类型格式。

A 类地址：用于大型网络。第一个字节表示网络地址，后 2 字节表示主机地址，A 类地址中第一个字节首位总为 0，其余 7 位表示网络标识。A 类地址第一个数为 0～127。

B 类地址：用于中型网络。前 2 字节表示网络地址，后 2 字节表示主机地址，B 类地址中第一个字节前两位为 10，余下 6 位和第二个字节的 8 位共 14 位表示网络标识，因此，B 类地址第一个数为 128～191。

C 类地址：用于小型网络。前 3 字节表示网络地址，最后一个字节表示主机地址，C 类地址中第一个字节前 3 位为 110，余下 5 位和第二、三个字节的共 21 位表示网络标识，因此，C 类地址第一个数为 192～223。

例如，IP 地址为 166.111.8.248，表示一个 B 类地址；IP 地址为 202.112.0.36，表示一个 C 类地址；而 IP 地址 18.181.0.21，表示一个 A 类地址。

此外，IP 地址还有另外两个类别，广播地址和保留地址，分别分配给 Internet 体系结构委员会和实验性网络使用，称为 D 类和 E 类。

IPv6 是 Internet protocol version 6 的缩写，其中 Internet protocol 译为因特网协议。IPv6 是 IETF（Internet Engineering Task Force，Internet 工程任务组）设计的用于替代现行版本 IP 协议（IPv4）的下一代 IP 协议。目前，IP 协议的版本号是 4（简称为 IPv4)，它的下一个版本就是 IPv6。与 IPv4 相比，IPv6 具有更大的地址空间。IPv4 中规定 IP 地址长度为 32，最大地址个数为 2^{32}；而 IPv6 中 IP 地址的长度为 128，即最大地址个数为 2^{128}。与 32 位地址空间相比，其地址空间增加了 $2^{128}-2^{32}$ 个。

3. 子网掩码

子网掩码（subnet mask）又称网络掩码、地址掩码、子网络遮罩，它是一种用来指明一个 IP 地址的哪些位标识的是主机所在的子网，以及哪些位标识的是主机的位掩码。子网掩码不能单独存在，必须结合 IP 地址一起使用。子网掩码只有一个作用，就是将某个 IP 地址划分成网络地址和主机地址两部分。

对于 A 类地址来说，默认的子网掩码是 255.0.0.0；对于 B 类地址来说默认的子网掩码是 255.255.0.0；对于 C 类地址来说默认的子网掩码是 255.255.255.0。

二、域名解析与域名

由于 IP 地址在使用过程中难以记忆和书写，人们又发明了一种与 IP 地址对应的字符来表示计算机在网络上的地址，这就是域名。Internet 上每一个网站都有自己的域名，并且域名是独一无二的。域名信息存储在 DNS 的主机中，由 DNS 提供 IP 地址与域名的转换，这个转换过程称为域名解析。人们输入的域名在 DNS 上转换为对应的 IP，找到相应的服务器，打开相应的网页。

DNS 系统是分层次的，一般由主机名、机构名、机构类别与高层域名组成，即域名从左到右表示的区域范围从小到大，后面的名称所表示的区域包含前面的名称所表示的区域，由“@”或“.”分开。

在 Internet 上的顶级域分为两大类：一类是国家和特殊地区类，另一类是基本类。常见的 Internet 顶级域名如表 6-1 所示。

表 6-1 常见的 Internet 顶级域名

类型	域类	顶级域名	类型	域类	顶级域名
国家和特殊地区类	中国	.cn	基本类	商业机构	.com
	俄罗斯	.ru		政府部门	.gov
	澳大利亚	.au		美国军事部门	.mil
	韩国	.kr		非营利组织	.org
	中国香港	.hk		网络信息服务组织	.info
	法国	.fr		教育机构	.edu
	日本	.jp		国际组织	.int
	朝鲜	.kp		网络组织	.net
	中国台湾	.tw		商业	.biz
	中国澳门	.mo		会计、律师和医生	.pro

本任务主要介绍 IP 地址的相关知识，不再设置任务实施。

知识拓展

如果使用自动获取 IP 地址的方法无法连通网络，则需要手动将各计算机的 IP 地址前 3 段设置为与宽带路由器后台管理地址一致（参考宽带路由器使用手册），网关设置为与宽带路由器相同。此外，还需要将 DNS 都设置为当地 Internet 使用的 DNS（可向 Internet 服务商查询）。

子任务四 Internet 提供的服务

任务导入

下面介绍 Internet 提供的服务，应了解 Internet 的基本服务，WWW、超文本传输协议、统一资源定位、文件传输等基本术语。掌握信息浏览、文献检索电子邮箱等相关操作。

相关知识

Internet 发展至今，已成为人们工作、生活、学习、娱乐等各方面获取和交流信息不可缺少的工具，其应用主要表现在以下几个方面。

一、WWW 服务

1. WWW 的概念

万维网（world wide web，WWW）将检索技术与超文本技术结合起来，是较受欢迎的信息检索与浏览服务。人们通过浏览器软件如 IE，就可浏览到网站上的信息。网站主要采用网页的形式进行信息描述和组织，网站是多个网页的集合。

网页是一种超文本文件。超文本有两个特点：一是超文本的内容可以是文字、图片、音频、视频、超链接等；二是超文本采用超链接的方法，将不同位置的内容组织在一起，构成一个庞大的网状文本系统。

超链接是指从一个网页指向一个目标的链接关系，这个目标可以是另一个网页，也可以是相同网页上的不同位置，还可以是一个图片、一个电子邮件地址、一个文件，甚至是一个应用程序。当浏览者单击已经链接成功的文字或图片后，链接目标将显示在浏览器上，并且根据目标的类型来打开或运行。

网页文件采用 HTML 进行描述，网页采用超文本传输协议（hyper text transfer protocol，HTTP）在 Internet 中进行传输。该协议以客户端与服务器之间相互发送消息的方式进行工作，客户端通过应用程序如 IE，向服务器发出服务请求，并访问网站服务器中的数据资源，服务器通过公用网关接口程序将数据返回给客户端。

2. HTTP

HTTP 是互联网上应用最为广泛的一种网络协议，是用于从 WWW 服务器传输超文本到本地浏览器的传输协议。它可以使浏览器更加高效，使网络传输减少。它不仅保证计算机正确、快速地传输超文本文档，还确定传输文档中的哪一部分，以及哪部分内容首先显示（如文本先于图形）等。

HTTP 是客户端浏览器或其他程序与 Web 服务器之间的应用层通信协议。在 Internet 上的 Web 服务器上存储的都是超文本信息，客户机需要通过 HTTP 传输所要访问的超文本信息。HTTP 包含命令和传输信息，不仅可用于 Web 访问，还可以用于其他 Internet/内联网应用系统之间的通信，从而实现各类应用资源超媒体访问的集成。

人们在浏览器的地址栏里输入的网站地址称为统一资源定位符（uniform resource locator，URL）。就像每家每户都有一个门牌地址一样，每个网页也都有一个 Internet 地址。当用户在浏览器的地址栏中输入一个 URL 或单击一个超链接时，URL 就确定了要浏览的地址。浏览器通过 HTTP 将 Web 服务器上站点的网页代码提取出来，并翻译成网页。

3. URL

URL 是对可以从互联网上得到的资源的位置和访问方法的一种简洁的表示，是互联网上标准资源的地址。互联网上的每个文件都有一个唯一的 URL，它包含的信息指出文件的位置及浏览器的处理方法。URL 由 4 部分组成：模式（或称协议）、服务器名称（或 IP 地址，或域名）、路径和文件名，如“协议://授权/路径?查询”。完整的、带有授权部分的普通 URL 语法如下：协议://用户名:密码@子域名.域名.顶级域名:端口号/目录/文件名.文件扩展名?参数=值#标志。

1）模式/协议（scheme）：提示浏览器如何处理将要打开的文件。最常用的模式是 http，这个协议可以用来访问网络。其他协议如下：

https——用安全套接字层传输的超文本传输协议。

ftp——文件传输协议。

mailto——电子邮件地址。

ldap——轻型目录访问协议搜索。

file——当地计算机或网上分享的文件。

news——Usenet 新闻组。

gopher——Gopher 协议。

telnet——Telnet 协议。

2）文件所在服务器的名称或 IP 地址，其后是到达这个文件的路径和文件本身的名称。服务器的名称或 IP 地址后面有时还跟一个冒号和一个端口号。它也可以包含接触服务器必需的用户名称和密码。路径部分包含等级结构的路径定义，一般来说不同部分之间以斜线“/”分隔。询问部分一般用来传输对服务器上的数据库进行动态询问时所需要的参数。

有时，URL 以斜杠“/”结尾，而没有给出文件名。在这种情况下，URL 引用路径中最后一个目录中的默认文件（通常对应于主页），这个文件常常被称为 index.html 或 default.htm。

4. 浏览网页

在 WWW 上需要使用浏览器来浏览网页。目前使用广泛的是 Windows 自带的 IE（Internet explorer）浏览器，其他浏览器有火狐浏览器（FireFox）、360 浏览器、Chrome 等。通过浏览器浏览 Internet 网页主要有使用超链接浏览、使用地址栏浏览、使用工具栏按钮浏览等方法。

（1）通过超链接浏览网页

超链接属于网页中的一段文字或图像，单击该超链接后，将进入该链接所指向的其他网页或网页中的另一个位置。

（2）通过地址栏浏览网页

地址栏中输入需要打开的网页地址后按 Enter 键。例如，需登录“网易”，即在地址栏中输入“http://www.163.com”后，按 Enter 键即可。

当打开了一个网页后，可以直接选取“//”或“www.”后的内容，再输入要打开的网页地址即可打开另一个网页。也可单击地址栏右边的按钮，在弹出的下拉列表中选择曾经输入的网址。

（3）使用工具栏浏览网页

当用户在同一个窗口访问了两个以上的网页或打开了超链接后，可通过 IE 浏览器工具栏上的“主页”“后退”“前进”“停止”“刷新”等按钮在各个网页间进行切换浏览。

如果觉得浏览到的网站很好，可以使用收藏夹让浏览器记录这个网址，以后再打开该网页时，单击“收藏夹”中的链接即可。具体方法是，在要收藏的网页上，选择菜单栏的“收藏夹”→“添加到收藏夹”命令，在弹出的“添加收藏”对话框中输入该网站的名称，一般系统会自动将网页标题作为网站名称填入该栏，单击“添加”按钮，即可将当前站点存放在收藏夹中。

搜索引擎是用来搜索网上的资源的工具。搜索引擎并不真正搜索 Internet，它搜索的是预先整理好的网页索引数据库。表 6-2 列出了国内常用的搜索引擎。

表 6-2　国内常用的搜索引擎

搜索引擎名称	URL 地址	索引数据库
百度	https://www.baidu.com	全球最大中文搜索引擎
有道	https://www.youdao.com	网易自主研发的搜索引擎
SOSO	https://www.soso.com	QQ 推出的独立搜索网站

5. 文献检索

文献检索是指依据一定的方法，从已经组织好的大量有关文献集合中，查找并获取特定的相关文献的过程。随着 Internet 和 WWW 的迅速发展，在 Internet 上进行文献检索，因为具有速度快、耗时少、查阅范围广等优点，正日益成为科研人员的一项必备技能。

为方便利用计算机进行文献检索，Internet 上建立了许多文档型数据库，存储已经数字化的近期文献信息和动态信息，这些信息通常以 PDF 格式存在，用户可以按照文献的发表年份、文献中提及的人名等内容从数据库中查找相关文献。普通用户可在网上检索数据库。各高校的图书馆陆续引进了一些大型文献数据库，如国外的 IEEE、ACM 和国内的万方数据库、维普中文科技期刊数据库等，这些电子资源以镜像站点的形式链接在校园网上供校内师生使用，各学校的网络管理部门通常采用 IP 地址控制访问权限，在校园网内登录时无须账号和密码。常用的文献数据库如表 6-3 所示。

表 6-3　常用的文献数据库

数据库名称	说明
万方数据库	万方数据库涵盖期刊、会议纪要、论文、学术成果、学术会议论文，集纳了理、工、农、医、人文五大类 70 多个类目共 7600 种科技类期刊全文
维普科技期刊全文数据库	维普中文期刊全文数据库涵盖自然科学、工程技术、农业、医药卫生、经济、教育和图书情报等学科的 8000 余种中文期刊数据资源，收录了 1989 年至今的科技期刊近万种，各类学术论文数千万条
中国知网	提供 CNKI 源数据库、外文类、工业类、农业类、医药卫生类、经济类和教育类多种数据库。每个数据库都提供初级检索、高级检索和专业检索 3 种检索功能，其中，高级检索功能最常用
超星数字图书数据库	包括文学、经济、计算机等五十余大类，数百万册电子图书，500 万篇论文，全文总量 10 亿余页，数据总量 1000000GB，大量免费电子图书，并且每天仍在不断地增加与更新

二、文件传输

文件传输协议（file transfer protocol，FTP）是 TCP/IP 网络上两台计算机传送文件的协议。访问 Internet 的各种 FTP 服务器，登录后可以看到像本地计算机磁盘中文件布局一样的界面，从 FTP 服务器上复制文件到本地计算机称为下载（download），将本地计算机上的文件复制到远程计算机上称为上传（upload）。

FTP 采用客户机/服务器模式，访问 FTP 服务器有两种方式：一种访问是注册用户登录到服务器系统，另一种访问是用“匿名”（anonymous）进入服务器。FTP 的工作过程如图 6-38 所示。

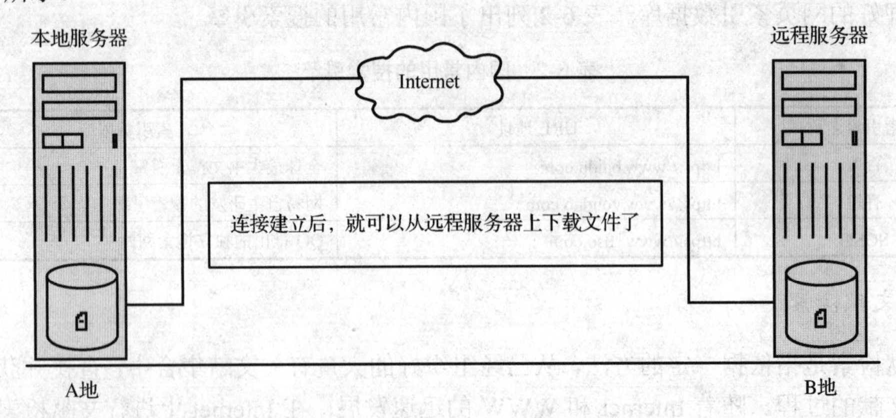

图 6-38　FTP 工作过程

由于现在越来越多的政府机构、公司、大学、科研机构将大量的信息以公开的文件形式存放在 Internet 中，因此，FTP 使用几乎可以获取任何领域的信息。

三、电子邮件

电子邮件又称 E-mail，是指通过 Internet 传递的邮件。与传统信件相比，电子邮件具有速度快、成本低、使用方便等优点，利用它可以发送文本信件、图片和动画等。电子邮箱就像现实生活中的邮箱一样，用于收发电子邮件。目前，提供免费电子邮箱的网站有很多，如新浪、搜狐、网易、腾讯等。

电子邮件地址的格式：用户名@域名（图 6-39），如 hy_lo@sina.cn。其中，“用户名”是收件人的账号；“域名”是电子邮件服务器名；@是一个连接符，用于连接前后两部分。

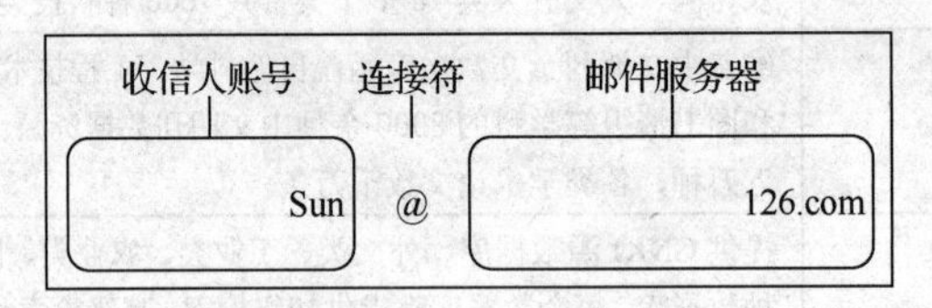

图 6-39　电子邮件地址格式

电子邮件不仅可以到达那些直接与 Internet 连接的用户，以及通过电话拨号可以进入 Internet 结点的用户，还可以用来同一些商业网（如 CompuServe、America Online）及世界范围的其他计算机网络（如 BITNET）上的用户通信联系。电子邮件的收发过程和普通信件的工作原理非常相似。电子邮件的收发过程如图 6-40 所示。

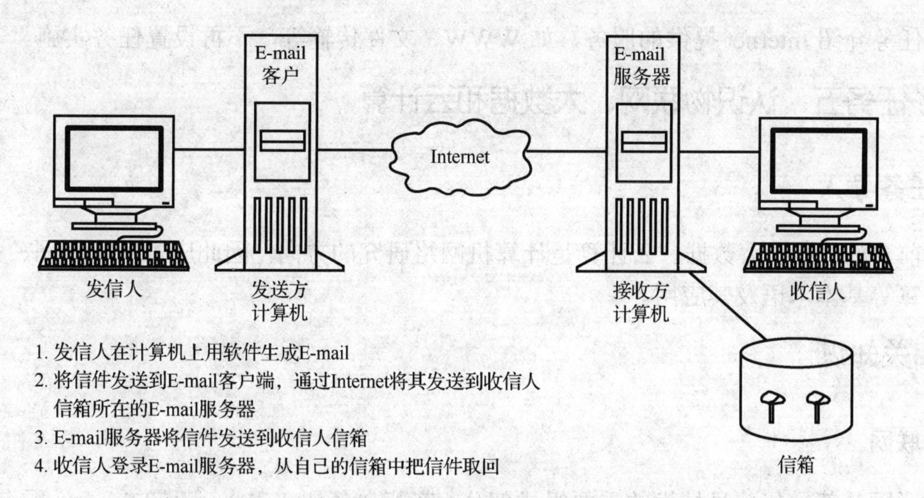

图 6-40　电子邮件的收发过程

发送电子邮件时需要有一台发信服务器 SMTP，如图 6-41 所示。发送电子邮件的步骤如下：

1）将电子邮件发给发信服务器 SMTP。

2）发信服务器 SMTP 接收到用户的发送请求。

3）发信服务器 SMTP 按照收信人电子邮件地址，将电子邮件发送出去。

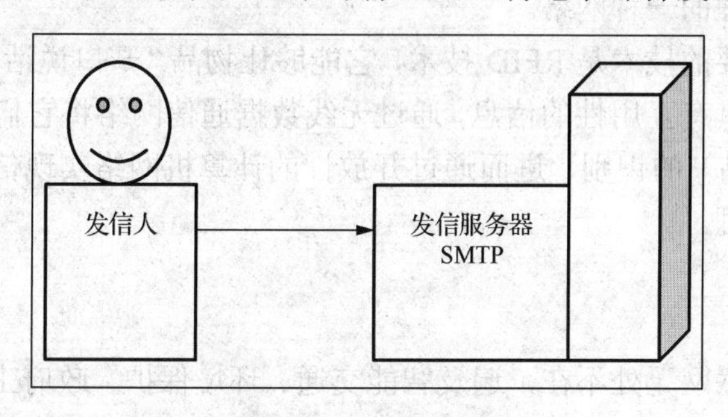

图 6-41　发送电子邮件

接收电子邮件时，需要一台收信服务器 POP3，如图 6-42 所示。接收电子邮件的步骤如下：

1）要接收邮件，接收者必须在收信服务器上有一个账号，相当于邮箱。

2）把寄来的邮件送到邮箱里去，并且代为保存。

3）接收电子邮件。

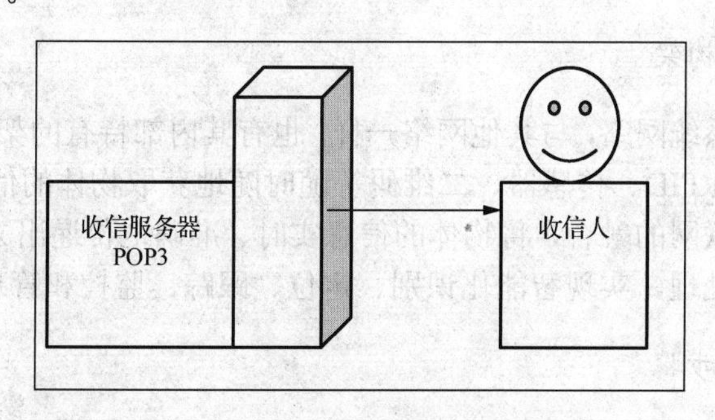

图 6-42　接收电子邮件

本任务介绍 Internet 提供的服务，如 WWW、文件传输等，不再设置任务实施。

子任务五 认识物联网、大数据和云计算

任务导入

目前，物联网、大数据、云计算是计算机网络研究的方向，因此应了解物联网、大数据和云计算等基本术语及其应用。

相关知识

一、物联网

物联网是新一代信息技术的重要组成部分，其英文名是 the internet of things。顾名思义，物联网就是物物相连的互联网。其有两层意思：第一，物联网的核心和基础仍然是互联网，是在互联网基础上的延伸和扩展的网络；第二，其用户端延伸和扩展到了任何物品与物品之间，进行信息交换和通信。严格而言，物联网的定义是，通过射频识别（radio frequency identification，RFID）、红外感应器、全球定位系统、激光扫描器等信息传感设备，按约定的协议，将任何物品与互联网相连接，进行信息交换和通信，以实现对物品的智能化识别、定位、跟踪、监控和管理的一种网络。

物联网中非常重要的技术是 RFID 技术，它能够让物品“开口说话”。在物联网中，RFID 标签中存储着规范而具有互用性的信息，通过无线数据通信网络将它们自动采集到中央信息系统，实现物品（商品）的识别，进而通过开放性的计算机网络实现信息交换和共享，实现对物品的“透明”管理。

1. 物联网的应用

在信息时代，物联网无处不在，遍及智能交通、环境保护、政府工作、公共安全、平安家居、智能消防、工业监测、环境监测、老人护理、个人健康、花卉栽培、水系监测、食品溯源、敌情侦查和情报搜集等多个领域。国内比较成功的物联网应用有铁道部列车车厢管理、第二代身份证、高校的学生证、市政一卡通、校园一卡通和不停车收费系统。

2005 年，国际电信联盟发表的报告曾这样描绘“物联网”时代的图景：当司机出现操作失误时汽车会自动报警；公文包会提醒主人忘带了什么东西；衣服会“告诉”洗衣机对颜色和水温的要求等。

2. 物联网的技术构架

物联网作为一个系统网络，与其他网络一样，也有其内部特有的架构。它包括 3 个层次：一是感知层，即利用 RFID、传感器、二维码等随时随地获取物体的信息；二是网络层，通过各种电信网络与互联网的融合，将物体的信息实时、准确地传递出去；三是应用层，将感知层得到的信息进行处理，实现智能化识别、定位、跟踪、监控和管理等实际应用。

3. 物联网的实施步骤

1）对物体属性进行标识。属性包括静态和动态两种，静态属性可以直接存储在标签中，

动态属性则需要先由传感器实时探测。

2）需要识别设备完成对物体属性的读取，并将信息转换为适合网络传输的数据格式。

3）将物体的信息通过网络传输到信息处理中心，由处理中心完成物体通信的相关计算。

4. 物联网的产生与发展

1）1999年，在美国召开的移动计算和网络国际会议提出“传感网是下一个世纪人类面临的又一个发展机遇”，在这次会议上首先提出了“物联网”的概念。

2）2003年，美国《技术评论》提出传感网络技术将是未来改变人们生活的十大技术之首。

3）2005年11月，在突尼斯举行的信息社会世界峰会上，国际电信联盟发布《ITU互联网报告2005：物联网》，引用了“物联网”的概念。

4）2008年后，为了促进科技发展，寻找经济新的增长点，各国政府开始重视下一代的技术规划，将目光放在了物联网上。

5）2009年1月9日，IBM全球副总裁麦特·王博士做了主题为《构建智慧的地球》的演讲，提出将感应器嵌入和装备到家居、电网、铁路、桥梁、隧道、公路、建筑、供水系统、大坝、油气管道等各种物体中，并且被普遍连接，形成“物联网”，然后将“物联网”与现有的互联网整合起来，实现人类社会与物理系统的整合。

6）2009年1月28日，奥巴马就任美国总统后，与美国工商业领袖举行了一次“圆桌会议”，作为仅有的两名代表之一，IBM首席执行官彭明盛首次提出“智慧地球”这一概念，建议新政府投资新一代的智慧型基础设施。当年，美国将新能源和物联网列为振兴经济的两大重点。

7）2009年2月24日，在2009 IBM论坛上，IBM大中华区首席执行官钱大群公布了名为“智慧的地球”的最新策略。此概念一经提出，即得到美国各界的高度关注，甚至有分析认为IBM这一构想极有可能上升至美国的国家战略，并在世界范围内引起轰动。IBM认为，IT产业下一阶段的任务是把新一代IT技术充分运用在各行各业中。

我国对物联网的发展也给予了高度的重视，物联网已被正式列为国家五大新兴战略性产业之一，写入政府工作报告。物联网在中国受到了全社会极大的关注。

二、大数据

伴随着物联网、移动智能终端和移动互联网的快速发展，移动网络中数据流量的增长速度也非常迅猛。从2011年开始，全球移动数据流量年增长率将保持在50%以上，处于一个稳定增长的态势。到2016年，全球移动数据流量将达到2011年全球移动数据流量的18倍，达到129.6 EB。

数据的疯狂增长，使适应和应对数据增长成为整个社会关注的焦点。“大数据”的概念正是在这一背景下应运而生的。

大数据是指难以用常用的软件工具在可容忍时间内抓取、管理及处理的数据集。

业界一般认为，大数据有4个“V”字开头的特征：Volume（容量）、Variety（种类）、Velocity（速度）和Value（价值）。

Volume：是指大数据巨大的数据量与数据完整性。

Variety：要在海量、种类繁多的数据间发现其内在关联。

Velocity：可以理解为更快地满足实时性需求。

Value：它比前面 3 个“V”更重要，是大数据的最终意义——获得洞察力和价值。

总之，大数据是对大量、动态、能持续的数据，通过运用新系统、新工具、新模型的挖掘，从而获得具有洞察力和新价值的信息。

大数据在现实世界中有着非常广泛的分布和应用，包括医疗信息、视频监控、移动设备、智能设备、非传统 IT 设备、传统 IT 信息的非传统应用及特定行业需求等。

以云计算为基础的信息存储、分享和挖掘手段，可以有效地将这些大量、高速、多变化的终端数据存储下来，并随时进行分析与计算。

三、云计算

云计算（cloud computing）是基于互联网的相关服务的增加、使用和交付模式，通常涉及通过互联网来提供动态易扩展且经常是虚拟化的资源。

狭义云计算指 IT 基础设施的交付和使用模式，即通过网络以按需、易扩展的方式获得所需资源；广义云计算指服务的交付和使用模式，即通过网络以按需、易扩展的方式获得所需服务。这种服务可以是 IT 和软件、互联网相关，也可以是其他服务。

云计算是一种通过 Internet 以服务的方式提供动态可伸缩的虚拟化的资源的计算模式。

云计算由一系列可以动态升级和虚拟化的资源组成，这些资源被所有云计算的用户共享并且可以方便地通过网络访问，用户无须掌握云计算的技术，只需按照个人或团体的需要租赁云计算的资源。

云计算基于资源共享，这样就可以实现资源的池化共享和管理，为大数据提供最基本的生存基础；基于服务可用性与快速交付，这样可以降低 IT 管理的复杂度，提高资源利用率，降低大数据管理的复杂性；基于按需服务与交付能力，通过高性能的扩展，为数据的实时应用环境提供可能性。

总的来说，云计算具有以下几个主要特征：

1）资源配置动态化。根据消费者的需求动态划分或释放不同的物理和虚拟资源，当增加一个需求时，可通过增加可用的资源进行匹配，实现资源的快速弹性提供；当用户不再使用这部分资源时，可释放这些资源。云计算为客户提供的这种能力是无限的，实现了 IT 资源利用的可扩展性。

2）需求服务自助化。云计算为客户提供自助化的资源服务，用户无须同提供商交互就可自动得到自助的计算资源能力。同时，云系统为客户提供一定的应用服务目录，客户可采用自助方式选择满足自身需求的服务项目和内容。

3）以网络为中心。云计算的组件和整体构架由网络连接在一起并存在于网络中，同时通过网络向用户提供服务。而客户可借助不同的终端设备，通过标准的应用实现对网络的访问，从而使云计算的服务无处不在。

4）资源的池化和透明化。对云服务的提供者而言，各种底层资源（计算、存储、网络、资源逻辑等）的异构性（如果存在某种异构性）被屏蔽，边界被打破，所有的资源可以被统一管理和调度，成为所谓的“资源池”，从而为用户提供按需服务；对用户而言，这些资源是透明的，无限大的，用户无须了解内部结构，只关心自己的需求是否得到满足即可。

云计算包括 3 种服务方式：IaaS（基础设施即服务）、PaaS（平台即服务）和 SaaS（软件即服务）。IaaS、PaaS 和 SaaS 分别在基础设施层、软件开放运行平台层和应用软件层实现。

本任务介绍物联网、大数据、云计算的内容，不再设置任务实施。

任务四　认识信息安全

子任务一　计算机病毒及其防治

任务导入

下面介绍信息安全基本知识，应掌握计算机病毒的相关知识及防治策略，以提高计算机系统安全性。

相关知识

一、概述

信息安全是指信息系统（包括硬件、软件、数据、人、物理环境及其基础设施）受到保护，不因偶然的或恶意的原因而遭到破坏、更改、泄露，系统连续、可靠、正常地运行，信息服务不中断，最终实现业务连续性。

信息安全主要包括以下5方面的内容，即需保证信息的保密性、真实性、完整性、未授权复制和所寄生系统的安全性。信息安全本身包括的范围很大，包括如何防范商业企业机密泄露、青少年对不良信息的浏览、个人信息的泄露等。网络环境下的信息安全体系是保证信息安全的关键，包括计算机安全操作系统、各种安全协议、安全机制（数字签名、消息认证、数据加密等），直至安全系统，如 UniNAC、DLP 等，只要存在安全漏洞便可能威胁全局安全。

二、计算机病毒的基本知识

1. 计算机病毒的定义及特点

概括来讲，计算机病毒就是具有破坏作用的程序或一组计算机指令。在《中华人民共和国计算机信息系统安全保护条例》中明确指出，计算机病毒编制者在计算机程序中插入的破坏计算机功能或者破坏数据，影响计算机使用并且能够自我复制的一组计算机指令或者程序代码。

计算机病毒的种类很多，它们所表现的特点有很多共性，主要体现在以下几个方面。

1）隐蔽性：计算机病毒的存在、传染和对数据的破坏过程不易为计算机操作人员发现。

2）破坏性：计算机病毒在触发条件满足时，立即对计算机系统的文件、资源等的运行进行干扰破坏。

3）传染性：计算机病毒在一定条件下可以自我复制，能对其他文件或系统进行一系列非法操作，并使之成为一个新的传染源。这是计算机病毒的基本特征。

4）触发性：计算机病毒的发作一般需要一个激发条件，可以是日期、时间、特定程序的运行或程序的运行次数等。

2. 病毒的种类

1）系统病毒：系统病毒的前缀为 Win32、PE、Win95、W32、W95 等。一般这些病毒的共有特性是可以感染 Windows 操作系统的*.exe 和*.dll 文件，并通过这些文件进行传播，如 CIH 病毒。

2）蠕虫病毒：蠕虫病毒的前缀是 Worm。这种病毒的共有特性是通过网络或系统漏洞进行传播。很大部分的蠕虫病毒有向外发送带毒邮件、阻塞网络的特性，如冲击波（阻塞网络）、小邮差（发带毒邮件）等。

3）木马病毒/黑客病毒：木马病毒的前缀是 Trojan，黑客病毒的前缀名一般为 Hack。木马病毒的共有特性是通过网络或系统漏洞进入用户的系统并隐藏，然后向外界泄露用户的信息。而黑客病毒则有一个可视的界面，能对用户的计算机进行远程控制。木马、黑客病毒往往是成对出现的，即木马病毒负责侵入用户的计算机，而黑客病毒则会通过该木马病毒来进行控制。现在这两种类型的病毒越来越趋向于整合。一般的木马病毒有 QQ 消息尾巴木马 Trojan.QQ3344，另外，遇见比较多的是针对网络游戏的木马病毒，如 Trojan.LMir.PSW.60。这里需指出，病毒名中有 PSW 或 PWD 之类的一般表示这个病毒有盗取密码的功能（这些字母一般为“密码”的英文 password 的缩写）。

4）脚本病毒：脚本病毒的前缀是 Script。脚本病毒的共有特性是使用脚本语言编写，通过网页进行传播，如红色代码（Script.Redlof）。脚本病毒还会有如下前缀：VBS、JS（表明是何种脚本编写的），如欢乐时光（VBS.Happytime）、十四日（Js.Fortnight.c.s）等。

5）破坏性程序病毒：破坏性程序病毒的前缀是 Harm。这类病毒的共有特性是本身具有好看的图标来诱惑用户单击，当用户单击这类病毒时，病毒便会直接对用户计算机产生破坏，如格式化 C 盘（Harm.formatC.f）等。

6）玩笑病毒：玩笑病毒又称恶作剧病毒，前缀是 Joke。这类病毒的共有特性是本身具有好看的图标来诱惑用户单击，当用户单击这类病毒时，病毒会做出各种破坏操作来吓唬用户，其实病毒并没有对用户计算机进行任何破坏，如女鬼（Joke.Girl ghost）病毒。

7）捆绑机病毒：捆绑机病毒的前缀是 Binder。这类病毒的共有特性是会使用特定的捆绑程序将病毒与一些应用程序如 QQ、IE 捆绑起来，表面上看是一个正常的文件，当用户运行这些捆绑病毒时，会表面上运行这些应用程序，然后隐藏运行捆绑病毒，从而给用户造成危害，如捆绑 QQ（Binder.QQPass.QQBin）、系统杀手（Binder.killsys）等。

3. 病毒的防治

1）杀毒软件经常更新，以快速检测到可能入侵计算机的新病毒或变种。

2）使用安全监视软件（和杀毒软件不同，如 360 安全卫士、瑞星卡卡）主要防止浏览器被异常修改，安装不安全恶意的插件。

3）使用防火墙或杀毒软件自带防火墙。

4）关闭计算机自动播放（网上有），并对计算机和移动存储工具进行常见病毒免疫。

5）定时全盘病毒木马扫描。

6）注意网址正确性，避免进入山寨网站。

7）不随意接收、打开陌生人发来的电子邮件或通过 QQ 传递的文件或网址。

8）使用正版软件。

9）使用移动存储器前，最好先查杀病毒，然后使用。

下面推荐几款软件。

杀毒软件：卡巴斯基、NOD32、Avast5.0、360 杀毒、Mcafee。

U 盘病毒专杀：AutoGuarder2。

安全软件：360 安全卫士（可以查杀木马）。

单独防火墙：Comodo、杀毒软件自带防火墙。

本任务主要介绍病毒的种类和防治，不再设置任务实施。

子任务二　网络安全

任务导入

下面介绍信息安全的相关技术，了解网络环境下如何利用防火墙过滤进出计算机或内部网络的信息，以及数据加密/解密技术基础和数字签名与数字证书的应用。

相关知识

一、黑客攻防

黑客一般对计算机科学、编程和设计方面有高度理解。黑客们精通各种编程语言和各类操作系统，伴随计算机和网络的发展而成长。在信息安全中，“黑客”指研究智取计算机安全系统的人员。利用公共通信网络，如互联网和电话系统，在未经许可的情况下，载入对方系统的称为黑帽黑客（black hat，又称 cracker）；调试和分析计算机安全系统的称为白帽黑客（white hat）。“黑客”一词最早用来称呼研究盗用电话系统的人士。

1. 黑客攻击的步骤

1）收集信息。信息收集是为了了解所要攻击目标的详细信息，通常黑客利用相关的网络协议或实用程序来收集。

2）探测分析系统的安全弱点。在收集到目标的相关信息后，黑客会探测网络上的每一台主机，以寻找系统的安全漏洞或安全弱点。黑客一般会使用 Telnet、FTP 等软件向目标主机申请服务，如果目标主机有应答就说明开放了这些端口的服务。另外，黑客还会使用一些公开的工具软件，对整个网络或子网进行扫描，寻找系统的安全漏洞，获取攻击目标系统的非法访问权。

3）实施攻击。在获得了目标系统的非法访问权以后，黑客一般会实施以下攻击：①试图毁掉入侵的痕迹，并在受到攻击的目标系统中建立新的安全漏洞或后门，以便在攻击点被发现以后能继续访问该系统；②在目标系统安装探测器软件，如特洛伊木马程序，用来窥探目标系统的活动，继续收集黑客感兴趣的一切信息，如账号与口令等敏感数据；③进一步发现目标系统的信任等级，以展开对整个系统的攻击；④如果黑客在被攻击的目标系统上获得了特许访问权，那么他就可以读取邮件，搜索和盗取私人文件，毁坏重要数据以至破坏整个网络系统。

2. 防止黑客攻击的策略

（1）数据加密

加密的目的是保护信息系统的数据、文件、口令和控制信息等，同时也可以提高网上传输数据的可靠性。这样，即使黑客截获了网上传输的信息包，一般也无法得到正确的信息。

（2）身份认证

通过密码或特征信息等确认用户身份的真实性，只对确认了的用户给予相应的访问权限。

（3）建立完善的访问控制策略

系统应当设置入网访问权限、网络共享资源访问权限、目录安全等级控制、网络端口和结点的安全控制、防火墙的安全控制等，通过各种安全控制机制的相互配合，才能最大限度地保护系统免受黑客的攻击。

（4）审计

将系统中和安全有关的事件记录下来，保存在相应的日志文件中，如记录网络上用户的注册信息，如注册来源、注册失败的次数等；记录用户访问的网络资源等各种相关信息，当遭到黑客攻击时，这些数据可以用来帮助调查黑客的来源，并作为证据追踪黑客；也可以通过对这些数据的分析来了解黑客攻击的手段以找出应对的策略。

（5）其他安全防护措施

首先，不随便从 Internet 上下载软件，不运行来历不明的软件，不随便打开陌生人发来的邮件中的附件。其次，要经常运行专门的反黑客软件，可以在系统中安装具有实时检测、拦截和查找黑客攻击程序的工具软件，经常检查用户的系统注册表和系统启动文件中的自启动程序项是否有异常，做好系统的数据备份工作，及时安装系统的补丁程序等。

二、防火墙的应用

防火墙（firewall）又称防护墙，由 Check Point 创立者 Gil Shwed 于 1993 年发明并引入 Internet。它是一种位于内部网络与外部网络之间的网络安全系统，是一个信息安全的防护系统，依照特定的规则，允许或限制传输的数据通过。

1. 防火墙的功能

防火墙并不是真正的墙，而是一种重要的访问控制措施，一种有效的网络安全模型，是机构总体安全策略的一部分，它阻挡的是对内、对外的非法访问和不安全数据的传输。在 Internet 上，通过它隔离风险区域（即 Internet 或有一定风险的网络）与安全区域（内部网）的连接，能够增强内部网络的安全性。

防火墙系统决定了内部哪些区域可以被外界访问，以及哪些外部服务可以被内部访问。所有进出 Internet 的信息都必须经过防火墙，接受防火墙的检查，防火墙只允许核准后的信息进出。防火墙负责管理风险区域和内部网络之间的访问，在没有防火墙时，内部网络上的每个结点都暴露给风险区域上的其他主机，极易受到攻击。也就是说，内部网络的安全性要由每一个主机来决定，并且整个内部网络的安全性等于其中防护能力最弱的系统的安全性。由此可见，对于连接到 Internet 的内部网络选用适当的防火墙是必需的。

通常防火墙具有以下功能：过滤进出的数据，管理进出的访问行为，封堵某些禁止的业务，记录通过防火墙的信息内容和活动，对网络攻击进行检测和报警。

2. 个人防火墙

个人防火墙（personal firewall）是一种个人行为的防范措施。这种防火墙不需要特定的网络设备，只要在用户所使用的 PC 上安装软件即可。由于网络管理者可以远距离地进行设置和管理，终端用户在使用时不必特别在意防火墙的存在，个人防火墙极为适合小企业等和个人等的使用。

个人防火墙将用户的计算机和公共网络进行分隔，它检查到达防火墙两端的所有数据包，从而决定该拦截这个包还是将其放行，是保护个人计算机接入互联网的安全有效的措施。

常见的个人防火墙有天网防火墙个人版、瑞星个人防火墙、360 木马防火墙、费尔个人防火墙、金山网镖等。

3. Windows 防火墙

Windows 防火墙就是在 Windows 操作系统中系统自带的软件防火墙。Windows 防火墙其实只是一个简单的访问规则管理工具，并不是严格意义上的防火墙，不能进行过滤也不防止 ARP 攻击等。它只能按已经存在的规则来阻止程序访问网络。Windows 防火墙功能如下：

1）帮助阻止计算机病毒和蠕虫进入计算机。但是，不能做到检测或禁止计算机病毒和蠕虫。

2）询问是否允许或阻止某些连接请求。

3）创建安全日志，记录成功或失败的连接，一般用于故障诊断。

4）有助于保护计算机，阻止未授权用户通过网络或 Internet 获得对计算机的访问。

操作系统上防火墙的设置方法为（以 Windows 7 为例）：选择“开始”→“控制面板”命令，打开“控制面板”窗口，然后单击“网络和 Internet”选项组中的“查看网络状态和任务”链接，在打开的“网络和共享中心”窗口中单击“Windows 防火墙”链接，打开“Windows 防火墙”窗口，单击“打开或关闭 Windows 防火墙”命令，打开“自定义设置”窗口，根据自己的需要选择打开或关闭，单击“确认”按钮即可。

参考文献

代树强，支和才，2015．计算机应用基础案例教程[M]．北京：中国商业出版社．

董峰，李静，宋朝，等，2015．计算机应用基础项目化教程[M]．武汉：武汉大学出版社．

董峰，王倩，王燕，等，2013．计算机文化基础[M]．上海：上海交通大学出版社．

冯文超，王剑霞，2013．中文版 Office 2013 办公应用从新手到高手[M]．北京：北京希望电子出版社．

龚沛曾，杨志强，2009．大学计算机基础[M]．5 版．北京：高等教育出版社．

计算机基础教育研究组，2015．计算机应用基础教程：Windows 7+Office 2010[M]．天津：南开大学出版社．

九州书源，2011．72 小时精通电脑组装与维护[M]．北京：清华大学出版社．

雷运发，2015．Office 高级应用实践教程：Windows 7+Office 2010 版[M]．北京：中国水利水电出版社．

李亚，2016．计算机应用基础[M]．北京：中国水利水电出版社．

刘兵，刘欣，2015．计算机网络基础与 Internet 应用[M]．4 版．北京：中国水利水电出版社．

牛玉冰，2013．计算机网络技术基础[M]．北京：清华大学出版社．

吴英，2015．网络安全技术教程[M]．北京：机械工业出版社．

张博，2015．计算机网络技术与应用[M]．2 版．北京：清华大学出版社．

周建丽，2015．大学计算机基础[M]．北京：人民交通出版社．

祝群喜，李飞，胡曦，等，2014．计算机基础教程[M]．北京：清华大学出版社．